电脑选购、组装与故障排除

胡存生　主编

金盾出版社

内 容 提 要

本书结合电脑的基本工作原理，详细介绍了电脑选购、组装和故障排除方面的知识。全书共4篇22章，其中基础篇介绍了CPU、主板、内存等主要部件和外部设备的性能以及当前最新的技术发展；组装篇详细介绍了组装电脑的全过程；应用篇介绍了网络连接、U盘改造及电脑升级等内容；维护篇介绍了使用和维护电脑的常识、常见故障的排除方法以及防范电脑病毒的基本知识。通过本书学习，读者不仅可以自己动手组装电脑，还可以自己处理电脑的常见故障。

本书既可供电脑爱好者自学使用，也可作为电脑培训班的教材。

图书在版编目(CIP)数据

电脑选购、组装与故障排除/胡存生主编．-- 北京：金盾出版社，2011.8
ISBN 978-7-5082-6944-3

Ⅰ.电… Ⅱ.胡… Ⅲ.①电子计算机—选购②电子计算机—组装③电子计算机—故障修复 Ⅳ.①TP3

中国版本图书馆CIP数据核字(2011)第054393号

金盾出版社出版、总发行

北京太平路5号(地铁万寿路站往南)
邮政编码：100036 电话：68214039 83219215
传真：68276683 网址：www.jdcbs.cn
封面印刷：北京蓝迪彩色印务有限公司
正文印刷：北京金盾印刷厂
装订：永胜装订厂
各地新华书店经销

开本：787×1092 1/16 印张：18.5 字数：421千字
2011年8月第1版第1次印刷
印数：1～6 000册 定价：40.00元

前言

当前，电脑硬件、软件技术都有了飞速发展。本书依据最新技术，结合电脑的基本工作原理，详细介绍了电脑主要部件的功能、组装电脑技术、维护电脑常识以及常见故障排除方法。

本书分为 4 部分 22 章：

第一部分基础篇由前 12 章组成，第 1 章介绍了组装电脑所需的必备知识，给读者一个电脑整体的概念；第 2 章到第 12 章重点介绍了电脑的主要部件，包括 CPU、主板、内存、外部设备，以及这些设备的性能、市场主流产品和当前的新技术。

第二部分组装篇由第 13 章到第 16 章组成，详细介绍了组装电脑的过程、创建硬盘技术、BIOS 设置方法，安装 Windows Vista/XP 系统和设备驱动程序方面的知识。

第三部分应用篇由第 17 章到第 19 章组成，第 17 章介绍了连接互联网的方法和操作步骤。第 18 章向读者介绍了将 U 盘改造成系统维护工具。第 19 章介绍了电脑升级的内容。

第四部分维护篇由第 20 章到第 22 章组成，介绍了使用和维护电脑的常识、常用工具软件的操作、常见故障的排除方法；第 22 章介绍了电脑病毒的基本知识、反病毒技术的最新发展，以及优秀的反病毒工具软件的功能特点和操作方法。

本书可操作性强，遵循由浅入深、循序渐进的原则，读者可以边看书边操作，增强读者的动手能力。通过对本书的学习，读者可学习到当前电脑的最新技术、组装电脑的方法、使用维护电脑的知识及电脑安全技术。

本书由胡存生主持编写和总校对，参加编写、制图、文字录入和校对的人员还有：熊雪晖、段淑兰、刘永刚、胡雅滨、魏海、胡雅静、苗晨、段朝华、王玲、段峥、董立立、李林、王南、张国君、李冬林等。

由于电脑技术的发展日新月异，新产品、新技术、新知识不断涌现，加之本人水平有限，错误之处在所难免，敬请读者批评指正。

编　者

目 录

基 础 篇

组　装　篇

应 用 篇

维 护 篇

基　础　篇

第1章　组装电脑基础知识

电脑不仅能处理文字，还能处理声音、图像及动画等多媒体信息，并可以通过 Internet 与外界传达信息。它不仅可以用于工作、学习，还可以用于娱乐。用户无论是准备购买品牌机，还是想自己动手组装电脑，都应当对电脑的基本知识和市场行情进行初步的了解。

读者通过对本章的学习，可以对电脑系统的组成有一个初步的认识，并掌握组装电脑的一些基本原则。本章还推荐了几个典型的组装电脑配置方案，供组装电脑时参考。

1.1　电脑系统组成

电脑诞生初期，人们主要将其应用于“计算”。当前，电脑的应用已经远远地超过了“计算”的范畴，被广泛地应用到人类社会生活的各个领域。从科研、生产、国防、教育到网上冲浪、家庭娱乐等，处处都离不开电脑。

电脑系统由硬件系统和软件系统两大部分组成，在电脑工作人员的协调、控制和管理下，这两大系统密切地配合完成各项任务。

1.1.1　硬件系统

电脑硬件是指电脑看得见、摸得着的部分。电脑的硬件部件主要包括 CPU、主板、内存条、显卡、显示器、鼠标、键盘、打印机、机箱和电源等设备。

一台完整的电脑硬件设备外观如图 1-1 所示。

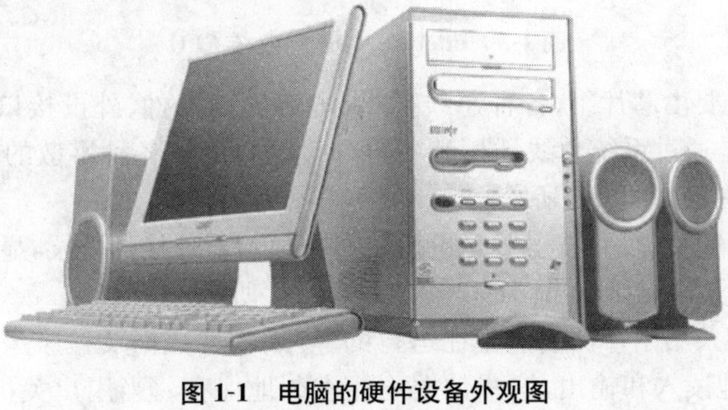

图 1-1　电脑的硬件设备外观图

电脑的硬件主要包括主机、输入设备和输出设备三大部分。

1. 主机

主机是整个电脑的核心，它所有部件都安装在主机箱内，包括主板、CPU、内存条、硬盘驱动器（以下简称为硬盘）、光盘驱动器（以下简称为光驱，即 CD-ROM、DVD-ROM 和 DVD 刻录机）、显卡、声卡和网卡等部件。电脑主机内部结构如图 1-2 所示。

① CPU (Central Processing Unit，中央处理器)：CPU 是电脑的核心部件，由控制器和运

算器组成。

· 控制器：控制器是电脑运行的指挥中心，它按照程序的指令要求，有序地向各个部件发出控制信号，使电脑有条不紊地运行。

· 运算器：运算器是电脑进行数据处理的部件。电脑在控制器的控制下，对数据进行算术和逻辑运算。

CPU 是整个电脑的核心部件，是电脑的"大脑"，还是评价电脑性能的主要标准。目前市场最新的处理器大都是 Intel 公司和 AMD 公司的双核 CPU 或多核 CPU 产品。

Intel 公司和 AMD 公司的双核 CPU 如图 1-3 所示。

图 1-2　电脑主机内部结构图

图 1-3　Intel 和 AMD 的双核 CPU

② 主板：主板主要由芯片组、各种总线插槽、电源转换器件、外设接口以及 BIOS 芯片等组成。主板的作用是通过系统总线插槽和各种外设插口等将各种零散的主机部件组成一个有机的整体。电脑主板如图 1-4 所示。

③ 显卡：显卡又叫做显示适配器，是电脑主机与显示器连接的桥梁，显示器只有在显卡及其驱动程序的支持下，才能显示出图形。显卡如图 1-5 所示。

④ 内存条：内存条用于存储当前正在运行的程序、各种数据及程序运行的中间结果。其中的数据可以随时地读入和输出，这些数据不能永久地保存。当用户关机后，所存储的数据将立即丢失。内存条如图 1-6 所示。

⑤ 硬盘：硬盘是重要的外部存储器，其特点是容量大、读写速度快。它是永久性存储器，用于保存需长期保留的程序及数据。硬盘如图 1-7 所示。

⑥ 光驱：光盘驱动器简称为光驱，分为 VCD 光驱、DVD 光驱和光盘刻录机，是安装操作系统、应用程序、驱动程序、播放各种光盘制品以及刻录光盘保存数据资料等必不可少的外部存储设备。其特点是容量大，抗干扰性强，存储的信息不易丢失。光驱如图 1-8 所示。

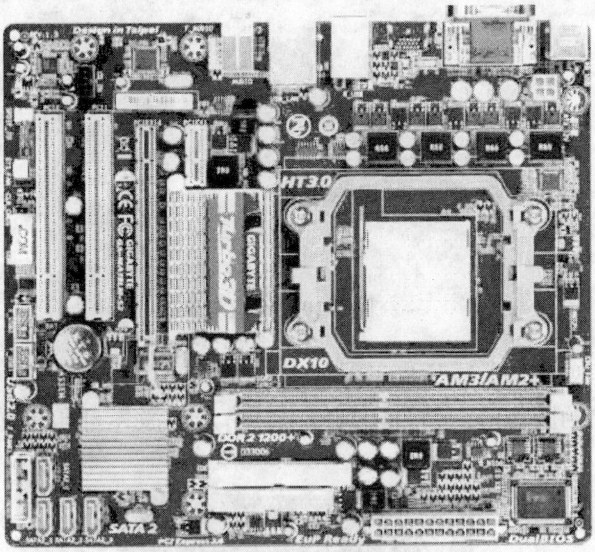

图 1-4　电脑主板

图 1-5　显卡

图 1-6　内存条

图 1-7　硬盘

图 1-8　光驱

⑦ 电源：电源是为电脑提供电力的设备，其作用是将 220V 的交流电转换成电脑使用的 5V、＋12V、－12V 等多种直流电。当前的电源都是开关电源，其类型分为 AT 电源和 ATX 电源。ATX 电源如图 1-9 所示。

2. 输入设备

输入设备是指将数据输入到电脑的设备，电脑的主要输入设备是键盘和鼠标。

① 键盘：用于输入控制电脑运行的各种命令和编辑文字等。

② 鼠标：在 Windows 操作系统下，鼠标已经成为不可缺少的输入设备，其作用是快速而准确地定位或通过单击、双击、右击执行各种操作命令。键盘与鼠标如图 1-10 所示。

3. 输出设备

输出设备是指将电脑的处理结果以适当的形式输出的设备，电脑的常用输出设备包括显示器和打印机等。

① 显示器：显示器是电脑主要的输出设备，也是组装电脑时必不可少的部件之一。当前

图 1-9 ATX 电源

图 1-10 键盘与鼠标

的显示器主要有 CRT 显示器和液晶显示器两大类。液晶显示器如图1-11 所示。

② 打印机:将电脑上编辑的文档和存储的图像等文件打印到纸上。常用的激光打印机如图 1-12 所示。

图 1-11 液晶显示器

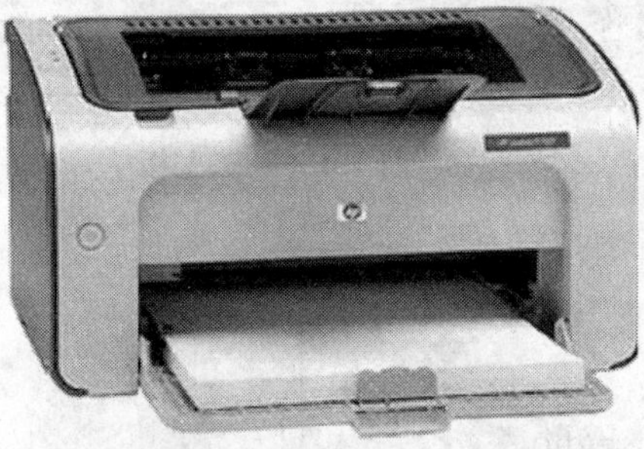

图 1-12 常用的激光打印机

硬件系统是电脑运行程序的基础,电脑的档次、性能、运行速度、精度、存储容量及可靠性等都取决于电脑的硬件配置。

1.1.2 软件系统

当然,再好的硬件也必须有软件支持才能发挥其作用。没有配置任何软件的电脑称为"裸机",裸机是不能做任何工作的。电脑的硬件系统与软件系统通过主板的 BIOS 相联系。

软件系统按照各自的功能不同,分为系统软件和应用软件两大类。

1. 系统软件

系统软件是用于电脑管理、维护、控制以及电脑程序的翻译、装入、编辑和运行的程序,使电脑的各个部件、相关的程序和数据协调高效地进行工作的软件,如操作系统、数据库管理系统、高级语言编译系统等。系统软件可分为以下几类:

① 操作系统软件:操作系统提供人机接口,负责管理电脑系统资源,使得用户能够使用电脑上的其他软件。目前电脑上配置的通用操作系统通常是 Windows 7、Windows Vista、Windows 2000/XP 以及 Linux 等。

② 汇编、解释或编译软件:电脑系统为用户配置了多种程序设计语言。为了使用这些语言,电脑提供了各种相应的编译工具,如 Assembler、Basic、Pascal、C、FoxBase 等语言汇编、解释和编译系统软件。这些软件的作用是把用户书写的高级语言或汇编语言源程序翻译成用

机器指令表示的程序，以便于机器执行。

③ 调试、诊断程序：主要用于调试、检查和诊断电脑的各种故障。

2. 应用软件

应用软件是指为特定的应用目的开发的软件，如账目管理软件、制图软件、各类办公软件和教学软件等。应用电脑的最终目的是提高工作效率，增加经济效益，这就需要大量开发适合市场需求的应用软件。

应用软件主要包括：

① 办公类软件：主要用于对文字进行输入、编辑、排版、打印等处理工作以及各种数据统计分析、绘制数据图表等，如 Office 系列软件。

② 图形处理软件：自从在电脑应用中引入图形技术以来，图形处理逐渐成为电脑的主要功能之一。这类软件包括 Adobe Photoshop 照片编辑处理工具软件、Auto CAD 图形设计软件、3Dstudio MAX 三维动画设计软件等。

③ 多媒体处理软件：多媒体电脑对声音和影像进行播放和各种格式的转换已经得到广泛的应用，主要包括用于播放、编辑以及格式转换的各种声音和图像文件的软件。

④ 网络工具软件：随着网络技术的高速发展，网络工具软件也成为应用软件中的一个重要组成部分，如 Internet Explorer、Netscape Navigator、Outlook 等。

⑤ 编程工具应用软件：软件开发的基本进程之一就是编写程序。编写程序可以使用不同的开发语言，如 Basic 语言、Java 语言等。面向不同的编程语言就有相应的开发工具，如 Visual Studio 系列，包括 VB、VC 等。

1.2 组装电脑的必备知识

1.2.1 装机必备知识

要学会组装电脑，除了要了解电脑的基本结构外，还应熟悉电脑的一些基本操作。另外，还要有组装电脑的必备工具。

1. DOS 操作系统

DOS 操作系统的基本操作命令包括 Fdisk（分区）、Format（格式化）、Copy（拷贝）、MD（建立目录）以及 CD（改变目录）等命令。

2. Windows 系统

Windows 系统的基本操作包括对“我的电脑”、“资源管理器”及“控制面板”等方面的操作。

3. 网络知识

目前，人们的工作、学习、娱乐等各个方面都离不开网络，使用电脑的主要目的之一就是上网。因此，应当掌握一些网络设备方面的知识。

1.2.2 必备软件及工具

组装电脑所需的软件包括 Windows 操作系统安装光盘、Office 办公软件、杀毒工具软件以及其他一些常用应用软件，如压缩工具、看图工具、图像处理工具以及数据恢复工具等。

另外，用户也可以找一套测试软件，如 QPLUS 等，以便对机器性能进行全面测试。

1. 系统安装光盘

系统安装光盘是指安装电脑操作系统所用的光盘，常见的有 Windows 7、Windows Vista/2000/XP 等。安装操作系统时，可以将系统安装光盘放入光驱，将 BIOS 设置为从光盘启动，根据提示，安装操作系统。

2. 各种硬设备的驱动程序

驱动程序主要是指主板、显卡、声卡、网卡以及刻录机和打印机等硬件设备的驱动程序等。在 Windows 的操作系统中，版本越高，所配置的驱动程序也越多。但这些内置的驱动程序大多数版本比较陈旧，有时会发生不兼容的现象。在安装硬件设备时，最好使用设备原装的驱动程序才能够更好地发挥其性能。购买硬件设备时，一定要检查包括驱动程序在内的附件是否齐全。

3. 其他应用软件

其他应用软件主要包括 Office 办公软件、Photoshop 图片处理软件、影音播放软件和杀毒软件等。

4. 组装工具

组装电脑的必备工具包括各种型号的螺丝刀和镊子各一把、电笔一只、万用表一个。一般来说至少要有一把十字螺丝刀。

十字形螺丝刀可以适用于电脑中的各种螺丝，因为电脑中螺丝的型号是一样的，但为了以防万一，最好还是要备一把一字形螺丝刀。

镊子的作用主要是用于改跳线，并且可以把不慎掉入机箱内部的螺丝或其他小零件取出来；电笔的作用是判别电源是否正常，以及是否漏电；万用表的作用有许多，利用它可以进行各种故障的诊断。如果电学知识学得好，可以在组装电脑的许多环节充分地利用万用表。

1.3 准备工作

本节介绍在选购电脑配件和组装电脑时，应该考虑的几个重要因素。

1.3.1 明确目的

每个人购买电脑都有各自的使用目的。目的不同，购买电脑的档次、部件品牌和所要求的性能也不相同。不同的需求，决定了不同的配置。例如，学生配电脑，主要目的应当是为了学习、上网、玩游戏和看电影。如果是用电脑编写计算机程序，因为对着显示器的时间较长，就应当对显示器的环保要求高一些；如果要学习平面设计，则重点应考虑显示器的分辨率和显卡的 2D 性能；如果是学习动画设计，就应当考虑显卡的 3D 性能。

遵循的原则是够用就好，按自己的需要量身定制一台电脑，既省钱又满足了需求。电脑配件发展十分迅速，再高的配置，再新的技术性能，过了半年，就会出现更新的版本。追求最新、最快和最优是许多电脑购买者最易步入的误区。

总之，记住装机的首要原则：够用就行，省钱最好。

1.3.2　了解行情动态

明确了自己的需求，就需要仔细研究市场行情动态。首先，要做到对各种配件情况心中有数。电脑的主要配件包括主板、CPU、硬盘、内存条、显卡、显示器和机箱电源等。以 CPU 为例，当前市场上 Intel 和 AMD 两家时刻在竞争，但 Intel 依然是起主导地位。然后要对 CPU 厂商目前在市场上销售的主流产品有一个全面的了解，根据其性能、价格选出适合自己的消费档次的产品，并加以重点了解。例如，要组装一台电脑主要是用于修改稿件、上网、收发电子邮件等，那么只要了解当前市场上热销的低档的双核产品，如 Intel Pentium E5300 和 AMD Athlon64 II X2 245 即可。

购买其他配件与此方法相同。在购买前，通过上网查询或参考一些电子类报刊杂志了解相关知识及价格。如果有条件，最好找一个有装机经验的人，一同去电脑商城，先进行咨询，不急于出手。通过这些信息渠道，对自己要购买的配件有个全面的了解。此外，还要了解各厂商的售后服务，这方面非常重要，一定不能忽视。

其次，对市场行情越熟悉越好。主要包括目前市场上配件的价格及其走势。根据价格可以按照自己的需求做好预算，确定可以选购哪一档次的配件；价格的走势可以帮助自己决策，什么时机购买最划算。要多逛几个电脑商城，和售货员进行交谈，查看其供货能力。特别注意要从网上查看报价及走势。一般情况下，网上的报价比实际价格略高一些。

一般情况下，电脑配件的价格呈平稳下降趋势。随着新品上市占领高端市场后，以前生产的品种会下调比原来低一档的位置，而最低端的产品会逐渐退出市场。如此往复，更新换代。有些电脑配件，会随着不同时期有所波动。例如，寒暑假期间，由于有学生装机潮，配件价格会上扬，如果不是急需，可以错过这个装机高峰期。

1.3.3　品牌机与兼容机

品牌机的价格比组装的兼容机要贵许多，虽然这几年品牌机的价格有所下降，但好一点的品牌机比兼容机仍然要贵几百元，性价比当然没有兼容机高。笔者接触的国内知名的几大品牌机与同样档次的兼容机相比较，不仅价格较高，而且性能也较差。当然，品牌机在售后服务方面占有一定的优势。

自己组装电脑的好处是可以根据自己的喜好和需求选购部件，在组装电脑的过程中，可以学到很多电脑硬件和软件方面的知识，而且价格便宜，能够增强自己的动手能力，增加无限的乐趣。

就目前中国国情而言，组装兼容机是电脑爱好者的最佳选择。

1.3.4　确定理想的配置清单

对配件的基本情况和市场行情有了一定的了解后，就要按照各个配件的性能及价位，结合自己的实际需求，制订一个自己心目中最理想的配置清单。要注意，配置清单要遵循均衡的原则，也就是说，只有主板、CPU、内存、显卡、显示器以及硬盘等部件均衡地发挥作用，互相匹配，才能获得一台性能优越的电脑。

配置清单设计好后，还要查阅相关的资料，并向有经验的人请教。不但要考虑每个部件的性能，更要考虑将它们组合在一起的整体性能。

具体要求是，每个配件都要做到物尽其用，而各个配件之间又能很好地满足兼容性的要求。考虑配置清单时，考虑到电脑市场上缺货的情况，因此最好准备两份配置，缺货时可以替补。

注意，电脑产品更新换代非常迅速，一定要了解最新的动态，才能跟得上市场的变化。

1.4 典型配置方案

按照电脑的应用范围、实际需要以及个人爱好，每台电脑都具有自己的特色。因此，在准备组装电脑前，应根据自己的侧重点，分清主次，突出自己的特色，选择所需要的配件，从而达到既省钱又提升电脑整体性能的目的，这才是放弃品牌机而由自己组装电脑的真正意义。

本节按照不同的需求，向读者推荐几个组装电脑的方案，说明组装电脑需要注意的地方，仅供参考。

1.4.1 学生机经济型电脑配置

学生用机的特点是要求上网、玩游戏，由于经济不独立，一般要求价格低一些。

CPU 推荐 AMD Athlon64 X2 7750(黑盒)处理器，该处理器基于成熟的 65nm 制作工艺，AM2＋接口，主频为 2.7GHz，外频是 200MHz，每个核心拥有 512KB 二级缓存，共享 2MB 三级缓存，支持 Hyper Transport 3.0 技术。

硬盘采用目前性价比最为突出的日立 640GB，7200 转的串口硬盘。

内存选用单条威刚 2G DDR2 800(万紫千红)，之所以没有选择 2 条 1GB 内存做双通道，是因为考虑到一条 2GB 已足够用，而且预留可以日后升级的空间。

显示器选择的是三星 2243BW，作为一款入门级 22 英寸液晶显示器，最近一直在降价，在同级别的显示器中具有明显的竞争优势。

机箱电源采用百盛 A421 机箱，外观既简约又时尚，同时具有黑、白两种颜色，可分别供男、女生选择。

学生机经济型电脑配置清单见表 1-1。

表 1-1 学生机经济型电脑配置清单

配件名	型　号	参考价格(元)
主板	七彩虹 C A780G Ver 1.6	500
CPU	AMD Athlon64 X2 7750(黑盒)	440
内存	威刚 2GB DDR2 800(万紫千红)	170
显卡	昂达 HD4650 256M DDR4	400
硬盘	日立 640G 7200 转，16MB 串口	380
光驱	先锋 DVD-230D	120
显示器	三星 2243BW	1200

续表 1-1

配件名	型　号	参考价格(元)
键盘鼠标	新贵劲舞派对尚品 KM-108RF	200
机箱电源	百盛 A421＋长城 ATX-350SD 静音大师	390
音箱	奋达 S330	170
总计		3970

1.4.2　商务办公型电脑配置

一般情况下，商务办公型电脑配置对 CPU 的要求不必太高，但也不能太落后，因为单位的电脑使用时间较长，更新换代比较慢。这里推荐性价比出众的 Intel 酷睿 2 双核 E7400，它采用先进的 45nm 制造工艺，基于 Core(酷睿)微架构(Core Micro-Architecture)，主频为 2.83GHz，前端总线频率 1 066MHz，外频 266MHz，倍频 10.5。内置 3MB 高速二级缓存，E7400 处理器有较强的超频能力。

主板采用微星 G41TM，该主板使用 Intel G41＋ICH7 芯片组设计，支持 LGA 775 接口的全系列 Intel 双核/四核处理器。主板集成了 GMA X4500 显示核心，支持 DirectX 10 与 Shader Moder 4.0 特效技术，对于办公室应用来说，集成显卡完全可以满足需求。

AOC F19 液晶显示器的外观采用黑色的钢琴漆工艺设计，独特的底座形状非常时尚，控制按钮设置在底部边框上。在性能上，F19 拥有 12 000∶1 的动态对比度，响应时间为 5ms，价格更适合办公室用机。由于办公用户对于鼠标要求不高，选择了价格实惠美观耐用的 LG 黑珍珠(防水套装)。

选取 500GB 的硬盘，对于存放办公文件已经绰绰有余。

商务办公型电脑配置清单见表 1-2。

表 1-2　商务办公型电脑配置清单

配件名	型　号	参考价格(元)
主板	微星 G41TM-E43	500
CPU	Intel 酷睿 2 双核 E7400	480
内存	KINGMAX 2GB DDR2 800 Long _ DIMM	130
显卡	主板集成	
硬盘	日立 500G 7200 转 16M(串口)	360
光驱	三星 TS-H353B	120
显示器	AOC F19	720
键盘鼠标	LG 黑珍珠(防水套装)	60
机箱电源	金河田 SOHO7606B/W(带电源)	390
总计		2760

1.4.3　家庭娱乐型电脑配置

家庭娱乐型电脑对影音配置有要求，对 CPU 的要求不必太高，这里推荐性价比出众的

Intel 奔腾双核 E5200，主频为 2.5GHz，前端总线为 800MHz，倍频是 12.5，外频是 200MHz，二级缓存为 2MB。

对于显卡，采用迪兰恒进 HD4830 雷钻，目前价格为 700 元，采用 RV770 显示核心，基于 55nm 制程。该显卡内建 640 个流处理器。支持 DirectX 10.1 与 Shader Model 4.1 特效技术。

对于影音配置而言，显示器极为重要，为大家推荐明基 G2200W，22 英寸的液晶显示器，价格 1 000 元，可谓非常理想。

由于经常看电影，硬盘的容量一定要大些，便于存放大片。因此推荐 ED 1TB 7200 转，23MB(串口 WD1001FALS)，1 000GB 的硬盘容量，对于存储电影的爱好者而言，还是非常实用的。

机箱电源建议选择多彩 DLC-MT814(带电源)机箱，电源为 300W，稳定可靠。

家庭娱乐型电脑配置清单见表 1-3。

表 1-3　家庭娱乐型电脑配置清单

配件名	型　号	参考价格(元)
主板	捷波 XBLUE-P45	500
CPU	Intel 奔腾双核 E5200	480
内存	金士顿 2GB DDR2 800	150
显卡	迪兰恒进 HD4830 雷钻	700
硬盘	ED 1TB 7200 转，23MB(串口 WD1001FALS)	650
光驱	先锋 DVD-130D	120
显示器	明基 G2200W	1000
键盘鼠标	明基笑傲江湖键鼠套装	100
机箱电源	多彩 DLC-MT814(带电源)	290
音箱	漫步者 R101T06	160
总计		4150

1.4.4 发烧友电脑配置

发烧友用机的特点是追求时尚，所有选择的配件都是比较先进的。

CPU 推荐选用当前最先进的 Intel core i7 920 四核心处理器，主频为 2.66GHz，采用 45nm 工艺制造，QPI 总线 4.8GT/s，具有 8MB 大容量三级高速缓存，由 4 核心共享。这不仅可以满足高端用户在游戏方面的需要，也可以满足超频爱好者的需求。

主板采用微星 X58 pro，该主板采用 Intel X58 芯片组，支持 QPI 总线最高至 6.4GT/s，搭配了 ICH10R 南桥芯片。主板提供了 6 条内存插槽，支持三通道 DDR3 800/1066/1333 内存，最高可以支持 24GB 安装容量。

显卡采用耕昇 GTX260＋司马版高端显卡，该显卡基于 55nm 工艺制程，拥有高达 216 个流处理器，完全支持 DirectX 10.0 与 Shader Model 4.0 特效技术。

该配置选用了 LG GGW-H20L 蓝光刻录机，可以帮助用户享受蓝光电影。

发烧友电脑配置清单见表 1-4。

表 1-4　发烧友电脑配置清单

配件名	型　号	参考价格(元)
主板	微星 X58pro	1600
CPU	Intel core i7 920	2000
内存	宇瞻 黑豹 2DDR3 1333 2G×2	760
显卡	耕昇 GTX260＋司马版	1300
硬盘	WD 1TB 7200 转 23MB(串口 WD10EADS)	760
光驱	LG 蓝光刻录机 GGW-H20L	1890
显示器	三星 T240	2300
键盘鼠标	微软无线激光桌面套装 6000 三重加强版	600
机箱电源	Tt 海啸系列(VA3000BWSB)＋长城四核王 BTX-500S	1000
音箱	声迈 X750	600
总计		12810

以上几款配置清单仅供参考，读者可按照前面讲的配置电脑的原则进行适当地修改，达到自己满意的要求。

第 2 章　CPU

CPU(Central Processing Unit,中央处理器)也称微处理器,是整个电脑系统的“心脏”。它由运算器和控制器组成,内部结构分为控制单元、逻辑单元和存储单元三大部分,它们之间相互协调,可以进行分析、判断、运算并控制计算机中的各部分协调工作。

CPU 负责整个系统指令的执行、数学与逻辑运算、存储数据,以及输入输出的控制。

CPU 的物理结构由内核、基板、填充物、封装及接口等几部分组成,Intel 公司生产的四核 CPU(Core2 Quad)和 AMD 公司生产的四核 CPU(AMD 速龙 II X4 635)的外观如图 2-1 所示。

图 2-1　Intel 四核 CPU 和 AMD 四核 CPU 的外观

2.1　主要技术指标

CPU 是一台电脑的核心,因为它担负着电脑的运算和分析任务。因此 CPU 的技术水平标志着这台电脑的性能好坏。了解一些 CPU 的主要参数,这样在攒机时能够做到胸有成竹,选购到一款既适合自己,且性价比也较高的 CPU。

CPU 的主要技术指标包括核心数量、频率、高速缓存、封装结构和工作电压等。

2.1.1　CPU 的核心

经过多年的激烈竞争,两大 CPU 处理器制造商 Intel 和 AMD 在 CPU 主频上达到了一个又一个高峰。最后,他们发现,单纯地提高主频已经无法提高 CPU 以及电脑的整体性能,而且高主频带来了 CPU 的巨大发热量,反而对电脑的整体性能带来了负面的影响。在这种情况下,Intel 和 AMD 不约而同地开始研制多核心处理器。

CPU 的核心(Die)又称为内核,是制作 CPU 的芯片。芯片是由单晶硅通过一定的生产工艺制作而成的,CPU 所执行的计算、存储、处理数据等命令都是由核心执行。CPU 核心由一级缓存、二级缓存、执行单元、指令级单元和总线接口等逻辑单元组成。

为了便于 CPU 的设计、生产和销售的管理,CPU 制造商对各种 CPU 的核心制定出相应的代号,也就是常说的 CPU 核心类型。不同的 CPU 都会有不同的核心类型(如奔腾 4 的核心为 Northwood,Willamette;Core 2 Extreme 的核心为 Conroe 等),甚至同一种核心都会有不同版本的类型。核心版本的变更是为了修正上一版本存在的一些错误,并提升一定的性能。每一种核心类型都有其相应的技术指标,其中包括:制造工艺(如 65nm、45nm 等)、核心面积(这是决定 CPU 成本的关键因素,成本与核心面积基本上成正比)、核心电压、晶体管数量、缓存容量、主频范围、流水线架构和支持的指令集、功耗和发热量的大小、封装方式(如

PGA、PLGA、FC-PGA 等)、接口类型(如 Socket 370,Socket A,Socket 478,Socket T,Slot 1,Socket 940 等)以及前端总线频率(FSB)等。因此,核心类型决定了 CPU 的工作性能。

目前市场销售的 CPU 是单核、双核、三核与四核并存。不久,即将生产出六核心的 CPU 产品。

2.1.2　CPU 的频率

CPU 的频率包括主频、外频和倍频。

1. 主频

主频也就是 CPU 的时钟频率,英文全称为 CPU Clock Speed(　),即 CPU 运行时的工作频率(　)。一般来说,主频越高,一个时钟周期内完成的指令数也就越多,CPU 运行的速度也就越快。由于 CPU 的种类有很多,其内部结构不尽相同,所以主频相同的 CPU 其性能不一定一样。

以奔腾 4 2.0 为例,它的主频为 2.0GHz(1GHz=1000MHz),意味着每秒中会产生 20 亿个时钟脉冲信号,每个时钟信号周期为 0.5ns。奔腾 4 CPU 有 4 条流水线运算单元,如果负载均匀,CPU 在 1 个时钟周期内可以进行 4 个二进制加法运算。这就意味着该奔腾 4 CPU 每秒钟可以执行 80 亿条二进制加法运算。但如此惊人的运算速度不能完全为用户的应用程序服务,电脑硬件和操作系统本身还要消耗一定的 CPU 资源。

AMD Athlon XP 处理器采用了 PR 标称方式,AMD 公布的 266MHz 前端总线频率的 Athlon XP 处理器标称频率和实际频率的转换计算公式如下:

标称频率=3×实际频率/2－500,实际频率=2×标称频率/3＋333

例如,AMD Athlon XP 2100＋CPU 的标称频率为 2100MHz,实际频率为 1733MHz,即 2×2100/3＋333=1733。

请注意,AMD Athlon XP 及早期的 AMD K5 处理器型号后还会有一个"＋",代表其 CPU 的频率采用 PR 值标识,它不是 CPU 的实际频率,而是 AMD 公司认定它的 CPU 与 Intel同级别的同频 CPU 性能相当。

2. 外频

外频是系统总线的工作频率,又称外部时钟频率,由主板的晶振元件提供。外频越高,CPU 的运算速度也越快。目前,CPU 产品的外频主要有 200MHz 和 266MHz,随着 CPU 的技术发展,其外频还会进一步提高。

3. 倍频

倍频也称倍频系数指 CPU 的速度以几倍外频运行,是 CPU 的主频与外频之间的一个比值,一般由 CPU 厂商在生产 CPU 芯片时确定。

CPU 的主频、外频与倍频系数之间的关系由下列公式确定:

主频(实际运行频率)=外频×倍频

在 CPU 芯片的背面一般可以看到 CPU 的主频、外频、工作电压、Cache(高速缓存)及产地等标识,如图 2-2 所示。其中 2.60GHz/2M/800/0.6,分别代表主频、二级缓存、前端总线频率和工作电压。

4. 系统前端总线频率(FSB)与外频的关系

前端总线(Front Side Bus,FSB)是连接CPU和北桥芯片之间的线路。前端总线频率是指CPU和北桥芯片之间的数据传输率,不是指CPU与北桥芯片之间的工作频率。外频指的是CPU与主板之间同步运行的工作频率,这个概念是建立在主板的晶体振荡器的振荡频率的基础之上的。

图 2-2 CPU 技术指标

由于现在CPU及主板能支持的前端总线频率已经远远高于外频,因此在谈CPU的技术指标时,重点强调前端总线频率,而外频降为次之。

2.1.3 超频技术

1. 超频的含义

超频即为"超过额定频率",就是通过人为的方式提高电脑CPU的工作频率,使其在高于额定频率的状态下稳定地工作。超频的最终目的是提高CPU的主频,意味着不用增加任何硬件成本就能获得提升电脑的整体性能,所以超频一直是电脑爱好者们热衷的话题。

CPU在出厂时所标注的主频是厂商经过反复测试确认的,说明CPU在该频率下能够稳定地工作。为了确保CPU的质量,厂商在标注CPU主频参数时一般都比较保守,这个参数并不是极限值。也就是说,一块标注主频为3.0GHz的CPU,在超频至3.3GHz后仍可能稳定地工作。所以,我们可以通过超频来挖掘CPU的潜能。能否超频,要根据具体情况而定,因为每台电脑的硬件配置不同。要想超频,必须确保主板支持超频,还要看CPU是否适合超频,需要仔细阅读说明书或上网查询。

2. 超频操作

超频存在一定的危险性,如果操作不当会导致硬件报废,比如超频后会产生更多的热量,如果散热不好,可能会烧坏CPU。所以,建议不要盲目进行超频操作。另外,即使是超频的老手,也不能保证每次操作都能成功。如果主板的工艺水平不高或内存、显卡等达不到CPU所需要的频率,也会导致超频操作失败。

2.1.4 总线宽度

下面介绍几种不同的总线宽度。

1. 数据总线宽度

CPU的数据总线宽度决定了CPU与二级高速缓存、内存以及输入、输出设备之间一次传输数据的信息量。

2. 扩展总线宽度

扩展总线宽度是指安装在主板上的总线,如PCI总线接口卡的数据传输速率。

3. 地址总线宽度

地址总线宽度决定了 CPU 可访问的物理地址空间，对于 486 以上的微机系统，地址总线的宽度为 32 位，即最多可直接访问的内存空间为 4096MB(4GB)。

2.1.5　高速缓存

CPU 的高速缓存集成于 CPU 芯片内部，用于暂时存储 CPU 运算时的部分指令和数据。

高速缓存是指可以进行高速数据交换的存储器，它先于内存与 CPU 交换数据，因此速度极快。其工作原理是当 CPU 需要读取数据时，先从高速缓存中调用，如果能找到就立即读取并送到 CPU 进行处理；如果找不到，再从内存中读取，送给 CPU 处理并把这个数据所在的数据块调入高速缓存，以后对该数据的读取从缓存中进行，不必再访问内存。

高速缓存分为 L1 Cache(一级高速缓存)和 L2 Cache(二级高速缓存)。其中二级高速缓存是决定 CPU 性能的一个重要技术指标，目前主流 Intel 酷睿 2 双核 E8400 CPU 的 L2 Cache 的容量已达到 6MB。电脑在运行中从存储器读取数据的层次结构示意图如图 2-3 所示。

在图中，CPU 发出读取数据的指令后，电脑首先从高速缓存中开始查找要读取的数据。如果没有，则从内存或虚拟存储器中读取数据。

虚拟存储器是指利用软件技术，将一部分硬盘存储空间作为内存使用，以降低速度为代价换取更大的内存使用空间。

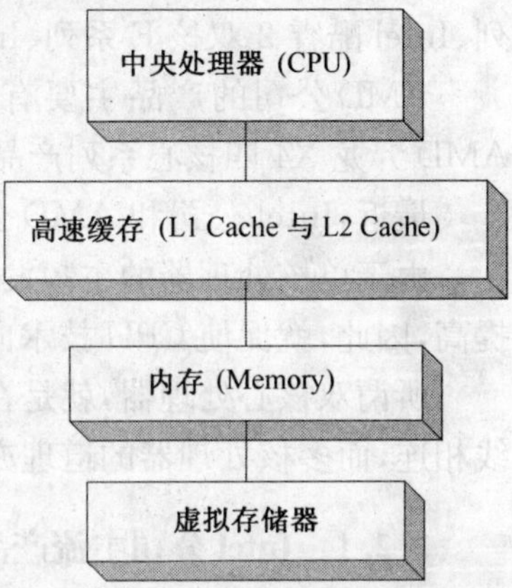

图 2-3　存储器层次结构示意图

2.1.6　工作电压

工作电压是指维持 CPU 正常工作时所需的电压。早期 CPU(286～486 时代)的工作电压一般为 5V，CPU 的发热量太大，使得其寿命较短。随着 CPU 的制造工艺与主频的提高，CPU 工作电压总的趋势都在下降。

在 CPU 芯片的背面，一般可以看到其工作电压值。电压越高，CPU 的发热量也越大。所以在选购 CPU 时，应配置合适的散热风扇。

2.1.7　制程

CPU 的制程指的是芯片上晶体管与晶体管之间连接导线的宽度，简称线宽，一般用 nm(纳米)表示。在半导体制造工艺上，用线宽来代表硅芯片生产工艺的水平。早期的连线采用铝，后来采用铜。制程的数字越小，对降低 CPU 功耗和发热量的帮助越大。目前市场上的处理器一般可达到 45nm 制程。

2.1.8　CPU 的接口标准

CPU 的接口标准就是 CPU 芯片的封装结构，与主板上的 CPU 插座相一致。

经过多年的发展，CPU 的接口标准有针脚式、引脚式、触点式、卡式等多种形式。目前 CPU 的主要接口方式都是针脚式接口，对应到主板上就有相应的插槽类型。CPU 接口类型不同，则插孔数、体积、形状都有差别，所以不能互换。

目前市场上销售的 CPU 接口有 Intel 处理器的 LGA 1366、LGA 775，AMD 处理器的 Socket AM2、Socket AM2＋、Socket AM3 等。

LGA 1366 接口的 CPU 如图 2-4 所示。

图 2-4　LGA 1366 接口的 CPU

2.2　CPU 主流产品

当前市场上 CPU 主流产品主要由 Intel 公司和 AMD 公司垄断，VIA 公司的产品只占少量份额。

Intel 公司的主流 CPU 产品主要有 Intel 奔腾双核 E 系列、Intel 酷睿 2 双核 E 系列、Intel 酷睿 2 四核系列、Intel 酷睿 i 四核系列等产品。

AMD 公司的产品主要有 AMD Athlon 64 X2 双核系列、AMD 羿龙 X3 三核心系列、AMD 羿龙 X4 四核心系列产品等。

最近，Intel 公司和 AMD 公司先后宣布，即将推出六核心系列 CPU。

由于单核处理器的主频发展到 3.2GHz 以后，很难再有大的提高，严重地影响了性能的提高，因此，就促使 CPU 技术向双核和多核方面发展。

所谓双核心处理器，就是在一块 CPU 基片上集成 2 个处理器，2 个核心之间通过并行总线相连，而多核处理器的道理亦是如此。

2.2.1　Intel 公司主流产品

1. Intel 奔腾双核 E5300

目前，Intel 奔腾双核 E5300 是入门级 CPU 产品，采用 45nm 制造工艺，基于酷睿微架构(Core Micro-Architecture)，主频为 2.6GHz，前端总线频率 800MHz，外频 200MHz，倍频 13。在先进的制程工艺与高倍频低外频的帮助下，使得 E5300 的超频能力非常强悍，一些品质优良的产品在风冷的情况下完全可以超频至 4GHz 稳定工作，因此其性价比超高，十分受低端用户和超频爱好者的欢迎。其价格目前不超过 500 元人民币。

E5300 的参数见表 2-1。

表 2-1　E5300 参数表

产品规格	
核心数量	双核心
主频	2600MHz
前端总线频率	800MHz
接口方式	LGA 775
二级缓存	2MB

2. Intel 酷睿 2 双核 E7400

Intel 酷睿 2 双核 E7400 采用先进的 45nm 制造工艺，基于酷睿微架构(Core Micro-Architecture)，主频为 2.83GHz，前端总线频率 1 066MHz，外频 266MHz，倍频 10.5。内置 3MB 高速二级缓存，得益于先进的制程工艺与高倍频低外频技术，使得 E7400 处理器有较强的超频能力，非常适合电脑爱好者们超频使用。

实验中证明，将 E7400 处理器的频率刷新至 5.78GHz，工作还非常稳定。

E7400 的参数见表 2-2。

表 2-2　E7400 参数表

产品规格	
核心数量	双核心
主频	2803MHz
前端总线频率	1066MHz
接口方式	LGA 775
二级缓存	3MB

3. Intel 酷睿 2 双核 E8400

Intel 酷睿 2 双核 E8400 采用先进的 45nm 制造工艺，基于酷睿微架构，主频采用 3.0GHz，前端总线频率为 1333MHz，外频 266MHz，倍频 10.5。拥有 6MB 二级高速缓存，双核心，支持 MMX、SSE、SSE2、SSE3 及 SSE4.1 等多媒体指令集，具有一定的超频能力。其最大的优点是支持 SSE4.1 指令集的多媒体软件，使得其播放高清影视效果好，CPU 占有率低，整体性能显著提高。

E8400 的参数见表 2-3。

表 2-3　E8400 参数表

产品规格	
核心数量	双核心
主频	2333MHz
前端总线频率	1333MHz
接口方式	LGA 775
二级缓存	6MB

4. Intel 酷睿 2 四核 Q8200

Intel 酷睿 2 四核 Q8200 采用四核心、45nm 制造工艺，主频为 2.33GHz，前端总线频率 1 333MHz，内置 4MB 高速二级缓存，凭借先进的四核心工艺技术，Q8200 处理器在市场上具有较强的竞争能力。

这是 Intel 公司推出的第一个桌面四核心处理器，也是该公司的普及型产品，播放高清影视效果好，CPU 占有率低，整体性能优越。

Q8200 的参数见表 2-4。

表 2-4　Q8200 参数表

产品规格	
核心数量	四核心
主频	2333MHz
前端总线频率	1333MHz
接口方式	LGA 775
二级缓存	4MB

5. Intel 酷睿 i7 920

Intel 酷睿 i7 920 采用全新的 LGA1366 封装接口标准、45nm 制造工艺，主频为 2.66GHz，集成三通道 DDR3 内存控制器，支持 DDR3 800/1066/1333/1600 等规格的内存产品，采用新总线 QPI 与处理器进行连接，支持 SMT(Simultaneous Muti-Threading，其单颗处理器即可支持 8 线程并行处理技术)多线程技术，支持 SSE4.2 指令集(增加了 7 条新的 SSE4 指令)。

Intel 酷睿 i7 系列处理器是目前 Intel 产品中最快的 CPU，该系列处理器的问世，促成了 DIY 市场的装机热。Intel 酷睿 i7 920 是电脑玩家的首选 CPU。

Intel 酷睿 i7 920 的参数见表 2-5。

表 2-5 Intel 酷睿 i7 920 参数表

产品规格	
核心数量	四核心
主频	2660MHz
前端总线频率	1333MHz
接口方式	LGA 1366
二级缓存	1MB

2.2.2 AMD 产品

1. AMD Athlon64 X2 7750

AMD Athlon64 X2 7750 AM2 处理器是基于 K10 微架构，采用 65nm 制程，主频为 3.0GHz，三级缓存为 2MB，DDR2-1066 内存控制器以及 Cool'n'Quiet 2.0 技术。它具有超强的超频性能，是众多超频电脑玩家的首选。

AMD Athlon64 X2 7750 处理器采用原生双核设计技术，并且不锁定倍频，根据媒体测试数据显示，AMD Athlon64 X2 7750 可以超频至 3.3GHz，超频后，性能可以提升 30%，是性价比较高的产品。

AMD Athlon64 X2 7750 的参数见表 2-6。

表 2-6 AMD Athlon64 X2 7750 参数表

产品规格	
核心数量	双核心
主频	2700MHz
前端总线频率	1800MHz
接口方式	Socket AM2+940
三级缓存	2MB

2. AMD Phenom X3 8650

AMD Phenom X3 8650 是三核心处理器，采用 Socket AM2+接口标准，每颗核心的默认频率为 2.3GHz，外频为 200MHz，倍频为 11.5。支持 SSE、SSE2、SSE3 及 SSE4A 等多媒体指令集和 X86—64 运算指令集。AMD Phenom X3 8650 处理器内置了 1.5MB 的三级缓存，可同时为三核心共享。

该处理器采用以前的 K10 架构设计，其效率略逊于酷睿架构，但由于其有三颗核心，所以其多线程能力十分突出，适合经常处理多线程应用软件的用户选择。由于采用了 Socket AM2+接口标准，老用户可以直接对 CPU 进行升级，不需要更换主板，其价格与一般的双核处理器持平，性价比非常高。

AMD Phenom X3 8650 的参数见表 2-7。

表 2-7 AMD Phenom X3 8650 参数表

产品规格	
核心数量	三核心
主频	2300MHz
前端总线频率	3000MHz
接口方式	Socket AM2+940
三级缓存	1.5MB

3. AMD Phenom X4 9650

AMD Phenom X4 9650 采取四核心架构设计，采用 Socket AM2+接口标准，每颗核心的默认频率为 2.3GHz，外频为 200MHz，倍频为 11.5。它支持 1 800MHz 的 HT 3.0 总线，支持 MMX(+)、3DNOW!(+)、SSE、SSE2、SSE3 及 SSE4A 等多媒体指令集和 X86—64 运算指令集。AMD Phenom X3 9650 处理器内建一级数据缓存为 64K×4，一级指令缓存为 64K×4，二级缓存为 6512K×4，同享 2MB 的三级缓存。

该处理器采用 AMD 目前最先进的 Phenom 微架构设计，拥有超大的共享三级缓存和独立的二级缓存以及独立的四核心处理器，虽然采用了 65nm 的制程工艺，但其性价比是非常高的，适合尝试 AMD 平台的多核处理器的 DIY 者选用。

AMD Phenom X4 9650 的参数见表 2-8。

表 2-8 AMD Phenom X4 9650 参数表

产品规格	
核心数量	四核心
主频	2300MHz
前端总线频率	2600MHz
接口方式	Socket AM2+940
三级缓存	2MB

4. AMD Phenom X4 9950

AMD Phenom X4 9950 是四核心处理器，采用 Socket AM2+接口标准，默认电压为 1.05～1.3V。每颗核心的默认主频为 2.6GHz，外频为 200MHz，倍频为 13，支持1 000MHz 的 HT 3.0 总线，支持 MMX(+)、3DNOW!(+)、SSE、SSE2、SSE3 及 SSE4A 等多媒体指令集和 X86—64 运算指令集。AMD Phenom X3 9950 处理器内建一级数据缓存为 64K×4，一

级指令缓存为 64K×4，二级缓存为 512K×4，共享 2MB 的三级缓存。

该处理器是 AMD 目前最先进的处理器，不仅拥有四核心，高达 2.6GHz 的主频，还具有不锁定倍频的特点，可以轻松超频，该处理器的另一大特点是自带配套的风扇。

AMD Phenom X4 9950 的参数见表 2-9。

表 2-9 AMD Phenom X4 9950 参数表

产品规格	
核心数量	四核心
主频	2600MHz
前端总线频率	3600MHz
接口方式	Socket AM2+940
三级缓存	2MB

2.3 选购 CPU

选购 CPU 时应当从以下四个方面考虑。

1. 目的明确

首先要明确组装电脑的目的，结合自己的经济实力，从性能价格比及超频能力方面综合考虑。同一品牌的产品，主频越高，性能越好，价格也就越贵。总体来说，新品刚上市时，价格最高。

2. 与主板结合

因为 CPU 安装在主板上，选购 CPU 时必须与主板配套购买，CPU 的各种性能指标，如频率、电压以及接口标准，必须与主板所支持的 CPU 标准相匹配，尤其是主板芯片组对 CPU 的支持非常重要；否则再好的 CPU 也不能发挥出其最佳的性能。

3. 关于超频

使用 CPU 是否超频是一个非常敏感的话题，如果要超频使用，可选择那些超频性能较强的 CPU 产品，在前面介绍当前主流 CPU 产品时，对其超频性能都进行了详细的介绍。

超频实际是使 CPU 超负荷地运转，肯定会减少 CPU 的寿命。另外，如果超频不当，还会烧毁相关部件，实际是得不偿失。

4. 盒装与散装

CPU 有盒装和散装之分，盒装 CPU 具有漂亮的包装盒，内有详细的说明书与质保书等相关资料，但是价格要比散装的贵一些。购买盒装产品的优点是售后服务比较有保障，并且一般不会有假货。在购买盒装 CPU 时，要注意商家提供的包装是否完整。购买后当时打开包装，取出产品清单及说明书，逐个核对说明书中列举的配件。清点后，请商家在质保书上盖章。

散装 CPU 一般是为了降低成本，成批进货，不具备精美的包装和相关资料，有很多 DIY 族为了减少开支而选择散装 CPU，一般也不会有问题。

2.4 CPU 的散热装置

2.4.1 散热装置的作用

CPU 的散热装置主要是由散热片和风扇组成。CPU 在高速运转的过程中产生大量的热量，要通过散热装置将热量散发出去，从而达到降低 CPU 温度的目的。如果没有散热片或散热风扇，则会造成电脑死机，严重时会烧坏 CPU。

品牌 CPU 产品一般都有与之配套的散热装置。随着 CPU 技术的不断发展，散热技术也在不断提高，散热装置的技术含量也越来越大。下面展示几种新型的散热装置，带有制冷片的散热装置如图 2-5 所示，采用顶抽式风扇的散热装置如图 2-6 所示，采用侧吹式风扇的散热装置如图 2-7 所示。

图 2-5　带有制冷片的散热装置

图 2-6　采用顶抽式风扇的散热装置

图 2-7　采用侧吹式风扇的散热装置

2.4.2　选购风扇

Intel 公司制定了散热器、散热机制的标准，购买 CPU 的同时一定要购买一套品质优良并与之配套的散热器。

散热器有多种，最主要的是风扇。CPU 风扇之间的价格差异很大，最便宜的仅仅十几元，最贵的可能达到数百元，但并不是价格越贵就一定越好。从普通用户的消费观念看来，一分钱一分货，散热风扇的价格越高，它的质量和性能也应该比其他类型的产品要好，其实不然。昂贵的价值可能会体现在风扇的制作材料、品牌知名度及需求量或其他辅助功能等方面占优势。如果风扇的高价是由这些原因引起的，那么购买回来的风扇不一定所有功能都适用于自己的电脑。另外散热效果的好坏，不仅与散热风扇有关，还与散热风扇是否能与 CPU 协调配合有关，如果风扇不能与 CPU 有效进行配合，不但不会达到理想的散热效果，严重的话还有可能损坏 CPU。因此，单独以价格的高低来衡量风扇的散热效果是片面的，大家最好选择 CPU 厂商推荐的散热风扇，二者可以进行很好地配合，这是最主要的。

第3章　主　板

主板安装在电脑机箱内，其功能是把电脑的主机部件紧密地联系在一起，是电脑的关键部件之一。主板上的 CPU 插座、内存插槽、总线扩展槽、芯片组以及 ROM BIOS 等决定了电脑的档次。

3.1　主板的结构

主板大多是长方形印制电路板，上面集成了 CPU 插座、内存插槽、芯片组、各种外设控制芯片、键盘与鼠标插座、机箱面板的控制开关及指示灯连线插座等相关器件。主板上的元器件大都采用 SMT(Surface Mount Technology，表面安装工艺)焊接，大大提高了可靠性。主板一般都为多层印制电路板，上面安装元器件，下面主要是线路连接线，中间两层布有电源线和地线。主板由直流开关稳压电源供电。

主板是一个比较复杂的部件，随着大规模集成电路和超大规模集成电路技术的发展，主板的集成度越来越高，芯片数目越来越少，故障率逐步减少，速度稳步提高，稳定性也随之提高。ATX 主板结构图如图 3-1 所示，说明如下。

图 3-1　ATX 主板结构图

图 3-1 中所示的主板各部分说明如下：

①North Bridge(北桥)芯片：CPU 与外部设备之间的联系纽带，L2 Cache、AGP、DRAM 和 PCI 插槽等设备通过不同的总线与之相连。

②South Bridge(南桥)芯片：与北桥芯片共同组成主板上的芯片组。南桥芯片主要负责连接 ISA 总线设备、USB 接口、EIDE 传输、高级电源管理、中断及 DMA 通道管理等功能。

③ISA 插槽：这是从 486 机延续下来的主板插槽，其工作频率只有 8MHz，为黑色。目前生产的主板多数已经取消了 ISA 插槽。

④PCI 插槽：很多声卡、网卡和 SCSI 卡都使用这种插槽，其工作频率为 33MHz 或

66MHz,这是目前的主流插槽。

⑤AGP(Accelerated Graphics Port,加速图形口)插槽:用于安插 AGP 显卡。

⑥内存条插槽:用于安插电脑的随机存储器,即内存条。

⑦CPU 插座:用于安装 CPU,主要分为 Socket 和 Slot 两种类型。

⑧BIOS(BASIC Input/Output System,基本输入/输出系统)芯片:一块装入了启动和自检程序的 EPROM 或 EEPROM 集成电路。

⑨CMOS 电池:为主板上的 CMOS 芯片供电,以保持其中的信息。

⑩外设接口:包括并行口、串行口和 USB 接口等。

⑪IDE 接口:主板上一般配备两个 IDE 接口,分别为 IDE1 和 IDE2,用于连接硬盘驱动器或光盘驱动器等 IDE 接口设备。

⑫软盘驱动器接口:用于安装软驱。

⑬电源插座:用于连接 ATX 开关电源。

3.2　结构标准

主板的结构标准是指主板上各种元器件的布局和排列方式,不同标准的主板板型要求使用不同的机箱,主板结构标准之间的差别主要包括形状、尺寸、元器件的排列位置和电源电路等。伴随着电脑的技术发展,主板的结构标准也在不断地发生变化。下面介绍当前常见的几种主板的结构标准,即 AT、ATX、NLX 结构标准以及集成式主板的结构。

3.2.1　AT 结构标准

AT 结构标准开始是应用在 IBM AT/XT 计算机上,现已定型为一种计算机的工业标准。AT 主板的尺寸为 33.02cm×30.48cm,由于主板的尺寸较大,所以可放置较多的元器件及 AT 扩充插槽。AT 主板如图 3-2 所示。

3.2.2　ATX 结构标准

ATX(AT Extend)主板结构是 Intel 公司设计的,该结构采用的是一种全新的结构设计方法,克服了 AT 主板的某些缺陷,主板布局更加合理,还能够更好地支持电源管理。

ATX 主板的尺寸为 30.5cm×24.4cm,该结构直接提供串行口 COM1 和 COM2、并行口 LPT1、PS/2 鼠标接口、PS/2 键盘接口以及 USB 接口。典型的 ATX 主板如图 3-3 所示。

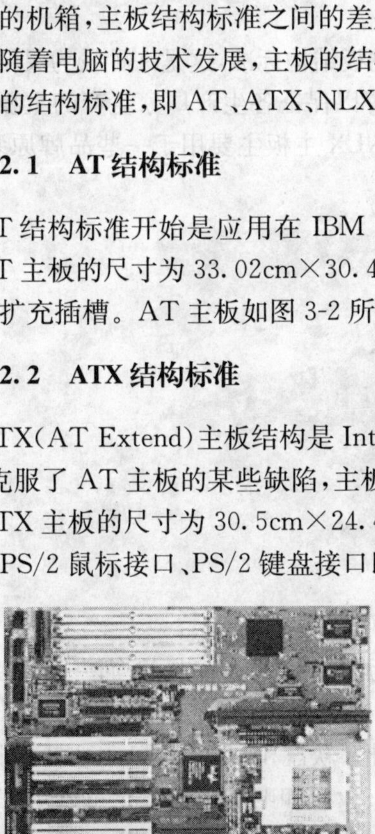

图 3-2　AT 主板

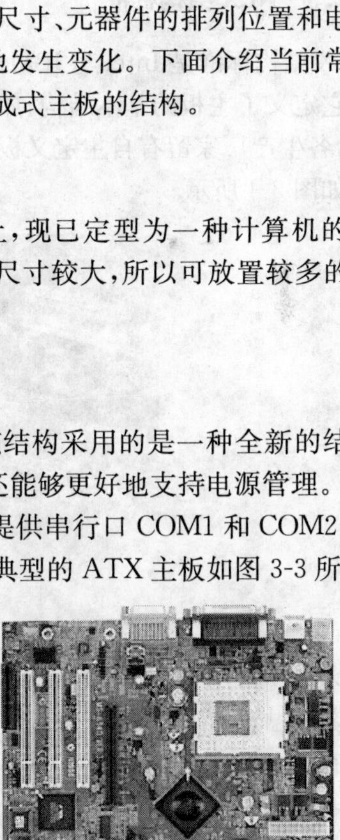

图 3-3　ATX 主板

由于 ATX 结构主板的尺寸横向宽度增加，可将 CPU 插槽安放在内存插槽旁边。软硬盘连接插口从主板的边沿移到板子中间，这样可以使其与硬盘和软驱的距离更近，便于安装。由于外设线和硬盘线变短，更靠近硬盘，所以当板卡过长时不会触及其他元件。散热系统也更加合理，并有效地降低了电磁干扰。

电源插座位于内存插槽的右侧，将原来的 CPU 和电源风扇合二为一，并支持 USB 热插拔功能接口。利用电源单边托架风扇，可以直接为 CPU 及主板上的元器件散热。ATX 结构的主板集成了串行口、并行口、声卡和网卡等，使各种设备的连线走向更趋合理。

ATX 结构的优点如下：

① 全面改善了硬件的安装、拆卸和使用条件。

② 为支持多种多媒体卡和新型设备保留了空间，使用户以后增加新的设备更加方便。

③ 由于增加了集成度，将多种 I/O 接口集成在主板上，因而全面降低了系统的整体造价。

④ 改善了机箱通风条件，利于系统整体散热。

⑤ 降低了电磁干扰，利于系统的稳定，并且减少了环境污染。

ATX 结构主板是当前市场主流产品。

3.2.3 NLX 结构标准

NLX 结构标准是 Intel 与 IBM 公司合作开发的主板结构标准，这是一种较为灵活的技术标准。它定义了主板的基本结构，如尺寸和安装形式等以保证各生产厂家生产的主板的兼容性，并为各生产厂家留有自主定义板子细节的空间。NLX 主板主要用于一些品牌原装机上，其结构如图 3-4 所示。

图 3-4 NLX 主板结构

NLX 结构的主板由两块卡所组成，上面一块称为附加(Add-in)卡，下面一块称为主卡，其基本设计思想如下。

① 在 Add-in 卡上集成了 PCI 和 ISA 总线扩充插槽、软盘和硬盘(IDE1 和 IDE2)接口，为主卡供电的电源插座等。这样，所有的 I/O 接口电缆、板卡和电源连接线全都固定在主机箱上的 Add-in 卡上。

② 在主卡上集成了内存插槽和连接各主要设备的接口器件。在组装电脑时只要将主卡插在 Add-in 卡上即可，使卡的拆装变得非常简单，提高了系统的稳定性及组装电脑的灵活性。

在Add-in卡上即可，使卡的拆装变得非常简单，提高了系统的稳定性及组装电脑的灵活性。

3.2.4 集成式主板结构

当前流行的主板结构中，有一类称为集成式主板，它集成了多种接口卡的功能，如声卡、显卡以及网卡等。集成式结构主板如图3-5所示。

图3-5 集成式结构主板

这种主板的优点是比较经济，由于将多种接口卡的芯片与接口都集成在主板上，所以稳定性较好。但是在总体性能上与非集成主板相比，要相对差一些。由于集成主板的显卡显存是占用主机内存的一部分，且由BIOS进行设置，也不能设置太高，否则影响内存的容量和性能。

3.3 主要部件

主板的性能及质量，不仅取决于制作工艺水平，还取决于主板上的主要部件的性能，这些部件主要包括芯片组、扩展插槽、CPU插座、BIOS程序和CMOS芯片等。

3.3.1 芯片组

芯片组(chipset)是主板的灵魂，它的每一次技术进步，都对整个电脑的发展起到不容忽视的推动作用。电脑主板的技术发展与更新换代，在很大程度上是芯片组的更新换代。在选购主板时要查阅相关的资料，了解其使用了哪一种芯片组。

在电脑系统中，芯片组负责协调CPU与外围部件间的数据交换及其他工作。

芯片组由南桥芯片与北桥芯片组成，它与主板的关系如同CPU与整机的关系一样，提供了主板所需的完整核心逻辑。

北桥芯片负责管理L2 Cache、支持内存的类型及最大容量、支持AGP加速图形接口及ECC数据纠错等功能。由于北桥芯片组的功能越来越强、速度越来越快，集成的晶体管也就越来越多，发热量自然大幅增加，所以当前多数厂商在北桥芯片组上加装了散热片或风扇，以免其在高速运行时因过热而损坏。

南桥芯片主要负责连接总线设备、USB接口、EIDE传输、高级电源管理、中断及DMA通道管理，以及对KBC(键盘控制模块)和RTC(实时时钟模块)的支持。

由此可见，芯片组的性能将直接影响主板甚至整个电脑系统的性能，芯片组的功能如图3-6所示。

芯片组的生产厂商主要有Intel、VIA(威盛)、SiS(矽统)和NVIDIA等公司。

当前，支持Intel平台的主流芯片组有Intel P43芯片组、Intel G41芯片组及Intel P45芯片组；支持AMD平台的主流芯片组有AMD 770、AMD MCP78单芯片组和AMD 790GX单芯片组。

3.3.2 扩展插槽

扩展插槽是 CPU 通过 I/O 总线与外部 I/O 设备联系的通道，各种 I/O 接口卡都插在扩展槽上。

1. PCI 总线插槽

PCI 总线插槽具有高速的数据传输率，用于插 32 位图形/图像卡、16 位的网卡和声卡等 PCI 接口卡。PCI 总线插槽是白色，如图 3-7 所示。

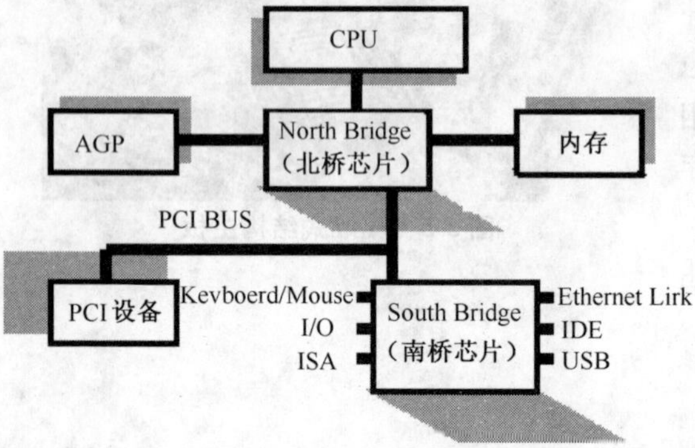

图 3-6 芯片组的功能

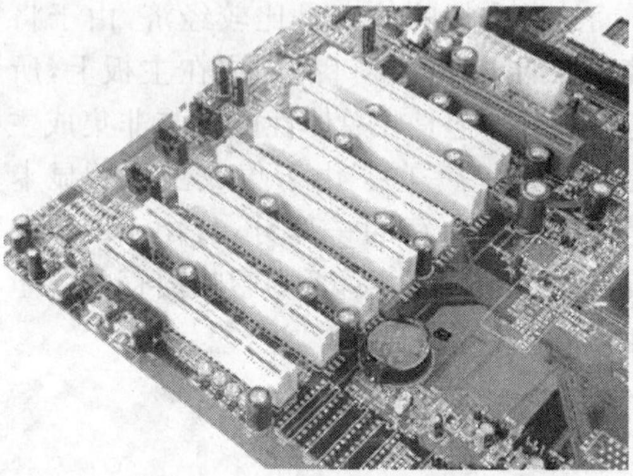

图 3-7 PCI 总线插槽

2. AGP(Accelerated Graphics Port)插槽

AGP 插槽即加速图形口，用于安装各种 AGP 总线接口的 3D 显卡。它通过 AGP 总线与北桥芯片相连，所以 AGP 显卡的传输速率远远超过与其他设备共享 PCI 总线的 PCI 显卡。AGP 标准分为 AGP 2X(倍速)、AGP 4X 和 AGP 8X。

AGP 插槽在主板上为棕色插槽，形状与 PCI 总线插槽相似，如图 3-8 所示。

图 3-8 AGP 插槽

3. PCI Express 接口

PCI Express 接口是一种新的显卡接口标准，自发布以来得到了大多数厂商的支持。当前，PCI Express X16 接口标准已经取代了 AGP 8X，主流显卡都采用这种接口。

PCI Express X16 接口的带宽是 AGP 8X 的两倍，达到 4GB/s。PCI Express 还可以给显卡提供功率高达 75W 的电源。

3.3.3　CPU 插座

大多数 CPU 插座都采用带扳手的 ZIF(Zero Insertion Force)插座。安装 CPU 芯片时，只需将扳手抬起，按照 CPU 芯片的标识放入插座中，再将扳手扳回原来位置，即可保证 CPU 各管脚与主板有良好的接触。

当前市场上，英特尔处理器均采用了 LGA 775 接口，无论是入门的赛扬处理器，还是中端的奔腾 E 与 Core 2，甚至高端的四核 Core 2，其接口均为 LGA775，主板上设计有相应的 LGA775 插座，如图 3-9 所示。

3.3.4　内存插槽

主板上的内存插槽用于安装电脑的随机存储器，即内存条。内存条分为 SDRAM 和 DDR，DDR 内存又分为 DDR1、DDR2、DDR3 和双通道 DDR 等几种类型，不同插槽的引脚数、额定电压和性能都不相同。

内存插槽的中间设置两个卡销，与内存条上的两缺口相对应，以防止将内存条插反。内存插槽两侧有两个定位销，将内存条安装就位后自动卡紧，以防松动。

双通道 DDR 内存插槽如图 3-10 所示。

图 3-9　主板的 LGA775 插座

图 3-10　双通道 DDR 内存插槽

3.3.5　硬盘与软驱接口

1. 硬盘接口

当前的硬盘接口标准主要有如下两种：并行 ATA 接口标准和串行 ATA 接口标准。

(1)并行 ATA 接口

并行 ATA 接口也称 IDE(Integrated Drive Electronics，集成驱动器电路)标准，其实质是将硬盘控制器与盘体集成在一起的硬盘驱动器。主板上有两个 40 针的 IDE 接口插座，通常标为 Primary IDE 和 Secondary IDE，或 IDE1 和 IDE2 接口，或 IDE0 和 IDE1。每个 IDE 接口都可以连接两台 IDE 设备(硬盘或光驱)，连接时要在设备的后面设置好 Master(主)和

Slave(从)。

当前并行 ATA 接口标准的数据传输率为 133MB/s。

主板上的 IDE 接口如图 3-11 所示。

(2)串行 ATA 接口(SATA)

串行 ATA(Serial ATA)1.0 标准定义数据传输率可达 150MB/s,比最新的并行 ATA 接口最高速率 133MB/s 还高,而 Serial ATA 2.0 标准的数据传输率可达 300MB/s。串行 ATA 接口不再区分主盘和从盘,还可以如同 USB 设备一样支持热插拔,可以使用长达 1 米的数据传输线。串行 ATA 接口如图 3-12 所示。

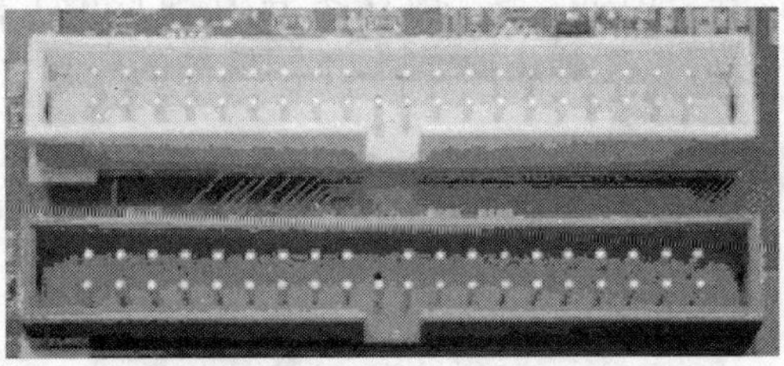

图 3-11 主板上的 IDE 接口

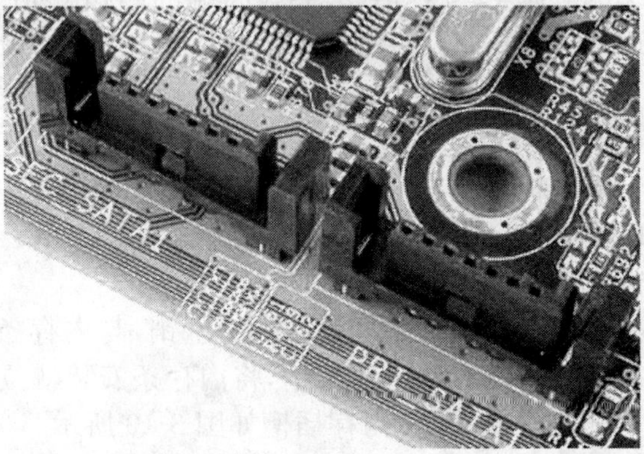

图 3-12 串行 ATA 接口

2. 软驱接口

主板上的软驱接口是一个有 34 根针的插座,其位置在硬盘接口的旁边。插座的边上有一缺口,以防插反。软驱接口如图 3-13 所示。目前生产的主板大多数已经没有软驱接口了。

图 3-13 软驱接口

3.3.6 电源插座

主板的电源接口插座有 ATX 和 AT 两种类型,在电源插座周围有一些稳压集成模块、电容及稳压管等元器件,这些元器件与电源插座中输入的电源相配合为主板供电。

当前的电源都应当符合最新的 ATX12V 2.0 标准,其插座为双排共 24(12×2)孔插座,主板上的电源插座如图 3-14 所示。

3.3.7　外设接口

ATX 主板将一些接口电路及其外接插口都集成在主板上，其中主要包括 PS/2 键盘、PS/2 鼠标、USB 接口、并行口和 2 个串行口(COM1，COM2)等。有些 ATX 主板上集成了声卡和显示芯片，接口上就有相应的语音输入输出口和显示器接口。外设接口如图 3-15 所示。

图 3-14　主板上的电源插座

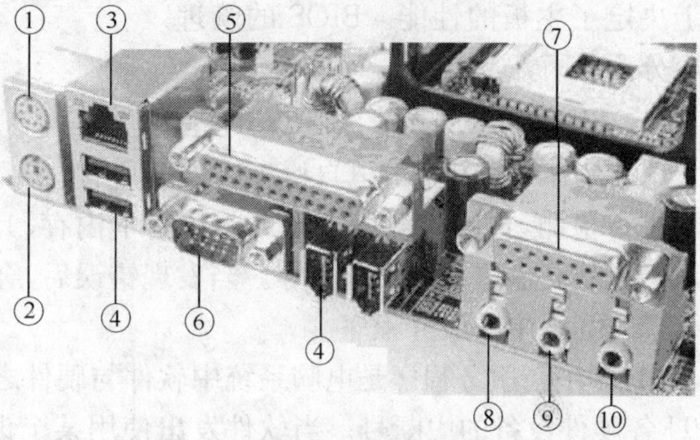

图 3-15　外设接口

①PS/2 鼠标接口：连接 PS/2 鼠标。

②PS/2 键盘接口：连接 PS/2 键盘。

③网卡接口：连接网线。

④USB(Universal Serial Bus)接口：通用串行总线，用于连接具有 USB 接口标准的设备，如扫描仪和活动硬盘等。

⑤并行口：为 25 针插座，用于连接打印机等并行接口设备。

⑥串行口：9 针接口。以前的 PC 机都是配置一个 25 芯和一个 9 针的插座，用于连接串行设备，如外置 MODEM 和鼠标等。

⑦MIDI：游戏杆插座。

⑧SPEAKER：喇叭输出口，用于连接语音输出，如喇叭等设备。

⑨LINE IN：线路输入口，通过线路输入语音信号。

⑩MIC IN：麦克风，语音输入。

3.3.8　BIOS 程序与 CMOS RAM 芯片

1. BIOS 程序的作用

BIOS(BASIC Input/Output System，基本输入/输出系统)程序固化在 EPROM(Erasable Programmable ROM，可擦除可编程 ROM)或 Flash ROM(快擦除 ROM)中。当前 BIOS 全部采用的是 Flash ROM。BIOS 程序是最基本且最重要的程序，电脑的原始操作都是由它完成的。它为电脑操作提供最基本的支持，是电脑操作系统与硬件之间的接口，因此其性能也是决定主板性能的重要因素之一。固化 BIOS 的 ROM 芯片的容量一般在64～128KB。人们在习惯上将固化 BIOS 程序的 ROM 存储器芯片称为“BIOS 芯片”。目前，几乎所有的兼容机和品牌机都采用 Award 公司或 AMI 公司的 BIOS 芯片。BIOS 芯片如图 3-16 所示。

图 3-16 BIOS 芯片

2. BIOS 程序的内容

BIOS 程序的任务是对主板进行全面的管理，因此其功能的强弱在很大程度上决定了主板的性能。BIOS 的管理内容分为以下几部分：

(1)POST(Power On Self Test)程序

POST 程序即开机加电自检程序。电脑加电后，系统会启动 POST 程序对各主要的硬件设备进行检测，包括检测 CPU、640KB 基本内存、1MB 以上的扩展内存、CMOS 芯片、串并口、显卡、软硬盘子系统及键盘等。当发现错误后，会给出提示信息或发出报警。

(2)BIOS 中断服务程序

BIOS 中断服务程序是电脑系统中软件与硬件之间的一个可编程接口，开机时 BIOS 通知 CPU 各硬件设备的中断号。当软件发出使用某个设备的指令时，CPU 将按照中断号使相应的硬件工作。工作完成后，再根据中断号返回。

(3)BIOS 系统设置程序

用户通过运行该设置程序将系统当前的配置信息写入主板上的 CMOS RAM 芯片中。电脑的配置信息主要包括 CPU 特性、软硬盘参数、显示器类型及日期和时间等与系统运行速度及性能有关的重要数据。要运行该程序，在电脑开机时，按某个键(一般为 Del 键)即可进入设置界面。

(4)系统启动程序

BIOS 完成加电自检后，ROM BIOS 将按照 CMOS RAM 中保存系统启动顺序搜索软盘、硬盘或光盘等读入操作系统引导记录。然后将控制权交给系统引导记录，由其完成系统的继续引导任务。

3. CMOS RAM 芯片

CMOS(Complementary Metal-Oxide Semiconductor，互补金属氧化物半导体)具有功耗低的特点，用于保存 BIOS 系统设置程序中设置的内容。CMOS RAM 芯片需要电池供电，以保证电脑关机后其中的信息不丢失。

3.4 主流产品

生产主板的厂家主要有捷波、映泰、华硕、技嘉、微星和升技等。这些大的厂家都有很高的品牌知名度，生产的产品可靠性比较高；另外，服务方面也很到位，在这些厂商的官方网站上随时可以找到最新的驱动软件与 BIOS 更新下载，可以及时地升级主板的驱动程序和 BIOS 版本，提升产品的性能。

由于主板必须与 CPU 结合使用，所以将主板的主流产品分为 Intel 平台产品和 AMD 平台产品。

3.4.1　Intel平台产品

1. 捷波 X-BLUE P43 主板

捷波 X-BLUE P43 主板采用了 Intel P43＋ICH10 芯片组，前端总线为 1600MHz，支持 45nm Intel 双核/四核 CPU 处理器。主板具有 4 条内存插槽，支持双通道 DDR2 800 内存。

捷波 X-BLUE P43 主板是目前市场上报价最低的 P43 主板，其特点是不但做工扎实，而且功能齐全，非常适合近期装机用户选用。

捷波 X-BLUE P43 主板的技术参数见表 3-1。

表 3-1　捷波 X-BLUE P43 主板的技术参数

技术参数	
主芯片组	Intel P43
CPU 插槽	LGA 775
前端总线频率	1600MHz
内存类型	DDR2
显卡插槽	2 条 PCI-E 2.0 16X

2. 微星 G41M4-F

微星 G41M41M-FD 采用了 Micro ATX 版型设计，做工精良。基于 Intel G41＋ICH7 芯片组，前端总线频率支持 1333MHz，采用 Intel LGA775 封装标准。支持双核、四核酷睿 2 处理器。该主板整合了 GMA X4500 显示核心，支持 DirectX 10 特效和高清解码功能，同时支持 Pixel Shader 4.0 技术。

该主板的特点是产品优秀，价格低廉，当前售价不足 500 元人民币，支持集成显卡。

微星 G41M4-F 主板的技术参数见表 3-2。

表 3-2　微星 G41M4-F 主板的技术参数

技术参数	
主芯片组	Intel G41
CPU 插槽	LGA 775
前端总线频率	1333MHz
内存类型	DDR2
显卡插槽	集成 Intel GMA X4500 显示核心

3. 华硕 P5Q Deluxe

华硕 P5Q Deluxe 主板采用 ATX 标准的大板设计，PCB 底板的颜色为黑色，基于 Intel P45＋ICH10R 芯片组，支持 1600/1333/1066/800MHz 前端总线频率，采用 Intel LGA775 接口，支持 Intel Core 2 Quad/Core 2 Extreme/Core 2 Due/Pentium D/Pentium 4 等多系列处理器，还支持 Intel 新一代 45nm 的 Core 2 Due E8000/E7000 系列处理器，支持 Hyper-Threading 超线程技术。

华硕 P5Q Deluxe 主板的价格远远低于高端玩家系列产品，但从制作工艺和技术参数方面，绝对是豪华产品。该主板具有多项行业顶级技术，如 EPU 节能技术、Stack Cool 2 散热技术、Express Gate 快闪碟功能以及 Sil 5723 功能都是目前普通主板所不具备的。对于追求高端技术的玩家来说，绝对是值得选择的产品。

华硕 P5Q Deluxe 主板的技术参数见表 3-3。

表 3-3 华硕 P5Q Deluxe 主板的技术参数

技术参数	
主芯片组	Intel P45
CPU 插槽	LGA 775
前端总线频率	1600MHz
内存类型	DDR2
显卡插槽	3 条 PCI-E 2.0 16X

4. 技嘉 GA-EP45-DS3LR

技嘉 GA-EP45-DS3LR 主板基于 Intel P45＋ICH10R 芯片组，支持 Intel 酷睿 2 至尊、酷睿 2 双核、酷睿 2 四核、奔腾双核、赛扬双核、奔腾 E 以及赛扬 D 等多种系列处理器。主板提供了 4 条 DDR2 DIMM 内存插槽，支持双通道 DDR2 1200/1066/800/667 等规格的内存，最大可支持 16GB，主板集成了声卡和网卡。

技嘉 GA-EP45-DS3LR 主板非常适合主流级别的 DIY 用户，工作非常稳定。配合主流级别的 CPU、显卡以及硬盘，能组装出理想的整体性能较高的电脑，且能充分发挥其超强的超频能力。

技嘉 GA-EP45-DS3LR 主板的技术参数见表 3-4。

表 3-4 技嘉 GA-EP45-DS3LR 主板的技术参数

技术参数	
主芯片组	Intel P45
CPU 插槽	LGA 775
前端总线频率	1600MHz
内存类型	DDR2
显卡插槽	PCI-E 2.0 16X

5. 双敏狙击手 AK42-RA 玩家限量版

双敏狙击手 AK42-RA 玩家限量版基于 Intel P45＋ICH10R 芯片组设计，采用 ATX 标准的大板，PCB 底板的颜色为黑色，使用了富士通高品质全固态电容。支持前端总线频率为 1600MHz，最适合与超频能力极强的 45nm 的酷睿 2 双核处理器搭配。主板采用一体式热管散热技术，连接 MOS 管、北桥和南桥，可以充分保证超频时系统的稳定性，是一款价格低廉的超频主板。

双敏狙击手 AK42-RA 玩家限量版的技术参数见表 3-5。

表 3-5 双敏狙击手 AK42-RA 玩家限量版的技术参数

技术参数	
主芯片组	Intel P45
CPU 插槽	LGA 775
前端总线频率	1600MHz
内存类型	DDR2
显卡插槽	2 条 PCI-E 2.0 16X

3.4.2　AMD平台主流产品

1. 七彩虹断剑C.A770 Ver1.7

七彩虹断剑C.A770 Ver1.7主板提供4个DIMM内存插槽，支持双通道DDR2 800/667/533规格的内存，可安装内存的最高容量为8GB。主板提供4个SATA 2.O接口，支持3GB/s的传输速率，并提供一个IDE接口，方便老用户使用。

七彩虹断剑C.A770 Ver1.7主板是AMD770系列目前报价最低的主板之一，不但制作工艺考究，而且功能也十分齐全，适合初级DIY用户使用。

七彩虹断剑C.A770 Ver1.7主板的技术参数见表3-6。

表3-6　七彩虹断剑C.A770 Ver1.7主板的技术参数

技术参数	
主芯片组	AMD 770
CPU插槽	Socket AM2/AM2＋
前端总线频率	支持HT 3.0总线
内存类型	DDR2
显卡插槽	2条PCI-E 2.0 16X

2. 华硕M3N78-AM

华硕M3N78系列主板采用Micro ATX版型设计，基于NVIDIA nForce 720D芯片组，由于采用了单芯片设计，因此相比传统的南北桥设计更加节约成本。该主板支持HT 3.0总线，支持高功耗的Socket AM2/AM2＋接口的AMD处理器，可完美地支持如Phenom II X4 940等先进的45nm四核处理，价格只有500元左右。

华硕M3N78-AM主板的技术参数见表3-7。

表3-7　华硕M3N78-AM主板的技术参数

技术参数	
主芯片组	AMD MCP78单芯片组
CPU插槽	Socket AM2/AM2＋
前端总线频率	支持HT 3.0总线
内存类型	DDR2
显卡插槽	PCI-E 2.0 16X

3. 映泰TA790GX A3＋

映泰TA790GX A3＋主板采用ATX版型结构，主板的颜色及元件布局都是映泰公司多年传承的经典配色及布局，PCI插槽部分提供了一块用于转换8X和16X带宽的转换卡，下方的PCI-E 16x插槽是显卡的主接口，而上方的插槽为副接口。CPU供电部分则采用了三颗MOSFET管与一个封闭式电感搭配，对于一款整合主板，这样的CPU供电方式十分可靠。

映泰TA790GX A3＋主板性价比非常高，具有超强的超频能力，非常适合喜好超频的电脑爱好者选用。

映泰 TA790GX A3＋主板的技术参数见表 3-8。

表 3-8 映泰 TA790GX A3＋主板的技术参数

技术参数	
主芯片组	AMD 790GX 单芯片组
CPU 插槽	Socket AM2/AM2＋
前端总线频率	支持 HT 3.0 总线
内存类型	DDR2
显卡插槽	集成 ATI Radeon HD 3300 显示核心

4. 技嘉 GA-MA790GP-UD4H

技嘉 GA-MA790GP-UD4H 采用 ATX 大板设计，主板采用 790GX＋SB 750 芯片组，支持 HT 3.0 规范，并向下兼容 HT 1.0 规范，支持 AMD 全系列 AM2/AM2＋接口处理器，并且支持最新的 AM3 处理器，支持双通道 DDR2 1066MHz 内存。主板整合了 ATI Radeon HD 3300 显示核心，支持 DX10 特效，支持独立显卡＋板载显卡混合交火功能。该主板使用了技嘉超耐久 3 盎司铜箔，质量非常可靠。

该主板属于豪华型产品，具有极强的性能。主板的用料及制作工艺都非常精细，BIOS 的易用性也非常强。

技嘉 GA-MA790GP-UD4H 主板的技术参数见表 3-9。

表 3-9 技嘉 GA-MA790GP-UD4H 主板的技术参数

技术参数	
主芯片组	AMD 790GX 单芯片组
CPU 插槽	Socket AM2/AM2＋
前端总线频率	支持 HT 3.0 总线
内存类型	DDR2
显卡插槽	集成 ATI Radeon HD 3300 显示核心

3.5 选购主板

主板是电脑系统运行环境的基础，因此其质量的好坏对整个电脑系统的运行起到非常重要的作用。选购主板要注意以下问题。

1. CPU 插座类型

首先要根据选购的 CPU 类型选购主板，由于不同的主板支持不同的 CPU，不同的 CPU 要求的插座不同，因此按照前面已经介绍的有关的 CPU 插座的内容选购。如果选择 Intel 公司产品，目前推荐购买支持双核或多核 CPU 的主板。

2. 芯片组

芯片组是主板的核心部件，其性能的好坏直接关系到主板的性能，要选择用先进的芯片组集成的主板。先进的芯片组技术运行速度快，支持功能多。

3. 对内存的支持

如果选择双核 CPU 处理器,则要求主板支持高速的 DDR2 或 DDR3 内存,才能使系统更好地协调工作。

4. 接口

各种电脑外设技术都在迅速地发展,如可移动式硬盘、数码相机、扫描仪和数字摄像头等,这些设备一般都要求使用 USB 接口,因此选购主板时应要求具备多个 USB 接口和红外通信等功能。

5. 总线扩展插槽数

目前主板的主流产品为 ATX 结构,大多数主板都集成了语音芯片。因此主板上的扩展插槽的数量就比较少,这给用户以后增加其他板卡带来不便。在选择主板时,应尽量选择总线扩展插槽数多的主板。新的主板标准已经规定将 AMR 插槽定为标准扩展槽,它可支持 AC′97 标准的声卡和 MODEM 等。

6. 生产厂商

当前生产主板的厂家非常多,生产的产品良莠不齐。选购主板时一定要注意选择名牌产品,如微星、技嘉、华硕和磐英等。

7. 集成产品

有些集成主板为了降低成本,将显卡也集成在主板上,通过调用主内存空间获得显示芯片所需要的缓存。这种产品虽然降低了整机成本,但显卡占用了主内存,而造成系统性能下降。又由于占用的主内存有限,一般最多为 8MB,显卡的功能也不强,如果是办公室用机,完全可以满足要求,如果家庭用机,在经济条件允许的情况下,最好选择独立显卡的主板。

8. 可升级性

升级主板的 BIOS 主要是提供对新硬件或技术规范的支持,随着电脑技术日新月异的发展,总会有旧的主板不支持新技术规范的现象发生。若主板具有可升级性,就可以解决支持未来新的处理器和新硬件的技术问题,因此尽量选择具有可升级性的主板。

9. 布局合理

观察主板 PCB 的质量主要是看其印制电路走线是否清晰明了,线路布局是否合理。PCB 基板是否平整无变形等。

10. 用料质量

主板的用料主要是指供电系统的电容、供电模块以及接插件等主板上的元器件。品牌的电容等元器件成本自然较高,采用固态电容的主板比电解电容的质量高。但品牌产品的元件的性能更好,使用寿命长,不易发热。元器件具有代表性的品牌产品有红宝石、三洋、KZG、松下及富士通等。

品质优良的主板会在用料的细节上下工夫。例如,除了在主板的各个重要的发热部件上安装风扇进行主动散热外,还会在主板背面发热量大的地方设置散热锡条,帮助主板散热。在主板的边角采用弧形倒角工艺,避免用户在安装主板时不小心划伤。主板上各种金手指加厚镀金,使防氧化性能更佳,以确保插件长期使用能稳定地工作。

11. 安全措施

质量好的主板会安装多状态保险丝(PolyFuse),类似熔断式保险丝能够有效地防止雷击损坏主板上的元器件。多状态保险丝用于避免违规带电插拔外置设备（PS/2 口、串口、并口或 USB 口连接的设备），造成强电流电压的瞬间冲击损坏主板元器件。

12. 稳定供电模块

主板的供电部分对主板的稳定性和超频能力影响极大。供电模块可以分为 CPU 供电模块、内存供电模块和显卡供电模块等。最理想的供电电路是对主板上各个主要部件分别设置专用的供电电路，一路供电电路一般由两个场效应管、一个电感线圈和两个电容组成。质量好的电路可以获得更好的滤波性能和更大的输出功率。

第4章 内　　存

存储器(Memory)是电脑的主要部件之一,是CPU与其他设备交换信息的媒介,存储器的技术也在日新月异地发展。

4.1 存储器概述

存储器用于存储电脑中的程序和数据,分为内存储器和外存储器。内存储器是指安装在主板上的存储器芯片,包括动态随机存储器(简称"内存")、静态随机存储器和只读存储器;外存储器包括硬盘、软盘、光盘及U盘等。

4.1.1 内存储器的类型

按照内存储器的工作方式,可以将其分为动态随机存储器(Dynamic Random Access Memory,DRAM)、静态随机存储器(Static Random Access Memory,SRAM)和只读存储器(Read only Memory,ROM)。

1. 动态随机存储器(DRAM)

由于制作材料和工艺的原因,DRAM具有集成度高、存取速度快、机构简单、功耗低和生产成本低等优点,因此常用于制作大容量内存。

内存的主要任务是保存电脑运行过程中的一些信息、应用程序和程序运行中所需数据,如程序指令和数据等。在使用DRAM时需要周期性地进行充电,称为"刷新",以维持存储的信息。

DRAM的地址线一般都分为行地址和列地址两部分,在对存储器访问时,其地址形成是由(行地址 X 列地址)求得,先打入行地址,再打入列地址。

"刷新"和"地址两次打入"是DRAM芯片的两大特点。

2. 静态随机存储器(SRAM)

通常,SRAM用于制作主板上的外部高速缓存(Cache)或在光盘驱动器等外设中的高速缓存。与DRAM相比,SRAM具有速度快、电路结构简单、不需要刷新,以及内容不易丢失等优点。但其集成度低,价格较贵。

3. 只读存储器(ROM)

电脑的动态存储器,即内存中所存的信息在关电后就丢失了,为了使计算机一开机就能进入正常的工作状态,在计算机中必须要安装不会因停电而丢失的初始化程序。初始化程序安装在主板上的ROM芯片中,称为ROM BIOS。加电后ROM BIOS中的固化程序对电脑进行自检、初始化等工作,再引导操作系统执行,进入工作状态。ROM中的数据只能读出不能写入,这是其工作特点。

4.1.2 DRAM的类型及技术规格

DRAM又可以分为SDRAM(Synchronous DRAM,同步动态内存)、DDR SDRAM(Dual

Data Rate SDRAM，双速率 SDRAM，简称为 DDR)、DDR2 和 DDR3 等类型。

1. SDRAM 内存

SDRAM 为 168 线，数据总线宽度为 64 位，采用 3.3V 电压。内存条的结构是 DIMM (Dual In-Line Memory Module，双边接插内存模块)结构。主机板 DIMM 内存插槽两边均有金属引脚线，每边 84 线，双边共有 84×2＝168 条引脚，故常称其为 168 线内存条。

SDRAM 在同步脉冲的控制下与 CPU 外频同步工作，取消了等待时间，从而减少了数据传输的延迟时间，提高了系统运行速度。它基于双存储体结构，内含两个交错的存储阵列，提高了读取数据的效率。目前其工作频率有 100MHz、133MHz、166MHz 以及 200MHz 等，相应的内存产品为 PC100、PC133、PC166 和 PC200，都是 168 线。

168 线内存条如图 4-1 所示。

图 4-1　168 线内存条

2. DDR SDRAM 内存

DDR SDRAM 内存简称 DDR 内存，因是第一代 DDR 内存，故也称为 DDR1 内存。DDR 内存是 SDRAM 的更新换代产品，采用 2.5V 工作电压，其特点是在时钟脉冲信号的上升沿和下降沿各传输一次数据，使得数据传输速率为 SDRAM 两倍。DDR 内存为 184 线，采用 DIMM 内存插槽，每边 92 线，共有 92×2＝184 条引脚，故称其为 184 线内存条。

184 线 DDR 内存条如图 4-2 所示。

图 4-2　184 线 DDR 内存条

DDR 内存条的芯片如图 4-3 所示。

图 4-3　DDR 内存条的芯片

由于 DDR 内存与 Pentium 4 处理器搭配使用更能发挥 P4 CPU 的优异性能，因此在 P4 系列的电脑中，标准配置都是使用 DDR 内存，而双核处理器一般都配 DDR2 或 DDR3 内存。

3. DDR2 内存

DDR2 内存与 DDR 内存相比，不仅速度提升，而且成本也有所下降。

DDR2 的工作电压为 1.8V，有 400MHz、533MHz、667MHz、800MHz 以及 1600MHz 等多种时钟频率。

DDR2 的针脚提升到 200、220 与 240 个。初期 DDR2 内存条的容量为 512MB，现在已经达到 2GB。

主频为 800MHz，采用 FBGA 封装形式，有 240 个针脚，内存电压为 1.8V 的 DDR2 内存如图 4-4 所示。

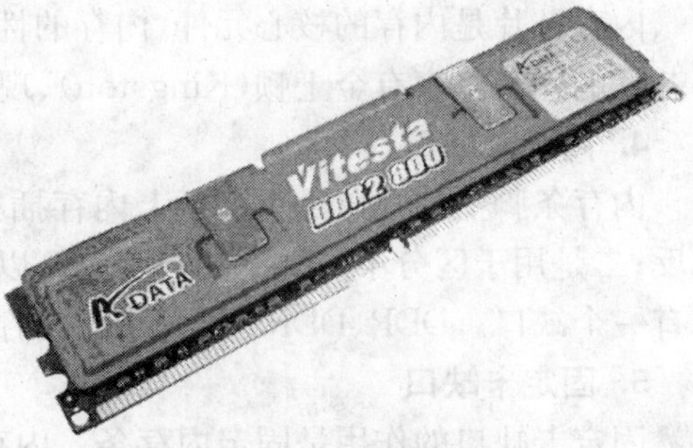

图 4-4 DDR2 内存

4. DDR3 内存

与 DDR2 内存相比，DDR3 内存需要的配件更少，采用 0.11 微米工艺，工作电压下降到了 1.5V，带宽提升了 50%。DDR3 内存是当前速度最快的内存产品，目前最高能达到 1600MHz 的速度。

DDR3 内存在采用 ODT（核心整合终结器）以及用于优化性能的 EMRS 技术的同时还引入了时钟异步技术。在针脚定义方面，DDR3 内存彻底抛弃 TSOP II 与 mBGA 封装形式，采用更先进的 FBGA 封装。

图 4-5 胜创 DDR3 1333 内存条

胜创（Kingmax）DDR3 1333 内存条如图 4-5 所示。

4.2 内存条的结构

内存经过多年的技术发展，已经进入 DDR2 和 DDR3 的时代。下面以主流的 DDR2 内存条为例，介绍内存条的结构，如图 4-6 所示。

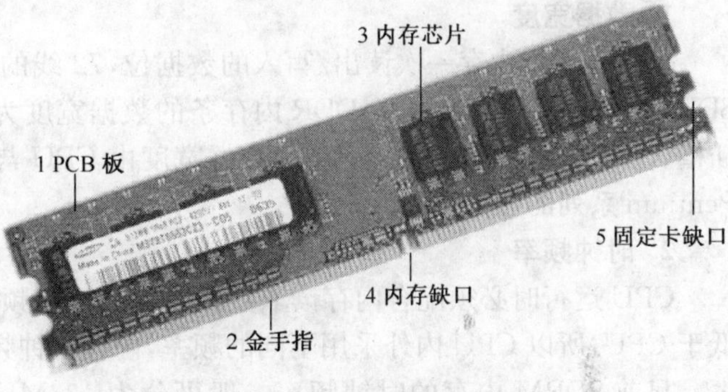

图 4-6 内存条的结构

内存条主要包括 PCB 板、金手指、内存芯片、内存缺口和固定卡缺口等五部分。

1. PCB 板

PCB 板由铜皮（覆铜板）和玻璃纤维组成。内存芯片和很多辅助元件、集成电路都焊接在 PCB 电路板上。行业标准规定，PCB 板至少为 6 层板结构。6 层板就是 6 层铜皮，铜皮起到布线、接插元器件和防静电屏蔽作用，铜皮之间填充玻璃纤维。铜皮的层数（即 PCB 板的层数）决定 PCB 板的质量优劣。

2. 金手指

内存条下方的一条条黄色的接触点是内存与主板内存插槽接触的部分，称为“金手指”。金手指工艺是指在一层铜皮上通过特殊工艺再覆上一层金。金具有超强的导电性，不易被氧化。内存处理单元通过金手指接触内存插槽与 PC 系统进行数据交换，是内存的输入输出端口，因此其工艺非常重要。

3. 内存芯片

内存芯片也称内存颗粒，每个厂商生产的内存颗粒都有各自的标识，根据标识即可识别该内存产品的生产厂家、型号、容量等各种参数。

内存芯片是内存的核心元件，内存的性能、速度、容量等都是由内存芯片组成的。生产内存芯片的知名厂家有金士顿（Kingston）、现代、威刚、胜创（Kingmax）及三星等。

4. 内存条缺口

内存条脚上的缺口是与主板上内存插槽相匹配的，其作用有两个：一是用于防止内存条插反；二是用于区分不同类型的内存条。以前的SDRAM内存条有2个缺口，而DDR内存条只有一个缺口。DDR、DDR2和DDR3内存条虽然都只有1个缺口，但其位置是不同的。

5. 固定卡缺口

固定卡缺口的作用是固定内存条。内存条插在主板的内存插槽后，内存插槽的两端各有1个卡簧牢固地扣住内存条的固定卡缺口。

内存条除了具有以上5个主要部分外，还有芯片标识。芯片标识是观察内存条性能参数的重要依据，通常包括厂商名称、单片容量、芯片类型、工作电压、工作速度和生产日期等。

4.3 主要技术指标

内存的主要技术指标如下。

1. 数据宽度

数据宽度指内存一次读出/写入的数据位，72线的内存条的数据宽度为32位；168线的SDRAM内存条和184线的DDR内存条的数据宽度为64位。数据宽度与主机板上的内存插槽（BANK）有关，一个BANK的数据宽度由CPU与内存之间所需的数据通道宽度决定。Pentium系列的数据宽度为64位。

2. 时钟频率

CPU运行时必须配合内存读取数据，因此CPU频率必须与内存匹配。内存的速度远远低于CPU，所以CPU内外采用不同的频率，内存时钟频率为内存所能稳定运行的最大频率。

目前SDRM内存的时钟频率一般可分为133MHz、166MHz和200MHz等几种类型，DDR为其两倍。

3. 存取时间

存取时间代表了读取数据所延迟的时间。目前大多数SDRAM芯片的存取时间为5ns、6ns、7ns、8ns或10ns。该项指标与系统时钟频率有联系，但二者在本质上存在显著的区别，例如同样是PC133的内存，就有－7和－6（或用7k、6k表示），它们的存取时间分别为7ns和6ns，但它们的时钟频率均为133MHz。存取时间和时钟频率一样，越小性能越好。

4. PCB标准

内存条由内存芯片和PCB（印制电路板）组成。因此，PCB对内存性能也有很大影响。如果使用4层板，那么VCC、Ground（接地线）和信号线布置在同一层，这样内存条在工作过程中由于信号干扰所产生的杂波很大，会产生不稳定现象。若使用6层板的内存条，VCC线和Ground线都单独各占一层，则相应的干扰信号就会小很多。此外，影响内存条的性能还有布线和电阻搭配等因素。

5. SPD技术

SPD（Serial Presence Detect，当前参数检测）是内存模块附带的一块只读内存芯片，其中记录着该内存条的容量、存取速度以及工作电压等参数。带SPD芯片的内存条如图4-7所示。

图 4-7　带 SPD 芯片的内存条

6. 双通道 DDR 技术

双通道 DDR 技术是将 2 条 DDR 内存条共同使用，并行传输数据的技术。如果这种技术的主板上有 4 个内存插槽，需要根据主板的说明进行选择，一般是将两个内存条间隔安放。

7. ECC 校验

ECC(Error Checking and Correcting，错误校验与更正)技术是一种数据校验技术，采用该项技术的内存条，具有自动校验与修复功能。这种内存条要多出一块用于 ECC 的芯片，成为 9 片，而普通的内存条为 8 片，如图 4-8 所示。目前的 ECC 技术只能纠正一位二进制数的错误。

图 4-8　带 ECC 校验芯片的内存条

4.4　主流产品

本节介绍几款当前内存条的主流产品，供读者装机选购时参考。

1. Kingston DDR2 800

金士顿(Kingston)从初期的单一产品的生产者发展到今天，拥有 2000 多种存储产品，支持从计算机、服务器、打印机到 MP3 播放器、数码相机和手机等几乎所有的需要存储的电子设备。

Kingston DDR2 内存采用单面 8 颗内存颗粒规格设计，内存条的 PCB 板为公版设计，整体做工精细，大量采用蛇行布线和 145 边角处理，很好地保证了信号传输的稳定性，良好的覆铜效果增强了抗电子干扰能力。其工作电压为 1.8V，针脚数为 240 针，采用 DDR2-DIMM 接口规范。

Kingston DDR2 800 内存条如图 4-9 所示，产品规格见表 4-1。

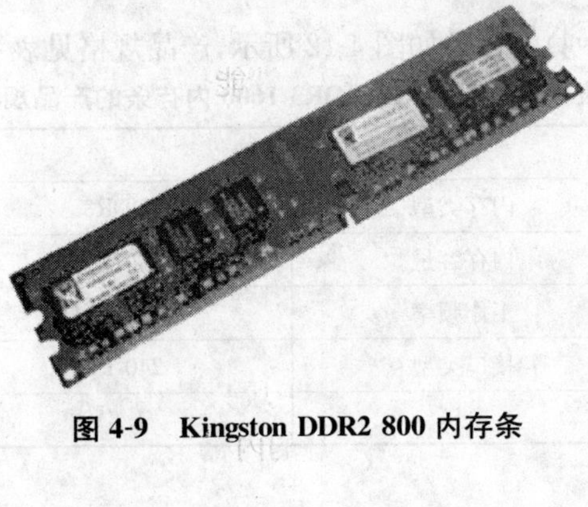

图 4-9　Kingston DDR2 800 内存条

表 4-1　Kingston DDR2 800 内存条的产品规格

产品规格	
内存类型	DDR2
内存容量	2048MB
工作频率	800MHz
接口类型	240 PIN
电压	1.8V

2. Kingmax DDR2 800

胜创(Kingmax DDR2)内存采用无铅制作技术,拥有高达 8.6GB/s 的内存频宽,可充分支持 Prescott/Tejas 1 067MHz 前置总线。其工作电压为 1.8V,内建 Kingmax 独家高科技的防伪红色的 ASIC 译码芯片,整合了 0DT 技术,可提高系统的稳定性。内存颗粒封装采用 FBGA 形式,传输标准采用 PC2-2600 标准,接口类型为 240 针脚。

Kingmax DDR2 800 内存条如图 4-10 所示,产品规格见表 4-2。

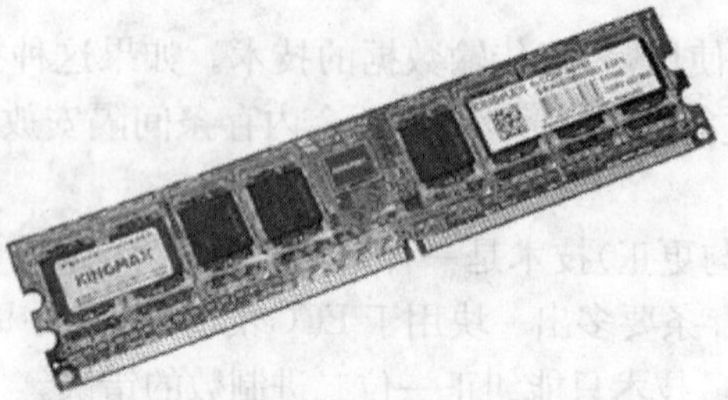

图 4-10　Kingmax DDR2 800 内存条

表 4-2　Kingmax DDR2 800 内存条的产品规格

产品规格	
内存类型	DDR2
内存容量	2048MB
工作频率	800MHz
接口类型	240 PIN
电压	1.8V

3. 威刚 2G DDRW 800＋(极速飞龙)

威刚产品是近年来在 DIY 领域进步较快的内存品牌,在媒体进行的各大品牌内存的测试中,威刚内存的整体性能较高。厂家保证该产品可以超频至 1 000MHz 以上,其做工用料以及提供的散热片都对超频用户具有实用意义。

威刚 2G DDRW 800＋(极速飞龙)内存条如图 4-11 所示,产品规格见表 4-3。

图 4-11　威刚 2G DDRW 800＋(极速飞龙)内存条

表 4-3　威刚 2G DDRW 800＋(极速飞龙)内存条的产品规格

产品规格	
内存类型	DDR2
内存容量	2048MB
工作频率	800MHz
接口类型	240 PIN
电压	1.8V

4. 宇瞻 4GB DDR3 1600(双通道套装捷豹风神系列)

这款内存单条容量为 2GB,内存工业代号 PC3-12800,工作频率为 1 600MHz。该产品品质优秀,内存条带有微型风扇的夹片式散热器,这是极少有的拥有主动散热的内存产品,是专门为硬件发烧友设计的高端产品。

宇瞻 4GB DDR3 1600(双通道套装捷豹风神系列)内存条如图 4-12 所示,产品规格见表 4-4。

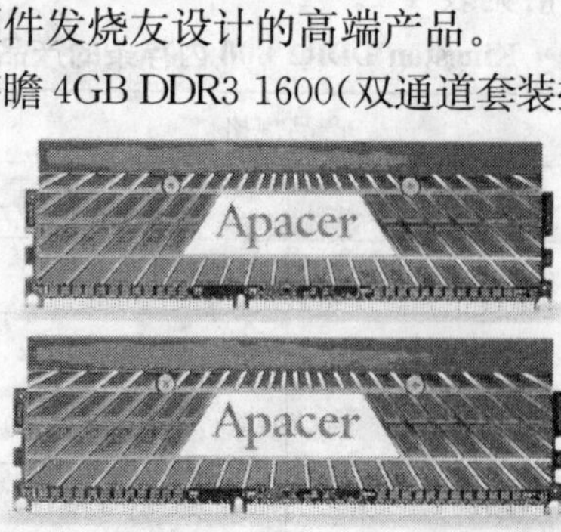

图 4-12　宇瞻 4GB DDR3 1600 内存条

表 4-4　宇瞻 4GB DDR3 1600 内存条的产品规格

产品规格	
内存类型	DDR3
内存容量	2×2048MB
工作频率	1600MHz
接口类型	240 PIN
电压	1.5V

4.5　选购建议

下面介绍选购内存条的注意事项。

1. 看品牌

品牌不仅仅代表内存条的生产厂家，更重要的是产品质量的保证。因为知名品牌的内存芯片出厂时要经过严格的质量检测。在技术指标上，有些名牌产品会留有富裕度，所以有的发烧友用超频来检验内存条也是有一定道理的。

信誉好的厂商当然也包括其良好的售后服务，内存销售一般有半年至一年的保质期。

2. 与主板和 CPU 匹配

购买内存条时，选择的引脚数必须与主机板上内存插槽的引脚数匹配，最好选择配套产品。如果是双核或多核 CPU，其配套内存多是 DDR2 或 DDR3 内存，目前的价格都不高。

3. 容量

为了提高电脑的整体性能，应该配置足够大的内存。Windows XP 和 Windows 2000 操作系统至少需要 512MB 的内存，最好安装 1GB 的内存；Windows Vista/7 操作系统，至少需要 1GB 的内存，最好安装 2GB 的内存。对于发烧友的电脑，最好选用 4GB 内存。内存容量必须与操作系统和应用软件相适应，否则会造成资源的浪费。

从价格上看，目前单条 2GB 内存已成为装机的主流；2GB DDR2-800 内存均价在 130 元左右，自己装机的电脑爱好者可以直接购买单条 2GB 内存以方便日后升级。

4. 其他

一定要选购采用 6 层电路板生产工艺的产品，这些产品有较高的稳定性和可靠性。从外观看，高质量内存条的电路板板面光洁，色泽均匀，元件焊接整齐，并且焊点均匀有光泽，边缘整齐无毛边，金手指明亮如镜。

第 5 章　硬盘驱动器

硬盘驱动器简称硬盘，是最重要的外部存储设备。目前的硬盘都是采用温彻斯特（Winchester）技术，即盘片与磁头密封在盘壳内，镀磁盘片固定在轴上并高速旋转。磁头沿盘片径向移动且悬浮在高速转动的盘片上方，而不与盘片接触。当前，硬盘的容量已达 1500GB。

5.1　硬盘的工作原理

本节首先介绍硬盘的内部结构及简单的工作原理。

1. 硬盘的内部结构

硬盘的内部结构如图 5-1 所示，各部分说明如下。

① 控制电路：控制硬盘进行初始化及读/写数据。

② 磁头转动装置：带动磁头沿磁盘的半径方向移动。

③ 磁头组件：用于读/写数据。

④ 盘片主轴：通过主轴的转动，将盘片转到指定的位置。

⑤ 盘片：用于存储信息。

2. 硬盘的规格

硬盘按规格可以分为 5.25 英寸、3.5 英寸、2.5 英寸和 1.8 英寸等，5.25 英寸硬盘由于转速、容量及传输速率等问题已经被淘汰。2.5 英寸和 1.8 英寸的硬盘主要用于笔记本电脑或作为活动硬盘使用。台式机电脑主要使用 3.5 英寸硬盘，如图 5-2 所示。

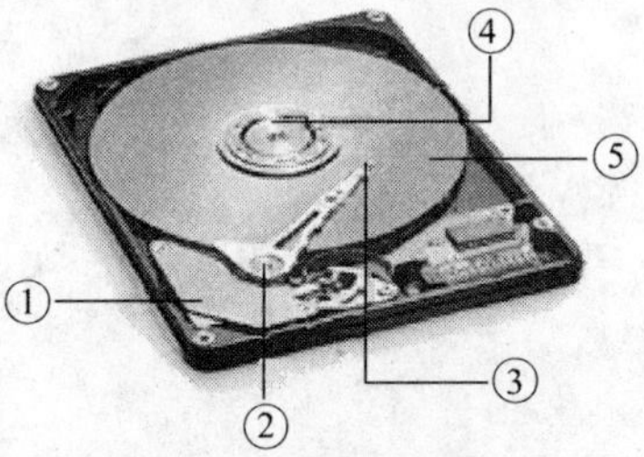

图 5-1　硬盘的内部结构

图 5-2　3.5 英寸硬盘

3. 工作原理

硬盘驱动器加电后，利用盘体内部的控制电路中的单片机初始化驱动器。加电前磁头置于盘片中心位置，经过初始化程序启动主轴电机，使其高速旋转，加载磁头小车机构，带动磁头移动，将磁头浮动起来置于盘片表面的 00 道，进入准备状态。此后，硬盘便可读/写数据。

读/写数据时，首先确定要读/写的数据是否在硬盘控制器的缓存区中。如果在则读取数据后发送到内存；否则控制器将触发硬盘的磁头转动装置。磁头转动装置在盘面上移动读/写头至目标磁道，连在硬盘电机上的转轴旋转盘面，移动请求数据的相应区域到读/写头下，读/写头开始读/写数据。

5.2 主要技术指标

硬盘的主要技术指标包括硬盘的转速、容量、高速缓存、寻道时间及接口等，一般在硬盘背面的标签上标明。

1. 转速

转速是硬盘内电机主轴的旋转速度，单位是 R/M(Revolutions Per Minute，每分钟的转数)。转速的快慢是决定内部传输率的因素之一，很大程度上直接影响硬盘的速度，同时也是区别硬盘档次的重要标志。R/M 值越大，内部传输率就越高，访问时间就越短，硬盘的整体性能也就越好。

2. 单碟容量

因为标准硬盘的盘片数是有限的，只有提高每张盘片的容量才能从根本上解决整个硬盘的容量问题。大容量硬盘采用 GMR 巨阻型磁头，磁盘的记录密度大大提高，硬盘的单碟容量也相应提高。随着硬盘磁头与相关技术的更新换代，目前常用的硬盘单碟容量有 250GB、320GB 和 334GB 等几种规格。

3. 容量

硬盘的容量即硬盘所能存储的最大数据量，硬盘通过 MR(Magneto Resistive heads，磁阻磁头)在盘片上记录数据，提高磁头技术可以提高盘片的记录数据的密度，即增加硬盘的容量。硬盘的容量是以 MB、GB 和 TB 为单位(1GB=1 000MB；1TB=1 000GB)，早期的硬盘容量很低，都是以 MB 为单位，1956 年 IBM 公司生产的第一台磁盘只有小小的 5MB，而目前由于硬盘技术的飞速发展，TB 级的硬盘已经进入家庭。

更新的磁头技术是采用多层结构、磁阻效应更好的材料制造的 GMR(Giant Magneto Resistive heads MR)巨型磁阻磁头技术，比 MR 磁头技术提高 10 倍的硬盘容量。

目前硬盘的容量有 1.5TB、1TB、750GB、640GB、500GB、320GB 和 160GB 等。

4. 高速缓存

高速缓存是指硬盘控制器上的 Cache，它是一块存取速度极快的 DRAM 存储器，分为写通式和回写式，其作用是暂时存储硬盘与外部总线交换的数据。对于大缓存的硬盘，在存取零碎数据时具有非常大的优势，因为当硬盘存取零碎数据时需要不断地在硬盘与外部总线之间交换数据。

系统要从硬盘读取数据时，首先检查要读取的数据是否在高速缓存中。如果数据在缓存中，称为“命中”，则从其中读取数据。写入数据时，首先将数据写入高速缓存，等到空闲时再将缓存中的数据写入硬盘。目前的高档硬盘高速缓存都采用速度快的 DRAM。硬盘容量越大，高速缓存也越大。主流大容量硬盘的高速缓存一般为 16MB～32MB。

5. 平均寻道时间

平均寻道时间是读/写磁头在盘面上定位到数据所在磁道所需要的时间，寻道时间又称“寻址时间”。这项指标是衡量硬盘机械性能的重要指标，它直接影响硬盘的访问速度。平均寻道时间越小越好，更短的寻道时间意味着硬盘能更快地传输数据。

目前的 7 200 RPM 硬盘基本上都有 16MB 以上的高速缓存，其平均寻道时间一般都在 9ms 以下。

6. 数据传输率

硬盘的数据传输率(Data Transfer Rate)指硬盘读/写数据的速度,分为外部传输率和内部传输率。

① 外部传输率(External Transfer Rate):是指电脑通过接口将数据传输到硬盘的速度。该项指标与硬盘接口类型和硬盘缓存区容量有密切关系。

② 内部传输率(Internal Transfer Rate):是指硬盘将数据记录在盘片上的速度,又称最大或最小持续传输率,主要依赖硬盘的转速。转速越高,传输速度越快。

由于硬盘的外部传输率比其内部传输率要高很多,所以内部传输速率才是真正反映一个硬盘整体性能的决定性因素。

硬盘读写数据是通过数据缓存区进行的,从数据缓存区读取数据的速度又称为突发数据传输率。

7. 连续无故障时间(MTBF)

该指标是指硬盘从开始运行到出现故障之间的时间,单位为小时。一般硬盘的 MTBF 至少在 30 000 小时以上。

5.3 主流产品

目前硬盘的主流产品是西部数据、IBM、希捷及日立等公司产品。不同品牌的硬盘在许多方面存在差异,首先是不同硬盘厂商都有自己的一套数据保护技术及震动防护技术,这是硬盘的稳定性及安全性方面的重要保障。

下面介绍几款目前市场上流行的主流硬盘,供用户装机时选用。

1. WD 320GB 7 200 转 16MB(串口/YS)

西部数据 WD 320GB 7 200 转 16MB(串口/YS)硬盘容量为 320GB,转速为 7 200 转,平均寻道时间为 8.7ms,具有 16MB 磁盘高速缓存。采用 SATA 2.5 接口设计,具有 3GB/s 外部接口传输速率,根据可靠性测试结果得出其平均故障间隔时间比普通硬盘高出 2～3 倍,该硬盘可以连续工作长达 10 年之久。由于采用了 16MB 的高速缓存,可以大幅度提升硬盘的整体性能,减小系统负荷,也提高了数据传输的可靠性。目前售价仅为 300 多元。WD 320GB 7 200 转 16MB(串口/YS)硬盘如图 5-3所示,技术指标见表5-1。

图 5-3 WD 320GB 7 200 转 16MB(串口/YS)硬盘

表 5-1 WD 320GB 7 200 转 16MB (串口/YS)硬盘的技术指标

技术指标	
硬盘容量	320GB
单碟容量	320GB
转速	7200 转
盘片数	1
高速缓存	16MB
平均寻道时间	8.7ms

2. 希捷 500G 7200.11 32M(串口)

希捷 500G 7200.11 32M(串口)采用第二代垂直记录技术,最大容量可达到 1TB,单碟容量为 250GB,转速为 7200 转,缓存容量为 32MB,平均寻道时间为 8.5ms,待机功耗仅为 8W,不仅节能,而且运转时温度很低,稳定性很高。另外该系列硬盘产品还具备行业领先的低噪声功能,其运转时噪声仅为 2.7 分贝。

其基本特点是容量大,性能好,性价比高,是主流用户装机时的首选产品,非常适合喜欢珍藏电影和下载爱好者装机时选用。

希捷 500G 7200.11 32M(串口)硬盘如图 5-4 所示,技术指标见表 5-2。

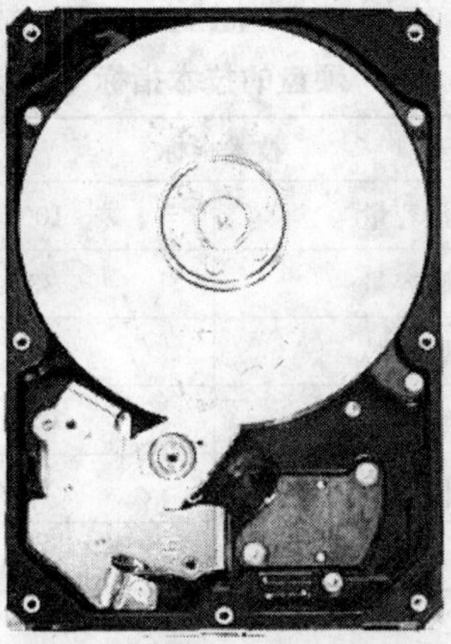

图 5-4　希捷 500G 7200.11 32M(串口)硬盘

表 5-2　希捷 500G 7200.11 32M(串口)硬盘的技术指标

技术指标	
硬盘容量	500GB
单碟容量	250GB
盘片数	2
转速	7200 转
高速缓存	32MB
平均寻道时间	8.5ms

3. 日立 640G 7200.11 16M(串口)

日立 640G 7200.11 16M(串口)台式机硬盘编号为 HDT721064SLA360,属于 T7K500 系列产品,转速为 7200RPM,"360"代表 SATA2.5 接口和 16MB 高速缓存。其平均寻道时间为 8.5ms。该款硬盘产地为我国深圳。由于采用了液态轴承马达,硬盘在运转时噪声为 20 分贝左右。

新款日立 640G 7200.11 16M 串口硬盘采用双碟设计,售价仅为 380 元左右,完全免费的三年质保服务更加令用户放心,是主流用户装机时的首选产品。

日立 640G 7200.11 16M(串口)硬盘如图 5-5 所示,技术指标见表 5-3 所示。

图 5-5　日立 640G 7200.11 16M(串口)硬盘

表 5-3　日立 640G 7200.11 16M(串口)硬盘的技术指标

技术指标	
硬盘容量	640GB
单碟容量	320GB
盘片数	2
转速	7200 转
高速缓存	16MB
平均寻道时间	8.5ms

4. 希捷三碟 1TB 7200.11 32M(串口)

希捷三碟 1TB 7200.11 32M(串口)硬盘编号为 ST31000333AS,ST 代表希捷,3 代表 3.5 英寸桌面级硬盘,1 000 代表容量为 1 000GB,333 代表 32MB 缓存以及三张碟片设计,AS 代表其接口为 SATA Ⅱ即串口,缓存容量为 32MB,转速为 7200RPM,支持 NCQ 技术。该硬盘原产地是泰国。

该硬盘的特点是采用先进的单碟 334GB 盘片,三碟设计,硬盘在工作时稳定可靠,功耗低。同时,该系列硬盘背部电路采用反转技术,可对元器件起到很好的保护作用。

希捷三碟 1TB 7200.11 32M(串口)硬盘如图 5-6 所示,技术指标见表 5-4。

图 5-6 希捷三碟 1TB 7200.11 32M(串口)硬盘

表 5-4 希捷三碟 1TB 7200.11 32M(串口)硬盘的技术指标

技术指标	
硬盘容量	1000GB
单碟容量	334GB
盘片数	3
转速	7200 转
高速缓存	32MB
平均寻道时间	8.5ms

5.4 硬盘的接口类型

硬盘按接口类型可分为并行 ATA(IDE)和串行 ATA。

1. IDE 接口

最初的 IDE 接口标准名称是 ATA,即并行 ATA 接口。目前常见的 IDE 接口有 Ultra DMA/33、Ultra DMA/66、Ultra DMA/100 和 Ultra DMA/133。外部传输速率分别为 33.3 Mb/s、66.6 Mb/s、100 Mb/s 和 133 Mb/s。从 Ultra DMA/66 标准接口开始,将数据传输率提高了 1 倍,其突发数据传输率理论上可达 66.6MB/s。该接口采用了 CRC(循环冗余校验)技术,进一步提高了数据传输的可靠性,并且在原有 40pin 排线的基础上,增加了 40 条地线,以保证在高速数据传输中降低相邻信号线间的互相干扰。

目前流行的 IDE 硬盘接口类型是 Ultra DMA/100 和 Ultra DMA/133,新的硬盘都支持这两种接口标准。

2. Serial ATA 接口

Serial ATA 接口即串行 ATA 接口,它采用连续串行的方式传送数据,比并行 ATA 接口有很多优势。首先该接口只需要两组数据传输通道,一组负责发送,一组负责接收,工作电压仅为 250mV。由于发送与接收通道分离,所以大大地降低了信号干扰,可以使用长达 1 米的数据传输线。其次,每个串行 ATA 设备与系统通信时都独占一个通道。系统中的设备都是平等的,不用再通过跳线设置“主从”设备,最高传输速率可达 600MB/s。此外,串行 ATA 接口还支持热插拔功能。同时,该接口标准保留了多种向后兼容性,通过转换卡可支持所有的并行 ATA 设备,包括硬盘、CD-ROM、DVD-ROM 和刻录机等。

3. SCSI 接口

SCSI(Small Computer System Interface,小型机系统接口)接口一般用在高档微机、工作站和服务器上。目前 SCSI 硬盘接口有 50 线、68 线和 80 线等 3 种,其基本传输速率是 20MB/s(8bit,50 线)。采用 Ultra WIDE 标准(16bit,68 线),其传输速率可提高到 40MB/s;采用 Ultra2 WIDE 标准,可提高到 80MB/s;采用最新的 SCSI 标准接口,可达到 160MB/s,并可连接 15 台设备。使用 SCSI 接口的硬盘需要在主机的扩展插槽中安装 SCSI 接口卡。

5.5　选购硬盘要点

高性能的 SCSI 硬盘适合用在服务器或者高端工作站,IDE 接口的硬盘将逐渐被淘汰。串行 ATA 产品是当前的主流产品,由于本书的对象为普通用户,因此重点放在串行接口硬盘的选购上。在购买硬盘时,应注意如下几点。

1. 转速

硬盘的转速是决定硬盘内部数据传输速率的决定因素之一,它的快慢在很大程度上决定了硬盘的速度,同时也是区别硬盘档次的重要标志。目前硬盘的转速主要有5 400 RPM和7 200 RPM。7 200 RPM的硬盘是市场的主流产品,而 5 400 RPM 的硬盘仍具有一定的市场。

2. 容量

目前,硬盘的容量已经高达 160GB 以上,而容量为 1.5TB(1 500GB)的硬盘也已经进入家庭。如果条件允许,尽量购买大一些容量的硬盘,如 250GB 以上的硬盘。

3. 硬盘接口类型

目前,台式机硬盘的接口类型主要有 IDE 接口和串行 ATA 接口。串行 ATA 接口是主流硬盘所常用的接口类型。对于现在购买硬盘组装电脑的用户,笔者认为首先要考虑购买串行 ATA 接口的硬盘。对于一些 Pentium 4 档次的旧电脑,应当购买 IDE 接口的硬盘,否则原有的主板不支持。

4. 品牌

不同品牌硬盘在许多方面存在差异,首先不同硬盘厂商都有一套自己的数据及震动保护技术,这两点是硬盘的稳定性及安全性的重要保障;其次各硬盘厂商的售后服务也不一样,名牌产品一般提供全国联保和终身维护等服务。

大部分公司承诺有三年质量保障,可以为用户解除后顾之忧,但并不是所有经销商都能做得到。

第 6 章　光盘驱动器

光盘驱动器简称“光驱”，是电脑中比较常见的一个配件。随着多媒体的应用越来越广泛，使得光驱在电脑的配置中已成为标准配置。

6.1　光驱的类型

目前，市场上销售的光驱主要有 CD-ROM 光驱、DVD-ROM 光驱、康宝（COMBO）和 DVD 刻录机等四种产品。康宝是带有 CD-ROM、DVD-ROM 和 CD-ROM 刻录功能的光驱。

1. CD-ROM 光驱

CD-ROM（Compact Disc Read Only Memory，只读式紧凑光盘），它可以读取声音、图像和文本文件等交互格式的多种信息，即多媒体信息。一般的 CD-ROM 只能读取 CD-R 光盘上的信息，而不能将上面的信息修改或擦除。

2. DVD-ROM 光驱

DVD-ROM 光驱是一种可以读取 DVD 盘片的光驱，兼容 DVD ROM、DVD-Video、DVD-R、CD-ROM 等常见的多媒体文件格式。

3. COMBO 光驱

COMBO 光驱俗称“康宝”，是一种集合了 CD-ROM 刻录、CD-ROM 和 DVD-ROM 为一体的多功能光存储产品。

4. DVD 刻录机

DVD 刻录机的外观和普通 DVD-ROM 光驱差不多，只是其前置面板上通常都清楚地标识着写入、复写和读取三种速度。

现在还出了很高端的蓝光光驱和带刻录功能的蓝光光驱，但价格很贵，目前只能是代表一个光驱潮流发展的方向。一般用户不宜购买。

CD-ROM 光驱和康宝基本已经淘汰了，DVD-ROM 光驱和 DVD 刻录机是目前市场上的主流产品，本章将重点介绍。

6.2　DVD-ROM 光驱

DVD（Digital Versatile Disc，多功能数字光碟）即用途广泛的数字化储存光碟媒体。DVD 影碟采用了 MPEG-2 编解码技术，使画面分辨率达到 720×576，水平清晰度超过 500 线。声音则采用杜比数字环绕技术压缩，提供完全独立的前、中、后及超重低音，带来影院般的环绕立体声。DVD 光盘上的信息采用 DVD-ROM 和 DVD-Audio 等光驱播放。华硕 DVD-ROM光驱如图 6-1 所示。

6.2.1　DVD 盘片

DVD-ROM 盘片的直径为 12cm，采用双片粘贴结构，每片可以记录双层数据。从外观上看，

图 6-1　华硕 DVD-ROM 光驱

DVD 光盘与 CD-ROM 盘非常相似，其实存在本质的区别。DVD 影碟机采用红色可见激光，波长更短，可以读取更小更密的信号轨迹和孔迹。DVD 光盘的存储容量达到 CD-ROM 盘的 7～25 倍。其中，仅单面单层 DVD 盘片的存储容量就达到 4.7GB，能够存储长达 133 分钟的高画质影像。

根据结构和容量可以把 DVD 盘片分为如下四种。

① 单面单层(DVD-5)：容量为 4.7GB。

② 单面双层(DVD-9)：容量为 9.4GB。

③ 双面单层(DVD-10)：容量为 8.5GB。

④ 双面双层(DVD-18)：容量为 17GB。

6.2.2　DVD 产品的种类

DVD 的产品种类繁多，目前可分为如下几种。

① DVD-ROM(只读型 DVD)：电脑上使用的 DVD 光驱。

② DVD-Video(DVD 影碟)：家庭用看影碟。

③ DVD-Audio(DVD 音频)：播放音乐。

④ DVD-R：一次可写型 DVD。

⑤ DVD-RAM：可以进行多次读写的 DVD。

本书所讨论的是 DVD-ROM。

6.2.3　保护技术

为了防止 DVD 盗版而采用的保护措施主要有以下几种。

① 区域码保护技术。将全球分为 6 个不同级别的 DVD 系统播放区，中国大陆属于第六区，在盘片的制造过程中，经过编码使得各区的 DVD 设备只能播放区号相同的 DVD 盘片。

② 内容搅乱系统(CSS)编码技术。针对个人电脑用户设计，其核心是在 DVD-ROM 和解码单元中设置一个复杂的认证程序，即在 DVD 盘片中加入键值将数字信息编码，生产商必须付费取得 CSS 认证后，才能取得编码关键值。

③ ASP 技术。在显示卡的 TV-OUT 输出端增加一个 Macro vision 7 芯片，对输出到电视的信号进行认证保护是 ASP 技术的核心。若显卡未经过该认证，则输出信号将被阻断。

6.2.4　技术指标

DVD-ROM 光驱的主要技术指标如下。

1. 读取速度

DVD-ROM 驱动器的读取速度也用倍速表示，分为 2 倍速、4 倍速和 6 倍速等。1 个倍速相当于 CD-ROM 光驱的 9 倍，因为其单倍速为 1 350KB/s(CD-ROM 光驱为 150KB/s)，当前市场的主流 DVD 产品所能达到的最大读取速度是 18 倍速。

2. 平均读取时间

平均读取时间是指光驱的激光头移动定位到指定将要读取的数据区后，开始读取数据并将数据传输到缓存所需要的时间，这是衡量光驱的重要技术指标，单位是毫秒(ms)。

目前大部分 DVD 光驱读取 CD-ROM 盘片的平均读取时间都在 75～95ms 之间，而读取 DVD-ROM 盘片的平均读取时间在 90～110ms 之间。

3. 高速缓存

光驱本身所带的高速缓存(Cache)在一定程度上可以提高数据传输效率，理论上缓存越大越好。目前一般的光驱采用 2～8MB 的高速缓存。Cache 的大小对连续动态视频的播放影响较大。但也并非越大越好，性能的提高随 Cache 的增大，关系曲线趋于平缓。

4. 容错性

光驱的容错性也称“超强纠错能力”，是指光驱读盘时，对光盘中出现错误的兼容性。目前高速光驱的读取数据技术已经接近成熟，但还是有大部分产品为了提高容错性，采用加大激光头功率的方法，这样会造成激光头老化，减少其寿命。

5. 激光头

DVD-ROM 驱动器的激光头分为单激光头和双激光头 。单激光头可以用 1 个激光头读取 DVD 和 CD-ROM 光盘信号，双激光头则分别使用 2 个激光头。

6.3　DVD 刻录机

DVD-ROM 光驱只能读取光盘上的数据，不能实现重要数据的保存和备份，而使用 DVD 刻录机则能够解决这个问题。使用 DVD 刻录机可以将数据刻录到光盘上永久保存。

DVD 刻录机兼容 CD-ROM 和 DVD-ROM 的功能，其外形和 DVD 光驱一样，是当前组装电脑的主流配件之一。

6.3.1　DVD 刻录机的工作原理

DVD 刻录机的核心部件是激光头组件，主要由激光器、感光器、光栅、物镜、反射镜和光电二极管等部件组成。

1. 读数据

光盘刻录机在读盘时把存储在光盘上的凹坑转换成电信号。激光器是点光源，发出的激光经过光栅的控制后变成激光束，称为主光束。主光束经过物镜聚焦，把焦点聚到光盘的凹坑信息面上。激光到达光盘后，再反射回来，中间经过 90°的相移到达光电二极管。光电二极管的作用是把反射回来的光信号变成电信号。在反射回来的光信号中，有凹坑反射信号和非凹坑反射信号。系统根据反射的激光强度差别，判断出二进制的 0 或 1 信息，再把转换后的电信号分离出数据信号和各种控制信号。

2. 写数据

DVD 刻录机写入数据的原理是在空白的盘片上烧出“凹坑”，这些“凹坑”就是记录数据的反射点。因此所有由 DVD 刻录机刻出的光盘都可以在普通的 DVD-ROM 光驱上读出。写入数据时，发射出高功率的激光照射到盘片的一个特定的部位上，上面的有机染料层就会被融化并发生化学变化，这些被破坏的部位无法顺利反射光盘机所发出的激光，即形成凹坑。

DVD-RW 是指可以多次写入、反复读出的可擦写的光盘刻录机。写入数据时，也是对光盘发射出高功率的激光，但使用的是一种“相变”(Face Change)技术，对光盘上的感光物质进行瞬间加温。它与 DVD-R 的区别在于它是通过相位转换记录数据信息的。这种记录数据的方式可以制造出许多能够读取的反射点，而且这些反射点是可以重复烧制的。

6.3.2　DVD 刻录机的性能指标

DVD 光盘刻录机的多数性能指标与 DVD-ROM 是相同的，此外 DVD 刻录机还包含如下几项指标。

1. 刻录速度

目前，主流 DVD 刻录机的最高刻录速度能达到 24 倍速，该项指标是购买 DVD 刻录机的一个重要因素。如果在刻录机的稳定性有保证的情况下，尽可能地选择高倍速的 DVD 刻录机。一款三星 DVD 刻录机如图 6-2 所示。

图 6-2　三星 DVD 刻录机

2. 高速缓存

DVD 光盘刻录机在刻录盘片时，要先将数据写入高速缓存，然后刻录软件再从高速缓存中调用要刻录的数据。在刻录前一批数据的同时，后一批的数据再写入缓存中，以保持写入数据的连续性，如果写入数据不连续，就容易坏盘。因此，高速缓存的大小也是衡量光盘刻录机性能的重要指标之一。高速缓存的容量越大，稳定性越高，刻盘的成功率也就越高。目前光盘刻录机的高速缓存容量在 4MB 以上，最大可达 8MB。

3. 防刻死技术

现在刻录机和盘片的速度越来越快，刻录机对缓存的容量需求也越来越多。如果单纯按照速度来计算，一台 24X 的刻录机在刻录时每秒钟的速度为 3.6M 字节，假如要做到能防止数据断流 3 秒钟，那么就需要 10.8M 的缓存，而对于速度更快的高速刻录机来说，对缓存大小的要求自然是更大了。自从 12X 的刻录机问世以后，厂商普遍都在刻录机中加入了防刻死技术，可以在数据断流之后中断刻录动作，等到数据充分后再刻录而不会造成废盘。

4. 安装方式

光盘刻录机的安装方式有内置和外置两种方式。内置刻录机使用 SCSI 接口或 IDE 接口，安装方法和占用的空间与 DVD-ROM 光驱完全相同。外置式刻录机使用 USB 接口，具有安装简单、便于携带和散热性好等优点。

两种不同安装方式的光盘刻录机只是接口的方式不同，其他性能方面相同。

6.4　主流产品

本节介绍几款当前流行的主流光驱产品，供装机的用户选用。

6.4.1　先锋 DVD-130D

先锋 DVD-130D 采用了四方凹槽静音设计，配合导流槽技术，可增强光盘运转时的稳定性，提高光驱读盘性能并减震降低噪声。先锋 DVD-130D 的读盘速度最高为 18 倍速，支持 DVD-ROM、DVD＋/-RDL、DVD＋/-RW、DVD＋/-R 等当前主流光盘格式的读取，兼容性非常好。先锋 DVD-130D 如图 6-3 所示，其技术指标见表 6-1。

先锋 DVD-130D 价格适中，当前仅售 120 元左右，该产品完全可以满足办公型电脑和入门级用户需求。

图 6-3　先锋 DVD-130D 光驱

表 6-1　先锋 DVD-130D 技术指标

技术指标	
光驱种类	DVD-ROM
DVD-ROM 最大读取倍速	18X
CD-ROM 读取倍速	40X
缓存容量	198KB
可支持的盘片标准	支持当前多种盘片标准(详见说明书)

6.4.2　三星 TS-H652H DVD 刻录机

三星 TS-H652H DVD 刻录机性能稳定，光盘兼容性好，深受广大用户青睐。它具有 2MB 缓存，支持 20 X DVD-/＋R、8 X DVD＋RW 复写、6 X DVD-RW 复写、16 X DVD＋R DL、12 X DVD-R DL 写入和 12 X DVD-ROM 写入，还支持 48 X CD-R 写入和 32 X CD-RW 复写。

该刻录机采用传统的 IDE 接口，方便用户更换刻录机。它是目前市场上 20 倍速刻录机中价格最低的产品，具有稳定性高和兼容性好的特点，使得该产品物超所值。

三星 TS-H652HDVD 刻录机如图 6-4 所示，其技术指标见表 6-2。

图 6-4　三星 TS-H652HDVD 刻录机

表 6-2　三星 TS-H652H 技术指标

技术指标	
光驱种类	DVD 刻录机
DVD＋/-R 最大刻录倍速	20 X
DVD-ROM 最大读取倍速	12 X
CD-ROM 读取倍速	48 X
缓存容量	2MB
可支持的盘片标准	支持当前多种盘片标准(详见说明书)

6.5　选购光驱的建议

选购 DVD-ROM 和 DVD 刻录机时，应注意以下几个方面。

1. 注意刻录机的品牌

建议选购日产系列 DVD 刻录机（SONY、NEC、先锋等）品牌，这类产品尽管价格要高一点，但是其刻录品质和稳定性均属一流。其次可以选择韩国系列的 LG、三星以及国产的明基、华硕、微星等产品。由于这些厂商均是传统生产光盘驱动器产品的大厂，因此其销售服务和质量均有一定的保证。

2. 优先选择大缓存产品

对于 DVD 刻录机来说，缓存显得尤为重要。与 CD 刻录机相比，DVD 刻录数据量要大很多，必须有足够的缓存来存入数据，然后再进行刻录。大缓存可以有效地避免 Buffer Under Run（缓存欠载），目前市场上销售的大多数 DVD 刻录机缓存都达到了 8MB。

3. 理性看待 DVD 刻录速度

目前，主流 DVD 刻录机的最高刻录速度能达到 24 倍速，但笔者认为，速度不是最主要的因素，对于家庭和办公室来说，一般的刻录光盘的量都不是太多，更应当注重刻录机的稳定性，即刻录光盘的成功率，如果成功率太低，经常损坏光盘，经济损失就太大了。

当然，如果某品牌产品的稳定性很高，在资金充足的情况下，尽可能地选择高倍速的 DVD 刻录机。

4. 注意刻录机质保期

当前，市场上不同品牌 DVD 刻录机的质保时间有区别，一般小品牌的质保时间较短，而大品牌提供的服务相对来说更好。

5. 兼容性

从 DVD 光盘上看，市场上比较常见的是 DVD-5 盘片，它是单面单层，数据存储量为 4.7GB。此外，还有 DVD-9，DVD-10 与 DVD-18 盘片等不同规格的盘片，购买 DVD 刻录机时，要看清所支持的盘片的规格，否则无法刻录。

第 7 章 基本输入设备

电脑的基本的输入设备主要包括键盘和鼠标,电脑输入的信息包括命令、文字、图像等,这些信息都是通过输入设备完成的,并通过显示系统显示在电脑屏幕上。

7.1 键盘

键盘是电脑系统一个重要的输入设备,也是人机交互的一个主要媒介。

7.1.1 键盘的类型

如果按照与主机的连接方式分类,电脑键盘可以分为有线和无线两大类。

1. 有线键盘

有线键盘是通过信号线与主机的 PS/2 键盘接口或者 USB 口相连。有线键盘敲击键盘用力较小、击键声音小、手感好、使用寿命长、技术成熟、反应灵敏,且键盘所用电源取自电脑主机,不需要电池,是目前用户使用得最多的键盘。有线键盘如图 7-1 所示。

2. 无线键盘

无线键盘可以减少连接到电脑的一条信号线,使电脑整体更加简洁。不仅如此,无线键盘的多媒体功能键更加丰富,还适用于操作者离主机较远的地方。但无线键盘需要电池供电,比有线键盘价格要贵一些。无线键盘如图 7-2 所示。

图 7-1 有线键盘

图 7-2 无线键盘

3. 其他键盘

近年来,在有线键盘和无线键盘的基础上,采用新技术的键盘也不断推出。主要有多功能键盘和带有多媒体功能的键盘等。

(1)多功能键盘

多功能键盘不仅具有普通键盘的所有功能,还带有鼠标光标控制功能的触控板,是完美的键盘与鼠标二合一形式的键盘。多功能键盘如图 7-3 所示。

(2)多媒体键盘

多媒体键盘是在键盘上配置了上网及控制音响功能的一些控制键，使操作多媒体功能更加方便，如图 7-4 所示。

图 7-3　多功能键盘

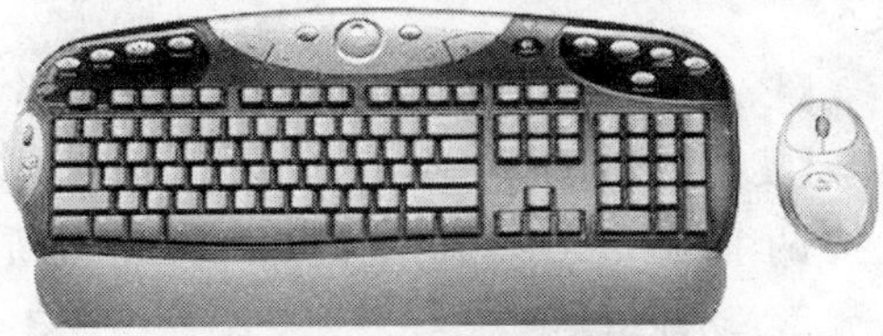

图 7-4　多媒体键盘

7.1.2　键盘的布局

键盘是电脑的最基本输入设备，按键开关是键盘的基本组成元件。用户键入命令、输入文字等，都要熟悉键盘的布局，键盘的布局如图 7-5 所示。

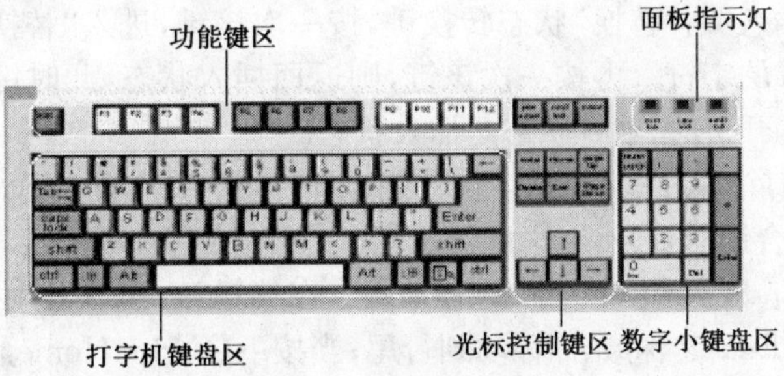

图 7-5　键盘的布局

目前标准键盘主要有 101 键盘、104 键盘和 107 键盘，主流键盘是 107 键。104 键盘是在 101 键盘的基础上增加 3 个 Windows 系统操作键，1 个键相当于右击，两个键相当于单击"开始"按钮。107 键盘又在 104 键盘的基础上增加了【Sleep】(休眠)、【Wake Up】(唤醒)和【Power】(关电源)键。【Power】键的功能和用户在关机时的操作相同。

键盘上的按键可分成 4 个区域，中间部分的区域与打字机键盘位置相同，因此称为打字机键盘区。另外还有功能键区、光标控制键区和数字小键盘区。

1. 打字机键盘区

该区是键盘的主要部分，包括字符键和控制键，字符键具有打字机的全部功能，控制键具有一些专用的控制功能。

(1)字符键

字符键的位置与一般打字机的位置相同，字符键包括【0】～【9】共 10 个数字键，26 个英文字母键和一些常用的标点符号键。

(2)控制键

【Shift】键为上档控制键，当要输入双字符键上的上档字符时，按下该键输入。

【Caps lock】键为字母大写锁定键，按一次该键，键盘右上角的【Caps lock】指示灯亮，此时输入的英文字母均呈大写形式。再按一次该键，指示灯灭，返回小写字母输入状态。

【Ctrl】键与其他键配合使用,单独使用无意义。例如,在编辑 Word 文档时,【Ctrl+X】组合键的功能为“剪切”;【Ctrl+V】组合键的功能为“粘贴”。【Alt】键的用法与【Ctrl】键类似,这两个键的功能有时需要由软件定义。

【Enter】键即回车键,表示确认所要执行的命令。在编辑文档时,表示一个输入行的结束。

【BackSpace】键称为退格键,用来删除光标左边的一个字符。

【Tab】键为跳格键,每按一次,光标向右跳过若干字符的位置,默认为 4 个字符位置。

两个【Windows】功能键是 104 键盘所特有的控制键,其功能相当于单击“开始”菜单。

2. 功能键区

标准键盘的功能键是【F1】~【F12】和【Esc】键,共 13 个键,其功能由软件定义。

3. 光标控制键区

光标控制键区包括以下按键。

光标移动键,包括【→】、【←】、【↑】、【↓】等 4 个键。在全屏幕编辑中,每按一次,光标将按箭头方向移动一个字符或一行。

【Insert】键为“插入”与“替换”状态转换键,按一次该键,进入“替换”状态,所键入的字符将替换光标后面位置的字符。再按一次该键,则返回插入状态,此时键入的字符将插入当前光标所在位置。系统开机时,默认状态是插入状态。

【Delete】键为删除键,按下该键,删除当前光标所在位置前面的字符。当同时按下【Ctrl+Alt+Del】组合键时,表示将电脑热启动。

【Home】键和【End】键又称光标快速移动键。在编辑 Word 文档时,按下【Home】键,将光标移动到行首,按下 End 键,将光标移动到行尾;当按下【Ctrl+Home】组合键,将光标移动到整个文档的开头位置;当按下【Ctrl+End】组合键,将光标移动到文档的末尾。

【PageUp】、【PageDown】键为页面光标移动键,按【PageUp】向前移动一页;按【PageDown】向后移动一页。

4. 数字小键盘区

当输入大量的数字时,数字小键盘的作用十分明显,尤其对于财会人员非常有用。这个区的双字符键具有数字键和光标控制的双重功能,开机后系统默认状态由 BIOS 设置。按下数字锁定键【Num Lock】,则右上角的【Num Lock】灯点亮,即可锁定上档数字键,然后可输入数字。

5. 面板指示灯

键盘的右上角设置了 3 个指示灯分别是【Num Lock】(数字锁定)、【Caps Lock】(字母大写锁定)和【Scroll Lock】(屏幕锁定)。当按下键盘的相应键时,各自的灯点亮,便于用户操作。

7.2 鼠标

鼠标是电脑在 Windows 系统界面中必不可少的一个输入设备,使用鼠标可以十分方便地对电脑进行操作,鼠标的名字是从其外形得来。

分辨率是鼠标器的一个重要指标,其单位是 DPI(像素点/英寸),它标志鼠标器每移动一英寸时所经过的像素点。

7.2.1　鼠标的分类

1. 机械式鼠标

机械式鼠标在其下面有一个可以滚动的小橡胶球带动两侧的滚轴，光标随着鼠标移动。其工作原理简单且成本低，缺点是滚动球容易沾染灰尘，影响光标的移动，还会造成内部机械装置磨损，影响鼠标正常工作。机械式鼠标目前基本已经被淘汰，只有一些老的电脑还在使用。机械式鼠标如图 7-6 所示。

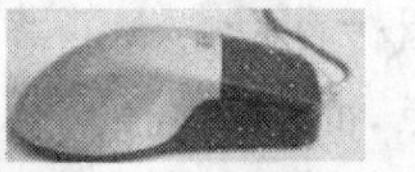

图 7-6　机械式鼠标

2. 光电式鼠标

光电式鼠标下面有一个发光二极管，早期的光电鼠标需要一块特殊的垫板反射发光二极管所发出的光(新型的光电鼠标通过普通的桌面即可反射光)。控制部分根据反射光的强弱变化判断鼠标的移动和当前位置，其优点是分辨率较高，使用寿命比较长。光电式鼠标如图7-7所示。

3. 激光鼠标

激光鼠标其实就是使用激光 LED 的光电鼠标，激光单一的波长能够更好的识别表面信息，灵敏度要比采用发光二极管的光电鼠标强 20 倍以上。因此，即使在经过特殊处理得极为光滑的表面或是复杂木纹的表面，激光鼠标也能准确地进行定位。

激光鼠标的分辨率可达 5 000dpi 以上，主要用于平面设计或者游戏玩家，其价格高，不适合一般用户。激光鼠标如图 7-8 所示。

4. 光学轨迹球鼠标

光学轨迹球鼠标是机械式鼠标和光电式鼠标相结合的产物，一般是轨迹球的固定座不动，用手拨动轨迹球控制指针的移动。轨迹球鼠标外观新颖，放置位置灵活，但价格较高，不适用于普通用户。罗技光学轨迹球鼠标如图 7-9 所示。

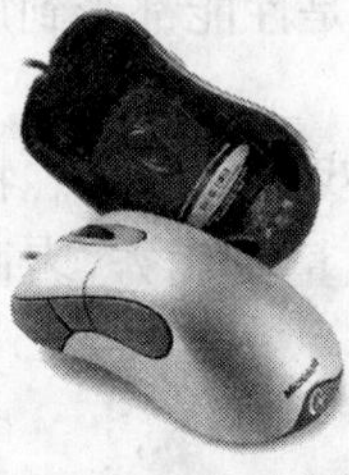

图 7-7　光电式鼠标

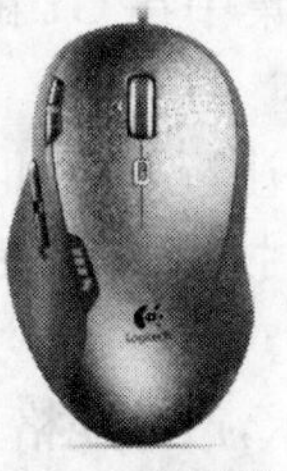

图 7-8　激光鼠标

图 7-9　罗技光学轨迹球鼠标

5. 无线鼠标

无线鼠标由发射器和接收器两部分组成，鼠标本身是发射器，发送无线信号；接收器要安装在电脑内部。其工作原理与无线键盘类似，也是利用无线或红外线信号代替连接鼠标的信号电缆线。无线鼠标又分为红外鼠标和蓝牙鼠标两种。

7.2.2　鼠标的接口

鼠标的接口有 USB 接口、PS/2 接口和无线接口三种。

USB 接口的鼠标支持热插拔功能，安装方便；PS/2 接口的鼠标安装后，需要重新启动电脑，经过系统加电检测后才能使用；无线鼠标放置位置可随意，灵活方便，但价格较高。目前USB接口和PS/2接口的鼠标的市场占有率是最大的。

用户可以根据自己的实际情况和需求选择。与键盘的PS/2接口盛行相比，USB接口的鼠标深受广大消费者的青睐，除了安装方便外，还具有支持热插拔、传输率高、定位准确等优点，而且目前的ATX主板上都有4个以上USB接口。

7.3 主流键鼠

电脑的键盘和鼠标经常作为一套产品出售，下面向读者介绍几款主流键鼠套装。

7.3.1 微软光学精巧套装

微软光学精巧套装是针对低端用户推出的，适合初级用户和办公使用，有黑色版和白色版两种，采用轻薄设计，键盘小巧，有效地节约了桌面空间，成为很多攒机者的首选配件。

微软光学精巧套装键鼠的特点是做工扎实，价格低廉，是一款性价比极高的键鼠套装。

微软光学精巧套装键鼠如图7-10所示，产品规格见表7-1。

图7-10 微软光学精巧套装键鼠

表7-1 微软光学精巧套装键鼠的产品规格

	产品规格
键盘类型	有线
鼠标类型	有线光电
分辨率	1000dpi
接口	USB及PS/2
其他	一键即可实现启动媒体播放器等常见多媒体操控

7.3.2 罗技G1游戏键鼠套装

罗技G1游戏键鼠套装于2005年上市以来，直至今日，仍受广大消费者大力拥护，是一款性价比极高的游戏键鼠套装，其优势主要集中在G1鼠标上，无论外形还是性能都受到广大用户的追捧。

这套键盘较普通键盘多出手托设计，让玩家更加舒适，长时间玩游戏不易疲劳。特别值得一提的是这款套装的鼠标，外观酷似罗技经典游戏鼠标MX300，但质量更优秀，表面采用光滑的不褪色材质，让银色更加光彩夺目。

罗技G1游戏键鼠套装如图7-11所示，产品规格见表7-2。

图7-11 罗技G1游戏键鼠套装

表7-2 罗技G1游戏键鼠套装的产品规格

	产品规格
键盘类型	有线
鼠标类型	有线光电
分辨率	1000dpi
接口	键盘PS/2，鼠标USB(带转接头)
其他	手托设计；人体功能学；5星级全防水

7.3.3　双飞燕高敏王 1000 光电套装

双飞燕高敏王 1000 光电键鼠套装外形动感十足，快捷键丰富，拥有 12 个自定义快捷键和 7 个多媒体功能键，拥有五星全防水功能和四段免驱变速特点，性能极佳。

该键鼠套装采用黑、灰、红相结合色调设计工艺，还具有防滑手托设计以及圆润过渡曲线，外观极具时尚感。在按键工艺方面，使用了带有磨砂感的塑料按键，红色区域则是采用红色橡胶按键帽，操作手感更佳，同时设计有大量快捷按键，满足游戏玩家需要。背面的导流孔具备防水作用。双飞燕高敏王 1000 光电键鼠套装的四段免驱功能和变向功能，使游戏操作更加舒畅淋漓。

双飞燕高敏王 1000 光电键鼠套装如图 7-12 所示，产品规格见表 7-3。

图 7-12　双飞燕高敏王 1000 光电键鼠套装

表 7-3　双飞燕高敏王 1000 光电键鼠套装的产品规格

产品规格	
键盘类型	有线
特殊按键	12
鼠标性能	4 段免驱变速
接口	USB、PS/2
其他	人体工程学，参数纠错

7.4　键盘鼠标选购要点

大多数用户在选购电脑的时候，都更多地把注意力集中在 CPU、主板、内存、显卡等这些主要的配件上，而忽略键盘、鼠标这些基本的输入设备，甚至认为它们无足轻重。其实我们每天接触最多的就是这些被忽略的鼠标键盘。在电脑前，经过一天的工作，有的人精神疲惫，手指发麻，而使用设计精良、符合打字习惯的键盘和鼠标，就可以适当地避免这种情况，减少疲劳。所以，在选购电脑配件时，键盘和鼠标也是不容忽视的重要部分，下面就介绍选购键盘和鼠标的注意事项。

7.4.1　键盘的选购

1. 品质工艺

键盘的品质工艺是影响键盘能否长期稳定工作的直接因素。不同厂家生产的键盘的品质有很大的差别，因此在选购时，应当谨慎。

2. 手感

手感好的键盘，在快速打字时，不会因为长时间的手指运动而产生关节疲劳、手指僵硬等不良反应。在选购键盘时，应当先在键盘上亲自操作，用适当的力度按下按键，感觉其弹性、回弹速度、声音，尤其对于一些常用键要仔细查看。手感太轻或太重、太软或太硬都不是理想的产品。手感好的键盘应该平滑轻柔，弹性适中，回弹迅速，声音小，键位晃动幅度小。

3. 键位布局

不同厂家生产的键盘，其键位布局都会有一些差异。在选购键盘时，一定要注意键位的排列是否符合自己的使用习惯，对于常用的那些键的操作是否方便。目前的标准键盘主要是

107 键，但也有走轻薄路线的紧凑布局型键盘，主键区只有 89 个按键，上方设置了 10 个多媒体按键。

4. 真伪辨别

一般鉴别真伪键盘，可以从其做工精细程度上来下工夫，真正的名牌键盘工艺上乘，每一个按键上的字母都是激光蚀刻，清晰可辨。按键与键盘本体之间的颜色一致，有光泽，表面平整。键盘上的按钮排列整齐。还可以通过键盘的外包装和说明书来进行鉴别。

7.4.2 鼠标的选购

1. 分辨率和刷新率

分辨率和刷新率是鼠标的两个重要性能参数，与鼠标的性能有重要的关系。分辨率越高，鼠标的移动灵敏度越高；刷新率越高，每秒钟传回的成像次数越多，形成的图像也越准确。在一定程度上，刷新率比分辨率更重要。这些参数都会在鼠标的说明书中明确标出。

2. 功能选择

鼠标上面的键越多，功能就越齐全。每种款式都有它的特殊的功能，针对不同要求的用户。对于初级使用者，普通的两键鼠标加滚轮就完全可以满足一般的应用。只有专业的平面设计用户以及一些电脑游戏的玩家，才需要高性能、高灵敏度甚至是专业的轨迹球鼠标。

3. 手感

选购鼠标时，一定要操作一下，选择手感好的。

4. 产品品牌

知名品牌的厂家可提供完善的售后服务。当前比较流行的鼠标品牌有双飞燕和罗技等品牌。

第 8 章　基本输出设备

在电脑系统中，基本输出设备主要是显示器和显卡，本章主要介绍这两种设备的基本知识以及选购时的注意事项。

显示器主要有两种，一种是 CRT 显示器，另一种是液晶显示器，由于 CRT 显示器逐渐被液晶显示器所代替，所以本章只介绍液晶显示器。

8.1　液晶显示器

液晶显示器也称为 LCD(Liquid Crystal Display)显示器，因无辐射、能耗低、重量轻、超薄型及环保设计而受到人们的青睐。LCD 显示器如图 8-1 所示。

8.1.1　性能指标

液晶显示器的性能指标主要有如下几项。

1. 灰阶响应时间

液晶显示器的灰阶响应时间对动态画面会产生影响，是 LCD 显示器的特定指标。它是指各像素点对输入信号反应的速度，单位是毫秒(ms)。响应时间的长短决定了画面是否可以流畅地显示，若过大，在显示动态影像时，如玩 3D 游戏或看影碟时会出现严重的“重影”或“拖尾”现象。

图 8-1　LCD 显示器

选购显示器时，用户可以通过实际的游戏操作或是播放 DVD 影片进行测试。在游戏中，液晶显示器的显示速度需要达到 60 帧以上，这样才能感觉画面流畅。目前，市场上主流显示器的灰阶响应时间一般都可以达到 2ms。

2. 可视角度

受工作原理的限制，LCD 显示器从不同角度观看屏幕图像时，图像的清晰度、色彩和亮度效果会有很大差别。可视角度分为水平和垂直可视角度，前者对画面影响较大。目前主流液晶显示器的水平可视角度一般在 170 度以上，为左右对称。垂直可视角度为 95 度以上。高端的液晶显示器可视角度已经达到水平和垂直都为 170 度。

3. 亮度

LCD 显示器的亮度是指画面的明亮程度，亮度值越高，意味着可看到更加亮丽的画面和更清晰的图像。在 LCD 显示器中亮度用 cd/m^2 衡量，即每平方米的烛光亮度。选择时此参数值至少定在 $300cd/m^2$。

4. 对比度

对比度是指屏幕图像最亮的白色区域与最暗的黑色区域之间相除后得出的不同亮度级别。对比度越高意味着所能呈现的色彩层次越丰富。随着 LCD 技术的不断成熟，目前主流显示器的动态对比度可达到 20 000∶1 和 30 000∶1 而一些高端产品甚至还能达到 50 000∶1 以上。

亮度和对比度这两个指标对 LCD 显示器的影响是相互关联的，因此选择的时候应尽量平衡考虑这两个指标。

5. 分辨率

分辨率由屏幕上每行和每列多个像点组成，其中每个像点都能被控制。传统的 CRT 显示器所支持的都是手动调整分辨率，液晶显示器的分辨率一般是由厂商所制定的，是一个固定值。液晶显示器只有在这个固定值下才能表示出最佳的影像效果。分辨率的值越高，显示的画面越清晰。用户在购买显示器时，一定要购买分辨率高的产品。

6. 环保认证

尽管 LCD 显示器与 CRT 显示器相比，在环保和保护用户健康方面已有相当大的提高，但生产的产品仍需通过相关的环保认证。一般而言，LCD 产品均应当通过 TCO′99 认证，至少也应通过 TCO′95 认证。最新的认证分别是 2001 年的 TCO′01 和 2003 年的 TCO′03。TCO 认证是按制定的年份命名的，认证一年比一年更严格。TCO′95 和 TCO′99 认证标志如图 8-2 所示，TCO′01 和 TCO′03 认证标志如图 8-3 所示。

图 8-2 TCO′95 和 TCO′99 认证标志

图 8-3 TCO′01 和 TCO′03 认证标志

8.1.2 主流显示器

下面介绍几款当前流行的优质液晶显示器，供用户选购时参考。

1. 明基 E2220HD

该显示器的四周采用了钢琴漆工艺，在显示器的背面还使用了真皮材质，整体给人的感觉除了时尚之外还显得很上档次。在性能指标方面，该显示器拥有 10 000 : 1 的动态对比度和 2ms 的灰阶响应时间，并且还内置了音箱。因此它主要是针对影音和娱乐而设计，售价约 1 100 元。

明基 E2220HD 显示器如图 8-4 所示，性能指标见表 8-1。

图 8-4 明基 E2220HD 显示器

表 8-1 明基 E2220HD 显示器的性能指标

性能指标	
显示屏尺寸	21.5 英寸
面板类型	TN
接口类型	VGA、DVI-D、HDMI×2
分辨率	1920×1080
屏幕比例	16 : 9
亮度	300cd/m^2
对比度	1000 : 1(50000 : 1 动态)

2. 三星 P2250W

三星 P2250W 在外观设计上相当出色，整个机身都采用钢琴漆工艺，并在机身的正面使用了亚克力材质，避免了钢琴漆容易留下指纹痕迹的缺点。在性能指标方面，响应时间为 2ms，动态对比度为 20 000∶1，可视角度（水平/垂直）∶170/160 度，分辨率为 1 680×1 050。该显示器性能属于一流，画面逼真，售价约 1 400 元。

三星 P2250W 显示器如图 8-5 所示，性能指标见表 8-2。

图 8-5　三星 P2250W 显示器

表 8-2　三星 P2250W 显示器的性能指标

性能指标	
显示屏尺寸	22 英寸
面板类型	TN
接口类型	VGA、DVI
分辨率	1680×1050
屏幕比例	16∶10
亮度	300cd/m²
对比度	1000∶1(20000∶1 动态)

3. 优派 VX2433wm

优派 VX2433wm 显示器的外观与同系列的产品几乎完全一致，时尚靓丽。底座设计成圆形，产品的部分技术指标贴在边框的右端。在性能方面，拥有 20 000∶1 的动态对比度，2ms 的灰阶响应时间，D-Sub、DVI-D 和 HDMI 三种接口类型。

该显示器不仅完美地支持 1 920×1 080 的全高清分辨率，而且配备了 HDMI 接口，可以与 PS3 或 Xbox360 等游戏平台直接相连，使用十分方便。目前售价为 1 500 元左右，比大部分 24 英寸的全高清液晶显示器价格更低，更加超值。

优派 VX2433wm 显示器如图 8-6 所示，性能指标见表 8-3。

图 8-6　优派 VX2433wm 显示器

表 8-3　优派 VX2433wm 显示器的性能指标

性能指标	
显示屏尺寸	23.6 英寸
面板类型	TN
接口类型	VGA、DVI、HDMI
分辨率	1920×1080
屏幕比例	16∶9
亮度	300cd/m²
对比度	1000∶1(20000∶1 动态)

4. AOC 619vh

AOC 619vh 显示器的屏幕的实际尺寸为 25.5 英寸，最佳分辨率为 1 920×1 200，因此可以支持全高清分辨率。该显示器的机身正面和底座采用了钢琴漆工艺，使它显得更时尚。在性能方面，拥有 50 000∶1 超高动态对比度，100%色域，并且配置了 VGA、DVI 和 HDMI 接口。该显示器的目前售价仅为 2 000 元左右，对于经济不太宽裕并对大尺寸屏幕显示器有浓厚兴趣的消费者而言，该产品是合适的选择。

AOC 619vh 显示器如图 8-7 所示，性能指标见表 8-4。

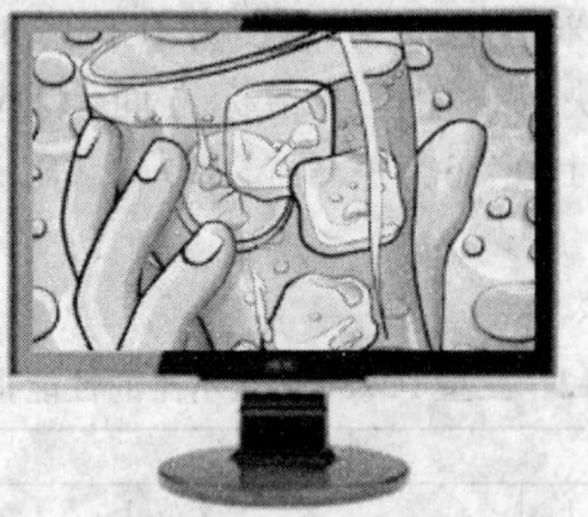

图 8-7　AOC 619vh 显示器

表 8-4　AOC 619vh 显示器的性能指标

	性能指标
显示屏尺寸	26 英寸
面板类型	TN
接口类型	VGA、DVI、HDMI
分辨率	1920×1200
屏幕比例	16：10
亮度	400cd/m^2
对比度	4000：1(50000：1 动态)

8.1.3　选购建议

1. 面板质量

液晶显示器的面板是显示器的重要部分，面板的优劣能够直接影响到显示器的质量。现在市场上有 TN、VA 和 IPS 三种显示器面板。

TN 面板的生产成本最低，主要是入门级的液晶面板，也被中低端液晶显示器广泛采用。它能提供 16.2M 色，而一般的显示器是真彩 16.7M 色，因此该面板提高对比度的难度较高，存在着色彩单薄，还原能力差，过渡不自然等缺点。

VA 类面板是高端液晶显示器常用的面板类型，它能够提供 16.7M 色彩，其可视角度一般能够达到 178 度。

ISP 面板称为平面转换面板，是 2001 年推出的新技术，也称为“Super TFT”。其色彩可达到 16.7M 色，最大能够达到 170 度的可视角度，是现代 IPS 液晶面板所能达到的最高技术水平。

在三种类型的面板中，VA 面板和 ISP 面板是属于中高端产品，采用这两类面板生产的显示器的质量好，但价格也比较昂贵，不适合普通用户。TN 面板由于生产成本较低，适合普通消费者，当前主流显示器都采用该面板。

2. 外观

首先检查是否有坏点，即屏幕上显示图像时，在某一点上始终只显示为蓝色或绿色。在检查时打开 Windows 中的写字板或记事簿，让显示器上呈现白色的区域最大，然后查看白色中有无色点。由于液晶屏在制造时是从一大块液晶片上切割下来的，所以完全没有坏点几乎是不可能的，发现有 1～2 个坏点也属于正常。

3. 电性能检查

电性能可通过调节亮度及对比度来检查。液晶显示器的亮度应达到 300 cd/m^2。

对比度应达到 10 000：1，达到 50 000：1 是最理想的。购买时把亮度、对比度由暗到亮慢慢调节，不应该出现突变的现象。

4. 延时的大小

延时是指打开显示器电源到图像清楚地呈现在屏幕上的时间。购买时可同时打开几台比较，该时间越短，在显示移动画面时不会出现拖尾(画面后面有短暂的阴影)的现象。现在市面上的液晶显示器的反应速度一般为 25～50ms。

5. 显示效果

通过改变一个文档的字体大小和制作立体字来看显示器文本边缘显示能力。然后为文档添加背景图像,查看图像的轮廓是否清晰。另外还要能够通过显示器自身的菜单功能来调节相位,如果调节不好,就会出现阴影。

6. 品牌与尺寸

目前市场上的液晶显示器主要有宏基、三星、优派和飞利浦等多家厂商。

屏幕尺寸要根据自己的实际情况选择,一般的电脑使用 19 英寸的屏幕即可。如果经常玩游戏或看电影,可以选择屏幕更大的。

8.2　显卡

显卡是显示适配器的简称,由控制电路、视频存储器、字符发生器、显示系统等部分组成。它用于将 CPU 送来的信息处理为显示器可以显示的格式后送到显示屏上形成影像。

显卡接收来自主机的控制显示指令和显示内容,然后通过输出信号控制显示器显示图形和字符。主机对显示屏幕的任何操作都要通过显卡进行。显卡上有显存,相当于主机的内存,用于暂存图像信息。

8.2.1　主流显卡

当前的显示芯片市场主要是 NVIDIA 和 ATI 的产品,多数生产显卡的厂商,都是采用这两家公司的显示芯片,俗称“平台”。

1. NVIDIA 平台

(1)双敏速配 9500GT 玩家静音版 TC512M

该显卡采用 NVIDIA G96-300-B1 核心,基于 55nm 制造工艺,功耗控制能力很强,其中内建 32 个流处理单元,性能优良,能够支持 DirectX 10.0 和 Shader Model 4.0 特效。

该款显卡最大的特点是采用了被动式散热技术,因此可达到非常高的静音效果,同时具有较高的频率,保证了其各项性能指标,适合对静音要求较高的用户选择。

双敏速配 9500GT 玩家静音版 TC512M 显卡如图 8-8 所示,产品规格见表 8-5。

图 8-8　双敏速配 9500GT 玩家静音版 TC512M 显卡

表 8-5　双敏速配 9500GT 玩家静音版 TC512M 显卡的产品规格

产品规格	
显示芯片	GeForce 9500GT
核心频率	550MHz
显存容量	256MB
制造工艺	65nm
显存类型	DDR3

(2)微星 N9800GT-MD 勇士Ⅲ 1G

该显卡采用 GeForce 9800GT 核心,基于 65nm 制造工艺,采用 DX 10 规范的统一渲染架构。该显卡核心内建 112 个流处理器,能够支持 DirectX 10.0 和 Shader Model 4.0 特效,还支持 PCI-Express 2.0 总线规范,并支持 H.264 的硬件解码与第二代 PureVidel HD 高清技术。

该款显卡的特点是性能稳定,具有出色的散热技术及稳定的超频能力,能够为 DIY 用户提供欢畅的游戏体验,流畅的高清回放功能具有较高的性价比,属于 700 元左右的中端产品。微星 N9800GT-MD 勇士Ⅲ 1G 显卡如图 8-9 所示,产品规格见表 8-6。

图 8-9 微星 N9800GT-MD 勇士Ⅲ 1G 显卡

表 8-6 微星 N9800GT-MD 勇士Ⅲ 1G 显卡的产品规格

产品规格	
显示芯片	GeForce 9800GT
核心频率	550MHz
显存容量	1024MB
制造工艺	55nm
显存类型	DDR3

(3)影驰 GTX285 黑将

该显卡采用 GeForce 9800GTX 285 芯片,基于 55nm 制造工艺,采用 DirectX 10.0 规范的统一渲染架构。该显卡核心内建 240 个流处理器,完全支持 DirectX 10.0 和 Shader Model 4.0 特效技术。

此款显卡的特点是采用公版设计,整体做工细致。显卡的默认频率为 648MHz,3D 性能出色,其性价比较高,属于高档产品,目前价格约 2 000 元,适合高端用户选购。

影驰 GTX285 黑将显卡如图 8-10 所示,产品规格见表 8-7。

图 8-10 影驰 GTX285 黑将显卡

表 8-7 影驰 GTX285 黑将显卡的产品规格

产品规格	
显示芯片	GeForce 9800GTX 285
核心频率	648MHz
显存容量	1024MB
制造工艺	55nm
显存类型	DDR3

2. ATI 产品

(1)七彩虹 4670-GD4 CF 黄金版 256M M09

该显卡采用 Radeon HD 4670 显示芯片,基于 55nm 制造工艺,采用 DirectX 10.0 规范的统一渲染架构。该显卡核心内建 320 个 Streaming Processor 处理器,完全支持 DirectX 10.1 和 Shader Model 4.1 特效技术。

此款显卡的特点是不仅采用了全固态电容，还配置了 HDMI 输出接口，市场售价仅为 500 元左右，对于初级用户是不错的选择。

七彩虹 4670-GD4 CF 黄金版 256M M09 显卡如图 8-11 所示，产品规格见表 8-8。

图 8-11　七彩虹 4670-GD4 CF 黄金版 256M M09 显卡

表 8-8　七彩虹 4670-GD4 CF 黄金版 256M M09 显卡的产品规格

产品规格	
显示芯片	Radeon HD 4670
核心频率	750MHz
显存容量	256MB
制造工艺	55nm
显存类型	DDR4

(2)盈通 R4850-512GD4 游戏高手

该显卡采用 Radeon HD 4850 显示核心，基于 55nm 制造工艺。该显卡核心内建 800 个 Streaming Processor 处理器和 16 个光栅处理器相搭配，共有 9 亿多个晶体管，具有超强的运算能力，Radeon HD 4850 显示核心完全支持 DirectX 10.1 和 Shader Model 4.1 特效技术。

为了提高性能，该显卡采用了三星 0.8ns 显存颗粒，显存容量为 512MB，位宽为 256bit。三星 0.8ns 显存颗粒的额定工作频率非常高，而这款显卡的显存工作频率只有 2 000MHz，要达到其额定工作频率还具有很大的显存超频空间。市场售价为 1 000 元左右，适合喜好超频的用户选择。

盈通 R4850-512GD4 游戏高手显卡如图 8-12 所示，产品规格见表 8-9。

图 8-12　盈通 R4850-512GD4 游戏高手显卡

表 8-9　盈通 R4850-512GD4 游戏高手显卡的产品规格

产品规格	
显示芯片	Radeon HD 4850
核心频率	625MHz
显存容量	512MB
制造工艺	55nm
显存类型	DDR3

8.2.2　显卡的结构

显卡的结构基本相同，主要由显示芯片、显存、数/模转换器、显卡 BIOS、输出接口等几部分组成。下面简要介绍各部分的功能。

1. 显示芯片

图形处理芯片俗称“显示芯片”，即图形处理单元(Graphic Processing Unit，GPU)。它是显卡的控制核心，相当于电脑的 CPU，GeForce 8600M GT GPU 如图 8-13 所示。

显示芯片的生产厂商主要有 NVIDIA 公司和 ATI 公司，下面介绍一下主流的显示芯片。

NVIDIA 公司的系列产品有 GeForce 9800、GeForce 9500、GeForce 8800、GeForce 7950、GeForce 7900、GeForce 7800、GeForce 7600、GeForce 7300、GeForce 6800、GeForce 6600、GeForce 6200、GeForce FX 5950、GeForce FX 5900、GeForce FX 5700、GeForce FX 5600、GeForce FX 5200、GeForce4 TI4200 等，每款芯片又细分为 Ultra 版、标准版、SE 版和 XT 版。

图 8-13 GeForce 8600M GT GPU

ATI 公司的系列产品有 Radeon X1950、Radeon X1900、Radeon X1800、Radeon X1650、Radeon X1600、Radeon X1300、Radeon X850、Radeon X800、Radeon X700、Radeon X550、Radeon 9800、Radeon 9700、Radeon 9600、Radeon 9500、Radeon 9200、Radeon 9100 等，每款芯片也细分为 XT 版、PRO 版、标准版和 SE 版。

2. 显存

显存即显示内存，用来存储显示芯片处理的数据信息。显示芯片处理数据后将数据输送到显存中，然后 RAM DAC 从显存中读取数据并将数字信号转换为模拟信号，再将信号输出到显示屏。显存的速度以及带宽直接影响显卡的速度。显存容量越大，显示速度越快，显卡的性能也越好。

3. RAM DAC(数/模转换器)

在显存中存储的是数字信息，用于控制显卡的每一个像素的色深和亮度。然而显示器并不是以数字方式工作的，它工作在模拟状态下，因此在中间需要有一个转换。

RAM DAC(Random Access Memory Digital-to-Analog Converter)的作用是将数字信号转换为模拟信号使显示器能够显示图像，并且提供显卡能够达到的刷新频率，它影响显卡所输出的图像质量。

RAM DAC 的频率越高越好，普通的 2D/3D 图形卡的频率在 170MHz 左右，而较好的 3D 加速卡达到 230MHz，最高速度达到 350MHz。现在有些图形卡将 RAM DAC 集成在显示芯片内。

4. BIOS 与驱动程序

显卡上的 BIOS 的功能与主机板上的 BIOS 功能一样，可以执行一些基本的函数，并在打开电脑时对显卡进行初始化设定。

显卡 BIOS 中包含了显示芯片和驱动程序的控制程序、产品标识信息。这些信息一般由显卡厂商固化在 BIOS 芯片中。

现在很多显卡上都使用 Flash BIOS，用户可以通过软件升级 BIOS。

8.2.3 性能指标

1. 刷新频率

刷新频率指每秒重绘屏幕的次数，标准单位是 Hz(赫兹)。当前，RAM DAC 所提供的刷新频率最高可达到 450Hz。刷新率可以分为 60Hz 至 150Hz 等十几个档次。CRT 显示器的刷新频率是可调的，而液晶显示器的刷新频率是固定的，由生产厂家确定。

2. 分辨率

分辨率是指显示屏幕上所显现的像素数，分为水平行和竖直列的点数，通常显卡分辨率分为 800×600、1024×768、1152×864、1280×1024 和 1600×1200 或更高。一般设置为"1024×768"，如图 8-14 所示。

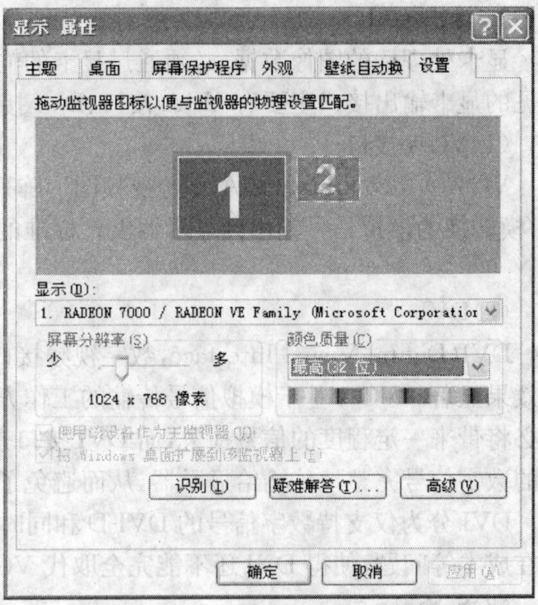

图 8-14　设置为"1024×768"

3. 色深

色深可以看做一个调色板，它决定屏幕上每个像素由多少种颜色控制。通常色深可以设定为 4 位、8 位、16 位、24 位和 32 位真彩色，色深的位数越高，所能够得到的颜色就越多，屏幕上的图像质量就越好。但是当色深增加时，也增大了显卡所要处理的数据量，会影响速度降低或使屏幕刷新频率降低。

色深的单位是"bit"(位)。具体地说，4 位色深是将所有的颜色分为 16 种(即标准 VGA)；8 位色深是将所有颜色分为 256 种；16 位色深为 65 536 种(增强色)；24 位色深为 16 777 216 种；32 位色深为 4 294 967 296 种。24 位以上的颜色可以乱真，故称为"真彩色"。

8.2.4　接口技术

显卡的接口技术包括总线接口和输出接口两部分。

1. 总线接口

显卡的总线接口是连接显卡和 CPU 的通道。主流的总线接口如下。

(1)AGP(Accelerated Graphics Port)接口

AGP 接口是专用的显示接口，具有独占总线的特点，分为 AGP 8X、AGP 4X 和 AGP 2X 等不同的标准。其中 AGP 8X 是显卡的主流接口，总线带宽达到 2 133MB/s。

AGP 8X 接口显卡如图 8-15 所示。

(2)PCI Express 接口

PCI Express 接口是一种新的显卡接口标准，自发布以来，PCI Express 标准得到了大多数厂商的支持。

PCI Express 接口支持 3 种电压，分别为 +3.3V、3.3Vaux(辅助电压)和 +12V。PCI Express 接口的优点是数据传输率高，在全双工模式下，可达到 8GB/s。

图 8-15　AGP 8X 接口显卡

当前，PCI Express X16 接口标准已经取代了 AGP 8x，其带宽是 AGP 8X 的两倍，达到 4GB/s，并可以给显卡提供功率高达 75W 的电源。

2. 输出接口

显卡处理后的图像数据，必须通过显卡的输出接口输出到显示器中才能显示图像。现在常见的显卡输出接口主要有 VGA 接口、DVI 接口、S 端子等几种输出接口。

(1)VGA 接口

VGA(Video Graphics Array，视频图形阵列)接口，即“D-Sub 15”接口，其作用是将经过数/模转换的模拟信号输出到显示器上。标准的 VGA 接口采用非对称分布的 15 pin 连接方式。

(2)DVI

DVI(Digital Visual Interface，数字视频接口)，视频信号无须转换，信号无衰减或失真，显示效果显著。VGA 基于模拟信号传输的工作方式，期间经历的数/模转换过程和模拟传输过程必将带来一定程度的信号损失，而 DVI 接口是一种完全的数字视频接口，它可以将显卡产生的数字信号完整地传输给显示器，从而避免了传输过程中的信号损失。

DVI 分为仅支持数字信号的 DVI-D 和同时支持数字与模拟信号的 DVI-Ⅰ。目前，由于存在成本等问题，使得 DVI 还不能完全取代 VGA 接口。

(3)S-Video

S-Video(S 端子)也称为二分量视频接口，一般采用五线接头，用来将亮度和色度分离输出，主要功能是克服视频节目复合输出时的亮度与色度的相互干扰，提高画面的质量。显卡的输出接口如图 8-16 所示。

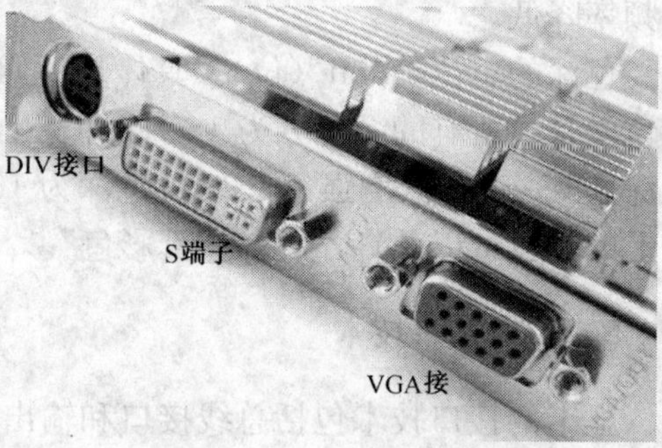

图 8-16 显卡的输出接口

8.2.5 选购建议

显卡是电脑中即重要又特殊的部件，因为它直接关系到电脑系统输出的画面，并且显卡是电脑配件中性能和价格差别最大的部件，其价格从 200 多元到数千元，所以必须按照自己的实际需要与经济实力选购。

1. 按需要选择

如果只是进行文字处理，运行办公软件，浏览网页，玩一般的游戏，选购 200～400 元之间的显卡即可，显存有 128MB 完全够用。

如果是玩 3D 游戏，需要购买显存 256MB 以上的 3D 图形加速卡。

如果是专业制图，对显卡的要求更高，价格应在 800 元以上。

同是 3D 图形加速卡，其性能应参考上面介绍的显示芯片，因为显示芯片决定了显卡的性能指标。

2. 按品质选择

性能优良的显卡从芯片、显存、BIOS 到 RAM DAC 和驱动程序都有良好的品质，即使是使用同种加速芯片的不同品牌显卡，其性能也不尽相同。

3. 注意新功能

目前在显卡上除内置的 3D 功能外，一般都有一些新技术，如可以接两台显示器及具有

DVD 回放功能等。

4. 注意散热

优质的显卡都采用多种形式的风扇或散热器,使热量及时排除。

一款狂镭 X1300XT 钻石增强版显卡配备了扇形散热器,散热器采用了压固工艺+无边框风扇的特殊设计,配合 70cm 的滚珠风扇,散热效能非常出色,如图 8-17 所示。

图 8-17　扇形散热器

第9章　其他外部设备

与电脑连接的外部设备有许多种，本章介绍数字摄像头、扫描仪和打印机。

9.1　摄像头

宽带网络的发展，改变了传统网络通信的质量和形式，使交流不再局限于普通语言文字，视频聊天得以实现。作为实现视频聊天的辅助工具，除了电脑外，还需要配备一个"眼睛"，即摄像头。

9.1.1　摄像头的工作原理

现在市场上销售的摄像头都是数字摄像头，它将摄像单元和视频捕获单元集成在一起，通过电脑上的 USB 接口，可以实现即插即用，非常方便。

摄像头基本的功能是视频传输，即将图片一张张传到屏幕，由于传输速度很快，可以让用户看到连续动态的画面，就像放电影一样。一般当画面的传输数量达到每秒 24 帧时，就有了连续性。在进行这种图片的传输时，必须将图片进行压缩，否则传输所需的带宽会变得很大，一般压缩方式有 H261、JPEG、MPEG 等格式。当使用 RealPlayer 软件播放电影时，在播放器的下方会显示传输速度，如 250kbps、400kbps、1 000kbps 等。画面的质量越高，传输速度也就越快。摄像头进行视频传输的原理相同，如果将摄像头的分辨率调到 640×480，捕获到的图片每张大小约为 50kb，每秒 30 帧，那么摄像头传输视频所需的速度为 50×30/s＝1 500kbps＝1.5Mbps。在实际生活中，人们一般用于网络视频聊天时的分辨率为 320×240 甚至更低，传输的帧数为每秒 24 帧。如果采用更高的压缩视频方式，如 MPEG-1 等，可以将传输速率降低到 200kbps 以下，这就是一般视频聊天时，摄像头所需的网络传输速度。

从以上介绍可以看出，一般的宽带网络都可以满足用户进行视频传输的需求。而根据不同上网方式给用户提供的带宽，还可以自己调节摄像头传输画面的质量，如分辨率、真彩色级别、画面捕获传输速度等。比如，当带宽达到 2Mbps 时，就可以采用 640×480 的分辨率，每秒 30 帧来进行视频聊天。这时，无论是画面的质量还是流畅的程度都相当高，如同两个人面对面交流一样。

9.1.2　数字摄像头的主流产品

目前市场上数字摄像头的主要品牌有 Logitech（罗技）、ANC、海天地 QQ、极速、清华紫光以及爱国者等。

本节介绍几款适合家庭用户上网聊天使用的性价比较高的主流产品，其价位都在 100 元以内。

1. 罗技快看灵讯版摄像头

罗技快看灵讯版摄像头可以选择时尚酷银、酷蓝两种颜色，整体外形小巧，采用了圆润的眼球外观设计，拥有激活状态指示灯显示和手动对焦环，方便调整焦距。

罗技快看灵讯版摄像头如图 9-1 所示。

该摄像头像素为 130 万，分辨率为 640×480，CCD 感光器，最大帧数为 30 帧，标准的 24 位真彩色，摄像头压缩比为 5∶1，采用玻璃镜头，连接方式为 USB 2.0 接口，支持流行即时聊天软件 Windows Live Messenger、Skype、Yahoo Messenger、QQ 等，并且提供两年质保服务。

2. ANC 奥尼之窗 V6

ANC 奥尼之窗 V6 摄像头的外形十分时尚，外观的色彩为银黑相间，具有隐形方孔夜视灯，如图 9-2 所示。

图 9-1　罗技快看灵讯版摄像头

图 9-2　ANC 奥尼之窗 V6 摄像头

ANC 奥尼之窗 V6 摄像头支持当前的 Windows 98/Me/2000/XP/Vista/7 等操作系统，采用 USB 2.0 接口。

ANC 奥尼之窗 V6 摄像头的主要参数如下：像素为 130 万，CMOS 镜头，最高分辨率为 1 280×960，成像距离为 30mm～无穷远，对焦方式为手动聚焦，最大帧数为 30 帧，色彩位数为 24 位，摄像头压缩比为 2～8 倍，10 倍数码变焦。

3. 海天地 QQ V3A 摄像头

海天地 QQ V3A 摄像头的外观为白色，使用夹式底座，采用球面多层光学玻璃镜头。该摄像头支持 Windows 2000/2003/XP/Vista 操作系统，可以即插即用，支持免驱动使用。接口类型为 USB 2.0，满足了摄像头快速传输数据的需要。海天地 QQ V3A 摄像头如图 9-3 所示。

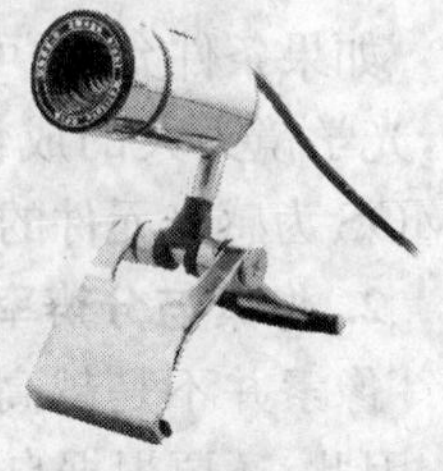

图 9-3　海天地 QQ V3A 摄像头

海天地 QQ V3A 摄像头的主要参数有：130 万像素，CMOS 镜头，800×600 分辨率，最大帧为 30 帧，24 位色彩，自动对焦方式。

9.1.3　性能指标

摄像头的性能指标主要包括以下几项。

1. 像素

像素是影响摄像头质量的重要指标。现在的主流产品像素值一般为 130 万左右。像素值并不能完全决定影像的质量，它必须与电脑系统相配套。像素值越高，就需要更宽的数据传输通道和更快的数据处理能力，否则就会出现影像捕获的延迟、停顿现象。另外像素值越高，需要处理、存储的数据越多，因而对于存储设备的要求也越高。

2. 分辨率

分辨率是摄像头解析、辨别图像的能力。分辨率和 CCD 或 CMOS 的品质直接相关。有关分辨率，主要应考虑捕获静态画面时的分辨率（照相解析度）和捕获动态画面时的分辨率（视频解析度）。现在主流摄像头的分辨率为 640×480 像素。

3. 镜头

镜头是摄像头的重要组成部分，摄像头的感光元件可分为 CCD（电荷耦合元件）和 CMOS（金属氧化物半导体元件）。CCD 一般应用在高端产品中；CMOS 则应用在对影像品质要求不高的产品中。CMOS 的特点是制作成本低，功耗也很低，但是 CMOS 摄像头对光源的要求要高一些，使用环境受限。

4. 视频捕获能力

数字摄像头的视频捕获能力是用户最关心的功能之一。目前摄像头的视频捕获都是通过软件实现的，因而对电脑的要求较高，即 CPU 的处理能力要足够块，P4 以上档次的电脑都能够满足一般用户的使用要求。另外，对画面质量的要求不同，捕获能力也不尽相同。

5. 接口

摄像头与电脑的连接方式可以通过接口卡、并口和 USB 接口。接口卡是摄像头专业卡，其图像画质和视频流的捕捉速度较理想，但不同的产品标准不同，兼容性差、价格较高，适合专业人士使用。当前，主流摄像头都是采用 USB 2.0 接口，具有节能、即插即用等优点，适合一般用户使用。

9.1.4 摄像头的选购

选购摄像头时，应注意以下几点。

1. 看镜头

如果条件允许，可以选择使用 CCD 为感光元件的产品。注意光学镜头的大小，一般情况下，光学镜头大的成像质量好。对于普通用户，只是一般进行网络聊天使用，选择普通的 CMOS 为感光元件的产品即可。

2. 像素与分辨率

像素并不是越高，就越适合用户的使用，因为像素越高的产品，需要更宽的数据交换通道，因此，还要根据自己的网络情况选择。优先选购至少 130 万像素的主流产品。

对于分辨率，建议请导购人员将摄像头连接到电脑上，当场测试其成像的效果，观察静态图像是否清晰，动态影像是否流畅。

3. 看视频捕获能力

用手在摄像头前面有规律地移动，观察摄像头的成像效果。摄像头捕获到的动态图像越连贯、流畅，没有拖影或黑影现象，则此摄像头的该项指标合格。

4. 调焦功能

调焦功能也是摄像头比较重要的指标之一，一般好的摄像头都应该具备物理调焦功能，这样用户就能够手动调节摄像头的焦距，以得到最清晰的图像。

5. 摄像头接口

推荐使用 USB 2.0 接口的数字摄像头，现在一般电脑都支持 USB 2.0 标准，应当选购相应的摄像头以取得最大的数据传输速率，使视频捕获、处理速度更快。

6. 外形和做工

外形和做工也是考察摄像头性能的重要指标。外形不单单指其形状是否好看，从外形上还可以直观地看到摄像头是否能够手动调焦、是否有快门按钮等基本功能。当然，做工越细致，说明产品的质量越好。

9.2 扫描仪

扫描仪是一种捕获图像并将其转换为电脑可以显示、编辑、存储和输出的数字化输入设备。这里所说的图像是指照片、文本页面和图画等，甚至如硬币或纺织品等三维对象也可以作为图像扫描。

9.2.1 用途

扫描仪可以完成如下工作。

① 在文档中处理美术品或图片。

② 将印刷好的文本扫描输入到文字处理软件中，免除重新输入之苦。

③ 将传真文件扫描输入到数据库或文书处理软件中存储。

④ 在多媒体产品中添加图像。

9.2.2 类型

一般扫描仪按其操作方式的不同可以分为平板式扫描仪、进纸式扫描仪和投影片（幻灯片）扫描仪三种。平时使用的扫描仪为平板式扫描仪，用于扫描照片或印刷品。平板上装有玻璃，可以放置要扫描的文件。平板式扫描仪如图 9-4 所示。

图 9-4　平板式扫描仪

9.2.3 工作原理

扫描仪由光源、光学透镜、感光器件及模/数转换电路等组成。目前，扫描仪的感光器件有四种，光电倍增管、硅氧化物 CCD(Charge Coupled Device，电荷耦合器件)、半导体 CCD、接触式感光器件(CIS 或 LIDE)。使用 CCD 作为感光器件的扫描仪，充分体现了 CCD 器件色彩密度高，技术成熟的优势，占据了主流市场。

扫描仪获取图像的方式是先将光线照射到待扫描的材料上，光线反射回来后，穿过透镜到达电荷耦合器，再由电荷耦合器实现光电转换，把光信号转换成模拟信号同时量化出像素的灰暗程度，再由模/数转换电路将模拟信号转换成数字信号。

最后扫描软件读入这些数据，并重组为电脑图像文件。

9.2.4 性能参数

影响扫描仪的性能的指标主要有以下几个方面。

1. 分辨率

分辨率决定了扫描仪所记录的图像的清晰程度，是衡量扫描仪性能的主要指标之一，其单位为DPI(Dots Per Inch，每英寸长度上的点数)。DPI的数值越大，扫描的分辨率和得到的图像文件也越大。当分辨率大于某一个特定的值后，只会使图像文件增大而不易处理，并不能对图像品质产生明显的改善。对于大多数情况，300 DPI就足够了。

目前，多数扫描仪的分辨率在300～2 400DPI之间，300DPI的扫描仪已经不再生产，市面上常见的扫描仪分辨率多为600DPIX1200DPI和1200DPI X 2400DPI两种。

2. 色彩位数

色彩位数指色彩深度值，色彩位数越高，可以扫描的图像色彩与实物的真实色彩越接近。一般分辨率为300×600 DPI的扫描仪的色彩位数为24bits或30bits，而600×1 200DPI的色彩位数一般为36bits，最高达到48bits。24bits可记录1677万种色，36bits可记录多达687亿种色彩。

3. 灰度值

灰度值是指黑白图像由黑到白整个色彩区域划分的图像级数。表示16级灰度要用4个bits，而8个bits可以表示256级灰度，即可使黑白图片的层次更加准确。

4. 接口

目前扫描仪的接口有并口(EPP接口，即增强并行端口)、USB接口和SCSI接口三种。USB接口扫描仪是主流产品。

以前的扫描仪大多数为EPP接口，安装时要先进入BIOS设置，将并行口设置成EPP方式。EPP接口的扫描仪扫描的速度稍微慢一些。USB接口的扫描仪目前比较普遍，安装最容易，扫描速度比EPP接口快，支持热插拔功能。SCSI接口的扫描仪安装时需要SCSI接口卡的支持，因此其成本较高，其优点是扫描速度快，负载能力强。

5. 扫描幅面

扫描幅面即可扫描的稿纸的大小，通常分为A4、A4加长、A3、A1和A0等。一般扫描仪的扫描幅面为A4纸。

9.2.5 选购建议

1. 使用要求

如果只是扫描一些照片和文稿等，购买分辨率为600×1 200 DPI，色彩位为32 bits的扫描仪即可。如果是用在广告制作、图形图像处理等专业场合，就应当购买分辨率为1 200×2 400DPI，色彩位数为48bits以上，扫描幅面为A3、A1和A0等大幅面的产品。

2. 接口类型

普通用户采用EPP/ECP并口或USB接口的扫描仪，这种扫描仪安装使用较方便。对于专业用户，扫描的量大，要求质量又高，建议采用SCSI接口的扫描仪。

3. 汉字表格识别软件

用扫描仪扫描原稿，如杂志、报纸和书籍等，要通过汉字表格识别软件识别，才能转换成电脑可编辑、存储的文章。这种汉字表格识别软件有多种，知名的有尚书和清华紫光等。

4. 品牌

当前著名的扫描仪厂商主要有 Microtek，中晶，Epson 以及清华紫光等，这些品牌的产品质量高，售后服务有保障。在众多的国内外著名的扫描仪品牌中，中晶是比较优秀的产品。一款新式的中晶 Microtek Scanmaker 4850Ⅲ扫描仪如图 9-5 所示。

图 9-5　中晶 Microtek Scanmaker 4850Ⅲ扫描仪

9.3　打印机

在电脑上编辑的文档和存储的图像等文件，如果要打印到纸上保存，就离不开打印机。

9.3.1　类型

当前常见的打印机主要有点阵式打印机、喷墨式打印机和激光打印机。

1. 点阵式打印机

点阵式打印机也称为针式打印机，这是一种机械式打印机，其工作方式是利用打印头内的点阵撞针撞击在色带和纸上，针式打印机的针头有 24 根针。

点阵式打印机的优点是可以使用多种纸型，牢固耐用，价格较低，其耗材（主要是打印纸和色带）价格低廉。目前的针式打印机适合一些特殊功能需求，如打印票据、财务表格等。其缺点是噪声较大、分辨率较低且速度慢，不适合打印大量文件，以及对打印质量要求高的场合，也不适合家庭使用。目前在市场上针式打印机主要是 EPSON 公司的产品，如爱普生 LQ-305KT(EPSON LQ-305KT)、OKI MicroLine 8450CL 和 LQ-1900K 等，其中的“K”表示打印机内带有汉字库。

爱普生 LQ-305KT(EPSON LQ-305KT)针式打印机如图 9-6 所示。

图 9-6　爱普生 LQ-305KT(EPSON LQ-305KT)针式打印机

爱普生 LQ-305KT 的打印速度为 300 字/秒，可以打印单页纸、连续纸、信封、明信片、带标签的连续纸和卷纸等多种纸张类型，其接口类型可选择 IEEE-1284 双向并行接口或串行接口，打印针的寿命可高达 2 亿次/针。

2. 喷墨式打印机

喷墨式打印机通过喷墨管将墨水喷到打印纸上，工作方式有固体喷墨和液体喷墨两种，当前市场上的主流产品都是液体喷墨打印机。一般的喷墨打印机都可支持彩色打印。其优点是打印时无噪声，打印速度介于点阵打印机和激光打印机之间，并且价格较低；其缺点是耗材较贵，一般的黑白墨盒（可打印 A4 纸 1 000 多页）需要大约 150 元。喷墨打印机如图 9-7 所示。

当前市场的主流产品大多是 HP（惠普）、Canon（佳能）和 EPSON（爱普生）公司的产品，联想公司的喷墨打印机也有一定的份额。这些产品的技术都比较成熟，质量有保证，售后服务好。

3. 激光打印机

激光打印机最主要的部件是感光鼓，感光鼓中装有碳粉。工作原理是打印时，感光鼓接受激光束，产生电子，以吸引碳粉，再印到打印纸上。其优点是打印时噪声小、速度快、可以打印高质量的文字及图形。HP-Laser Jet P1008N 激光打印机如图 9-8 所示。

图 9-7 喷墨打印机

图 9-8 HP-Laser Jet P1008N 激光打印机

以前，由于激光打印机的价格较高，仅适合于单位使用。现在，HP-Laser Jet P1008N 激光打印机仅售 900 元左右，完全可以适合家庭使用。

9.3.2 性能指标

打印机的性能指标主要有打印速度、分辨率以及数据缓存等。

1. 打印速度

打印速度的单位用 CPS(字符/秒)或者 PPM(Papcrs Per Minute，页/分钟)表示。一般点阵式打印机的平均速度是 50～200 汉字/秒。以 A4 纸为例，喷墨打印机打印黑白字符的速度为 5～9PPM，打印彩色画面的速度为 2～6PPM。激光打印机的速度更高。

2. 分辨率

分辨率的单位是 DPI(Dot Per Inch，点/英寸)，表示每英寸打印的点数。分辨率越大，打印精确度越高。一般激光打印机的精度要高于喷墨打印机。

当前一般的喷墨打印机的分辨率都在 2 400×600 DPI 以上，用于打印彩色照片的高级的喷墨打印机的分辨率可达到 4 800×1 200 DPI。

3. 数据缓存容量

缓存的容量大，存储的数据就多，对打印速度的提高影响也越大。

4. 接口

打印机的接口分为并行口和 USB 接口，目前新生产的打印机一般都支持 USB 接口，连接十分方便，支持热插拔功能。

5. 色彩数

色彩数决定了打印机的色彩精度，以前的彩色打印机采用 3 基色墨盒，即红绿蓝，现在已经被 6 色(红、绿、蓝、黑、淡蓝和淡红)取代，色彩精度大大提高。

9.3.3 选购建议

在选购打印机时，需要从以下几个方面考虑。

1. 根据实际需要

如果打印文件或图像的数量比较多，要求的质量又比较高，应尽量购买档次较高的激光打印机；如果是家庭使用，打印的数量又不太多，一般购买比较便宜的喷墨打印机；如果是专业打印广告和照片，就应选择高精度的彩色打印机。当前打印机本身价格不高，如一般的喷墨打印机的价格在 1 000 元左右，便宜的仅 500 左右，但其耗材及维护费用并不低，这些也是考虑的因素。

2. 品牌

打印机的品牌很重要，知名品牌的打印机质量有保证，售后服务好，一般保修时间为 1 年，而且耗材容易购买。

3. 性能指标

购买时，应仔细对照说明书，查看其各项指标。价格相同的不同品牌的产品，有可能性能指标有很大的差别，尤其重要的指标是打印分辨率。打印机的价格会随着分辨率的升高而升高，目前主流的激光打印机和喷墨打印机的分辨率均可达到 4 800×1 200 DPI。

第 10 章　网络设备

随着计算机网络技术的迅猛发展，以及人们对信息的需求，将计算机接入 Internet 网络或组建局域网，也是计算机应用的一个主要方面。

对于一般的用户，经常需要使用的网络设备主要包括 ADSL Modem、网卡、网线、集线器、交换机、无线网络设备以及调制解调器(Modem)等，本章主要介绍这些网络设备。

10.1　ADSL Modem

随着上网技术和方式的更新，采用电话线连接普通的 56K Modem 拨号上网方式因受其速度的限制，在大中城市将逐步被淘汰，新的宽带技术将逐步取代传统的上网方式。其中 ADSL 宽带上网方式因其速度快、投资少和月租费便宜等诸多优点得以迅猛发展。由中国网通提供的 KM300A 型 ADSL Modem 如图 10-1 所示。

图 10-1　KM300A 型 ADSL Modem

10.1.1　ADSL 工作原理及其特点

1. ADSL 工作原理

ADSL(Asymmetrical Digital Subscriber Loop，非对称数字用户环路)技术是运行在原有普通电话线上的一种新的高速宽带技术，它利用现有的一对电话线，为用户提供上、下行非对称的传输速率(带宽)，“非对称性”主要体现在上行速率和下行速率的不同。上行(从用户到网络)为低速的传输，速率为 896Kbps；下行(从网络到用户)为高速传输，速率可达 8Mbps。

ADSL 上网采用 PPPoE(Point to Point Protocol Over Ethernet)协议，这是一种基于以太网的点对点协议，一般用于在以太网上进行拨号连接。ADSL 接入互联网有虚拟拨号和专线接入两种方式。虚拟拨号方式用户没有固定的 IP 地址。

2. ADSL 的特点

ADSL 宽带接入技术具有以下特点：

① 可直接利用现有用户电话线，节省投资。

② 可享受超高速的网络服务，为用户提供上、下行不对称的传输带宽。

③ 节省费用，上网同时可以打电话，互不影响，而且上网时不需要另交电话费。

④ 安装简单，只需要在普通电话线上加装 ADSL Modem，在电脑上装上网卡即可。现在较流行的是 USB 接口的 Modem，在开机状态下直接插入电脑上的 USB 接口，然后安装驱动程序即可。

10.1.2　ADSL Modem 的选购

在选购 ADSL Modem 时，要注意以下几个因素。

1. 接口方式

ADSL Modem 的接口方式主要有 LAN(以太网)、USB 和 PCI 等 3 种接口方式。如果选购以太网接口的 ADSL Modem,需要在电脑中安装网卡。

2. 售后服务和技术支持

售后服务和技术支持是由厂商提供的服务,如全向和实达这样的国内 Modem 厂商服务做得比较好,也更为本地化。由于 ADSL Modem 的安装和调试比普通 Modem 复杂得多,完好的售后服务和专业的技术支持则显得尤为重要。

3. 品牌优势

在 ADSL Modem 市场上,品牌众多,著名的品牌有贝尔、全向以及联想等。值得一提的是全向的 ADSL 产品,它是利用自身技术自主研发的,产品技术成熟并且提供本地化的服务。

4. 附件必须齐全

购买 ADSL Modem 时,必须配备如下附件。

①信号分离器。

②说明书。

③1 条双绞线,用于连接 ADSL Modem 和电脑的网卡。

④1 条电话线,用于连接 ADSL Modem 与信号分离器。

10.2 网卡、网线和水晶头

如果家里或单位有多台电脑,可以组建局域网。组建局域网时,必须使用网卡。网卡也称网络适配器。

网线是信息的传输媒介,不同电缆接口的网卡使用不同种类的网线。

10.2.1 网卡

网卡的种类很多,也有多种不同的分类方法,可以按照传输介质、传输速率、接口方式等分类。

1. 按传输介质

按传输介质分类,可分为有线网卡和无线网卡。有线网卡要通过 RJ45 插口和超五类双绞线与交换机相连。无线网卡是使用接收发送天线,以无线电波为传输介质,与其他网络设备通信。

无线网卡如图 10-2 所示。

2. 按传输速率

按照传输速率划分,可以分为 10M 网卡、100M 网卡、10/100M 自适应网卡和 1 000M(千兆)网卡。目前主流产品是 100M 网卡和 10/100M 自适应网卡。

一款新型的 10/100M 自适应网卡如图 10-3 所示。

3. 按总线接口

按照总线接口的类型划分,可以分为 PCI 和 USB 两种总线接口类型。目前的主流产品都是 PCI 和 USB 总线接口产品。

一种新型的 USB 2.0 标准的外置式网卡 FEther USB-TXS 如图 10-4 所示。

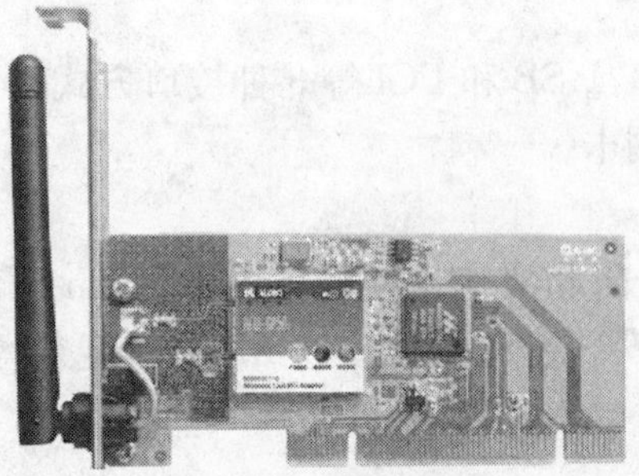

图 10-2 无线网卡

图 10-3 10/100M 自适应网卡

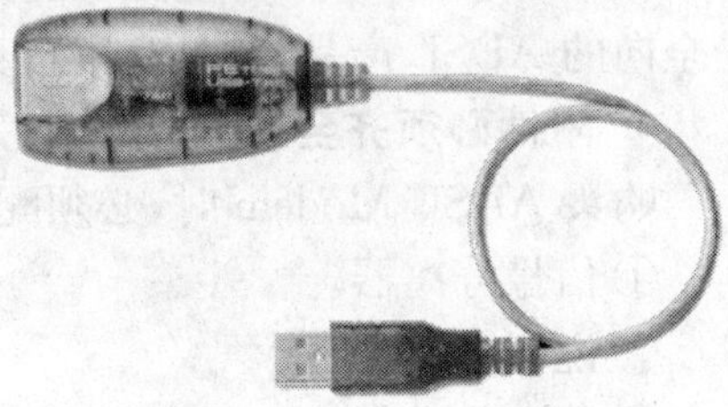

图 10-4 FEther USB-TXS

这款产品可以提供 10M/100M 的网络传输速度，支持 USB 2.0 标准，向下兼容 USB 1.1。它的最大特色是十分小巧，仅重 35 克，体积为 62mm×34mm×25mm(宽度×纵深×高度)。

10.2.2 网线与水晶头

网线是连接局域网的传输介质。组建局域网的网线使用双绞线，还需要与其配套的水晶头。

1. 双绞线

目前连网采用的电缆大多是双绞线。根据最大传输速度及其他性能指标的不同，双绞线可分为 5 类、超 5 类及 6 类线三种。

由于 6 类线不适合家庭或小企业使用，因此在本书不做介绍。

5 类双绞线传输速率可达 100Mb/s。

超 5 类双绞线的传输速率可达 155Mb/s 以上，可以适合未来传输各种多媒体数据的需求。

双绞线又可分为屏蔽双绞线(STP)和非屏蔽双绞线(UTP)。

(1)屏蔽双绞线

STP 双绞线内部包了一层皱纹状的屏蔽金属网，并且增加了一条接地用的金属铜丝线，因此它的抗干扰性比 UTP 双绞线强，但价格也要贵很多，而且施工要求的工艺复杂，一般技术人员很难实现，在一般的家庭及中小企业很少使用。

(2)非屏蔽双绞线

对于 UTP 双绞线，阻抗值在 1MHz 时通常为 100 欧姆，中心芯线 24AWG(直径为 0.5mm)，每条双绞线最大传输距离为 100m。

超 5 类非屏蔽双绞线改进了 5 类屏蔽双绞线的部分性能，许多性能参数，如近端串扰、衰减串扰比、回波损耗等都有所提高。其传输带宽可高达 1 000Mbps。

超 5 类双绞线的机构也是采用 4 个绕对和 1 条抗拉线(也称剥皮拉绳)，线对的颜色与 5 类双绞线完全相同，分别为白橙、橙、白绿、绿、白蓝、蓝、白棕和棕色。

当前，在组建局域网时都使用超 5 类非屏蔽双绞线。超 5 类非屏蔽双绞线外观和双绞线截面图如图 10-5 所示。

2. RJ-45 水晶头

RJ-45 水晶头是双绞线与网卡 RJ-45 接口间的接头，其质量好坏将直接关系整个网络的稳定性，不可忽视。RJ-45 水晶头如图 10-6 所示。

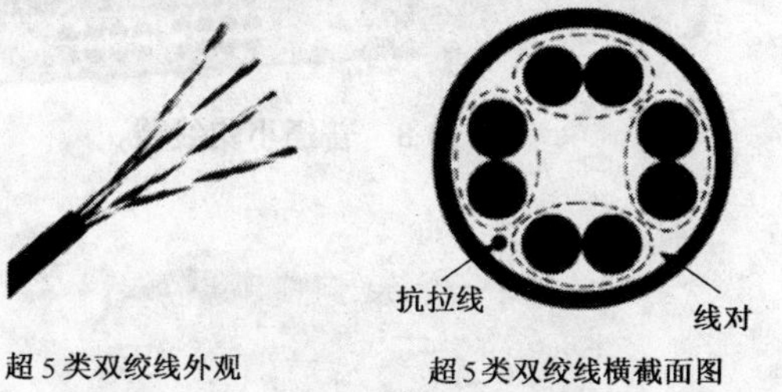

图 10-5　超 5 类非屏蔽双绞线

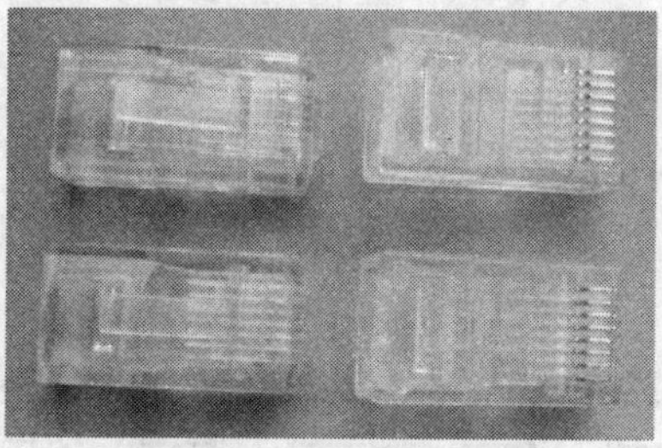

图 10-6　RJ-45 水晶头

10.2.3　选购建议

在选购网卡和网线时，有如下几点建议。

① 网卡的兼容产品很多，价格也便宜。如果只连接几台电脑，做实验性的尝试，可以选购兼容产品。如果实际组网，一定要购买名牌产品，如 D-Link 和 3COM 等。

② 由于当前网卡的总线接口主要是 PCI，所以应选择 PCI 接口的网卡。这种网卡的总线宽度为 32 位，数据传输速率为 133MB/s。

③ 为了适应不同类型的网线，应当选择 10/100M 自适应二合一网卡，这样可以使用双绞线，既可在总线型网络中适用，也可在星形网络中使用。

④ 目前组网，应当选择超 5 类非屏蔽双绞线。

10.3　集线器与交换机

集线器与交换机是组建局域网的关键设备，起控制中心的作用。

10.3.1　集线器

集线器的英文为“HUB”，在组建局域网时起中心控制的作用，用其连接的局域网如图 10-7 所示。

可以把集线器看成是一种多端口的中继器，其带宽由集线器的所有端口平均分配。如总带宽为 100Mb/s 的集线器，上面连接了 4 台工作站，如果同时使用网络，则每台工作站享受的平均带宽仅为 100/4＝25Mb/s。普通的具有 16 个端口的小集线器如图 10-8 所示。

由于以太网络采用了 CSMA/CD 协议，在传输过程中可能会发生冲突，此时 Collision 灯会闪烁。如果 Collision 灯闪烁过于频繁，说明网络负载过重，需要调整或者升级。

10.3.2　交换机

交换机又叫交换式集线器。在现代的计算机网络中，使用交换机可以提高整个网络的性能，为此很多小型的局域网使用交换机替代 HUB。交换机的每一端口都有其专用的带宽，如 100Mb/s 的交换机，每个端口都拥有 100Mb/s 的带宽。普通的小交换机如图 10-9 所示。

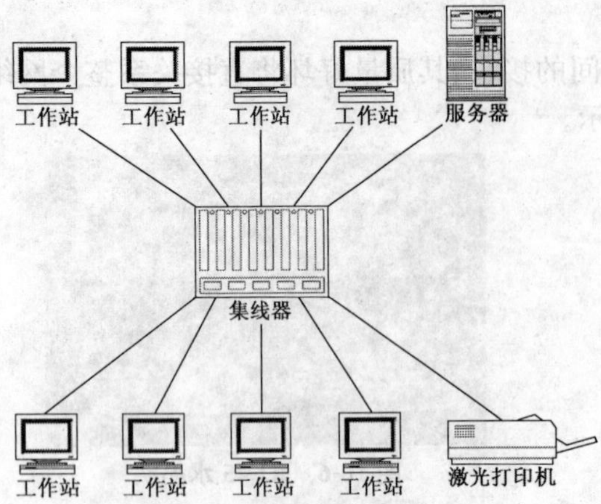

图 10-7 用集线器连接局域网

图 10-8 普通小集线器

图 10-9 普通的小交换机

10.3.3 选购建议

选购集线器和交换机时，应注意以下几点。

① 目前适合家庭和个人使用的小型交换机（如 8 口或 16 口）的功能比集线器强很多，二者的价格相差无几，最好使用交换代替集线器。

② 选择适当的端口数量，并留有余地。如连接 5～6 台电脑，可以选择 8 口的交换机。

③ 选择带宽，目前小交换机和 HUB 的端口带宽有 100Mb/s 和 10Mb/s/100Mb/s 自适应两种端口，一般要与选择的网卡相匹配。

④ 选购名牌产品。

10.4 无线网络设备

用户用于连接互联网或组建无线局域网的设备主要有无线访问节点（AP）、无线路由器和无线网卡。

10.4.1 无线访问节点(AP)

无线访问节点的功能相当于有线局域网中的集线器（HUB），如图 10-10 所示。无线访问节点的作用主要有如下几项。

① 在组建集中控制式的星形网络时，AP 是作为无线局域网的控制中心，连接其他装有无线网卡的计算机（无线工作站）组成无线局域网。

图 10-10 无线访问节点(AP)

② 无线访问节点可以作为无线局域网中的几个基站，用于扩大无线信号的覆盖范围，由它连接装有无线网卡的计算机，组成无线对等网。

③ 无线访问节点内也有一块无线网卡，能够为信号覆盖范围内的无线设备提供接入。AP 通过无线网卡发送和接收数据，还可以将各无线工作站的数据接收后再进行转发，起到中转的作用。

④ 无线访问节点内有几个以太网 RJ-45 插口，可以用来连接有线局域网，即可实现扩展网络规模的目的，这样无线局域网中的用户就能够共享有线局域网中的资料或连接 Internet。此时，AP 是作为无线局域网和有线局域网之间沟通的桥梁。

注意：理论上一台无线访问节点可以支持 256 个终端用户，但由于是共享带宽，所以为了保证各个终端有相对充裕的带宽，一台访问节点连接 20 个左右的终端是较理想的。

10.4.2　无线路由器

无线路由器如图 10-11 所示。无线路由器从外形上与 AP 基本相同，它是 AP 的功能扩展器，主要包括以下几部分功能。

① 首先它是单纯型 AP，具有无线 HUB 的功能，可以组建集中控制式无线局域网。

② 集成了简单的路由功能，也就是网络地址转换（NAT）协议，通过 WAN 口，可以连接 ADSL MODEM 或小区宽带与 Internet 连接。

③ 无线路由器内还包括一个四个端口（LAN1～LAN 4）的以太网交换机，可以连接几台装有线网卡的电脑或有线交换机。无线路由器的端口如图 10-12 所示。

图 10-11　无线路由器

图 10-12　无线路由器的端口

无线路由器通过交换机把无线和有线网络连接一个子网，这样，就扩展了网络规模。

④ 无线路由器还有基本的防火墙或者信息包过滤功能，用于防止端口扫描软件和其他针对宽带连接的恶意攻击。

综上所述，无线路由器就是无线访问节点、简单的路由器、交换机以及防火墙功能的集合。这样的无线路由器由于可以直接连接 ADSL 宽带或小区宽带，故也称无线宽带路由器。

10.4.3　无线网卡

无线网卡也称无线适配器，是组建无线局域网必备的硬件设备。按照与主机的接口类型划分，无线网卡主要有三种类型，即台式专用的 PCI 无线网卡；笔记本专用的 PCMCIA 无线网卡；USB 接口无线网卡，笔记本电脑和台式计算机都可以使用。

1. PCI 接口无线网卡

PCI 接口无线网卡如图 10-13 所示。

该无线网卡主要用于台式机组建无线局域网。建网时，首先应将网卡插在主机的空闲 PCI 插槽上，用螺丝固定紧。与有线 PCI 接口网卡相比，无线网卡多了一个无线天线。

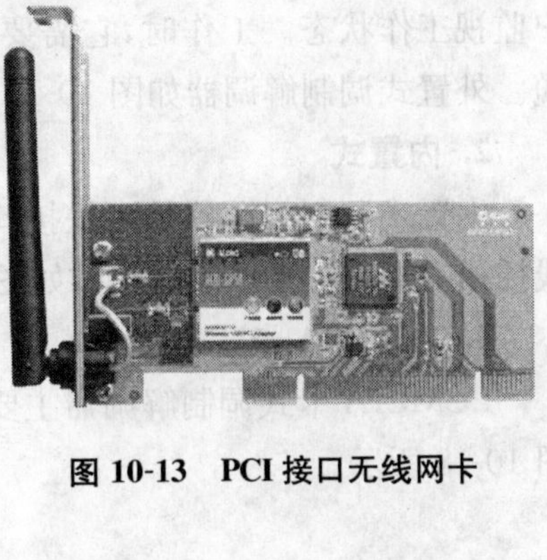

图 10-13　PCI 接口无线网卡

2. PCMCIA 无线网卡

PCMCIA 无线网卡与 PCMCIA 有线网卡相比，主要区别在于用无线发送、接收电路取代了有线网卡的 RJ-45 接口，增加了无线的"天线"部分，如图 10-14 所示。

3. USB 接口无线网卡

USB 接口无线网卡是通过计算机的 USB 接口相连的无线收发设备。由于计算机的 USB 口支持热插拔功能，因此使用十分方便，USB 口网卡是当前比较流行的无线网卡，如图 10-15 所示。

图 10-14 PCMCIA 无线网卡

图 10-15 USB 口无线网卡

10.5 调制解调器

调制解调器（Modem）俗称"猫"，是将电脑通过电话线连接到网络的装置。

10.5.1 工作原理

调制解调器的作用是将电脑的数字信号转换成在电话线路上传输的模拟信号，通过电话网络传递到互联网。对于接收到的模拟信号，则由调制解调器再解调为数字信号，以便电脑存储或显示。

现在许多调制解调器都有传真的功能，可用来接收和发送传真。有些调制解调器还具有语音功能，可以方便地实现语音信箱功能，这些功能都需要电脑系统的支持。

10.5.2 分类

按照与电脑的连接方式不同，适合家庭使用的调制解调器一般可分为以下三种。

1. 外置式

外置式调制解调器方便灵活，易于安装，可连接到任何地方的电脑上。该调制解调器上设有指示灯，便于用户监视工作状态。工作时，它需要另外的电源插座和电缆。外置式调制解调器如图 10-16 所示。

图 10-16 外置式调制解调器

2. 内置式

内置式调制解调器是一块接口卡，不需要额外的电源线及电缆，直接插在主机的 PCI 总线插槽上。内置式调制解调器如图 10-17 所示。

3. PCMCIA 卡式

PCMCIA 卡式调制解调器主要用于笔记本电脑，体积小巧，PCMCIA 卡式调制解调器如图 10-18 所示。

图 10-17　内置式调制解调器

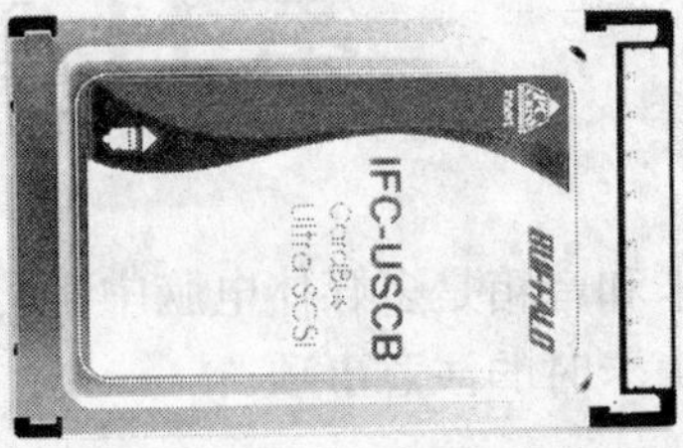

图 10-18　PCMCIA 卡式调制解调器

10.5.3　选购建议

选购调制解调器时应注意以下几点。

1. 传输速率

目前市场上主流产品的调制解调器的传输速率一般都是 56Kbps，用户一定不要选择传输速率低的产品。

2. 外置与内置

外置式的调制解调器安装方便，只要装在串行口并加载驱动程序即可。使用时，可以通过面板上的状态指示灯了解当前的工作情况，同时，还可以移动到其他的机器上使用。

内置式 Modem 在机器内部占用一个 PCI 插槽，不需要单独的电源，价格较外置式便宜，但其安装过程较复杂，且容易发生设备冲突。如果用户不移动使用，可以选购内置 Modem。

3. 品牌

在购买时，应选择一些知名品牌，如实达、联想、全向、黑猫和白猫等。这些品牌的产品售后服务有保障。

4. 制作工艺

除了芯片及系统配置功能外，Modem 板卡的制作工艺也是影响 Modem 稳定性的一个重要因素。工艺精良的 Modem 的 PCB 板上元器件排列整齐，焊点圆滑光洁。而一些杂牌厂商为了降低生产成本，偷工减料，制作工艺粗糙，因此一定要选择那些口碑比较好的知名产品。

5. 采用协议

目前 Modem 协议有两种标准，即 V. 90 标准和国际电信联盟发布的 V. 92 标准。V. 92 标准作为 V. 90 标准的升级版本具有更高的连接速度和上传速度、支持连接 Internet 和接听、拨打电话等多项新功能。目前 V. 92 标准是大多数 Modem 所使用的协议。

6. 其他功能

Modem 属于灵敏度比较高的通信产品，在一些特殊的环境中会影响其正常使用。因此，在 Modem 中采用一些特殊的处理技术以适应环境也是衡量 Modem 性能优劣的标准之一。如能根据线路情况自动调整数据传输速率的线路自适应功能；防雷击保护功能，在多雷的地区与季节保证 Modem 不会受到破坏；防电磁波干扰功能，防止其他设备发出信号或磁场对 Modem 产生干扰，从而影响 Modem 的稳定性。

第 11 章　声卡和音箱

声卡和音箱是多媒体电脑中不可缺少的部件。本章将介绍声卡的工作原理、性能指标以及选购声卡时的注意事项。

11.1　声卡

声卡作为多媒体电脑的标准配置之一，广泛应用于语音合成、语音识别、教育、娱乐或游戏等领域。声卡提供了录制、编辑和回放数字音频，以及进行 MIDI 音乐合成的功能。

11.1.1　工作原理

声卡从话筒中获取模拟的声音信号，通过模数转换器（ADC）对声波模拟信号进行采样，转换成一串数字存储到存储器中。当重放声音时，这些数字信号被发送到数模转换器（DAC），以同样的采样速率还原为声波模拟信号。经过声音放大电路放大后送到扬声器发声，这一技术也称为脉冲编码调制技术（PCM）。

脉冲编码调制技术的两个要素是采样速率和样本量。人类耳朵能辨别的声音频率范围一般在 20Hz～20KHz 的范围内。脉冲编码调制技术的第 2 个要素是样本量大小，它表示存储记录下的声音振幅的位数。样本量的大小决定声音的动态范围，即被记录与重放的声音最高和最低之间相差的值。当样本量大小为 16 位时，其动态范围的音质效果就能满足需求。

11.1.2　声卡的分类

目前市场上的声卡主要分为集成式、板卡式和外置式三种接口类型。

1. 集成式

集成式声卡将组成声卡的主要芯片和元器件集成在主板上，这样可以大幅度降低成本，以满足低端用户的需求。采用 CREATIVE（创新）公司音效处理芯片组成集成式声卡的主板如图 11-1 所示。

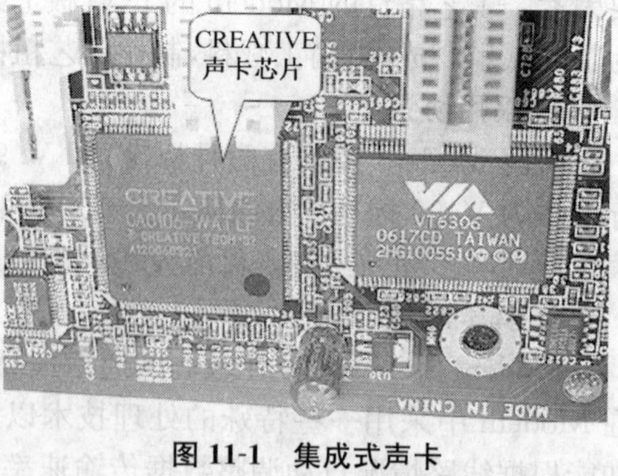

图 11-1　集成式声卡

2. 板卡式

目前板卡式主流产品多为 PCI 接口，拥有更好的性能及兼容性，支持即插即用功能，安装和使用都很方便。板卡式产品主要由音效处理芯片、Digital Control 芯片、Audio Codec 芯片几部分组成。

目前家用电脑的 PCI 声卡多为创新公司产品，其他公司产品较少。

3. 外置式

外置式声卡通过 USB 接口与电脑连接，具有使用方便及便于移动等优势。但这类产品主要应用于特殊环境，如连接笔记本电脑，在移动办公的环境等。一款创新公司外置式声卡如图 11-2 所示。

11.1.3 声卡的结构

声卡的结构包括音效处理芯片（组）、功率放大器、总线连接端口、输入输出端口、MIDI 及游戏杆接口等组件，不同的声卡所用的芯片类型不同，芯片及元器件的布局不同，芯片的集成度不同。声卡的结构如图 11-3 所示。

图 11-2 创新公司外置式声卡

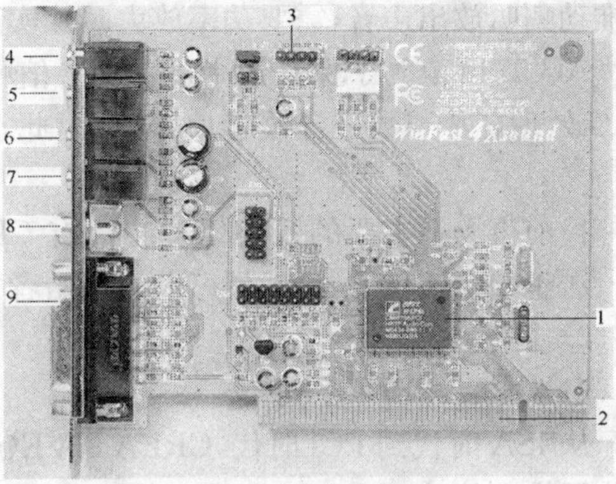

图 11-3 声卡结构

(1)音频处理芯片

该芯片完成声音从模拟到数字或者从数字到模拟的形式转换，另外它还控制音频混合器、过滤器和放大器。该芯片是一个处理数字化声音的录制和播放的部件，决定了声卡的性能和档次，其基本功能包括控制声波采样和回放及处理 MIDI 指令等功能。

(2)总线接口

总线接口是声卡插入到电脑主机板的总线扩展插槽上的插口，是声卡与电脑交换信息的媒介。PCI 声卡是当前的主流产品，具有传输速率高等优点。

(3)CD 音频连接器

其作用是将内置式 CD-ROM 驱动器的音频输出连至此连接器，可以通过声卡播放标准的 CD 光盘。

(4)I/O 接口

声卡的 I/O 接口可以连接如下部件：Mic In(麦克风)用于现场录音及唱卡拉 OK 等；Line in(音频输入线)可接各种声源，如录音机、录像机的 Audio out 等进行内录；Line Out(线路输出)可外接无源或有源音箱。一般的声卡都提供了内置放大器，屏蔽声卡上的功放，外接大功率放大器及宽频响音箱的效果会更好。

(5)MIDI/游戏杆接口

标准的 15 脚 D-SUB 连接器，可连接 MIDI 设备或游戏机。声卡的外部接口如图 11-4 所示。

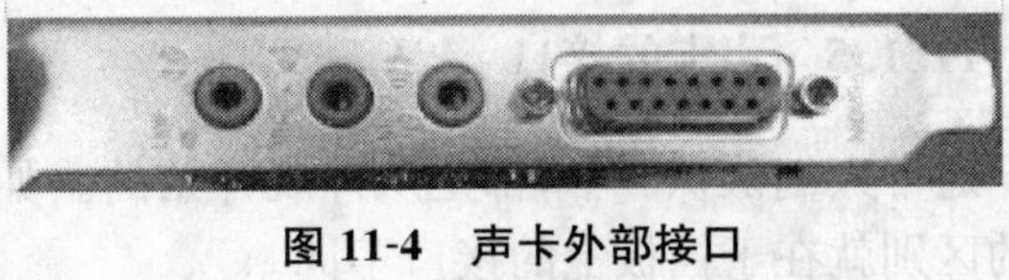

图 11-4 声卡外部接口

11.1.4 音效处理芯片

1. 音效处理芯片的作用

音效处理芯片是整个声卡的灵魂，音效处理芯片上面标有产品的商标、型号、生产日期、编号、生产厂商等重要信息。一块声卡的音效处理芯片基本上决定了该声卡的性能和档次，其基本功能包括对声波采样和回放的控制、处理 MIDI 指令等，有的厂家还增加了混响、和声、音场调整等功能。有些音效处理芯片不止是一块，也有的可能会是有几块 IC 芯片组成芯片组。

一般声卡上还有一块功率放大芯片，简称“功放”。从音效处理芯片出来的信号还不能直接推动喇叭放出声音，需要功率放大芯片实现这一功能。

AC′97 规范为了保证声卡的 SNR(信噪比)能够达到 80dB 以上，要求声卡上的 ADC、DAC 处理芯片与数字音效芯片分离，因此在一些高档声卡上的芯片也会由几块 IC 芯片组成。

目前市场上主要的音效处理芯片有 CREATIVE、YAMAHA、ESS、Aureal 等公司的产品。居于领先地位的，仍然是声卡的创始者-新加坡创新科技公司(CREATIVE)。

2. 主流芯片

(1)CREATIVE 系列

从 ISA 时代到 PCI 时代，CREATIVE(创新)始终占据声卡乃至多媒体技术的霸主地位。该公司推出的 Audigy 2(CA0102)、ES1370、ES1371、Creative 5507 芯片和 EMU10K1 芯片是当前的主流产品。其中 EMU10K1 是目前市场上最流行的音效处理芯片，该处理芯片具有可编程性，可以通过升级软件而提高性能，深受用户的欢迎。Audigy 2 音效处理芯片如图 11-5 所示。

(2)YAMAHA 系列

YAMAHA 是低端兼容声卡芯片的主要开发商，其系列产品有 YMF724E 芯片、YMF740 芯片等，主要面向是中低档用户，价格方面有很大的优势。

(3)ESS 系列

ESS 公司的主要产品 ESS MASTR0-Ⅰ(1948)、ESS MAESTRO-Ⅱ(1968)及 ESS Canyon3D 等芯片在音质、兼容性，以及 CPU 占用率方面的性能都很好，且具有价格的优势，深受普通用户的欢迎。

图 11-5 Audigy 2 音效处理芯片

(4)Aureal 系列

Aureal 公司是美国著名的音频处理芯片的开发商，其主要产品有 Vortex-l(AU8820)和 Vortex-2(AU8830)系列产品，在音质等方面性能杰出。

11.1.5 声卡的接口

通常人们认识声卡，都是从外观开始的。如果以声卡和显卡、网卡等硬件相比，外观上最大的区别就在于挡板上的接口不同。

声卡的模拟接口规格有 3.5mm 接口、RCA 莲花头接口、大二芯直插式接口、TRS 大三芯直插式(立体声/非平衡)接口、TRS 大三芯直插式(单声道/平衡)接口、XLR 卡农口接口。

其中 RCA 莲花头接口、大二芯直插式接口、TRS 大三芯直插式(立体声/非平衡)接口在理论上音质都一样,都是非平衡式。TRS 大三芯直插式(单声/平衡)接口和 XLR 卡农接口是平衡式,具有同样的性能。

由于声卡具备的各项功能都要通过相应的输入输出接口来实现,如果要实现某项功能,一定要注意声卡是否具备该功能及其接口。一些功能接口较多的中高档产品都带有一块子卡,要多占一个 PCI 插槽。

11.1.6 主流声卡产品

下面,介绍几款流行的声卡产品:

1. Sound Blaster Live! 24-bit 声卡

该声卡如图 11-6 所示。它采用一块新型的音频处理器,支持 24-bit/96kHz 7.1 声道输出、EAX 声场特效、卡拉 OK、SoundFont 音乐合成器,并附带多种音频应用软件。此卡采用 Low Profile(半高)设计,可以安装在一些小机箱的电脑中。其缺点是声卡只有 4 个输入输出插孔,即在使用 7.1 声道音频输出时,只能有一个音源输入。市场报价为 150 元左右。

2. Sound Blaster Audigy 2 Value

该声卡如图 11-7 所示。它采用 Hi-Fi 级 Crystal CS4382 八声道数模转换芯片和飞利浦 UDA1361 立体声模数转换芯片,还支持 24-bit/192kHz 播放和 24-bit/96kHz 录音,信噪比达 106dB。Audigy 2 Value 附带创新声卡专用的 Creative Media Source DVD-Audio 播放程序,兼容 24-bit/192kHz 立体声及 24-bit/96kHz 的多声道 Advanced Resolution DVD-Audio 音乐节目。它还支持 EAX 4.0 Advanced HD 音效,由于是硬件直接支持,占用的 CPU 资源远比使用内置音频芯片少。因此除提供更佳的临场感外,还有助于改善游戏的流畅度。Sound Blaster Audigy 2 Value 市场报价为 300 元左右。

图 11-6 Sound Blaster Live! 24-bit 声卡

图 11-7 Sound Blaster Audigy 2 Value 声卡

3. 德国坦克 SIXPACK 5.1

这款产品使用了公版的水晶卡设计,配合 CS4630 芯片,无论从 CODEC 的搭配,还是产品的用料都属于精品。该卡将 MIDI 接口部分换成了两个光纤接口,MIDI 接口以子卡的形式出现。市场报价为 430 元左右。德国坦克 SIXPACK 5.1 声卡如图 11-8 所示。

图 11-8 德国坦克 SIXPACK 5.1 声卡

11.1.7 声卡的性能指标

声卡的物理性能参数很重要，它体现声卡的总体音响特征，直接影响最终的重放效果，声卡的主要性能指标有如下几项。

1. 采样的位数

采样位数指每个采样点所代表音频信号的幅度，有 8 位、16 位和 32 位三种。采样位数越高，其声音保真度也越高，但生成的文件占用存储空间要加大。一般的采样位数为 8 位和 16 位，使用 8 位采样将每个采样分割成 $2^8=256$ 个音阶，使用 16 位采样则分割成 $2^{16}=25\ 536$ 个音阶。一般来说，采样位数越高，声音就越清晰。

2. 采样频率

采样频率是指每秒钟对音频信号的采样次数。一般声卡提供 11.25KHz、22.05KHz 和 44.10KHz 的采样频率（已经达到了 CD 光盘的水平）。有些更高档的声卡的采样频率可达 48KHz，回放的频带宽度（取决于放大器及音箱）将超过 20KHz 的人耳听力范围。

采样频率越高，数字信号就越接近原声。

3. 声道数

声卡的声道数有如下几种。

(1)单声道

录音和放音都使用单一声道。

(2)立体声

立体声即双声道，具有数字立体声录/放及重放等功能，在运行教学或游戏程序时，能够准确地重现程序中的音乐和声效。立体声感好，给人以较强的临场感。

(3)四声道环绕

四声道环绕规定了左(L)、右(R)、左后(LS)、右后(RS)4 个发音点，可以为听众带来来自多个不同方向的声音环绕，获得身临其境的听觉感受。

(4)5.1 声道

5.1 声道中的“5”是指在四声道的基础上增加了中(C)发音点，即中置单元。“1”则指一个专门设计的超低音声道，其频率范围为 20～120Hz 的超低音。

目前 5.1 声道技术已经广泛融入于各类中高档声卡的设计中，成为主流趋势。

4. AC-3 技术

AC-3 是完全数字式的编码信号，由著名的美国杜比实验室(Dolby Laboratories)制定的一个环绕声标准。AC-3 规定了六个相互独立的声轨，分别是前置两声道，后置环绕两声道，一个中置声道和一个低音增强声道。其中前置、环绕和中置五个声道建议为全频带扬声器，低音增强声道负责传送低于 80Hz 的超重低音。

5. 信噪比

信噪比即声卡抑制噪声的能力，单位是 dB(分贝)。正常工作状态下，有用信号的功率和噪声信号功率的比值就是信噪比，信噪比的值越高说明声卡的滤波性能越好，声音听起来也就越清晰。

6. 总谐波失真

总谐波失真指声卡的保真度,即输入和输出信号的波形吻合程度。总谐波失真就代表失真的程度,并且把噪声计算在内,单位也是 dB。数值越低就说明声卡的失真越小,性能也就越高。

11.1.8　选购建议

声卡是多媒体电脑的标准配置,选购声卡应注意如下几点。

1. 使用要求

选购时,应针对不同的使用要求选择。喜欢音乐制作的用户应选择音质好的专业的声卡,如创新的 Creative SB Live! 标准版就是比较好的声卡;喜欢玩游戏的用户应当购买 3D 环绕声卡。

2. 品牌

名牌声卡质量可靠,软件完备,但价格稍贵。兼容卡质量稍差,软件含量低,但是其价格便宜,而且完全可以满足一般用户的要求。

3. 主芯片

目前市场上比较有名的声卡芯片有 Creative、YAMAHA 和 ESS 等。另外还要注意声卡使用的外围元器件的质量。

4. 生产质量

从声卡的外观上可以观察声卡的生产质量,如元件引脚焊接点的质量,焊点的光泽度,卡上是否有保护层等。

5. 试听

将声卡的输出音量调至最大,试听声音。不应有交流声及杂音,高频处应当清晰透明。

6. 驱动程序

选购声卡后查看是否带有驱动程序,因为大多数声卡只有安装与之配套的驱动程序,才能发挥出很好的效果。

11.2　音箱

声卡必须配有音箱才能够输出声音。一对音质优良的音箱,能够保证输出优美动听的声音。

11.2.1　分类

音箱的分类可以按照结构划分或按照输出功率范围划分。

1. 按照结构划分

按照音箱结构划分,可分为 2.0 类音箱和 X.1 类音箱。2.0 类音箱,有两个音箱,高低音单元都在一个箱体内,属于双声道系统,也称为书架式音箱,是最为传统的音箱设计。

2.1 音箱是在 2.0 音箱的基础上增加一个低音炮,但音箱的尺寸大幅度缩小,减少了空间,方便放置。4.1 系统目前已经基本被淘汰,5.1 系统最为流行。另外,市场上还出现了 6.1 和 7.1 系统的音箱。简单来说,X.1 音箱就是由 X 个卫星音箱再加一个低音音箱组成。

2. 按照输出功率范围划分

按照音箱的输出功率的范围可以将音箱分为无源音箱和有源音箱。

无源音箱中没有电源和音频放大电路，通过声卡的音频功率放大电路直接输出到音箱放音。其音质和音量主要取决于声卡，输出功率在 5W 以下，目前已基本被淘汰。

有源音箱内置功率放大器，自带电源接口。输出功率一般在 5W～25W 之间，适合于一般的多媒体电脑使用。

11.2.2 性能指标

有源音箱的主要性能指标如下。

(1)有效输出功率

有效输出功率是指音箱输出的声音不失真时所能达到的最大输出功率。

(2)失真度

失真度是指声音在音箱放大前和放大后的比值，用百分比表示，数值越小越好。其中包括谐波失真和相位失真等，由于人耳对谐波失真最敏感，所以该项指标主要是指谐波失真。

(3)频率响应范围

频率响应范围是指音箱从低音到高音重放声音的能力。高保真音箱的频率响应范围应在 15Hz～100KHz 之间，有源音箱的频率响应范围应在 80Hz～20KHz 之间。当音箱重放该范围内的各个频率的声音时，其输出功率的差不能超过 10%。

(4)信噪比

信噪比是指音箱输出的有效信号功率与音箱本身所产生的噪音功率的比值，其值越小越好。

(5)防磁屏蔽功能

多媒体电脑使用的音箱应具有防磁屏蔽功能，以避免对显示器和磁盘数据的电磁干扰。

11.2.3 主流音箱

下面介绍几款当前市场上流行的优质音箱，供读者装机时选用。

1. 漫步者 R201T-Ⅲ

漫步者 R201T-Ⅲ音箱是面向低端用户的 2.1 声道多媒体音箱。其外形简约大方，性能优良，是一款性价比较高的产品。采用 2.5 英寸中高音扬声器单元，音色饱满、圆润，完全可以满足一般用户的使用需求。售价约为 180 元。

漫步者 R201T-Ⅲ音箱如图 11-9 所示，性能指标见表 11-1。

图 11-9 漫步者 R201T-Ⅲ音箱

表 11-1　漫步者 R201T-Ⅲ音箱的性能指标

性能指标	
音箱类型	2.1 音箱
音箱体积、重量	卫星箱 86mm×139mm×100mm，低音炮 158mm×194mm×286mm，4.5kg
额定输出功率	28W
信噪比	85dB
扬声器单元	低音炮单元采用 5 英寸（131mm）防磁型扬声器，卫星箱中高音单元，防磁，2.5 英寸纸盆
其他	MDF 优质中密度木质低音炮结构，立体声 PCA 线路输入

2. 惠威 M10 音箱

惠威 M10 音箱是一款综合素质很高的产品，特别适合对音质要求较高但预算较低的用户选购。

惠威 M10 具有白色的面板，黑色的箱体，橘色的扬声器，特别是电源旋钮周围的蓝色光晕，使得惠威 M10 时尚感十足。在性能上，也非常优秀，虽然是 2.1 多媒体音箱，但单元配置非常合理，同时采用 3 分频设计，以及天然纤维软球顶高音单元和中低单元组合，超低频单元则采用惠威专门设计的 5 英寸长冲程低音，保证完美音质的输出。售价约为 360 元。

惠威 M10 音箱如图 11-10 所示，性能指标见表 11-2。

图 11-10　惠威 M10 音箱

表 11-2　惠威 M10 音箱的性能指标

性能指标	
音箱类型	2.1 音箱
体积重量	245mm×258mm×172mm，4.2kg
额定输出功率	16W
信噪比	88dB
扬声器单元	3 只扬声器单元，1 只是 20mm 球顶高音单元，1 只是 3 英寸中频单元，1 只是 5 英寸长冲程的低音单元
其他	分离度＞60dB(L、R)，频率响应 120Hz～20KHz

3. 麦博梵高 FC361 Ⅱ音箱

麦博这款 FC361Ⅱ音箱采用了三分频设计，54W 的输出功率保证了强有力的低音震撼效果。修长的卫星箱设计也十分时尚，与液晶显示器配套使用非常合适。这款音箱的主箱体为四方形设计，做工细腻，边缘经过圆滑处理，不易使操作者划伤。低音炮使用了一只5.25英寸的重低音单元，并且率先采用高成本的低Q值长冲程设计，让它的低音足以达到震撼。具有独立功放背部接口，梵高FC361Ⅱ的独立功放与之前有了较大的改进，前面板设有音量调节、低音增益、高音增益三枚旋钮、电源开关和耳机接口。背面提供了两路音频输入，一组为3.5mm立体声音频输入，另一组为RCA音频输入端子，方便用户在不同音源之间进行切换。售价约为400元。

麦博梵高FC361 Ⅱ音箱如图11-11所示，性能指标见表11-3。

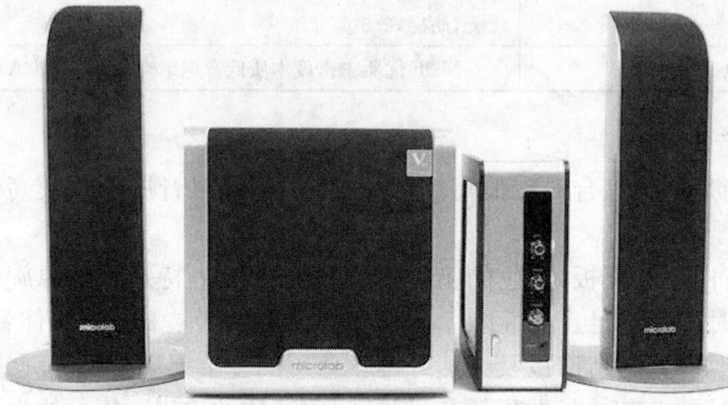

图11-11 麦博梵高FC361Ⅱ音箱

表11-3 麦博梵高FC361 Ⅱ音箱的性能指标

性能指标	
音箱类型	2.1＋1音箱
体积	功放210mm×77mm×200mm，低音248mm×222mm×228mm，高音180mm×180mm×342mm
额定输出功率	54W
信噪比	80dB
扬声器单元	低音炮5.25英寸(防磁)；高音2.5英寸×2(防磁)
其他	分离度＞50dB，频率响应35Hz～20KHz

4. 轻骑兵M7 Ⅱ音箱

轻骑兵M7 Ⅱ音箱不仅做工和材质精良，同时还采用等容设计，使音质更加均衡、流畅。

该音箱在外形上采用了具有怀旧色彩的棕色木质材料和黑色面板，精致典雅。面板厚度为12mm，使得机身相当有分量。采用4英寸低音单元和0.75英寸的高音单元，音质比较优秀，三频过度自然。同时，在旋钮设计上保留伸缩式侧调节操控方式，用户可以根据需要进行调节。售价约为420元。

图11-12 轻骑兵M7 Ⅱ音箱

轻骑兵M7 Ⅱ音箱如图11-12所示，性能指标见表11-4。

表 11-4　轻骑兵 M7 Ⅱ音箱的性能指标

性能指标	
音箱类型	2.0 音箱
音箱尺寸、重量	主音箱尺寸：243mm×146mm×215mm； 副音箱尺寸：243mm×146mm×197mm；6kg
额定输出功率	40W
信噪比	85dB
扬声器单元	低音炮采用 4.0 英寸×2；高音采用 1.0 英寸×2
其　他	音频接口为 3.5mm 立体声接口，频率响应 80Hz～18KHz

11.2.4　选购要点

选购音箱时，应从以下几个方面考虑。

①应选择名牌产品，如漫步者、轻骑兵和麦博等。品牌产品在售后服务方面有技术保障。

②与声卡配套如使用 5.1 声道技术的声卡，应配置 5.1 环绕音箱。

③应按照实际需要选择音箱的功率，功率并非是越大越好。如果无特殊需要，额定功率有 30W 左右就能满足 20 平方米的空间使用。音箱的最大功率是额定功率的 8 倍。

④检查音箱的磁屏蔽效果十分重要的方法是将音箱靠近显示器，如果显示的彩色图像没有异常现象，则说明音箱的磁屏蔽指标合格。

⑤木质音箱要比塑质音箱质量好，价格也稍贵，因为木质音箱有较高的清晰度和较低的失真度。

⑥试听以检查效果，包括音量和音质。

第 12 章　机箱和电源

机箱的主要功能是固定和保护电脑配件。电源的主要作用是将交流 220V 的市电转换为电脑使用的各种低压直流电为电脑的运行提供动力，它直接关系到电脑运行的安全和可靠性。

通过本章的学习，读者可以掌握机箱与电源的基本性能和选择这两种设备的相关知识。

12.1　机箱

12.1.1　功能

机箱是电脑主要配件的载体，其主要的功能有：一固定和保护电脑配件，将零散的电脑配件组装成一个有机的整体；二防尘和散热；三屏蔽电脑内部元器件产生的电磁波辐射，防止对室内其他电器设备的干扰，并保护人的身体健康。

电源的主要功能是将 220V 的交流电压经过隔离、变换、调制及稳压等过程变成稳定的直流电压，供电脑系统使用。

12.1.2　类型

电脑机箱从外形上可以分为卧式机箱和立式机箱两种基本类型，其外形如图 12-1 所示。

1. 卧式机箱

卧式机箱的优点是可以将机箱放置在桌面上，显示器放在机箱的上面。这样可以节省空间，但是不利于散热。

图 12-1　卧式和立式机箱

2. 立式机箱

立式机箱的内部空间大，为安装光驱和刻录机等设备留有余地，并且有利于散热。其缺点是组装不方便，并且主板容易发生板卡接触不良的现象。

12.1.3　结构

机箱的结构主要由金属外壳、前面板、后面板、固定硬盘和光驱等设备的支架、固定主板的底板以及电源等组成。前面板上有电源开关、Reset 按键、电源指示灯和硬盘工作灯等部件。

下面以立式 ATX 结构的机箱为例，介绍机箱的内部结构，如图 12-2 所示。

在这种机箱中主板横向垂直安装在机箱的底板上。电源安装在机箱的右上方，电源前方的位置是固定硬盘和光驱等设备的金属支架。机箱的后面预留 ATX 主板的各种外设接口，包括串行通信口、并行口、鼠标口、键盘口及 USB 接口等，如图 12-3 所示。

图 12-2　机箱的内部结构

图 12-3　各种外设接口

这样规划机箱内部结构的目的就是在安装主板时可以避免 I/O 口过于混乱，引起连线的交叉，影响电脑系统的安全。电源接口和硬盘数据线接口可以更靠近其固定支架。当用户安装电脑配件时便于固定各种设备以及安装各种板卡。当安装内存条、CPU 及风扇等部件时，可以不必移动其他设备。

12.1.4　主流机箱产品

本节介绍几款主流优质机箱，供电脑爱好者装机时选用。

1. 技展彩钢 9 号

这款机箱采用新型彩钢作机箱外壳，除了具有普通钢材耐压、耐磨、散热的特性外，在色彩、光洁度、手感方面则更加突出。

技展彩钢 9 号机箱有四种颜色。外形方方正正，简单干练，按键位于机箱前面板的下方，顶部设置了前置 USB 和音频接口，光驱处有挡板，机箱内部采用优质的 SECC 镀锌钢板，耐压性和稳定性都很高。机箱边缘采用全卷边设计，防止划伤。散热设计方面预留了 8cm 风扇位置，还另设计了侧板散热孔栅，可有效帮助机箱内部热量的散发。售价约 200 元。

技展彩钢 9 号机箱如图 12-4 所示，性能指标见表 12-1。

图 12-4　技展彩钢 9 号机箱

表 12-1　技展彩钢 9 号机箱的性能指标

	性能指标
机箱结构/适应主板	Micro ATX/ATX
机箱尺寸	425mm×182mm×425mm
机箱材质	镀锌板
机箱样式	立式
机箱接口	USB、音频接口
预留风扇位	8cm 风扇

2. 酷冷至尊开拓者 P100

该机箱材质厚重，大量采用金属冲孔网，体积为 508mm×214mm×483mm。在散热性能方面表现卓越，可前置 12cm 风扇，后、侧、底部可装 8cm/9cm/12cm 风扇，保证良好的散热条件。除了前置的 USB 和音频接口外，还增加了 eSATA 接口，满足移动硬盘的高速传输需要，是一款性价比极高的机箱。

酷冷至尊开拓者 P100 机箱如图 12-5 所示，性能指标见表12-2。

图 12-5　酷冷至尊开拓者 P100 机箱

表 12-2　酷冷至尊开拓者 P100 机箱的性能指标

性能指标	
机箱结构/适应主板	Micro ATX/ATX
机箱尺寸	508mm×214mm×483mm
机箱材质	镀锌板
机箱样式	立式
机箱接口	USB、音频、eSATA
预留风扇位	前置：12cm×1 后置：8cm/9cm/12cm×1（选配） 侧板：8cm/9cm/12cm×1（选配） 底部：8cm/9cm/12cm×1

3. Tt 海啸系列（VA3000BWSB）

该机箱采用全钢材质，耐磨、耐压、导热性好，是目前机箱行业的领先者。在散热方面有前后两个 12cm 静音风扇，侧板上还有一个 8cm 风扇，保证了散热性能。黑色的外壳，配以幽兰的灯光，加上全透明的侧板，使 Tt 海啸系列（VA3000BWSB）机箱深受很多用户的欢迎。这款机箱的质量优良，设计风格极具美感，但其价位偏高，售价约 750 元，适合高端机型。

Tt 海啸系列（VA3000BWSB）机箱如图 12-6 所示，性能指标见表 12-3。

Tt 海啸系列（VA3000BWSB）机箱的性能指标如表 12-3 所示。

图 12-6　Tt 海啸系列（VA3000BWSB）机箱

表 12-3　Tt 海啸系列（VA3000BWSB）机箱的性能指标

性能指标	
机箱结构/适应主板	ATX
机箱尺寸	495mm×210mm×478mm
机箱材质	全钢材质（侧面板透明）
机箱样式	立式
机箱接口	USB、音频、IEEE-1394
预留风扇位	前置：12cm×1 后置：12cm×1 侧板：8cm×1 静音风扇

12.1.5　选购建议

电脑市场中，机箱是相对容易作假的部件之一，加上许多消费者对机箱不重视，市场上的伪劣产品非常多，价格差异也较大。选购机箱时，建议从以下几个方面考虑。

① 一般应当选择立式 ATX 机箱，这是市场的主流产品。

② 外形要美观大方。

③ 牢固可靠，主要是板材的厚度和质量要好，不能变形。

④ 一般机箱与电源都是一起出售的，选购时要注意电源的输出功率要足够大。如果要安装双核处理器档次的电脑，一般电源的输出功率应为 300W 以上。

⑤ 机箱内部空间要大一些，各种配件齐全，指示灯及开关要灵敏。

⑥机箱内部要有扩展硬盘及 DVD 光驱等硬件的固定支架和空间,为将来扩充留有余地。

⑦留有散热的通道,如在 CPU 的上部设有出气风扇支架等散热措施。机箱电源的风扇转动时不应有噪声。

⑧注意购买著名品牌产品,如技展、爱国者、Tt 海啸系列及银河等,这些产品一般都通过了有关电源防电磁辐射的 EMI-B 标准。

12.2 电　源

电脑使用开关电源,本节介绍有关开关电源的工作原理及常见故障的处理等。

12.2.1 工作原理

电脑所用的开关电源都是隔离式高频开关电源。隔离式高频开关电源电路的共同特点就是具有高频变压器,直流稳压从变压器次级绕组的脉冲电压整流滤波而来。开关电源的基本功能方框图如图 12-7 所示。

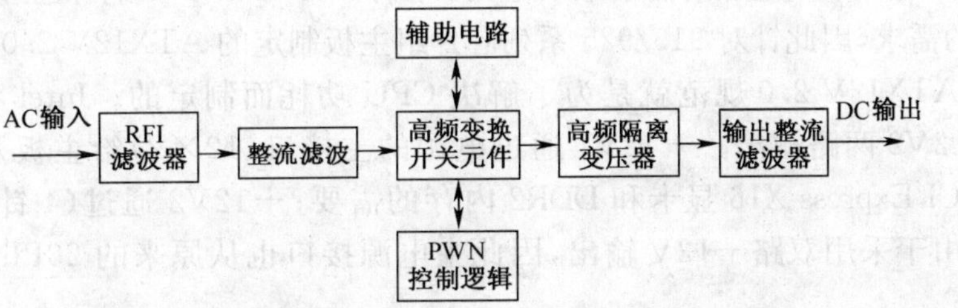

图 12-7 基本功能方框图

在方框图中,交流电压经过整流和滤波电路变成含有一定脉动电压成分的直流电压,然后进入高频变换部分。该部分的核心是有一个高频功率开关元件,如开关晶体管或场效应管(MOSFET)等。高频变换部分产生高频(20KHz 以上)高压方波送给高频隔离降压变压器的初级,在变压器的次级感应出的电压被整流、滤波后产生低压直流输出。为了调节输出电压,使得在输入交流和输出负载发生变化时输出电压也能保持稳定,采用一个脉冲宽度调制器(PWM)电路输出电压,并把结果反馈给控制电路。控制电路将其与基准电压进行比较,根据结果控制高频功率开关元件的开关时间比例(占空比)达到调整输出电压的目的。

12.2.2 电源标准

电脑所用的电源标准主要可分为四类,即 AT 电源标准、ATX 电源标准、ATX12V 电源标准和 Micro ATX 电源标准。

1. AT 电源标准

AT 电源的输出功率一般在 150～250W 之间,有 4 路直流电压输出,其中包括＋5V、－5V、＋9V 和－9V。此外还为主板提供一个 PG(Power Good,电源好)信号,只有当其有效时系统才能正常启动。随着 AT 主板的逐渐淘汰,AT 电源也将随之消失。

AT 电源采用的是切断交流电的关机方式,关机时必须关闭电脑的电源开关,不能实现软

AT 电源采用的是切断交流电的关机方式，关机时必须关闭电脑的电源开关，不能实现软件关机。

2. ATX 电源标准

ATX 电源是 P4 时代的 PC 电脑的标准电源。它除了具备必需的±5V 和±12V 四路输出外，还为主板提供+3.3V 电压和+5V Stand By(辅助+5V)用做激活电流。

PS-ON 信号是主板为电源提供的电平信号，利用该信号和 5V 辅助电压，实现软件的开关机、键盘开机和网络唤醒等功能。当该信号为低电平时，电源启动；为高电平时，电源关闭。

ATX 电源标准经过了多次革新，先后发布了多个版本。其中，ATX 2.01、ATX 2.03 及 ATX12V 版本的产品在市场上居多。ATX 2.01 的辅助+5V 电流规定为 720 mA，ATX 2.03 的辅助+5V 电流为 1A，以实现网络唤醒等功能。

3. ATX12V 电源标准

(1)ATX12V 2.0 标准(双 12V 供电)

ATX12V 2.0 版是 ATX 电源规范的一种新版本。随着 PCI-E 显卡等设备的发布，系统功耗再度攀升，对+12V 电源的需求继续增大。由于 ATX12V 1.3 电源已经不能满足所有硬件对+12V 的需求，因此针对 915/925 系列芯片组主板制定的 ATX12V 2.0 规范应运而生。

实际上，ATX12V 2.0 规范就是为了解决 CPU 功耗而制定的。Intel 将+12V 分成了+12V1和+12V2 两路输出。+12V1 通过电源的主接口(12×2)给主板及 PCI-E 显卡供电，以满足 PCI Express X16 显卡和 DDR2 内存的需要；+12V2 通过(4 针)的接口专门为 CPU 供电。由于采用双路+12V 输出，因此主电源接口也从原来的 20PIN 改为 24PIN 输出。

符合 ATX12V 2.0 规范的电源如图 12-8 所示。ATX12V 2.0 电源插头如图 12-9 所示。

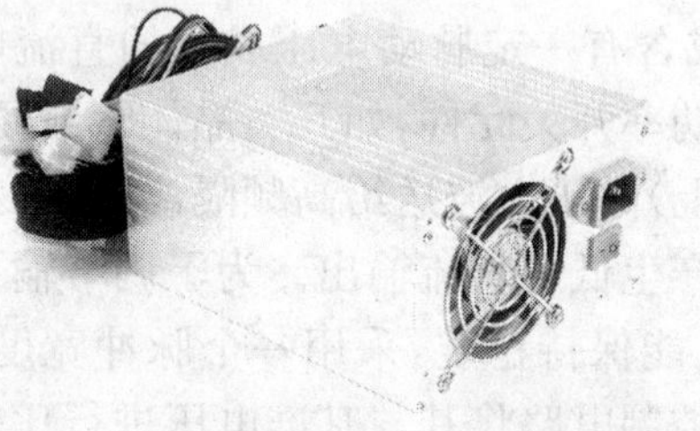

图 12-8 符合 ATX12V 2.0 规范的电源

图 12-9 ATX12V 2.0 电源插头

在 ATX12V 2.0 规范中，Intel 推荐了四种电源规格，分别为 ATX12V 2.0 版 250W、300W、350W 和 400W，这 4 个级别的电源中对+12V 的输出要求必须要达到 22A。

(2)新一代 ATX12V 2.3 标准

新一代 ATX 12V 2.3 标准中定义了 180W、220W、270W 三个较低功率输出的具体输出指标。如今很多用户在购买电源时都将注意力集中到了 300W 或者以上产品，但事实上对于大多数用户而言，一款实际输出功率可以达到 250W 的产品就完全可以满足需要。该标准中三个小功率输出并没有采用双路+12V 设计。

面对新一代配件的需要，ATX 12V 2.3 对于电源提高了+12V1 的输出能力，降低了+12V2的输出能力，并且降低了各路电压最小输出时的电流水平。

4. Micro ATX 电源

Micro ATX 是 Intel 公司在 ATX 电源的基础上改进的标准电源，其主要目的是缩小体积，降低成本。ATX 标准电源的体积是 150mm×140mm×86mm，而 Micro ATX 电源的体积则是 125mm×100mm×63.5mm。ATX 电源的功率大约在 300W，而 Micro ATX 电源的功率只有 100～150W。该电源大多在品牌机和 OEM 产品中使用，在市场上比较少。

12.2.3　主流电源

本节介绍几种市场上流行的优质电源，供装机者选用。

1. 鑫谷劲持 400 蓝静王

鑫谷劲持 400 蓝静王采用蓝色外壳，定位于主流 300W 功率，同时配有蓝色 LED 冷光灯，视觉美感十足。

该电源符合 Intel ATX 2.3 版标准，内部做工扎实，各元件布局合理。接口方面与大多数电源一样，提供 20＋4PIN 主板供电接口，4 组 SATA 磁盘接口，2 组 D 型磁盘接口，以及 4＋4PIN 和 6PIN 接口。比较独特的是所采用的 14cm 超静音风扇，加上良好的通风设计，的确称得上“静”中之王。售价约 240 元。

图 12-10　鑫谷劲持 400 蓝静王

鑫谷劲持 400 蓝静王如图 12-10 所示，性能指标见表 12-4。

表 12-4　鑫谷劲持 400 蓝静王的性能指标

性能指标	
额定功率	300W
电源版本	ATX 12V 2.3
接口类型	(20＋4)PIN 主板供电接口，4 组 SATA 磁盘接口，2 组 D 型磁盘接口，以及 4＋4PIN 和 6PIN 接口
电源输出	＋3.3V 输出电流：21A ＋5V 输出电流：15A ＋12V1 输出电流：18A
风扇	14cm 超静音风扇

2. 航嘉冷静王至尊版

航嘉冷静王至尊版电源的额定功率为 400W，具有双路＋12V 输出，这对于双核处理器以及经常需要超频的用户来说是很好的选择，特别是航嘉冷静王至尊版电源还支持 NVIDIA 和 ATI 全系列显卡。外观上采用镀镍外壳设计，会发出金属光泽，显得非常牢固。该电源具有丰富的接口，还支持新一代高端 DX10 显卡。另外，采用主动 PFC 设计，节电效果更加突出。售价约 450 元。

图 12-11　航嘉冷静王至尊版电源

航嘉冷静王至尊版电源如图 12-11 所示，性能指标见表 12-5。

表 12-5 航嘉冷静王至尊版电源的性能指标

	性能指标
额定功率	400W(最大 500W)
电源版本	ATX 12V 2.3
接口类型	(20+4)PIN 主板供电接口,4 组 SATA 磁盘接口,2 个方 6PIN 接口,1 个可拆卸方 8PIN 接口
电源输出	+3.3V 输出电流:24A +5V 输出电流:15A +12V1 输出电流:17A +12V2 输出电流:14A
风扇	14cm 超静音风扇

3. 长城 BTX-800SP

长城 BTX-800SP 的额定输出功率可高达 650W,它是多核处理器和多显卡的高端机型的最佳配置,该电源还可支持服务器。售价约 900 元。

对于喜爱游戏的用户,单显卡和单核处理器虽然已经能够达到游戏的要求,但如果电脑的配置更高,还可以大大增加游戏的流畅度,特别是大型网络游戏,因此就有购买大功率电源的必要。长城 BTX-800SP 就是一个不错的选择,具备 650W 的额定功率,双路+12V 设计,可以支持四核处理器,还支持 HD4830 和 9800GT 显卡。双 8cm 散热风扇保证了电源的温度环境。丰富的接口,优秀的做工也是深受游戏玩家推崇的原因。

图 12-12 长城 BTX-800SP 电源

长城 BTX-800SP 电源如图 12-12 所示,性能指标见表 12-6。

表 12-6 长城 BTX-800SP 电源的性能指标

	性能指标
额定功率	650W(最大 800W)
电源版本	ATX 12V 2.3(支持服务器)
接口类型	(20+4)PIN 主板供电接口,4 组 SATA 磁盘接口,2 个 D 型 4PIN,1 个小 4PIN
电源输出	+3.3V 输出电流:0.5~36.0A +5V 输出电流:0.3~30.0A +12V1 输出电流:1.0~16.0A +12V2 输出电流:1.0~16.0A
风扇	双 8cm 散热风扇

12.2.4 选购建议

电源的性能和质量直接关系到整个电脑系统的稳定和硬件的使用寿命。当前,电脑硬件产品经常会升级换代,高速硬盘、高档显卡、高档声卡等设备对电源的要求也越来越高,因此在组装电脑时,购买一个品质优良的电源十分重要。

选购电源时应注意的事项如下。

1. 电源铭牌

用户应当熟悉电源铭牌上标识的表示电源的规格、型号、输出功率及各路输出电压等重要参数。如若发生问题，可以按照铭牌向厂商索赔。

2. 安全认证

为了监督电源生产和销售，国家采取了安全认证的方式对其进行规范，其标准是 GB4943—1955《信息技术设备(包括电气设备)的安全》，安全认证是 CCC(中国强制认证：China Compulsory Certification)。用户选购的电源要求具备 CCC 标志。

电源铭牌上的 ATX12.0 规范及 3C 认证如图 12-13 所示。

图 12-13　电源铭牌

3. 输出功率

选购时应检查＋5V 及＋12V 等每一路的输出功率是否符合其标称值。

4. 输出电压

电源的直流输出电压一定要在规定的范围内，过高容易损坏设备，过低会使系统不能正常工作，测量时应满负荷。对于＋5V，＋3.3V 和＋12V，电压的误差率标准应在 5%以下，－12V电压的误差率标准要求在 10%以下。

5. 噪音

目前市场上静音电源主要分为两代，第一代静音电源采用温控风扇，风扇的转速根据电源内部空气的温度智能调整；第二代静音采用大口径低转速的风扇代替原来的电源风扇，并将风扇固定在电源的顶部用于吸气使噪声大大降低，并且不影响散热。

6. 电压波动范围

宽频电源能在很宽的范围内连续工作，并且保证输出电压的稳定。如果市电不稳定，就应当购买宽频电源。

7. 电源风扇

风扇在电源工作过程中，对于电源本身的散热起着重要的作用。可以考虑具有双风扇设计的电源，即在进风口加装了一台 8cm 风扇，使空气流动速度加快，保证电源内部自身产生的热空气和由机箱内抽入的热空气都能及时排出。

8. 其他

在选购电源时还要看其外观，包括外壳、输出线和输入线等。电源的品牌也是一个衡量的标准，如航嘉、鑫谷、长城等品牌的电源的质量一般都不错，且售后服务也有保障。

组　装　篇

第 13 章　组装电脑实践

前面几章学习了电脑的各种配件的工作原理、组成结构、当前的技术发展等方面的知识，本章将介绍组装电脑的实际操作。

13.1　准备工作

准备工作包括准备工具、购买电脑配件、备好系统软件和工具软件等。

13.1.1　购买配件

组装电脑前应当做好周密的计划，根据实际需要和经济实力决定组装电脑的档次。应有较为长远的打算，千万不可盲目攀比。购买前可先上网查看当前市场情况，根据计划列出需购买的配件及型号、数量、价格和检验方法等，然后依照清单购买，注意要货比三家。

13.1.2　必备工具

安装电脑必须准备好如下工具。

① 万用表一块，数字式、指针式的均可。

②“十”字形和“一”字形螺丝刀各一套。

③ 大、小镊子一套。

④ 试电笔一支。

⑤ 尖嘴钳、平头钳各一套。

13.1.3　准备安装环境

在安装电脑前，应准备室内安装环境。

① 准备独立的电源插座，并应有良好的接地，以防止其他电气设备对电脑的干扰。

② 用三用表测量电源电压，要求在 200～240V 之间。如果电源波动太大，应该购买 UPS 或者电子稳压器。

③ 安装电脑的房间一定要保持清洁卫生，打扫时最好用吸尘器，以防灰尘进入电脑机箱。为了防止静电损坏电脑，在冬季干燥时，最好使用空气加湿器，保持室内一定的湿度。

13.1.4　注意事项

在装机过程中，对所有的板卡及其他配件都要轻拿轻放。用螺丝刀紧固螺丝时，应做到适可而止，不可用力过猛，防止损坏板上的元器件。

从室外进入室内时，应用手摸一下暖气管等金属物品，释放掉身上所带静电后方可接触电脑配件。因为配件上的 CMOS 器件很容易被静电击穿。

在插信号线时，如光驱和硬盘的扁平信号线和串行口的电缆等均以有颜色花边的一侧为信号的“1”端，该端应分别对准卡或盘上标有“1”或者箭头标记的那一端。

13.1.5 安装步骤

安装电脑时，应该按照下列步骤有条不紊地进行。

①在主机箱上安装电源。

②根据所选 CPU 的类型、速度等设置主机板。

③在主机板上安装 CPU。

④为 CPU 安装风扇。

⑤安装内存条。

⑥把主板固定到主机箱内。

⑦连接电源模块到主机板上的电源线。

⑧安装硬盘驱动器、光盘驱动器等外存储器。

⑨安装显卡。

⑩连接硬盘驱动器信号线和电源电缆。

⑪连接主板到机箱前面板的指示灯及开关。

⑫接键盘及显示器。

⑬从头再检查一遍，准备进行测试。

⑭开机加电，若显示屏幕显示正确，则进入 BIOS 的系统设置(SETUP)程序。

⑮安装 Windows 操作系统。

⑯系统正常运转后，安装显卡及其他设备的驱动程序。

⑰进行 72 小时的考机。因为新的配件若有问题，在这个过程中会被发现。

13.2 安装主机

安装主机是将主板、CPU、内存条和各种接口卡安装到主机箱内。一般情况下，在选购主机箱时，生产厂家已经将电源安装在主机箱内，用户只需检查安装是否牢固。

13.2.1 安装电源

电源通常安装在主机箱后面的预留位置，安装的步骤如下。

步骤 1. 将机箱侧面挡板打开，机箱内部结构如图 13-1 所示。

步骤 2. 打开电源包装盒，取出电源模块，如图 13-2 所示。

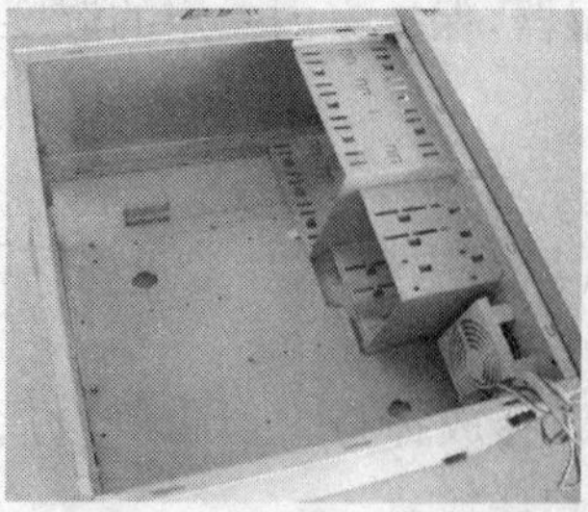

图 13-1 机箱内部结构

图 13-2 电源模块

步骤 3. 确定电源在机箱的位置和方向，将电源放入机箱，如图 13-3 所示。

步骤 4. 确定机箱上固定电源的螺丝孔并与电源的螺丝孔对准，如图 13-4 所示。

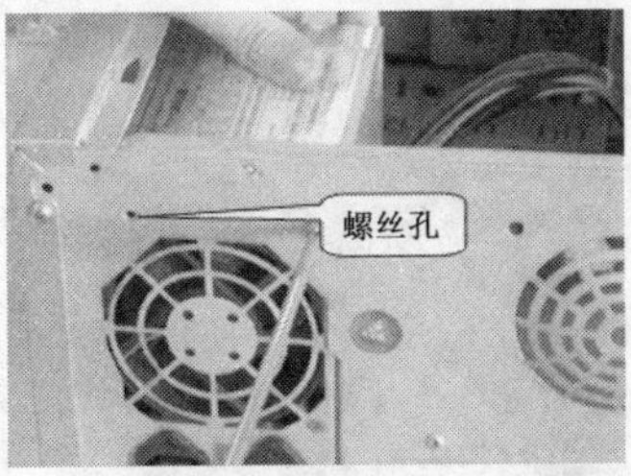

图 13-3　放入电源

图 13-4　对准螺丝孔

步骤 5. 用螺丝刀拧紧 4 个固定螺钉，将电源固定在主机箱内，如图 13-5 所示。

13.2.2　安装 CPU

下面以针脚式的 CPU 为例，说明安装 CPU 的过程。安装 CPU 的步骤如下。

步骤 1. 准备主板，其结构如图 13-6 所示，找到 CPU 插座的位置。

图 13-5　固定电源

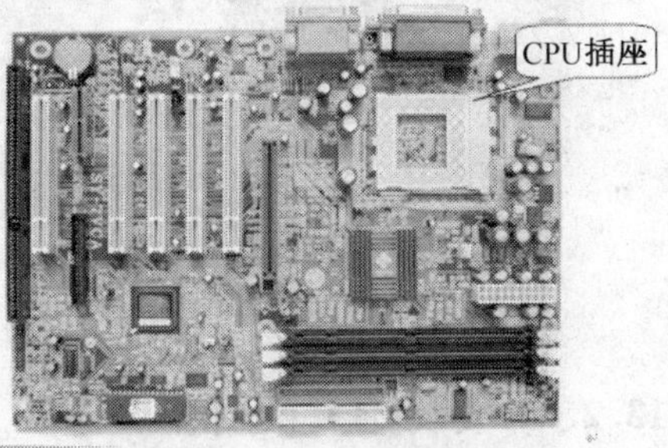

图 13-6　主板结构图

步骤 2. 先将主板上 CPU 插座的锁杆轻轻向外拉，再向上拉起，与插座成 90°。认清 CPU 和插座上的缺口标记，如图 13-7 所示。

步骤 3. 将 CPU 的缺口标记对准插座上的缺口标记，并对准插针。然后放入 CPU，用手轻轻按，使 CPU 与插座接触良好，按下手柄，当手柄处于水平位置时，将其向右拐再压下，将 CPU 牢牢锁住，如图 13-8 所示。

图 13-7　CPU 和插座的缺口标记

图 13-8　锁住 CPU

注意：当前市场中，多数 Intel CPU 采用了 LGA 775 接口，无论是入门的赛扬处理器，还是中端的奔腾双核处理器，甚至高端的多核处理器，CPU 的背面如图 13-9 所示。

LGA 775 接口的 Intel CPU 全部采用了触点式设计，与 AMD 的针式设计相比，其最大的优点是在安装时不用担心针脚折断的问题，但对处理器的插座要求更高。

主板上的 LGA 775 插座如图 13-10 所示。

图 13-9 采用了 LGA 775 接口的 Intel 处理器

图 13-10 主板上的 LGA 775 插座

LGA 775 接口的 CPU 插座有一个扣盖，如图 13-11 所示。

将 CPU 安放到位以后，盖好扣盖，并反方向微用力扣下处理器的压杆，如图 13-12 所示。

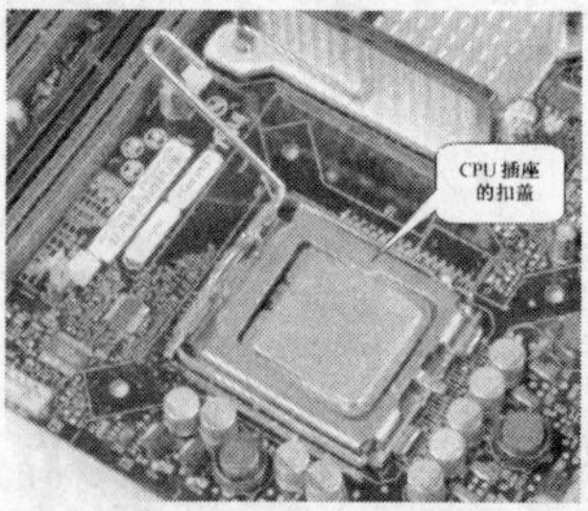

图 13-11 CPU 插座的扣盖

图 13-12 将 CPU 安放到位

13.2.3 安装 CPU 散热器

一款 Intel LGA775 接口处理器的原装散热器如图 13-13 所示。

与 478 针接口散热器相比，LGA775 接口处理器的散热器有很大的改进，由以前的扣具设计改成了四角固定设计，散热效果也得到了很大的提高。

安装 CPU 散热器的步骤如下。

步骤 1. 安装散热前，先在 CPU 表面均匀地涂上一层导热硅脂。

步骤 2. 将 CPU 散热器放在 CPU 上面，其四角对准主板相应的位置，然后用力压下四角扣具即可，如图 13-14 所示。

图 13-13 Intel LGA775 接口 CPU 的散热器

图 13-14 安装散热器

步骤 3. 连接散热器的电源线。一般正规的 CPU 散热器的电源插头都是采用三芯插头，在主板的 CPU 插座附近有一个三芯的插座，在其附近标有“FAN1”或“CPU FAN”的字样。三芯插头的一面是一个导槽，将其对准主板上的插座后插牢，如图 13-15 所示。

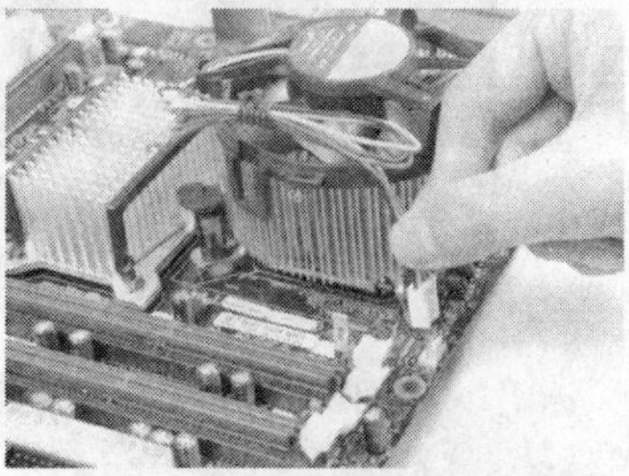

图 13-15　连接散热器电源线

至此，CPU 散热器即安装完毕。

13.2.4　安装内存条

主板的双通道内存插槽如图 13-16 所示。

安装步骤如下。

步骤 1. 拨开内存条插槽两端的卡销，按照内存条引脚的缺口与插槽上的突起确认插入方向，如图 13-17 所示。

图 13-16　主板的双通道内存插槽

图 13-17　拨开内存条插槽的卡销

步骤 2. 将内存条垂直放入插槽，注意其缺口要与插槽上的缺口要对准，如图 13-18 所示。

步骤 3. 两手均匀用力，将内存条垂直向下压，将其插入插槽中，如图 13-19 所示。

图 13-18　将内存条垂直放入插槽

图 13-19　将内存条垂直向下压

步骤 4. 插槽两端白色的锁扣自动复位，卡住内存条，如图 13-20 所示。安装好的内存条如图 13-21 所示。

13.2.5　固定主板

安装好 CPU 和内存条后，应将主板固定在机箱的底板上，操作步骤如下。

步骤 1. 将机箱水平放置，在机箱底板的相应位置固定金属支撑螺母，如图 13-22 所示。

步骤 2. 将已经安装好 CPU 和内存条的主板轻轻推入机箱，注意主板上的定位孔与上面拧好的螺丝帽一一对应，可以通过机箱背部的主板挡板来确定机箱是否安放到位，同时对应

图 13-20 卡住内存条

图 13-21 安装好的内存条

好主板后面的各种外设接口，如图 13-23 所示。

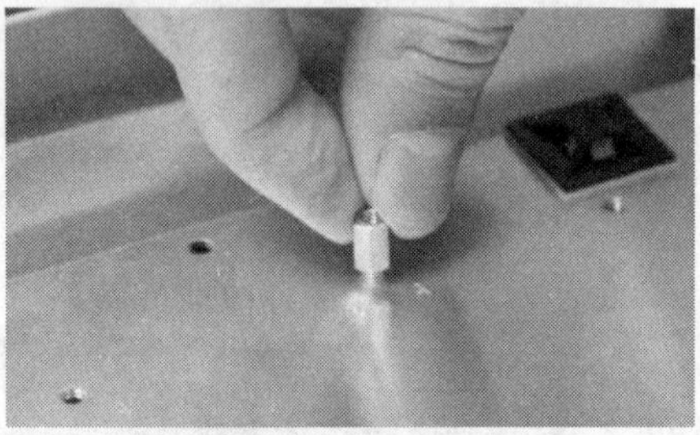

图 13-22 固定支撑金属螺母

图 13-23 对应好各种外设接口

步骤 3. 拧紧螺丝，将主板固定在机箱内。注意观察主板的串口、并口、鼠标及键盘口等在机箱的相应位置是否合适。如不合适，应调整螺钉后固定。完成安装的主板如图 13-24 所示。

图 13-24 完成安装后的主板

13.2.6 连接电源线

连接主板电源线的操作步骤如下。

步骤 1. 找到电源的插头和主板的电源插座，电源插头由 20 芯或 24 芯电源线组成。在插头的一侧有一个用于固定的夹子，如图 13-25 所示。

步骤 2. 将电源插头插到主板的电源插座上，注意方向不要插反。仔细观察，很容易识别其方向，如图 13-26 所示。

图 13-25 电源插头

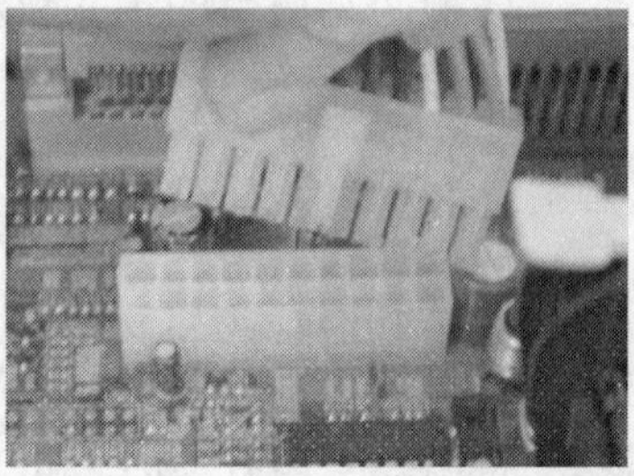

图 13-26 将电源插头插入插座

步骤 3. 电源插座的一边有一个小小的凸块，把电源插头有夹子的一面对准这个凸块。然后用力往下压，电源插头就会插到插座中，并且插头上的夹子会自动锁住凸块，使二者牢固接触，不能脱落，如图 13-27 所示。

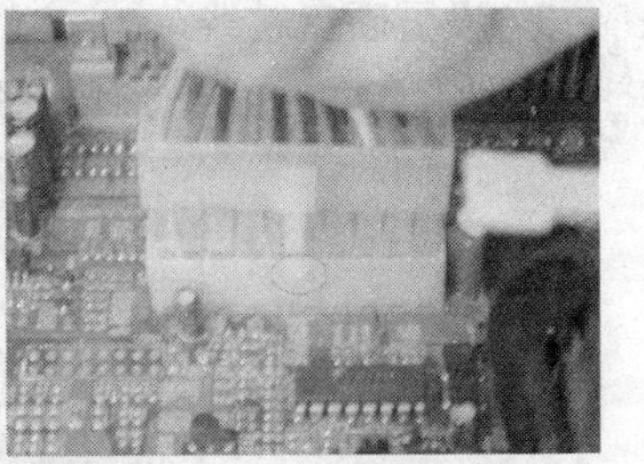

图 13-27　夹子自动锁住凸块

至此，主板的电源线连接完毕。

13.2.7　安装接口卡

接口卡主要是指显卡、网卡、声卡，以及内置调制解调器等。

步骤 1. 拆掉 PCI-E 接口显卡插槽相对应的机箱后面挡板，目前 PCI-E 显卡是主流显卡，AGP 接口的显卡已经逐步被淘汰，因此在选择显卡时，PCI-E 接口的显卡是首选产品。PCI-E 接口显卡插槽的位置如图 13-28 所示。

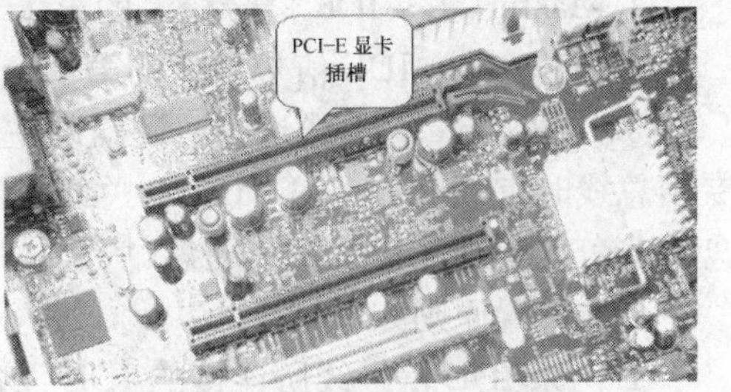

图 13-28　PCI-E 接口显卡插槽

步骤 2. 将显卡对准主板上的 PCI-E 插槽，使显卡与显示器的接口与机箱上的预留接口孔相对应，如图 13-29 所示。

步骤 3. 用手均匀地用力，将显卡压入 PCI-E 显卡插槽，以保证显卡的金手指与显卡插槽接触良好，如图 13-30 所示。

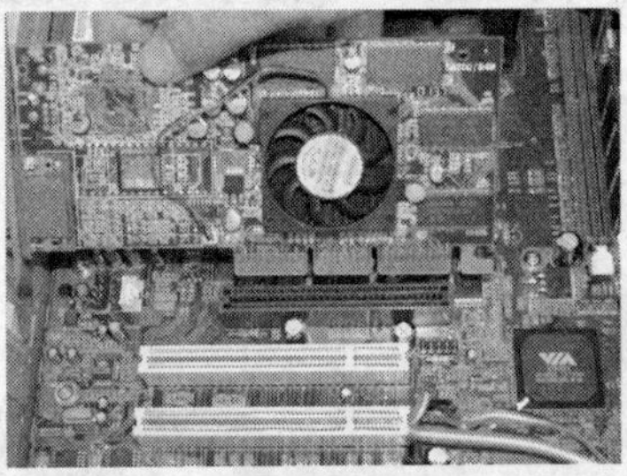

图 13-29　将显卡对准 PCI-E 插槽

图 13-30　将显卡压入 PCI-E 插槽

步骤 4. 用螺丝将显卡和机箱固定在一起，如图 13-31 所示。

图 13-31　固定显卡

至此，显卡即安装完毕。

13.2.8　安装硬盘

硬盘有 IDE 接口和 SATA(串口)接口两种，本节介绍 IDE 接口硬盘的安装方法。

主板上有两个 IDE 接口，每个 IDE 接口可连接两种 IDE 接口的设备(硬盘或光驱)。因此要通过 IDE 设备后面的跳线区分设备的 Master(主)或 Slave(从)顺序。

1. 设置硬盘跳线

在硬盘的说明书中,有硬盘的跳线开关说明,如图 13-32 所示。

图 13-32 跳线开关说明

跳线开关说明的含义如下:

① Master(主):IDE 信号线上的第 1 个设备。

② Slave(从):IDE 信号线上的第 2 个设备。

③ Cable Select(电缆选择):硬盘的主从顺序由电缆设置,此设置只有使用 Ultra DMA 66 专用总线时有效。Ultra DMA 66 总线上的蓝色接头接在主板,黑色接头连接第 1 个硬盘(主盘),灰色接头则连接第 2 个硬盘(从盘)。

具体设置原则如下:

① 两条 IDE 信号线所连接的 IDE 设备的设置方法相同。

② 如果只有 1 个硬盘,应将其连接到第 1 条 IDE 信号线上,并将跳线开关设置为“Master”。

③ 如果有两种 IDE 设备,应分别连接到两条 IDE 信号线上,并都设置为“Master”。

④ 如果有两个硬盘或一个硬盘和一个光驱要连接在同一条 IDE 信号线上,则必须将其分别设置为“Master”和“Slave”。

2. 安装硬盘

步骤 1. 参照硬盘说明书,将硬盘设置为主盘(Master),如图 13-33 所示。

步骤 2. 将硬盘安放在机箱中固定硬盘的位置,露出硬盘上的螺钉孔,然后上紧螺钉。硬盘即安装完毕,如图 13-34 所示。

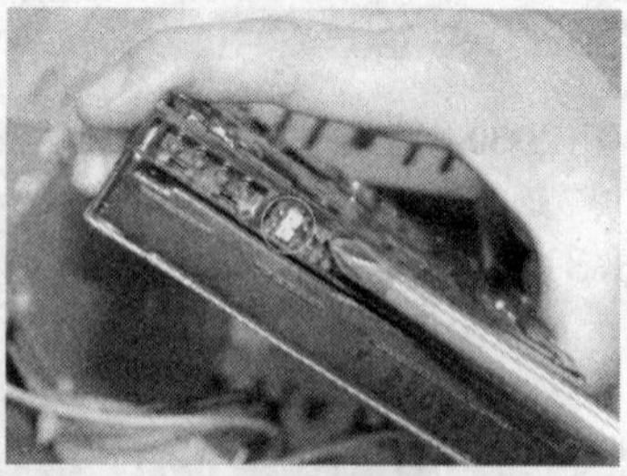

图 13-33 设置为主盘

图 13-34 固定硬盘

13.2.9 安装光驱

步骤 1. 首先将光驱的主从跳线位置设置为“主”。

步骤 2. 拆下机箱前面板的挡板,将光驱从前面放入机箱,如图 13-35 所示。

步骤 3. 将光驱上的固定螺钉孔与机箱的螺钉孔对齐,用螺钉将光驱固定在机箱的相应位置,如图 13-36 所示。

图 13-35　将光驱放入机箱

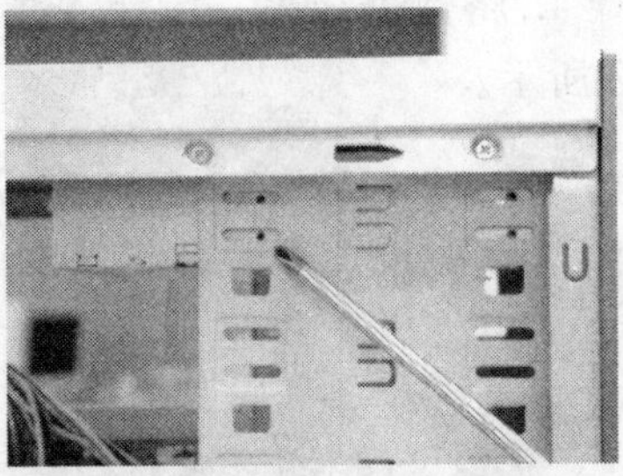

图 13-36　固定光驱

至此,光驱安装完毕。

13.2.10　连接光驱和硬盘的数据线

连接光驱和硬盘的数据线是两条 IDE 信号线,如图 13-37 所示。

上面的一条为 80 针 IDE 数据线,可支持 DMA66/100/133 标准的传输模式;下面的数据线为 40 针,只支持 DMA33 的传输模式。

在主板上有两个 IDE 接口,在接口的旁边都标记了接口的编号,如“IDE1”、“IDE2”等,有的标记为“IDE0”和“IDE1”,如图 13-38 所示。

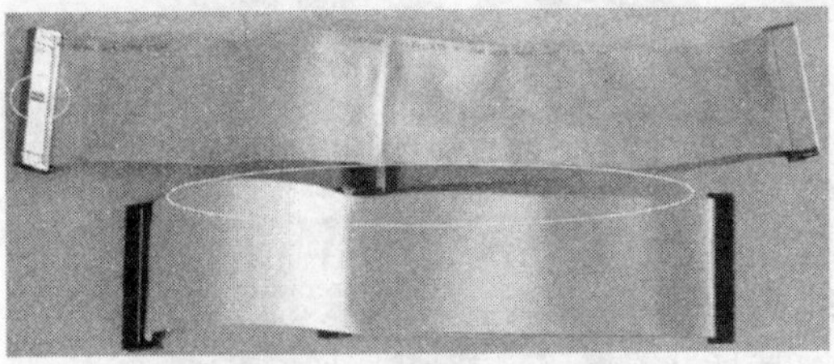

图 13-37　IDE 信号线

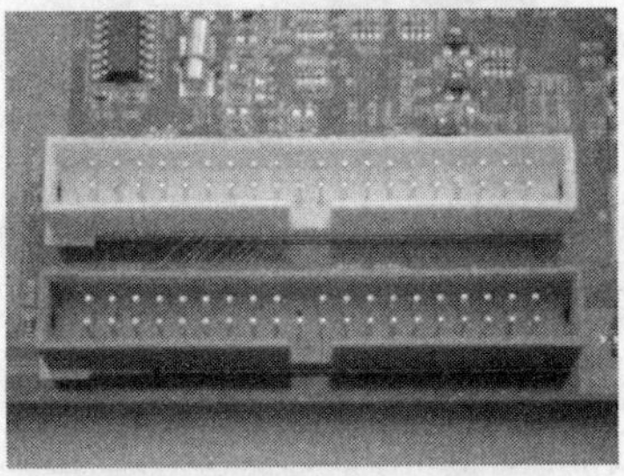

图 13-38　IDE 接口

步骤 1. 为了防止数据线插反,IDE 接口处有一个小的缺口,数据线的插头上有一个小的凸块,二者是相对应的。把数据线插头插到 IDE 接口上,用手捏住数据线对齐后向下压,将插头完全插入 IDE 接口,如图 13-39 所示。

步骤 2. 硬盘或光驱的接口处也有一个小的缺口,与数据线插头的凸块相对应,用手捏住数据线插头用力插入硬盘或光驱的数据线接口即可,如图 13-40 所示。

图 13-39　将数据线插入主板的 IDE 接口

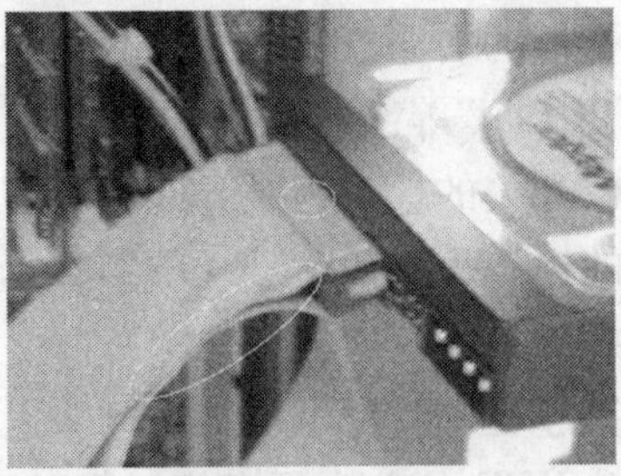

图 13-40　将数据线插入硬盘的 IDE 接口

步骤3. 将40针的数据线的一端插入主板的IDE2接口,如图13-41所示。

步骤4. 将数据线另一端插入光驱的数据接口,注意插头与接口的对应方向,接好后如图13-42所示。

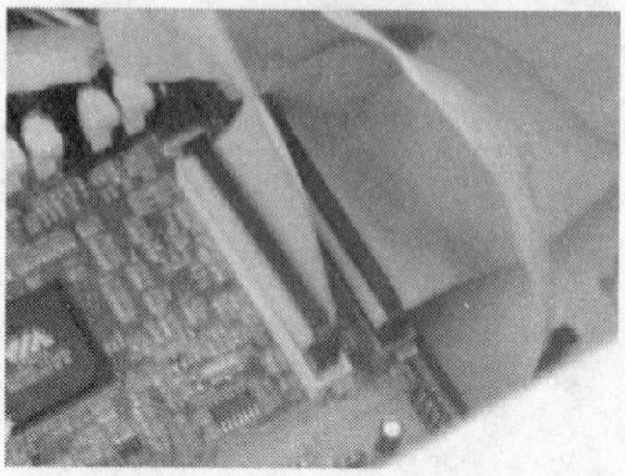

图13-41　插入主板的IDE2接口

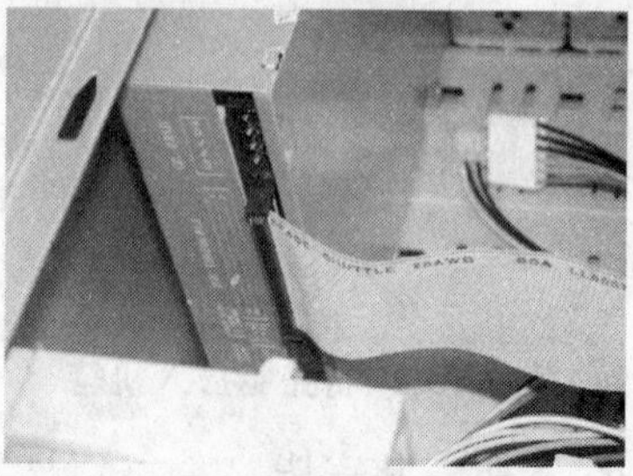

图13-42　将数据线插入光驱的数据接口

步骤5. 在电源插头中找到4芯的插头,如图13-43所示。

步骤6. 将4芯的电源插头插到硬盘或光驱的相应位置,连接完毕后如图13-44所示。

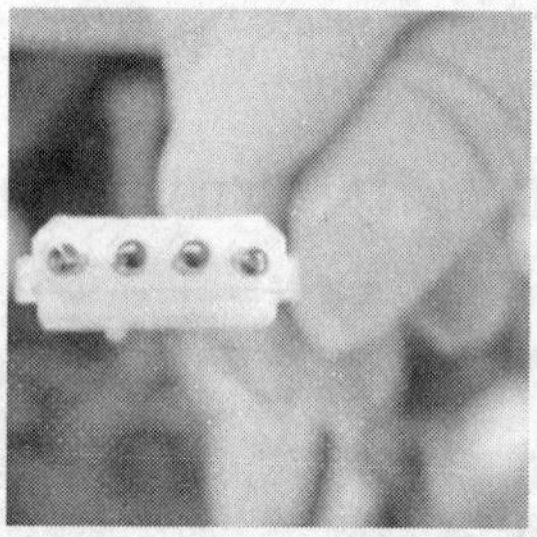

图13-43　电源插头

图13-44　将电源插头插到相应位置

步骤7. 如果是SATA(串口)硬盘,前面的安装步骤相同,只有数据线和电源线不同。下面红色信号线为数据线,黑色插头的黑红黄交叉线是电源线,安装时将其插入即可。接口全部为防呆式设计,反方向无法插入。

SATA(串口)硬盘的数据线和电源线如图13-45所示

图13-45　SATA(串口)硬盘的数据线和电源线

13.2.11　连接前面板连线

在机箱的前面板上有几条主板的控制线,如图13-46所示。

在主板的右下角有一排插针,上面标有"SPEAKER"、"RESET SW"、"HDD LED"及"POWER ON"等字样,如图13-47所示。

复位开关的标识为"RESET SW"或"RST",硬盘指示灯连线的标识为"HDD LED",电源指示灯的标识为"POWER ON",机箱喇叭连线的标识为"SPEAKER",将上述的控制线全部对应插好。

连接过程中要注意引出线插头上的标识要和主板上插针的标注对应,特别要注意电源指示灯(POWER ON)和硬盘指示灯(HDD LED)有正负极之分。一般有颜色的一端为正级,白色或黑色为负极。接通加电时,若相应的指示灯不亮,应立即关电,调换插头,如时间过长,有可能烧坏指示灯。

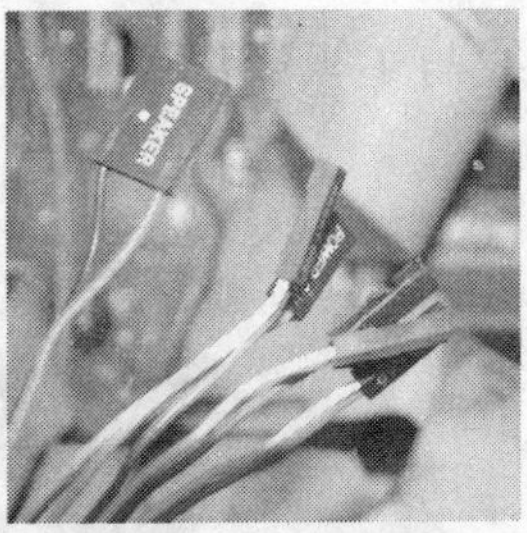

图 13-46　主板控制线

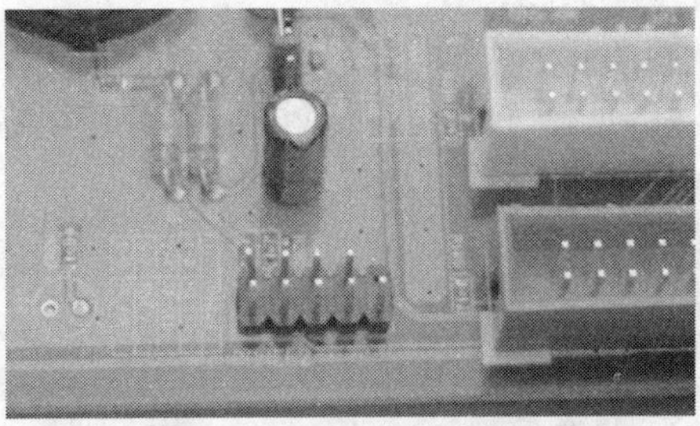

图 13-47　主板上的插针

13.3　连接其他设备

电脑机箱内部组件安装后，盖上主机箱的挡板并拧紧螺钉。此后即可连接显示器、鼠标及键盘等其他设备。

13.3.1　连接显示器

显示器的信号线插头是 D 形 15 针插头，将其插在显卡的 D 形 15 孔插座上，操作步骤如下。

步骤 1. 将显示器的数据信号线接到计算机的显卡输出口，如图 13-48 所示。

步骤 2. 拧紧螺钉，以避免出现接触不好导致画面不稳定的现象，如图 13-49 所示。

步骤 3. 将显示器电源线接入外接电源插座，如图 13-50 所示。

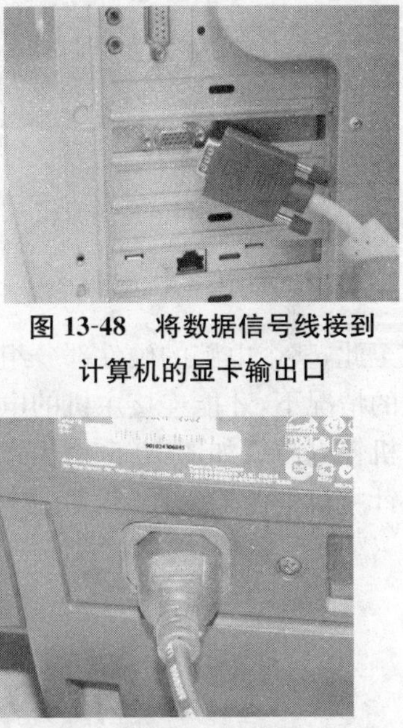

图 13-48　将数据信号线接到计算机的显卡输出口

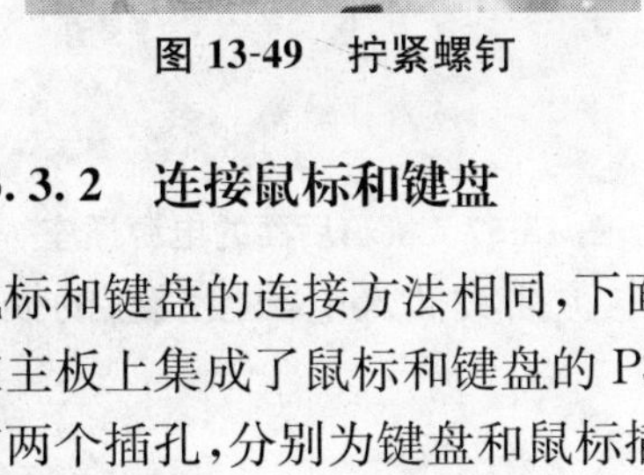

图 13-49　拧紧螺钉

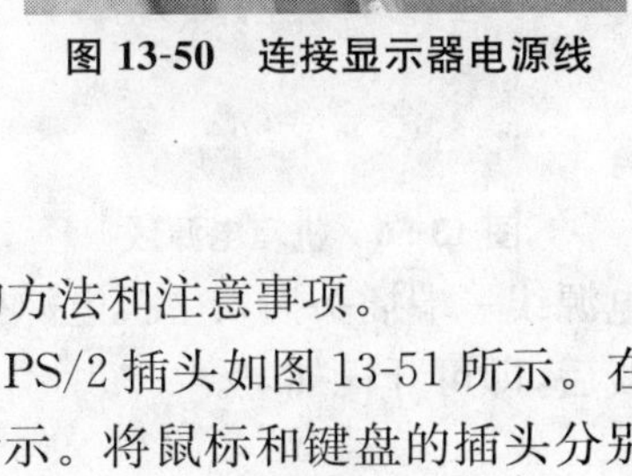

图 13-50　连接显示器电源线

13.3.2　连接鼠标和键盘

鼠标和键盘的连接方法相同，下面介绍连接鼠标的方法和注意事项。

在主板上集成了鼠标和键盘的 PS/2 接口，鼠标的 PS/2 插头如图 13-51 所示。在机箱的后面有两个插孔，分别为键盘和鼠标插孔如图 13-52 所示。将鼠标和键盘的插头分别插入各自的插孔，如图 13-53 所示。

13.3.3 连接音箱

如图 13-54 所示是一套电脑音箱。将音箱的信号输入线与主板或声卡的音频输出孔对应接好，如图 13-55 所示，再接上音箱电源，音箱即连接完毕。

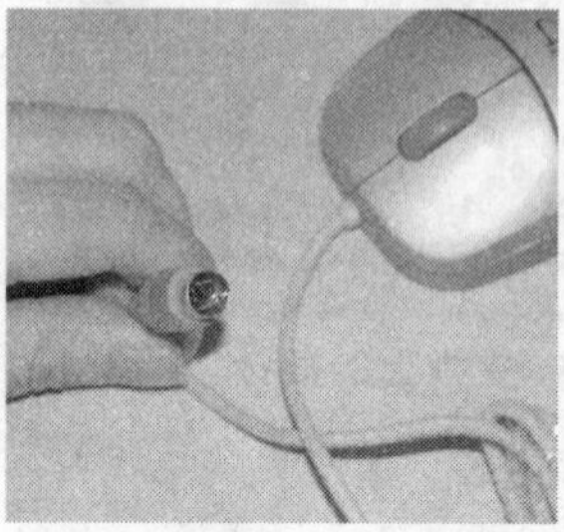

图 13-51 PS/2 鼠标插头

图 13-52 键盘和鼠标插孔

图 13-53 连接好的键盘和鼠标

图 13-54 电脑音箱

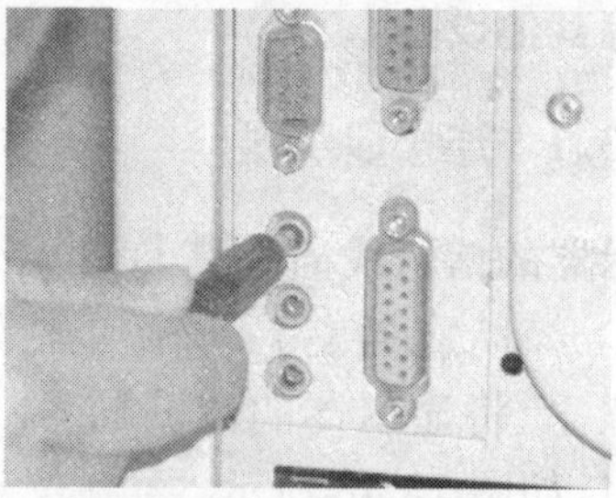

图 13-55 将音箱的信号输入线插入声卡输出孔

13.3.4 连接主机电源线

至此，整个电脑的硬件部分组装完成，应当仔细认真地再从头检查一遍连接线。在检查无误的情况下，才能连接主机的电源线。

机箱电源线如图 13-56 所示。主机箱后面有两个电源插座，分别为 3 孔显示器专用插座和 3 针主机电源输入插座，如图 13-57 所示。

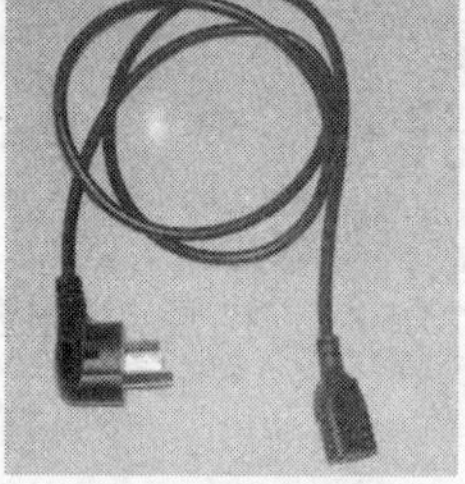

图 13-56 机箱电源线

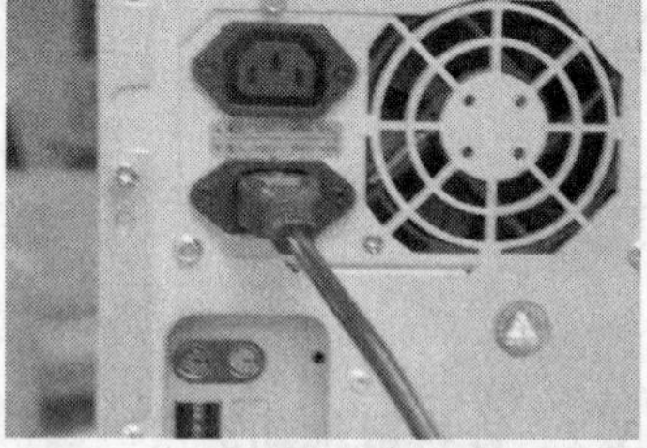

图 13-57 机箱后面的电源插座

将电源线一端插头插入主机电源插座，将另一端的电源插头插入电源接线板的插座。接好电源线后，即可开机加电。

第 14 章　BIOS 设置程序

BIOS(Basic Input Output System,基本输入输出系统)用于管理电脑的基本输入输出,其内容保存在主板的 BIOS 芯片中。目前著名的 BIOS 品牌有 Award BIOS 和 AMI BIOS,本书所述 BIOS 以前者为例,其位置如图 14-1 所示。

图 14-1　BIOS ROM 芯片的位置

14.1　认识 BIOS

14.1.1　BIOS 的功能

BIOS 的功能主要有以下三个部分。

1. 自检和初始化

系统加电后,在显示屏幕上将会显示出 BIOS 和显卡的版本信息及存储器的容量。接着 BIOS 开始进行系统诊断,也称加电自检(POST,Power-On Self Test)和系统初始化工作。在加电自检时,如果发现错误或工作不正常,BIOS 将发出一串蜂鸣器声报警。

系统的诊断和初始化过程,从功能上可分为以下几个部分。

① 键盘测试:包括主板的键盘接口和键锁状态测试,以确保键盘安装正确。

② 视频接口测试:BIOS 根据主板上的设置检测显卡是否安装正确。

③ 主存储器 RAM 测试:RAM 测试以 64KB 为单位,包括基本存储器、扩展存储器和扩充存储器的测试。在测试过程中,可按【Esc】键中断测试过程,以节省时间。

④ 软盘和硬盘子系统测试:BIOS 给软盘和硬盘子系统发出复位和寻道命令等,系统需要一定的时间来响应,以检验是否有误。

当上述测试都通过后,在屏幕的左下角显示如下提示信息:

Press DEL to enter SETUP

如果系统配置不正确或想重新配置系统,则按【Delete】键,系统进入 BIOS SETUP 程序。

2. 服务处理程序

服务处理程序主要是为应用程序和操作系统服务,主要与输入输出设备有关,如读磁盘、输出文件到打印机等。为了完成这些操作,BIOS 必须直接与电脑的 I/O 设备打交道。通过端口命令与各种外设交换数据。

3. 硬件中断处理

BIOS 的服务功能通过调用中断服务程序实现,这些服务分为多个组,每组有一个中断号。如视频服务,中断号为 10H;屏幕打印,中断号为 05H;磁盘及串行服务,中断号为 14H 等。应用程序需要使用哪些外设、执行哪种操作,只需在程序中用相应的指令说明即可。

14. 1. 2　进入 BIOS 设置程序的条件

以下几种情况下,必须进入 BIOS 设置程序,才能使系统正确地工作。

① 电脑硬件组装后。

② 电脑使用一段时间后,软盘驱动器、硬盘驱动器和内存储器容量等硬件发生变更时。

③ 保存系统设置信息的 CMOS 掉电。

④ 电脑长时间未开机时(两个月以上),为 CMOS 供电的电池由于得不到充电,使其中的信息丢失。

用户进行 SETUP 程序设置是利用 SETUP 程序告诉操作系统所连接的硬件设备的基本情况。

14. 2　BIOS 设置程序的主菜单

在加电启动电脑的过程中,在屏幕的左下角显示如下提示信息:

Press DEL to enter SETUP

按【Delete】键进入 BIOS 设置程序的主界面,如图 14-2 所示。

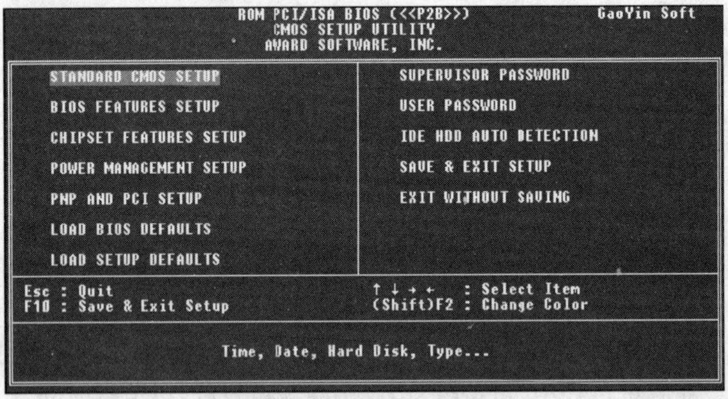

图 14-2　BIOS 设置程序主界面

主界面中有如下 12 个选项,其含义如下。

① STANDARD CMOS SETUP:标准 CMOS 设置。可以修改系统日期、时间、两个 IDE 连接的设备及显示卡等电脑的基本配置信息。

② BIOS FEATURES SETUP:BIOS 特性设置,包括病毒入侵保护、CPU 内部高速缓存、系统引导顺序和系统引导加速等高级选项设置。

③ CHIPSET FEATURES SETUP:高级芯片组设置,包括内存自动检测、内存速度选

择、高速缓存设置，以及 DRAM 读写时序等。如果设置正确，有利于提高系统的运行效率，有时设置不当会造成死机，建议使用默认值。

④ POWER MANAGEMENT SETUP：电源管理设置，其目的是使某些设备在空闲时进入节能状态。

⑤ PNP AND PCI SETUP：即插即用和 PCI 总线参数设置，主要用于 PCI 接口卡的即插即用功能的设置等。

⑥ LOAD BIOS DEFAULTS：加载 BIOS 默认值，主板的 CMOS 芯片中在出厂时有一个设定值，若后期设置混乱，可用该项恢复。

⑦ LOAD SETUP DEFAULTS：加载 SETUP 默认值，其含义同上。

⑧ SUPERVISOR PASSWORD：超级用户（管理者）口令设置。

⑨ USER PASSWORD：普通用户（使用者）口令设置。

⑩ IDE HDD AUTO DETECTION：IDE 硬盘参数自动检测。

⑪ SAVE & EXIT SETUP：保存并退出设置程序。

⑫ EXIT WITHOUT SAVING：不保存退出设置程序。

进入主菜单之后，利用光标移动键和【Enter】键选择所需修改的项目参数，按【Esc】键系统将返回主菜单。选择主菜单的“SAVE AND EXIT SETUP”（保存设置信息并退出 SETUP 程序）选项或者按【F10】键，系统将保存修改后的系统参数，并重新引导系统；选择“EXIT WITHOUT SAVING”（不保存修改后的信息退出 SETUP 程序）选项或者按【Esc】键，系统将不保存修改的设置，而退出 SETUP 程序。

14.3　标准 CMOS 设置

从主菜单中选择“STANDARD CMOS SETUP”选项后，将进入“标准 CMOS 设置”菜单，如图 14-3 所示。

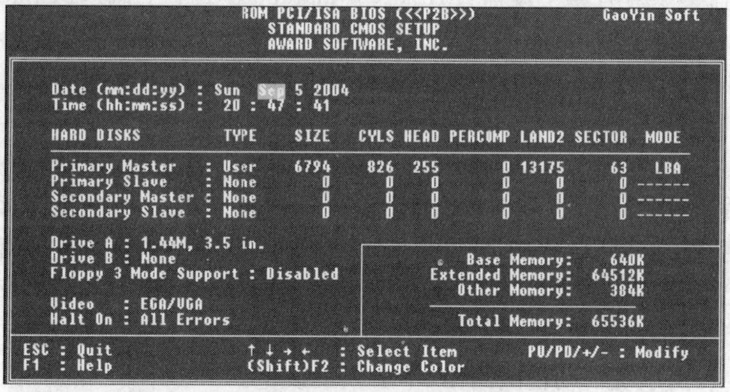

图 14-3　标准 CMOS 设置菜单

在具体项目设置前作如下几点说明。

① 在画面上已经给出了几个系统和硬件设备的当前设置参数，这是用户可选择的 CMOS SETUP 的设置菜单，其中的每一项都必须进行设置。

② 在屏幕右边框内是存储器的大小，开机时，系统已经测出的 Base Memory（基本内存），

Extended Memory(扩展内存)和 Other Memory(其他内存)的具体容量。其他内存实际上指的是扩充内存(Expended Memory)。

③ 在具体设置系统的某项时,在屏幕的相应位置还会出现动态的选择变化,如星期几与日期的对应关系变化,硬盘类型与参数关系的变化等,用户只要操作几次即可熟悉。

④ 在屏幕的最下面,给出了具体功能键的含义。

【Esc】:退到前一屏幕。

【F10】:存储设置结果并退出设置程序。

箭头键:使用箭头键可把光标移动到所需要的选择项。

【PgUp/PgDn/+/-】:对光标所选择的项进行修改,有些项可以直接输入数值。

【F2】:改变显示屏的前景及背景颜色。

在图 14-3 所示的设置菜单中,主要包括如下选项。

1. DATE(日期)

用户可以选择该项来设置或修改当前的年、月、日,其中的月份是英文缩写。在屏幕上会显示出年、月、日参数的可选值,随着用户的修改操作,其中日历也随之更新。设置范围为:月(1~12)、日(1~31)和年(1~2079)。

2. TIME(时间)

用户可以选择该项来设置或修改当前的小时、分、秒,采用 24 小时制,格式如下。

Hour(小时):00~23。

Minute(分):00~59。

Second(秒):00~59。

3. HARD DISKS(硬盘类型选择)

该选择项用来选择安装的硬盘驱动器类型,包括硬盘的柱面数(CYLS)、磁头数(HEAD)及容量。

可设置的硬盘类型号有 4 个硬盘:Primary Master(第 1 个主盘),Primary Slave(第 1 个从盘),Secondary Master(第 2 个主盘)和 Secondary Slave(第 2 个从盘),因为目前的增强 EIDE接口最多可接 4 个硬盘。若其中某一硬盘未安装,则选择类型号为 None。

设置的参数如下所示。

① TYPE:类型,有 Auto,User 和 None 等三种类型。其中,Auto 类型在系统中存储了 1~45类硬盘参数,使用 Auto 类型时,将由系统自动检测 IDE 设备的类型而设定参数,一般都采用这种方式。User 类型是用于系统内部定义的 45 种类型以外的硬盘而设置的,选择此项后,由用户自己按照硬盘的实际参数输入柱面数、磁头数、写脉冲补偿时间、磁头起停区和扇区数。None 类型针对 SCSI 接口的硬盘或者未安装硬盘。

② SIZE:容量,由系统自动检测给出,不必人工设定。

③ CYLS:柱面数。在 LBA 和 LARGE 模式下,该柱面数可能与实际的物理柱面数不同,因为对于大容量硬盘是经过换算得出的参数。

④ HEAD:磁头数,由系统自动检测得出。

⑤ PRECOMP:写预补偿值,一般为 0。

⑥ LANDZ SECTOR:磁头起停区,该区不存储数据。

⑦MODE:硬盘工作模式。有 NORMAL,LBA 和 LARGE 等三种模式。其中:NORMAL 模式是原始的 IDE 方式。在该模式下,系统支持的硬盘的最大柱面数为 1024,最大磁头数为 16,最大扇区数为 63,每扇区的字节数为 512,硬盘的最大容量=1024×16×63×512=528 482 304B,约为 504MB;LBA(Logical Block Addressing)逻辑块寻址模式,在该模式下,磁头数可设置为 0～255,这就克服了 504MB 的限制,可以管理目前市场上的所有硬盘。在该模式下访问磁盘时,由 IDE 控制器将由柱面、磁头和扇区等参数确定的逻辑地址转换为实际的物理地址。LARGE 模式为巨大模式,当硬盘的柱面超过 1024 而又不支持 LBA 模式时可采用该模式。

4. 软驱设置

"Drive A","Drive B"以及"Floppy 3 Mode Support"共三个选项用于设置软驱。"Drive A","Drive B"两项根据软驱 A 和 B 实际使用的规格设置,当前组装电脑一般都只安装 1 个软驱,为 3.5 英寸 1.44MB。第 3 项"Floppy 3 Mode Support"是为使用日本标准软驱准备的,在此应将其设为"Disabled"。

5. 显示方式

Video 选项用来确定当前系统所用的显示方式。BIOS 先检测显示器是否安装,然后确定系统的显示方式,一般设为"EGA/VGA"。

6. Halt On(暂停)

该选项用来确定当系统加电检测到错误时系统是否停机。设置内容有多项选择,一般都设为"All Errors",即发现任何硬件错误都将停机。

当用户完成标准 CMOS 设置后,按【Esc】键返回主菜单。

14.4　BIOS 特征设置

BIOS 特征设置主要用来设置下列一些功能:病毒入侵告警、CPU 的高速缓存和系统引导顺序等。从主菜单选择该选项后,屏幕上显示出 BIOS 特征设置画面,如图 14-4 所示。

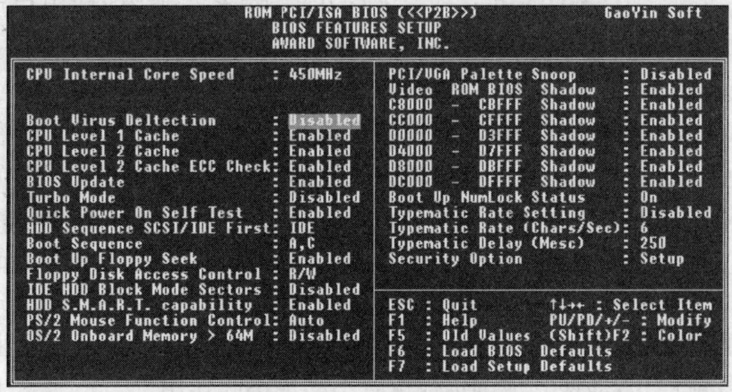

图 14-4　BIOS 特征设置

其中选项比较多,大部分可采用默认设置,主要的选项含义如下。

1. Boot Virus Detection(病毒监测功能)

此项选择为 Enable(使能)和 Disabled(非使能)。选择 Enable 时,当系统检测到电脑病毒时，便在屏幕上提示出病毒告警信息。

当安装Windows操作系统时，应将其设置为Disabled。因为在安装时需要向引导扇区写入系统信息，如果设为Enable，系统会误以为是病毒入侵，而发出告警信息。

2. CPU Level(1,2)Cache(CPU内部高速缓存)

此项选择为Enable和Disabled，用来决定是否使用CPU内部Cache。一般应选Enable，用以提高系统性能。

3. CPU Level 2 Cache ECC Check

ECC(Error Check Correction，错误校验更正)，它能够自动检测数据传输中的错误。当使用有此项功能的CPU时，应将该项设为Enable。

4. Quick Power On Self Test(加电自检加速功能)

该项用以确定在系统加电时，使自检程序(POST)快速运行。选择为Enable时，电脑自检程序会跳过一些无关紧要的检查项目，快速完成自检。

5. Boot Sequence(系统引导顺序)

该选择项用于设置系统引导的磁盘顺序，特别是安装操作系统时，应当将光驱设置为第一个启动设备，系统安装完毕，再将C盘设置为第一个启动设备。

6. Boot Up Floppy Seek(系统引导时软驱是否寻道)

该选择为Enable和Disabled，其默认值为Disabled。这样可以使磁盘快速启动并减少由于寻道对磁头磨损的可能性。

7. Video BIOS Shadow(视频或适配器ROM映像)

ROM映像是BIOS将访问速度慢的ROM中的数据代码拷贝到较快的RAM中的一个过程。拷贝后BIOS从RAM中读取内容执行。当设置为使能状态时，允许大小为16KB的一个段从ROM中映射到RAM中。若为了提高系统速度，将此项设置为“Enable”。但如果出现显示错误，要设置为“Disabled”。

8. Boot Up Num Lock Status(数字方式锁定)

该项选择为：turn off(关闭)和turn on(打开)。在系统加电时，用户可以置键盘上的“Num Lock”灯所表示的“数字方式锁定”为关闭状态。这样用户可以使用小键盘上的箭头键。该项的默认设置为“turn on”。

9. Typematic Rate Setting(按键重复速率设置)

该项选择使能(Enable)时，用户可以调节按键重复速率。下面的选项：“Typematic Rate”和“Typematic Rate Delay”决定着该速率值。当一个键按下并保持不动时，字符在一定的延迟时间以后，以一定的速率在显示屏上重复出现，此处延迟时间就是由“Typematic Rate Delay”的值决定的，而重复速率是由“Typematic Rate”(Chars/sec：字符/秒)决定。

当两个或两个以上的键被同时按下时，只有最后一个按下的键以重复速率被重复，一旦该键被释放，重复就停止，即使其他键仍被按着不动也不起作用。

10. Typematic Rate(chars/sec)

按键重复的速率(字符/秒)。

11. Typematic Delay(Msec)

当按键按下后，到显示屏上字符开始重复出现的延迟时间(毫秒)。

12. Security Option(口令字输入方式选择)

此项设置可选择为“Setup”和“System”。此项功能选择可以防止未经许可使用机器的人启动系统或进入 SETUP 设置程序。当用户设置为“System”时,每次启动系统都要求用户输入口令字;当该项设置为“Setup”时,在引导系统时不需输入口令字,只在运行 Setup 程序时,需要输入口令字。

程序允许作 3 次努力输入正确的口令字,每次输入不正确时,在屏幕上出现再次输入口令字的提示信息并跟随一个“X”字符。当连续输入 3 次都不正确时,系统将锁定,需重新启动。输入口令字时,屏幕上不显示输入的字符。

在完成 BIOS 高级程序设置后,按【Esc】键,根据屏幕提示可以进行保存或不保存已设置的信息,也可以返回主菜单。

14.5　高级芯片组设置

高级芯片组 CHIPSET FEATURES SETUP 的设置主要用于控制这些芯片寄存器的值,这些寄存器的值大多数都是由电脑系统设定的,其中每个选项都与硬件结构密切相关,建议家用电脑用户不要随意改动,不同的主板所用的芯片组不同。因此设置内容也不同,绝不可照搬照改,造成不必要的错误。

一般情况下,用户应使用系统的默认值,这也是最佳的选择。只有对高级芯片组特别熟悉的用户,才可以修改设置。

在主菜单中,选择该项之后,屏幕出现的画面如图 14-5 所示。

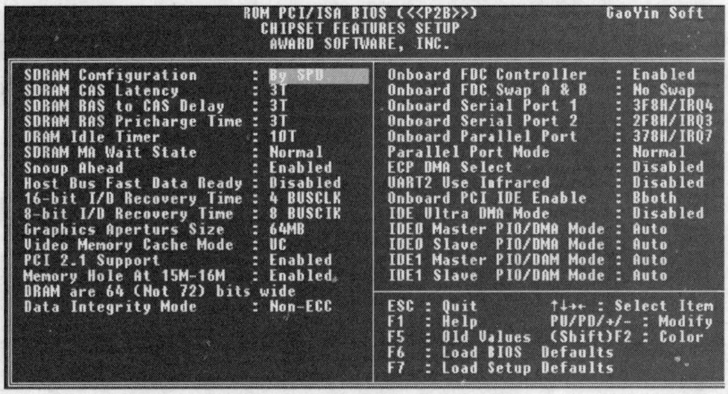

图 14-5　高级芯片组设置

在设置中,几个主要选项的含义如下。

1. SDRAM 的相关设置

该项设置包含 6 项内容,其中比较重要的有 2 项。

(1)SDRAM Configuration(内存设置)

该项设置决定 SDRAM 的时钟设置是否由读取内存模块上的 SPD(Serial Presence Detect)的内容决定,系统默认设置为“By SPD”,即允许内存的时钟根据 SPD 决定(在 SPD 中,保存着内存的各项重要参数)。

(2)SDRAM CAS Latency(CAS 延迟)

控制 SDRAM 在接受命令并开始读之间的延迟时钟周期，默认为 3T。

2. 主板上的相关外设接口设置

比较重要的设置包括：

(1)Onboard Serial Port

串口地址和中断号的设置，串口 1 和 2 系统的默认值分别为“3F8H/IRQ4”和“2F8H/IRQ3”，一般不要更改。

(2)Onboard Parallel Port

并口地址和中断号的设置，系统的默认值为“378H/IRQ7”，一般不要更改。

3. IDE 接口设置

(1)Onboard PCI IDE Enable

主板上有 2 个 IDE 控制器每个控制器有两个接口，共 4 个接口，应将其设置为“Bbroth”，即两个控制器接口都工作，否则，硬盘或光驱将不能工作。

(2)IDE Master(Slave)PIO/DMA Mode

4 个 IDE 接口的工作模式都应设置为“Auto”，即自动模式。

14.6 电源管理设置

当前的主板之所以都称为“深度绿色节能”主板，主要因为具有节能管理功能。在主菜单中选择“POWER MANAGEMENT SETUP”(电源管理设置)项后，屏幕上显示的画面如图 14-6 所示。

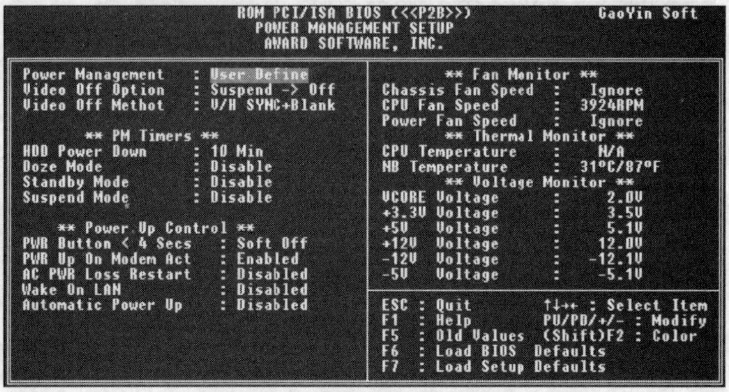

图 14-6 节能管理设置

该选项主要包括以下几项。

1. Power Management

该选项的设置对节能管理功能起主控作用，控制 HDD Power down(硬盘关电)，Doze Mode，Standby Mode 和 Suspend Mode(系统休眠、等待和挂起定时控制)等多种定时功能。

用户设置时可以有四种选择，意义如下。

(1)Min Saving(最小节能方式)

主要用于演示节能功能。在此方式下，从无操作到主机进入后备状态的时间为 1～5 分钟。

(2)Max saving(最大节能方式)

主要用于演示节能功能。在此方式下,从无操作到主机进入后备状态的时间为 2 分钟。

(3)User define(用户定义)

允许用户对所有的定时器进行设置,用以管理硬盘和系统的节能功能。

(4)Disable(禁止)

选择此方式将关闭所有的 BIOS 节能功能。

2. Video Off Method(显示子系统关闭方式)

此项设置是选择保护显示器的方式,有以下三种选择。

(1)Blank Screen/Suspend(显示屏空白/挂起)

当选择这种方式时,它只是使用户的显示屏显示空白,称为黑屏,但系统的显卡仍然在工作。这种方式适用于非节能类型的显示器。

(2)V/H SYNC+Blank(场/行同步+显示空白)

当选择这种方式时,不仅使显示器显示空白,而且还要关闭显示卡的场/行同步信号。这是当前显示器主要的节能方式,需要符合"能源之星"或 DPMS 显示器的支持。

(3)DPMS(Display Power Management System,显示器电源管理系统)

这种节能方式是由操作系统通过 DPMS 显示卡控制 DPMS 显示器实现节能,需要符合 DPMS 规范的显示卡和显示器的支持。这是系统默认选项。

3. 设置显示器节能时间

当"Power Management"项设为"User Define"时,可以设置下列系统节能模式的等待时间,选项如下。

(1)HDD Power Down(关闭硬盘)

此项设置为 IDE 接口硬盘停止转动的时间,其选择范围是"1 MIN"到"15 MIN"或者"Disabled"(1 分钟到 15 分钟或者"禁止")。当系统运行时间超过设置的时间后,硬盘将自动恢复全速运行。

(2)Doze Mode(休眠方式)

此定时控制电脑系统从工作状态转入休眠状态的时间,在休眠状态下,可以控制 CPU 的时钟和显示器开/关。设置的定时范围是最小值 1 分钟,最大值 1 小时。

(3)Standby Mode(等待方式)

设置范围是从 1 分钟到 1 小时。

(4)Suspend Mode(挂起方式)

设置范围是从 1 分钟到 1 小时。

4. 其他控制项

除了上述的选项外,还包括以下的选项。

① Power Up Control(加电控制)。

② Fan Monitor(风扇监视)。

③ Thermal Monitor(温度控制)。

④ Voltage Monitor(电压监视)。

14.7　即插即用设置

PNP(Plug and Play,即插即用)是指电脑的外部设备可由操作系统自动分配系统资源，包括分配 IRQ(中断请求)、I/O(输入输出端口)地址、DMA(直接内存读写)和内存空间等资源,完全不用用户设置。

要完成 PNP 功能、操作系统、主板的 BIOS,以及外部设备三者都要支持 PNP 功能,缺一不可。其选项如图 14-7 所示。

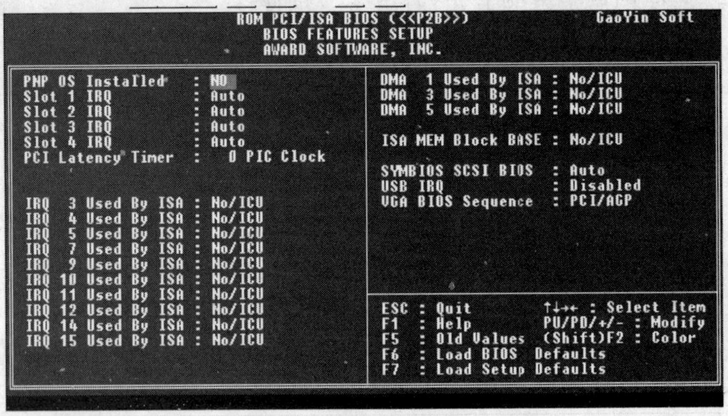

图 14-7　PNP/PCI CONFIGURATION 选项

要设置的主要选项如下。

1. PNP OS Installed(安装具有 PNP 功能的操作系统)

该选项有"Yes"和"No"两种选择。若设置为"Yes",安装了具有 PNP 功能的操作系统后,所有中断资源都将被操作系统重新安排。

2. Slot IRQ(Slot 插槽的中断资源控制方式)

有如下两种方式。

(1)Auto(自动方式)

设置为自动方式后,Slot 插槽的 IRQ 和 DMA 资源都将由 BIOS 自动检测和分配。

(2)Manual(人工方式)

设置为人工方式后,Slot 插槽的 IRQ 和 DMA 资源可由用户设置。

3. IRQ(DMA)Used By ISA(PCI IDE 中断影射)

当主板上插有非 PCI 总线的 IDE 硬盘接口卡时,需要将该项设置为"ISA"或"No/ICU";否则会造成中断冲突。通常应将该项设置为"No/ICU",相当于"Auto"。

4. USB IRQ 设置

该项用于设置 USB 接口的中断,一般应设置为"Enable"。

5. VGA BIOS Sequence(显示 BIOS 的扫描顺序)

显示 BIOS 的扫描顺序应设置为 PCI/AGP,即 PCI 在前,AGP 在后。

14.8　加载 BIOS 默认值

用 BIOS 默认值自动配置系统可使整机系统的性能达到最佳状态。在用户修改 CMOS

中的值以前，BIOS 自动配置系统用的默认值。当 CMOS 被破坏时，BIOS 的默认值将自动加载。

从主菜单中选择加载 BIOS 默认值选项后，屏幕显示出让用户选择是否使用 BIOS 默认值的提示，显示如图 14-8 所示的对话框。

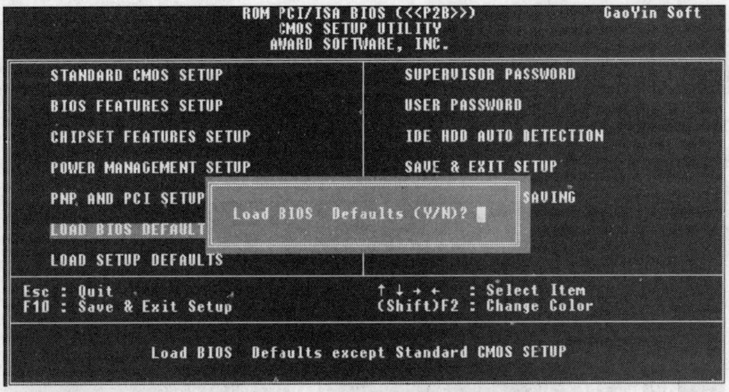

图 14-8　使用 BIOS 默认值设置对话框

如果确定要使用 BIOS 默认值，则对屏幕提示回答“Y”，并按回车键即可。

14.9　加载 SETUP 默认值

当系统运行不正常时，可以使用加载默认值配置系统，这有助于故障诊断。选择该项后，屏幕上给出提示信息，让用户确认是否使用 SETUP 默认值。显示的画面如图 14-9 所示。

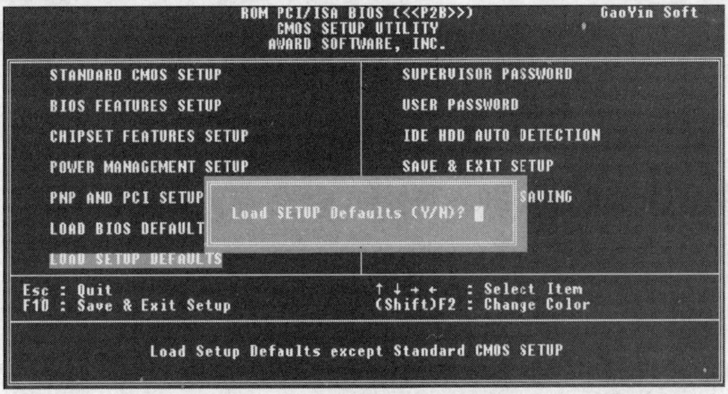

图 14-9　加载 SETUP 程序默认值

如果认可则单击【Y】键并按回车键，屏幕上显示下列信息：

“Default Values Loaded Press any Key To Continue”，按任意键后，即保存。

14.10　设置密码

设置密码的目的是为了保护电脑内的资料不被他人盗取或修改，设置密码分为超级用户密码和普通用户密码。超级用户密码可以限制开机进入系统的权限，普通用户密码用于限制修改 BIOS 的权限。

在设置密码时，首先需要在 BIOS 特征设置中设置密码的级别。若将“Security Option”选项设置为“SYSTEM”后，设置超级用户密码，在每次开机进入系统时，都将要求输入超级用户密码。如果选择“SETUP”选项，则设置一般用户密码，当要修改 BIOS 设置时，会要求输入用户密码。

14.10.1　超级用户密码

在 BIOS 特征设置中将“Security Option”选项设置为“SYSTEM”后，再将光标移到“SUPERVISOR PASSWORD”选项，按回车键，显示如图 14-10 所示的输入密码界面。只有电脑的拥有者或管理者才可以设置和使用该密码。

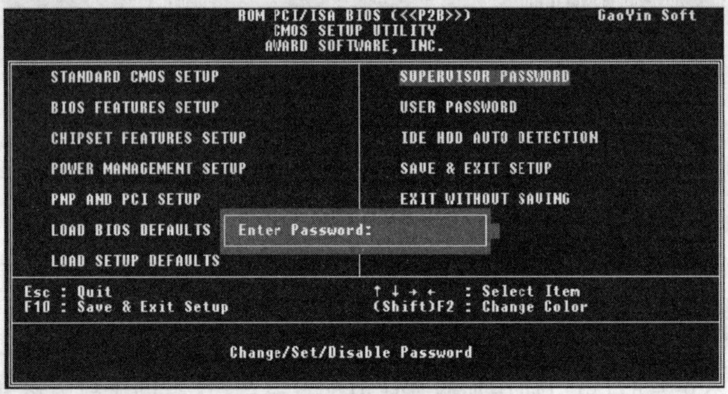

图 14-10　设置密码界面

在“Enter Password”框中，要求用户输入口令字。输入后，按回车键确认。

在显示的“Confirm Password”框中，要求重新输入刚才输入的口令。按回车键后，超级用户口令设置成功。

设置密码的原则是：可以使用除了空格以外的任意 ASCII 字符，密码的最大长度不超过 8 个字符，有大小写之分。

成功设置密码后，在开机进入 BIOS 设置后，系统提示需要输入密码。

重新启动电脑后，系统也要求输入密码。

14.10.2　用户密码

在 ROM BIOS 设置程序的主菜单中选择“USER PASSWORD”选项，显示“Enter Password”提示框。

在信息框中输入设置的密码，确认后系统显示“Confirm Password”要求确认密码的提示框，要求再次输入加以确认，重新启动系统后密码设置生效。

14.10.3　取消密码

如果要取消密码，需要再次进入 BIOS 设置程序。例如要取消超级用户密码时，选择“SUPERVISOR PASSWORD”选项，按回车键，显示“Enter Password”提示框。此时，直接按回车键，不要输入任何字符，屏幕将显示提示信息框：“Invalid Password Press Any Key to Continual”。

只要再按任一个键，将取消原来设置的超级用户密码。

14.10.4　清除密码

这里所说的“清除密码”是指设置了密码后，自己忘记了密码，此时只有将 BIOS 中的密码信息清除，才能重新进入 BIOS 设置程序。

清除密码有硬件方法和软件方法。

1. 硬件方法

关闭电脑，在主板上找到清除 CMOS 信息跳线的位置，这是一个 3 针的跳线，由原来的 1,2 脚短接更改为 2,3 脚短接，几分钟后就可以将 CMOS 中保存的密码清除。

如果取下主板上的为 CMOS 供电的电池，CMOS 中的全部信息都会被清除，包括密码信息。这种方法的前提条件是在“BIOS 特征设置”中“Security Option”设置为“System”时的系统有效。

2. 软件方法

软件方法是通过调用 DEBUG 程序完成的。这种方法的前提条件是在“BIOS 特征设置”中“Security Option”设置为“Setup”时的系统才有效。如果设置为“System”时，就只有通过跳线或放电的方法。

Debug 命令如下：

```
A:>debug
-O 70 10
-O 71 10
-Q
```

重新启动系统后，密码被清除。

14.11　IDE 硬盘自动检测

如果用户的电脑安装了 IDE 接口类型的硬盘，在主菜单中选择“IDE HDD AUTO DETECTION”进入 IDE 硬盘自动检测实用程序，可以自动检测硬盘参数，并把参数写到标准 CMOS 设置中，显示如图 14-11 所示。

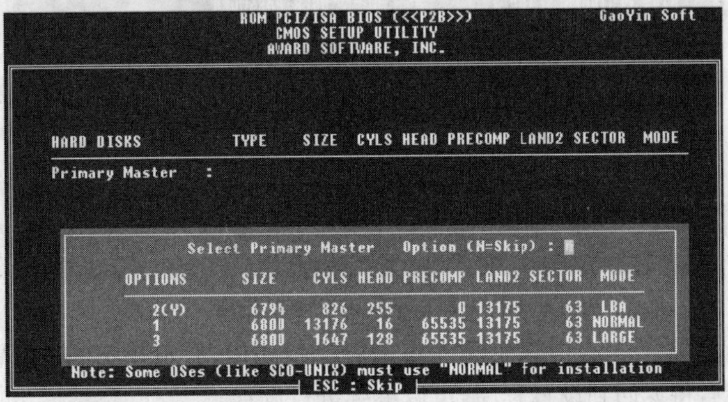

图 14-11　硬盘参数检测

图中显示的是检测第 1 个 IDE 接口上的主硬盘参数，单击【Y】键，检测程序将继续检测第 1 个 IDE 接口的从硬盘或第 2 个 IDE 接口上的主硬盘，直至检测完所有的硬盘。检测后，在“标准 CMOS 设置”中就会显示出相应的参数。

如果安装的是串口硬盘，系统会自动检测，不用设置。

14.12 保存或退出 SETP

从主菜单中选择“SAVE & EXIT SETUP”选项后，然后按回车键，显示保存或退出 SETP 界面，如图 14-12 所示。

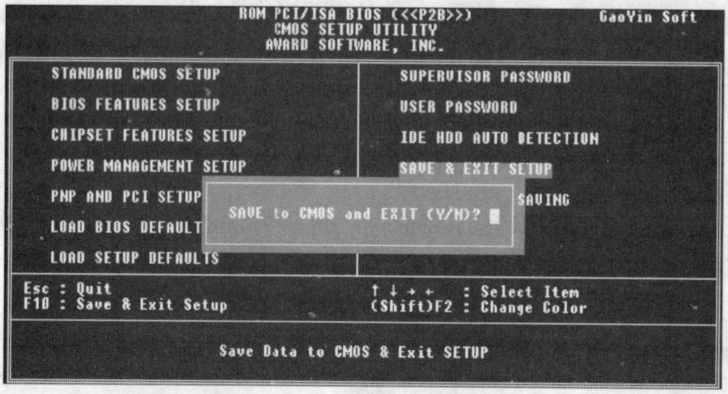

图 14-12 写入 CMOS 退出

如果按下【Y】键，将前面各项设置值存入到 CMOS 中，并自动引导系统。

如果对提示信息回答【N】并按回车键，系统将返回主菜单，放弃用户的修改。

14.13 不保存退出

从主菜单中选择“EXIT WITHOUT SAVING”（不保存退出）项后，然后按回车键，显示画面如图 14-13 所示。

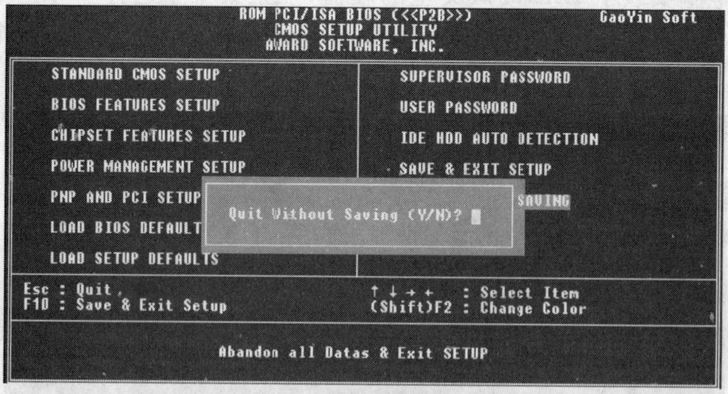

图 14-13 不写入 CMOS 退出

如果回答【Y】，将不存储用户对前面各项所设置的值，并退出 BIOS 设置程序。若选择【N】键并按回车键，将返回到设置程序，可以继续进行设置。

第 15 章　安装 Windows 操作系统

电脑硬件组装完成后,还只是一个“裸机”,要安装操作系统才能运行。当前在个人电脑上所使用的操作系统主要是微软公司提供的中文版 Windows XP、Windows Vista、Windows 7,普通的装机用户,还是安装 Windows XP 最好。

安装操作系统前,首先要通过 BIOS 设置程序,对系统日期和时间等进行设置,然后创建硬盘,为安装 Windows 操作系统做准备。此后,要对显卡、主板和声卡进行驱动。本章将一一进行介绍。

15.1　准备硬盘

15.1.1　FDISK 程序的作用

准备硬盘主要包括用 FDISK 程序为硬盘分区,用 FORMAT 程序格式化硬盘。

电脑中的硬盘可分成四个分区,每个分区都可以安装一种操作系统。随着计算机技术的发展,除了常用的 Windows 操作系统外,一些其他的操作系统,如 UNIX、XENIX 等也从其他的机种上移植到微机上。因此,为了保证电脑用户可在微机上使用这些操作系统,DOS 推出了硬盘分区的技术,利用 FDISK 命令建立分区。

准备电脑硬盘的步骤如下:

①用 FDISK 程序对硬盘进行分区。

②用 FORMAT 命令对硬盘进行高级格式化。

在用 FDISK 程序显示分区信息时,不会对硬盘中保存的数据有任何影响。但是如果重新建立或者删除已建硬盘分区时,则会破坏硬盘上的所有数据。因此在用户无特殊需求的情况下,千万不可随意地去执行 FDISK 命令。

15.1.2　基本概念

下面介绍使用 FDISK 程序时遇到的几个基本概念。

1. 分区(Partition)

分区是由 FDISK 命令将硬盘划分的连续磁道的存储空间。硬盘分区的作用是可在不同分区中安装不同的操作系统。当前普遍使用的 Windows 操作系统是在 DOS 主分区上建立的。用户如果只安装 Windows 操作系统,则一般需要用两个分区,即 DOS 的主分区及扩展分区。若要安装第 2 个和第 3 个操作系统,必须建立第 3 个和第 4 个分区。总之,一个硬盘最多可安装 3 个操作系统。

电脑用户一般只需要运行 Windows 操作系统,所以没有必要建立第 3 个和第 4 个硬盘分区。

用 FDISK 程序给硬盘分区时,可有如下两种选择。

第一：使用 DOS 版本支持的最大分区，即将整个硬盘作为一个独立分区，由于以前硬盘的容量比较小，一般常用这种方法。

第二：用 FDISK 将硬盘划分为两个分区，一个为主 DOS 分区，另一个为扩展分区。主 DOS 分区成为 C 盘，扩展 DOS 分区将包括磁盘的剩余空间。一旦定义了扩展分区，必须进一步将扩展分区划分为逻辑驱动器。

2. DOS 主分区(Primary Dos Partition)

DOS 主分区是安装 DOS 操作系统的分区。一旦建立了主分区，DOS 操作系统就将其认为是硬盘驱动器 C。

3. 扩展 DOS 分区(Extended Dos Partition)

扩展 DOS 分区是 DOS 主分区之外的其余存储空间。一旦建立了扩展分区，必须进一步将其划分为逻辑驱动器，或简称逻辑盘，如 D 盘、E 盘和 F 盘等。

建立扩展 DOS 分区与建立目录类似，可以更有效地在硬盘驱动器中组织文件。

4. 逻辑 DOS 驱动器(Logical Dos Drive)

逻辑驱动器又被称为非物理盘驱动器。电脑中可能只有一个物理硬盘驱动器，但是可以有多个逻辑驱动器。如果建立了扩展分区，则必须进一步将其划分为逻辑驱动器。这些驱动器均接收驱动器符，如 D,E 和 F 等。由于实际上只有一个物理驱动器，因此这些驱动器被称为逻辑驱动器。

15.1.3 FDISK 程序的操作

1. 建立 DOS 主分区及扩展分区

当使用主分区与扩展分区时，主分区成为驱动器 C，而扩展分区中的逻辑驱动器可命名为 D,E,F 等驱动器，最多可达 23 个，它取决于用户的要求。

启动 FDISK 程序(本例是对系统安装的第 2 个硬盘分区，是在 Windows 操作系统下运行 FDISK 程序)，按下【Enter】键，显示如图 15-1 所示的确认磁盘分区画面。

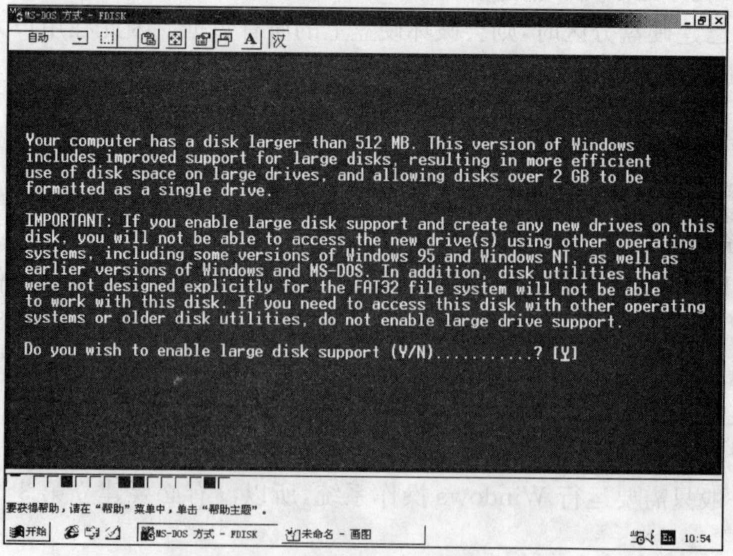

图 15-1 确认磁盘分区画面

①键入“Y”后按下【Enter】键，屏幕显示 FDISK 主画面，如图 15-2 所示。

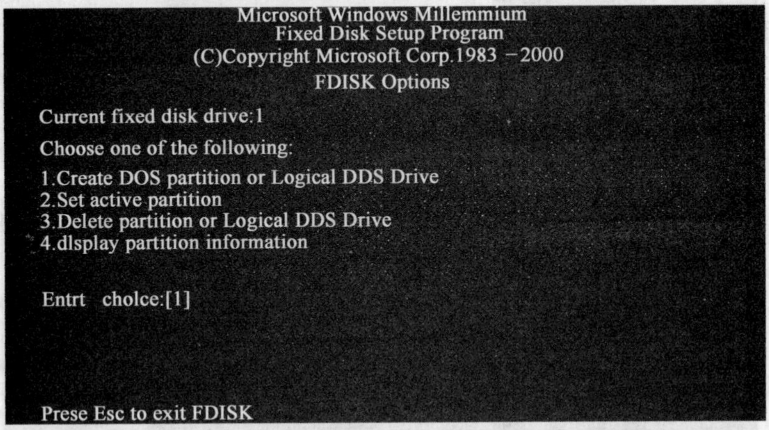

图 15-2　FDISK 主画面

主画面中各选项的含义如下。

- Create DOS partition or Logical DOS Drive：创建 DOS 分区或逻辑 DOS 驱动器。
- Set active partition：设置活动分区。
- Delete partition or logical DOS Drive：删除分区或逻辑 DOS 驱动器。
- Display partition information：显示分区信息。

如果电脑上安装不止 1 个硬盘，为了选择要分区的硬盘，主画面还会增加一个选项：

- Change current fixed disk drive。如图 15-3 所示。

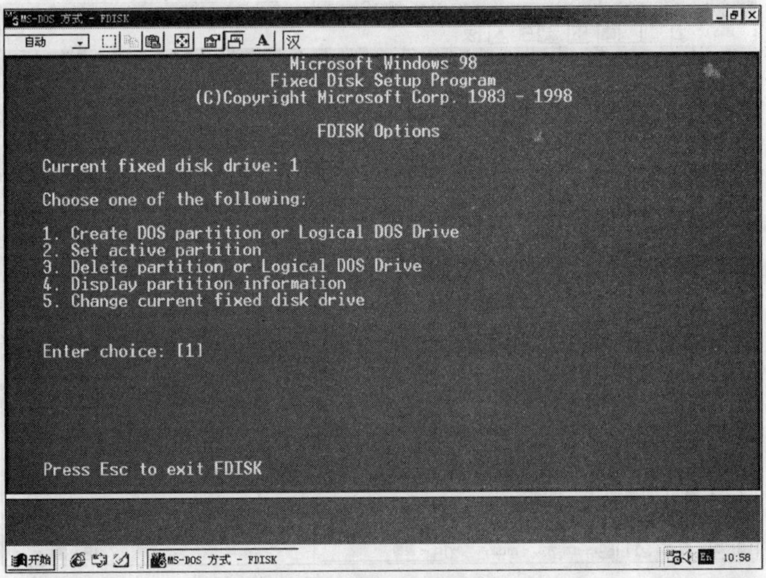

图 15-3　多个硬盘的 FDISK 主画面

②在主画面中，选择“1”，并按下【Enter】键，进入创建分区画面，如图 15-4 所示。

各选项的含义如下。

- Create Primary DOS Partition：创建主 DOS 分区。
- Create Extended DOS Partition：创建扩展 DOS 分区。

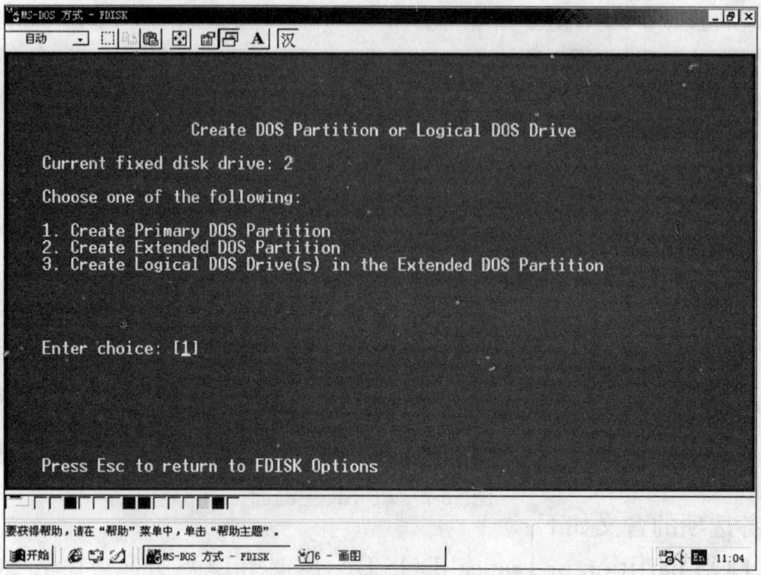

图 15-4 创建分区

· Create Logical DOS Drive(s)in the Extended DOS Partition：在扩展 DOS 分区中创建逻辑驱动器。

③在画面中选择“1”，按下 Enter 键，打开询问“主 DOS 分区”是否占用整个硬盘空间的提示画面，如图 15-5 所示。

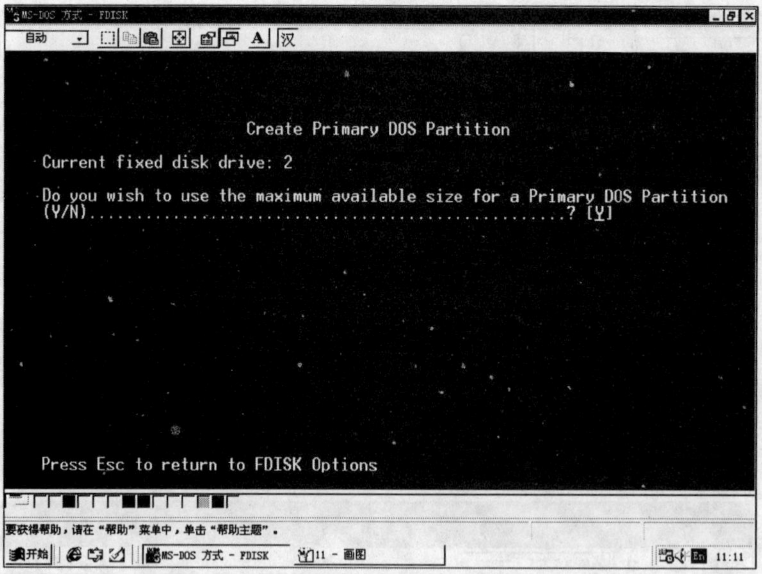

图 15-5 询问“主 DOS 分区”是否占用整个硬盘空间

如果选择“Y”，按下【Enter】键，整个硬盘将作为“主 DOS 分区”。如果选择“N”，会将硬盘划分为“主 DOS 分区”和“扩展 DOS 分区”。如果硬盘在 80GB 以上，用户应选择“N”，以便进一步划分“逻辑驱动器”。

④ 选择“N”后，按下【Enter】键，打开设置“主 DOS 分区”空间的画面，如图 15-6 所示。

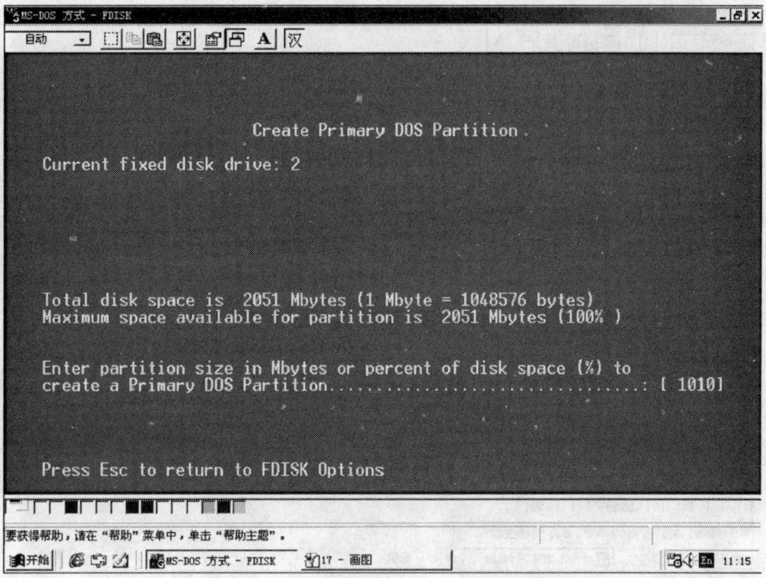

图 15-6　设置“主 DOS 分区”空间

⑤ 键入“主 DOS 分区”的容量或占用硬盘总空间的百分数后，按下【Enter】键，将打开创建“主 DOS 分区”结果的画面，如图 15-7 所示。

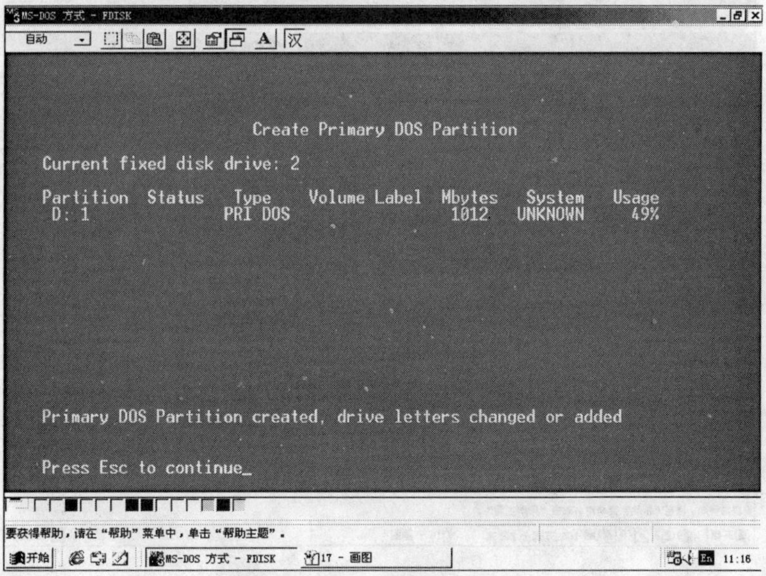

图 15-7　创建“主 DOS 分区”结果

按【Esc】键，将继续进行下一步操作。

2. 创建“扩展 DOS 分区”

创建“扩展 DOS 分区”(Extended DOS Partition)的目的是进一步建立逻辑驱动器，每个物理磁盘只允许创建一个分区为扩展 DOS 磁盘分区。创建步骤如下。

步骤 1. 在如图 15-7 所示的画面中，按【Esc】键，将打开选择创建“扩展 DOS 分区”的画面，如图 15-8 所示。

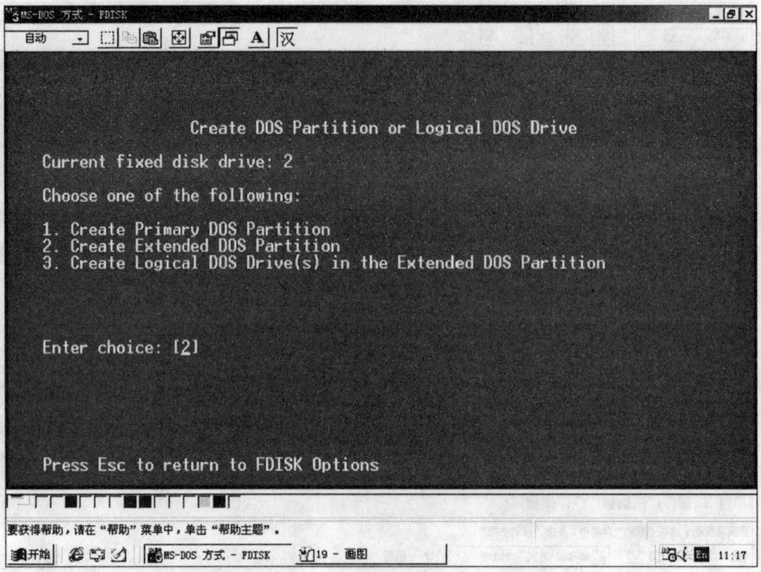

图 15-8　选择创建“扩展 DOS 分区”

步骤 2. 选择“2”后，按下【Enter】键，将打开选择扩展分区容量的画面，如图 15-9 所示。

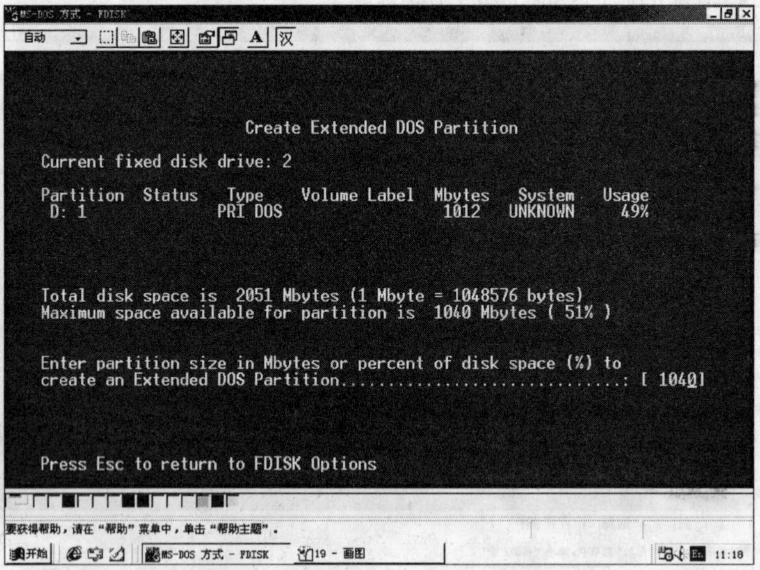

图 15-9　选择扩展分区容量画面

步骤 3. 将硬盘中剩下的容量全部作为“扩展 DOS 分区”，按下【Enter】键，将打开显示主分区和扩展分区的画面，如图 15-10 所示。

3. 建立“逻辑驱动器”

在扩展 DOS 分区中可以创建多个逻辑驱动器。创建步骤如下。

步骤 1. 在图 15-10 的画面中，按下【Esc】键，将再次打开选择创建磁盘分区的画面，如

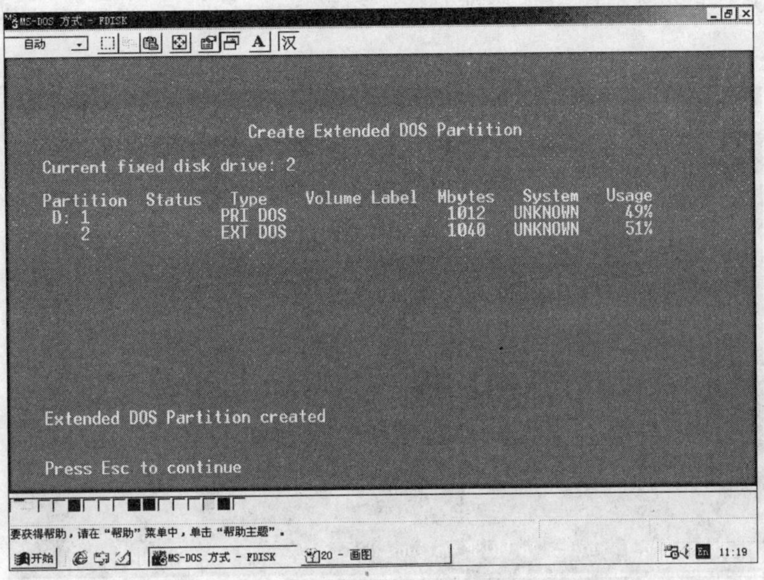

图 15-10　显示主分区和扩展分区

图 15-11所示。

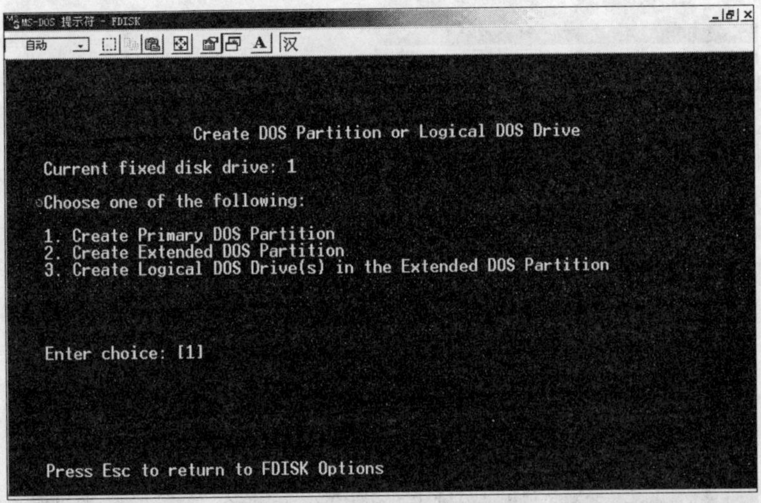

图 15-11　选择创建磁盘分区

步骤 2. 键入"3"后，按下【Enter】键，将打开指定"逻辑驱动器"容量的画面，如图 15-12 所示。

步骤 3. 输入"逻辑驱动器 H"的容量或所占扩展分区总量的百分比后，按下【Enter】键，将打开再分配余下空间的画面，如图 15-13 所示。

步骤 4. 将余下的磁盘空间全部划分为 I 盘，按下【Enter】键，打开显示逻辑驱动器的画面。至此，逻辑驱动器创建完毕，如图 15-14 所示。

4. 设置活动分区

用户如果在 C 盘创建硬盘分区后，应当设置活动分区（也称引导分区），只有活动分区，才能引导操作系统。需要说明的是只有在 C 盘才能创建活动分区。设置活动分区的操作步骤如下。

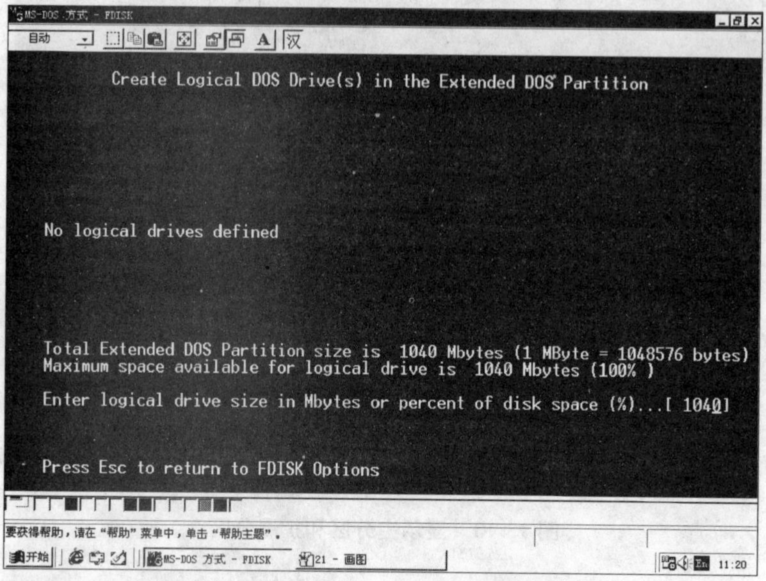

图 15-12　指定逻辑驱动器容量

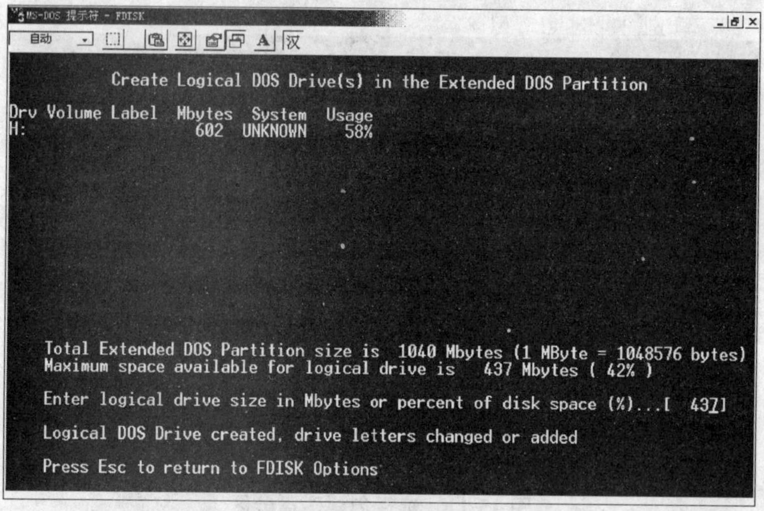

图 15-13　分配余下空间

步骤 1. 打开创建磁盘分区的画面，如图 15-15 所示。

步骤 2. 在该画面中选择“2”后，按下【Enter】键，打开设置活动分区的画面，如图 15-16 所示。

步骤 3. 要求用户键入要设置活动分区的硬盘分区号，画面上的默认值是“1”，即 C 盘，因为只有主引导分区才能引导系统，所以保持系统默认值。按下【Enter】键，打开显示活动分区设置结果的画面，如图 15-17 所示。

在画面的第 1 个分区的“Status”下多了“A”标记，表示此分区为活动分区。

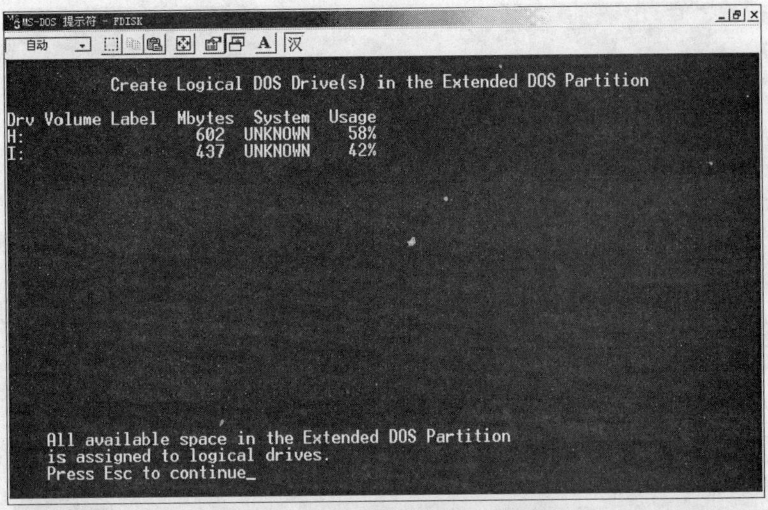

图 15-14　显示逻辑驱动器

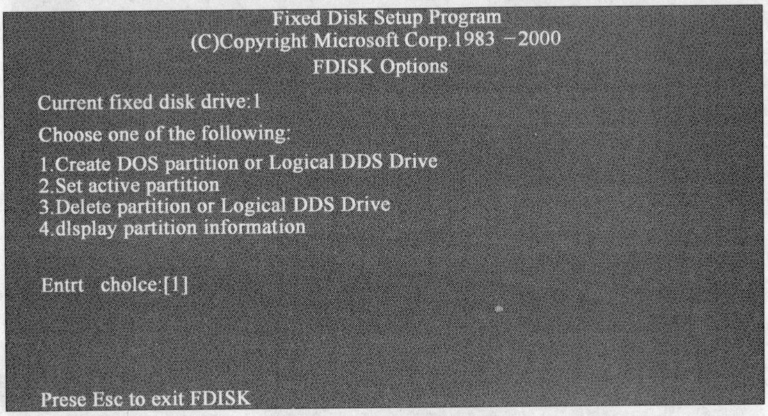

图 15-15　创建磁盘分区

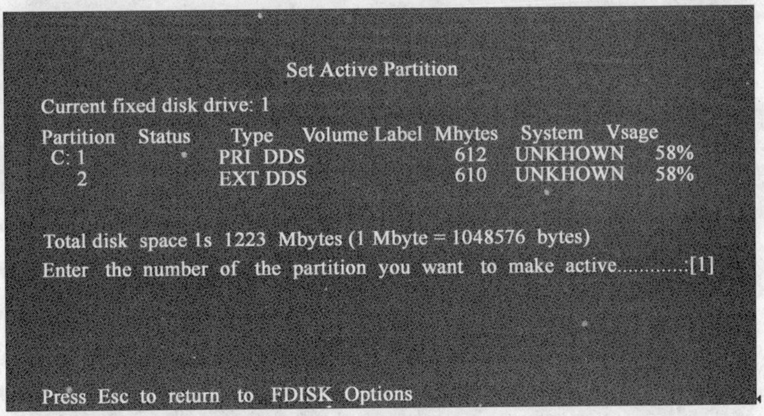

图 15-16　设置活动分区

至此完成硬盘分区的全部工作，按两次【Esc】键，打开提示用户退出 FDISK 程序，重新启动电脑，使设置生效的画面，如图 15-18 所示。

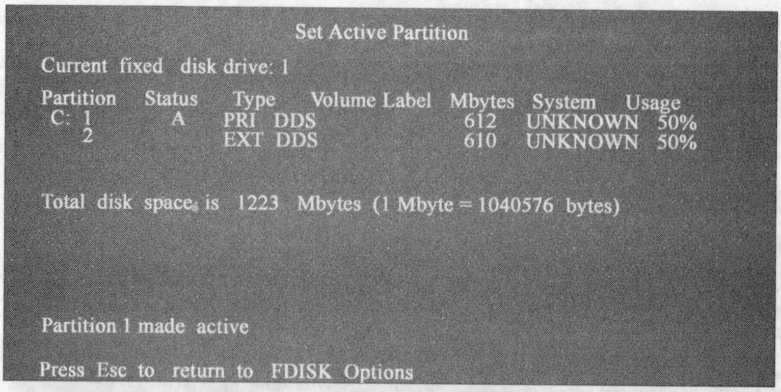

图 15-17　活动分区设置结果

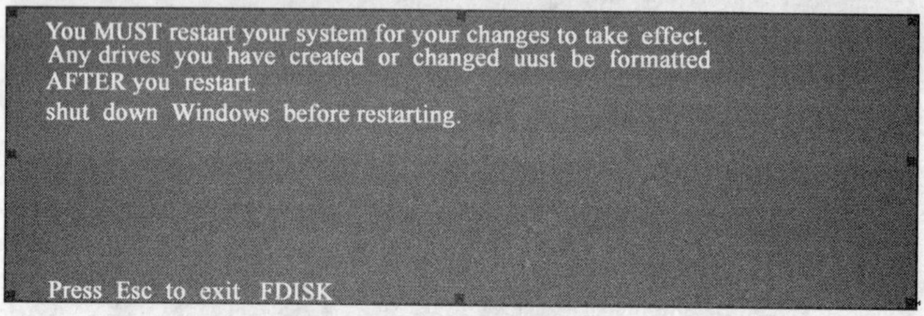

图 15-18　提示退出 FDISK

按下【Esc】键，退出 FDISK 程序，重新启动电脑，所设置的硬盘分区生效。

5. 改变当前硬盘分区

完成硬盘分区后，如果对分区的结果不满意，还可以重新启动 FDISK 程序，再进行分区。但在重新分区之前，必须删除原有的分区。

当用户需要改变硬盘当前分区时，必须先备份主分区及逻辑驱动器的信息，备份操作完成并确认无误时，再启动 FDISK。进入 FDISK 的主画面，如图 15-19 所示。

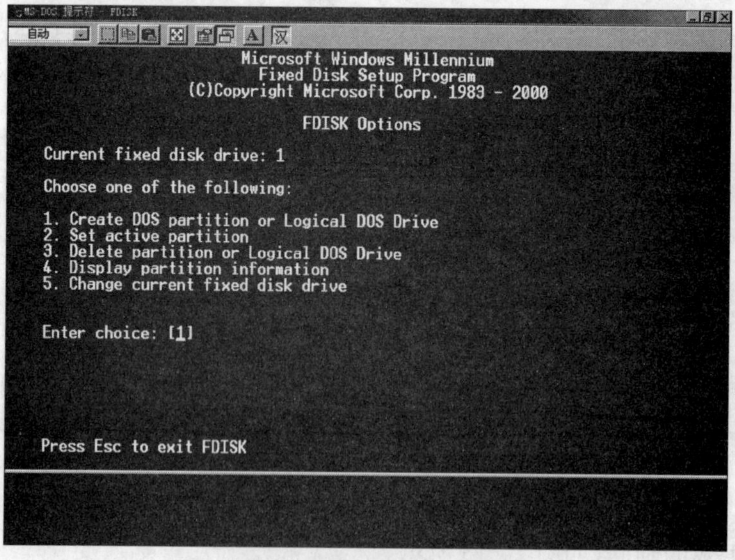

图 15-19　FDISK 的主画面

选择选项"3"删除 DOS 分区或逻辑 DOS 驱动器，显示如图 15-20 所示的画面。

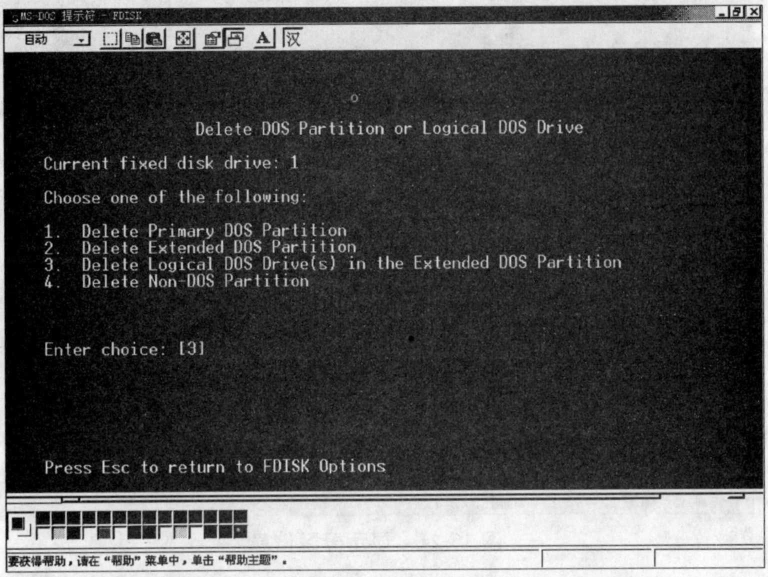

图 15-20　选择删除 DOS 分区或逻辑 DOS 驱动器

FDISK 将显示要用户选择的选项，各选项的含义如下。

① Delete Primary DOS Partition：删除"主 DOS 分区"。

② Delete Extended DOS Partition：删除"扩展 DOS 分区"。

③ Delete Logical DOS Drive(s)in the Extended DOS Partition：删除"逻辑驱动器"。

④ Delete Non-DOS Partition：删除"非 DOS 分区"。

要删除主 DOS 分区，应该先删除所有的逻辑驱动器，再删除扩展 DOS 分区，最后才能删除主 DOS 分区。然后再建立新的主分区，根据需要建立扩展 DOS 分区及逻辑驱动器等。经过 Format 格式化后，将以前备份的文件及数据恢复，完成改变分区的任务。

6. 显示分区信息

在 FDISK 程序的主画面中，如果选择"4. Display partition information"选项，则打开显示分区信息的画面，如图 15-21 所示。

至此，FDISK 程序的主要功能介绍完毕。但此时硬盘还不能使用，必须经过 DOS 系统的 Format 程序格式化后才能使用。

15.1.4　格式化硬盘

经过分区后的硬盘，只有使用 DOS 系统的 Format 程序格式化后才能使用。如果对 C 盘以外的磁盘进行格式化，也可以在安装完操作系统后再进行，这样速度更快。

对磁盘进行格式化的操作命令如下。

Format X：

X 为磁盘盘符，可以是 C、D 和 E 等。

下面以对 D 盘进行格式化为例，说明格式化的操作步骤与对 C 盘进行格式化的操作相同，

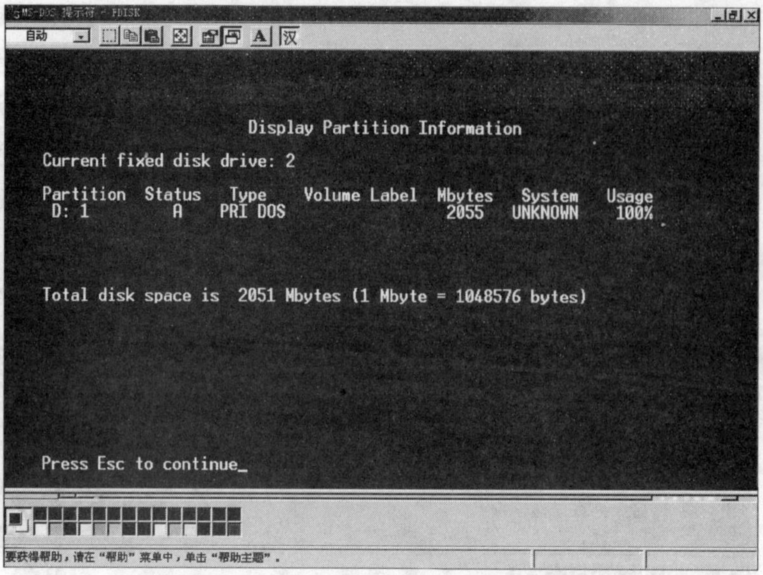

图 15-21 显示分区信息

只是盘符不同。

① 键入“Format D:”命令，屏幕显示画面如图 15-22 所示。

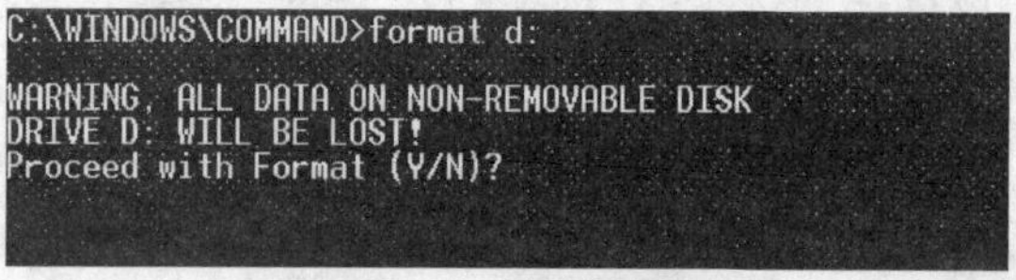

图 15-22 键入格式化命令

② 屏幕显示出告警信息：“ALL DATA ON NON-REMOVABLE DISK DRIVE D: WILL BE LOST!”磁盘 D 上的所有信息都会丢失，并要求用户确认是否要确实进行格式化操作。

③ 键入“Y”后，系统开始格式化硬盘。格式化过程如图 15-23 所示。

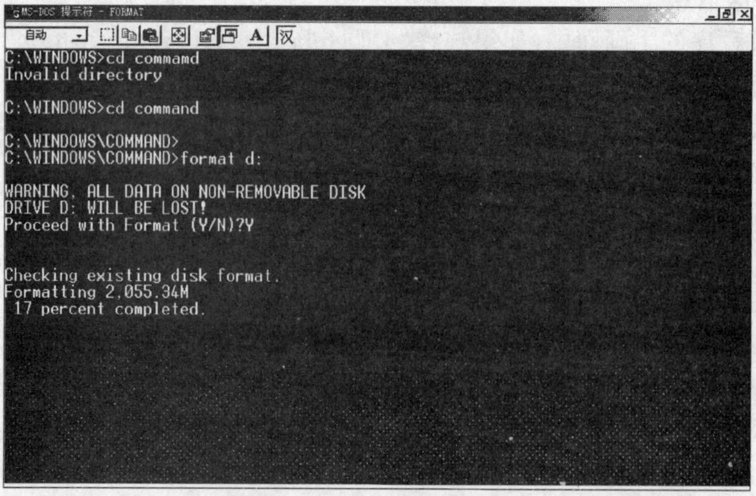

图 15-23 格式化过程

一段时间后，屏幕显示要求用户输入卷标的提示信息画面，用户可以根据需要设置硬盘卷标，或直接按【Enter】键不设置卷标，如图 15-24 所示。

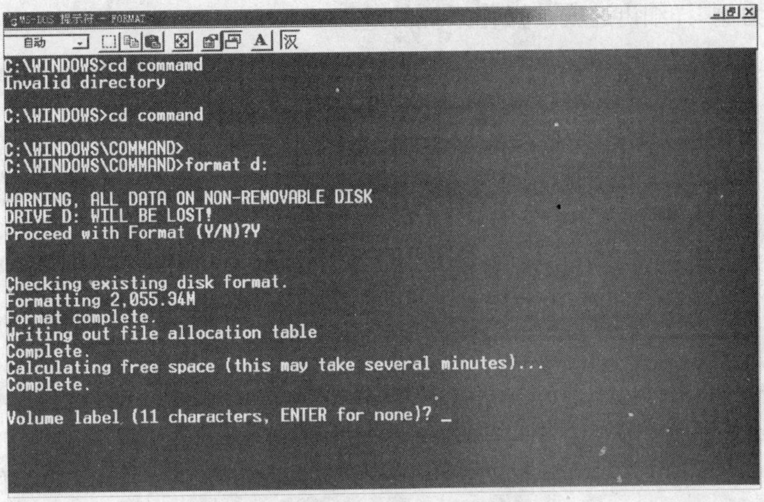

图 15-24　设置卷标提示信息

④ 此后再显示选择是否要格式化其他硬盘画面。若键入“N”后，即完成格式化 C 盘的全部过程，打开显示格式化结果的画面，如图 15-25 所示。

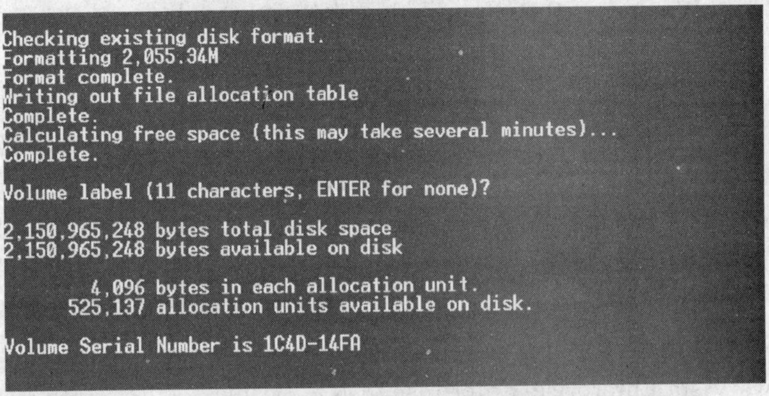

图 15-25　显示格式化结果

画面中显示的信息为经过格式化后的硬盘的基本信息，含义分别如下。

a. 该盘的总容量为：2 150 965 248 Bytes。

b. 该盘的可用容量为：2 150 965 248 Bytes。

如果该盘有坏扇区，还将显示出坏扇区的字节数和剩余可用空间数等信息。

15.2　安装 Windows 操作系统

电脑安装何种操作系统，要取决于自己的硬件，当前，比较常用的单机操作系统有 Windows XP、Windows Vista 和 Windows 7，如果硬件是 P4 以上档次，一般可安装 Windows XP 或 Windows Vista。高版本的 Windows 操作系统具有性能稳定、即插即用（PNP）功能强和默认支持的硬件设备多等优点，但也有占用系统资源多，启动速度慢等缺点，所以要根据硬件基础选择操作系统。

各种 Windows 操作系统的安装过程基本相同，本章主要以安装 Windows Vista 和 Windows XP 为例，详细讲述安装操作系统的过程。

15.2.1 安装 Windows Vista

Windows Vista 操作系统是微软公司于 2007 年发布的新一代操作系统。与以前的 Windows XP/2000 操作系统相比，Windows Vista 操作系统的用户界面更加整洁、清澈，也更加人性化。

从功能上看，Windows Vista 系统能更加有效地处理和归类用户数据。

微软的 Windows Vista 操作系统有 5 个版本，依照功能不同，所需要的最低硬件需求也不相同。

家庭用户版有 Windows Vista Home Basic、Windows Vista Home Premium、Windows Vista Ultimate 三种版本。

· Windows Vista Home Basic：Home Basic 版本的功能最少，但仍然提供了 Vista 核心的功能。例如，快速的文档搜索整理、系统安全及可靠性。主要面向单机家庭用户。

· Windows Vista Home Premium：该版本采用 3D 实时动画效果的 Aero 透明图像界面。Aero 界面除了感觉更亮丽外，还能对文件或程序进行图像化预览，从而节省用户打开文件的时间。该版本类似 Windows XP Professional，主要面向 PC 发烧友、多 PC 用户和笔记本电脑用户。

· Windows Vista Ultimate：Ultimate 版本是为不愿在功能上作出妥协的用户而设计的版本，Ultimate 版本包含 Vista 其他 4 个版本所有的功能，是 5 个 Vista 版本中功能最强大的版本。

企业用户则是 Windows Vista Business、Windows Vista Enterprise。

· Windows Vista Business：Vista Business 版本更注重系统的安全性和可靠性，例如 Remote Procedure Call (RPC)服务，在 Vista 操作系统中是不允许更换系统文件和修改系统注册表内容的。IE7 浏览器提供的 Protected Mode(保护模式)，能阻止系统资料和设置被有问题的网页或木马程序改写。

· Windows Vista Enterprise：Enterprise 版本是 Business 版的增强版本，它具有比 Business 版本更多的先进功能，例如 Windows BitLocker Drive Enryption，采用硬件形式的资料加密保护技术，能以整个硬盘的方式将资料加密。

该版本主要面向企业的决策层及 IT 业管理人员。具有虚拟 PC、多语言用户界面以及安全加密技术等高级功能。

1. 准备工作

(1)硬件需求

要使 Windows Vista 系统能够正确安装，一定要满足其对硬件运行环境的最低需求。

微软对 Windows Vista 的建议硬件需求，包括：

CPU：3.0 GHz 处理器；

内存：1 GB，最好 2GB 内存；

硬盘：40GB 以上，7200 转的 SATA 或 IDE 硬盘，具有 15GB 空余硬盘空间。

显卡：具有 128MB 以上显存，支持 DirectX（对 Aero 至关重要）的显卡。

光驱：DVD-ROM 光驱。

其他：声卡，互联网链接。

(2)安装方式

安装 Windows Vista 操作系统有以下三种方式。

· 启动电脑后，进入 Windows Vista 安装目录，选择 Setup 程序安装。

· 用带有自动启动功能的 Windows Vista 光盘启动系统后，自动选择安装程序安装。

· 在当前系统下，如 Windows XP，运行 Windows Vista 光盘中的安装程序升级安装。

(3)设置 BIOS 参数设置

设置 BIOS 参数设置的主要内容包括如下方面。

· 禁止反病毒功能，将"BIOS FEATURES SETUP"中的"Virus Warning"选项设为"Disabled"；由于在安装系统时，需要在磁盘的引导扇区写入信息，如果将该项设置为"Enable"，系统会认为是引导型病毒。

· 关闭电源管理功能，将"POWER MANAGEMENT SETUP"中的"Power Management"选项设为"Disabled"，防止在安装过程中产生电源保护，这样会中断安装程序。

· 如果用光盘安装，应将"BIOS FEATURES SETUP"中的"Boot Sequence"选项设置为"DVD-ROM"。

2. 安装 Windows Vista

操作步骤如下。

步骤 1. 将 Windows Vista 系统盘放入光驱，系统进入 Windows Vista 安装程序，开始加载安装文件。

步骤 2. 加载安装程序后，进入设置"要安装的语言"、"时间和货币格式"以及"键盘和输入方法"的对话框，如图 15-26 所示。

步骤 3. 一般保持系统的默认设置，单击"下一步"按钮，进入"安装 Windows"窗口，如图 15-27 所示。

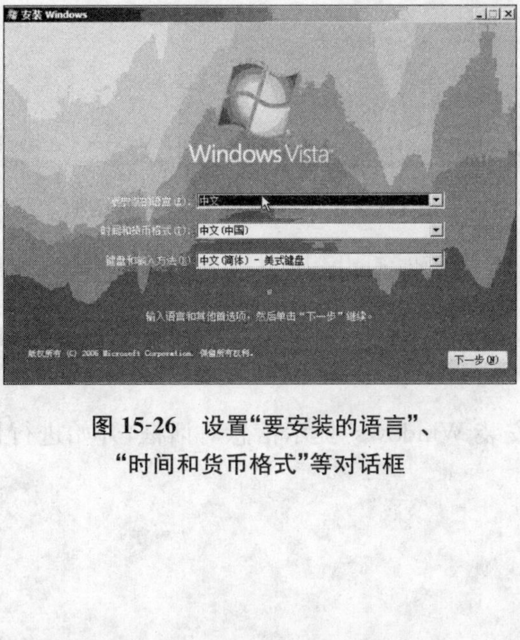

图 15-26　设置"要安装的语言"、"时间和货币格式"等对话框

图 15-27　"安装 Windows"窗口

步骤 4. 单击“现在安装”按钮，打开“获取安装的重要更新”对话框，如图 15-28 所示。

步骤 5. 如选择“联机以获取最新安装更新(推荐)”超链，则可从微软网站上获取“安全更新和硬件驱动程序”，选择“联机以获取最新安装更新(推荐)”超链，经过系统下载更新程序后，系统显示“键入产品密钥进行激活”对话框，如图 15-29 所示。

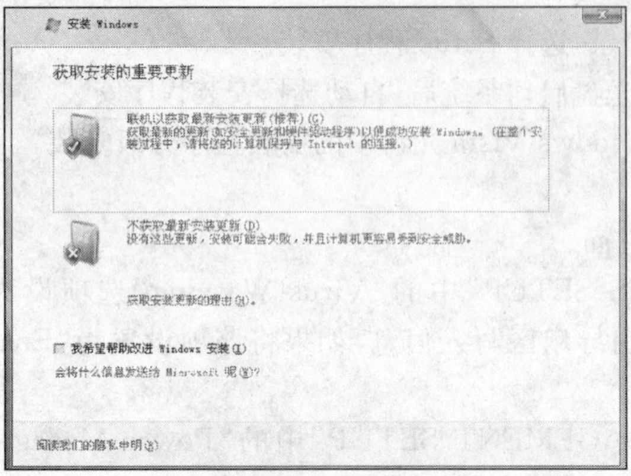

图 15-28　“获取安装的重要更新”对话框

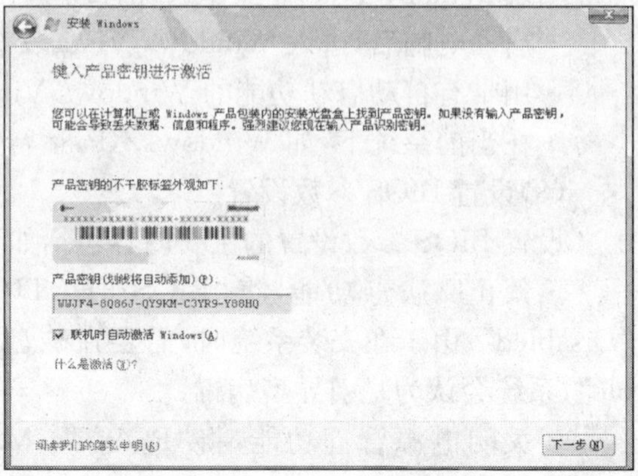

图 15-29　“键入产品密钥进行激活”对话框

步骤 6. 键入正确的密钥后，且选中“联机时自动激活 Windows”复选框，单击“下一步”按钮，打开“选择要安装的操作系统”对话框，如图 15-30 所示。

步骤 7. 选择“Windows Vista BUSINESS(企业版)”后，单击“下一步”按钮，打开“请阅读许可条款”对话框，如图 15-31 所示。

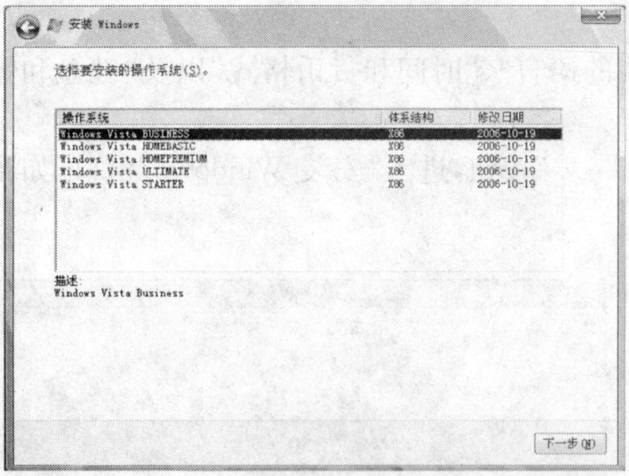

图 15-30　“选择要安装的操作系统”对话框

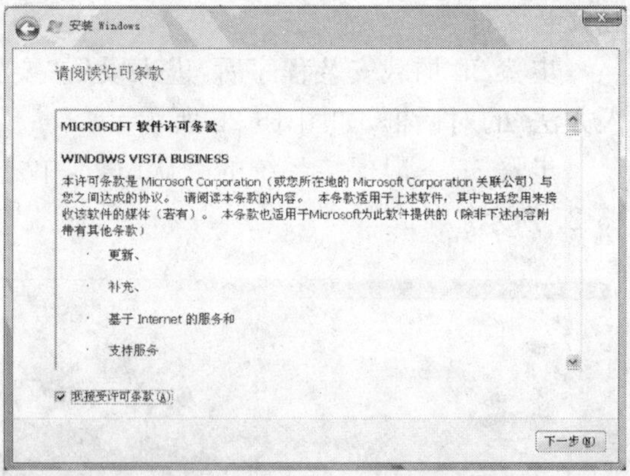

图 15-31　“请阅读许可条款”对话框

步骤 8. 选中“我接受许可条款”，单击“下一步”按钮，打开“您想将 Windows 安装在何处”对话框，如图 15-32 所示。

步骤 9. 选择“磁盘 0 分区 1”，单击“下一步”按钮，系统弹出一个提示信息对话框，如图 15-33 所示。

步骤 10. 单击“确定”按钮，系统弹出“正在安装 Windows”提示信息对话框，开始进行自动安装，如图 15-34 所示。

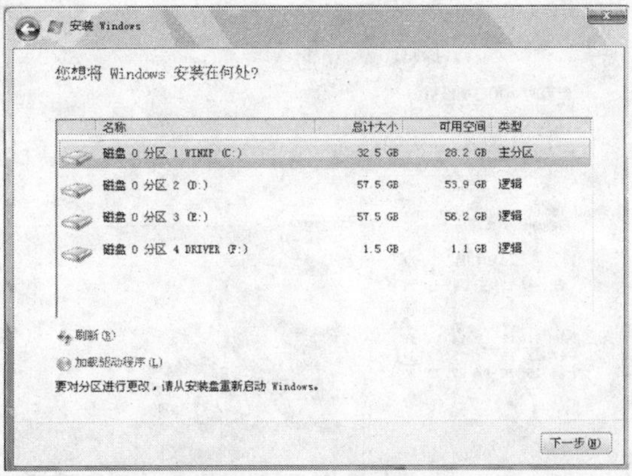

图 15-32　“您想将 Windows 安装在何处”对话框

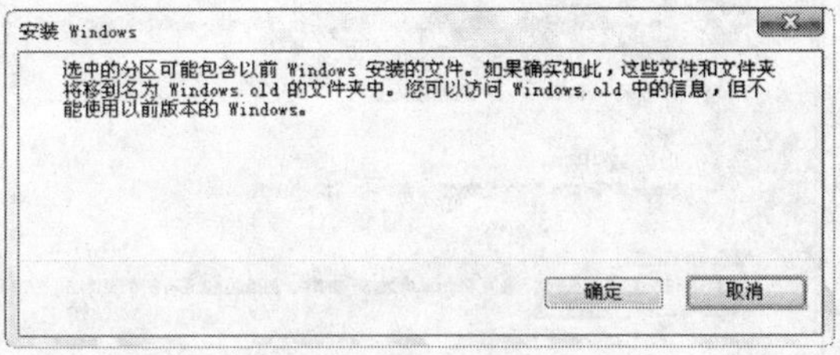

图 15-33　提示信息对话框

安装过程中，不需要用户干预，电脑会多次重新启动。经过“复制 Windows 文件”、“展开文件”、“安装功能”、“安装更新”等几个阶段，最后“完成安装”。

步骤 11. 完成安装后，进入“选择一个用户名和图片”对话框，如图 15-35 所示。要求输入用户名和密码，并选择一张图片。

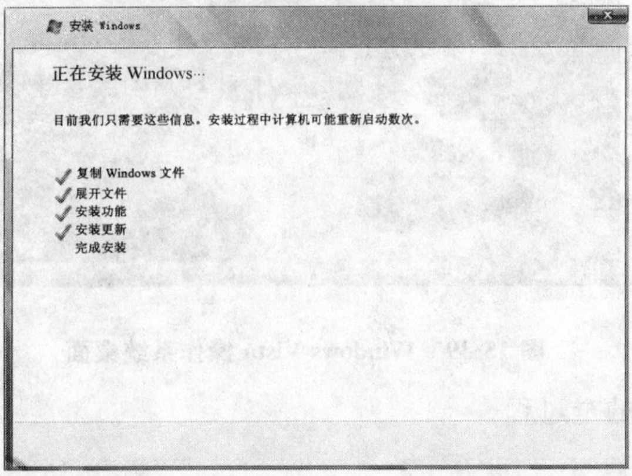

图 15-34　“正在安装 Windows”提示信息对话框

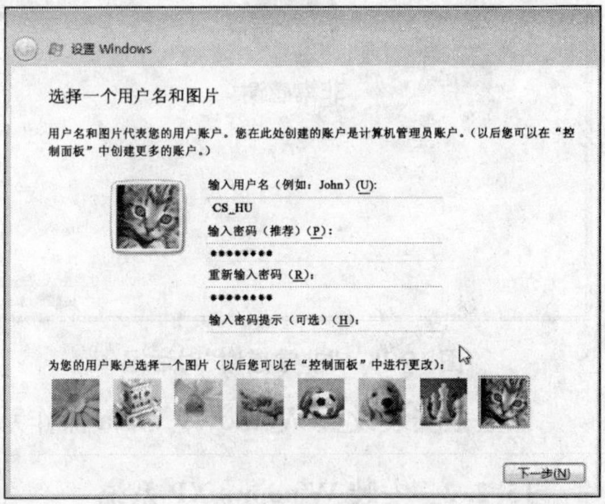

图 15-35　“选择一个用户名和图片”对话框

步骤 12. 输入用户名和密码，并选择一个图片后，单击“下一步”按钮，进入“帮助自动保护 Windows”对话框，如图 15-36 所示。

步骤 13. 单击“使用推荐设置”按钮，打开“复查时间和日期设置”对话框，如图 15-37 所示。

在对话框中可以设置“日期”和“时间”，也可以安装完操作系统后，在控制面板中设置。

步骤 14. 单击“下一步”按钮，打开“请选择计算机当前的位置”对话框，根据实际情况选择“住宅”、“工作”或“公共场所”。此后，系统即完成了初次使用系统前的设置，系统弹出“非常感谢”对话框，如图 15-38 所示。

步骤 15. 单击“开始”按钮，即可进入“登录”对话框，需要输入前面设置的密码，单击“登录”按钮，即可进入 Windows Vista 操作系统桌面，如图 15-39 所示。

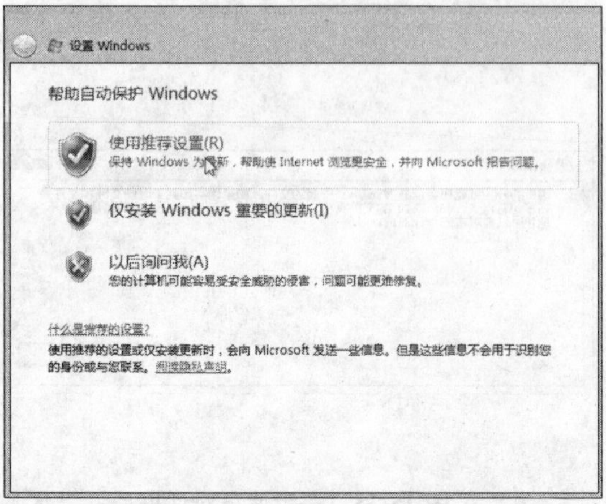

图 15-36 “帮助自动保护 Windows”对话框

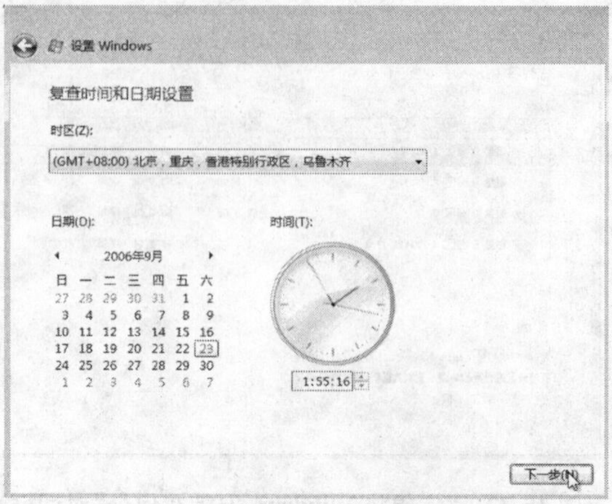

图 15-37 “复查时间和日期设置”对话框

图 15-38 “非常感谢”对话框

图 15-39 Windows Vista 操作系统桌面

以上是安装设置 Windows Vista 操作系统的全过程。

15.2.2 安装 Windows XP 系统

1. 最低硬件要求

要使 Windows XP 系统安装后能够正确地运行，一定要满足其对硬件运行环境的最低要求。

① Pentium 233MHz 以上的 CPU。

② 64MB 内存空间，建议使用 128MB 的内存。

③ 1.5GB 以上的硬盘空间。

④ 8 速 CD-ROM 驱动器。

⑤ VGA 监视器。

2. 从光盘启动安装

从光盘启动安装 Windows XP 的安装程序的操作步骤如下。

步骤 1. 将 Windows XP 系统安装盘放入光驱后，系统自动弹出画面，如图 15-40 所示。

步骤 2. 单击第一项，系统弹出选择安装类型画面，如图 15-41 示。

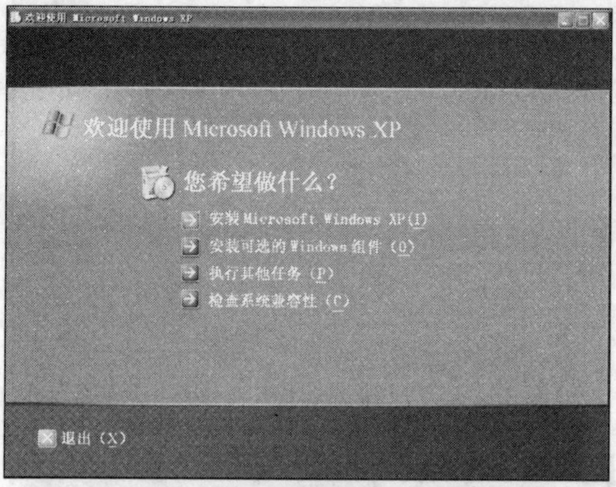

图 15-40　安装程序画面

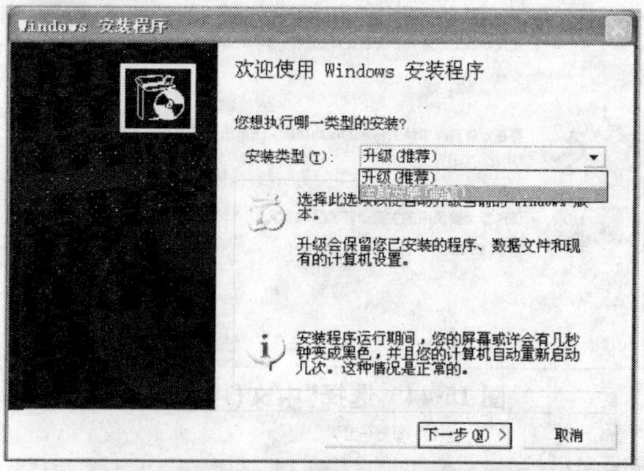

图 15-41　选择安装类型画面

步骤 3. 选择“升级”或“全新安装”后，单击“下一步”按钮，弹出“许可协议”画面，如图 15-42 所示。

步骤 4. 选中“我接受这个协议”单选钮，单击“下一步”按钮，弹出输入“您的产品密钥”画面，如图 15-43 所示。

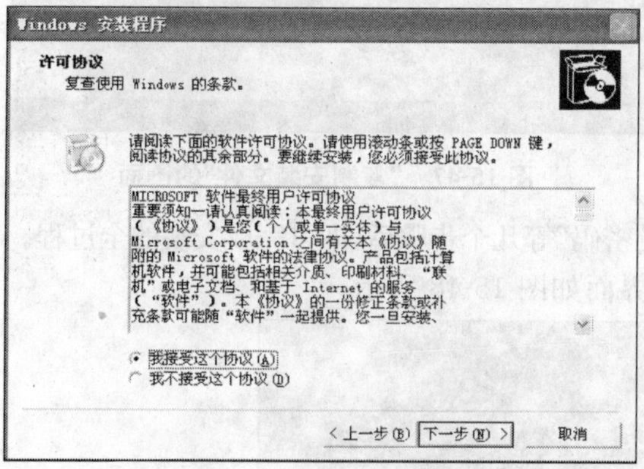

图 15-42　“许可协议”画面

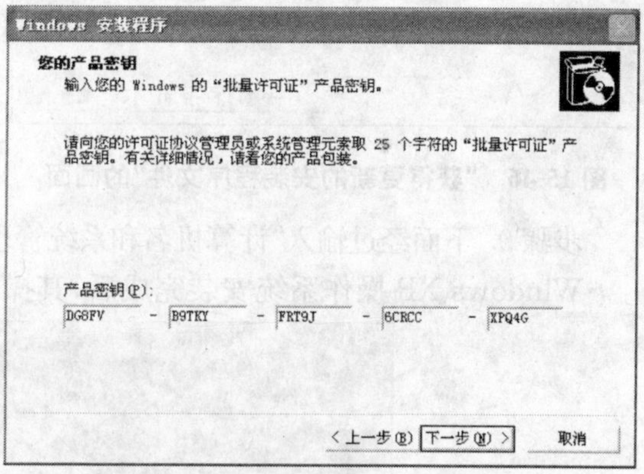

图 15-43　输入“您的产品密钥”画面

步骤 5. 在其中键入产品密钥后，单击“下一步”按钮，将弹出“安装选项”画面，在“使用的主要语言和区域”选项中要选择“中文(中国)”，如图 15-44 所示。

步骤 6. 单击“下一步”按钮，将弹出“升级到 NTFS 文件系统”画面，如果磁盘是采用 NTFS格式，系统会跳过这一步，如图 15-45 所示。

步骤 7. 微软公司经常会对安装文件进行更新，并发布到网站上。单击“下一步”按钮，将弹出“获得更新的安装程序文件”的画面，如图 15-46 所示。

步骤 8. 单击“下一步”按钮，将弹出“复制安装文件”的画面，如图 15-47 所示，这一步是将安装文件复制到硬盘的一个临时文件夹中。

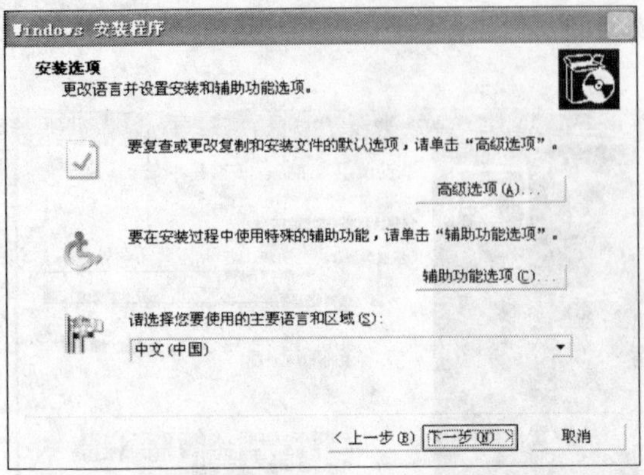

图 15-44 选择“中文(中国)”

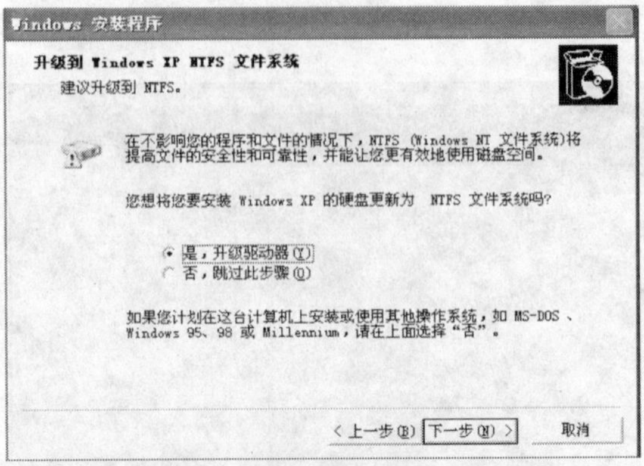

图 15-45 “升级到 NTFS 文件系统”画面

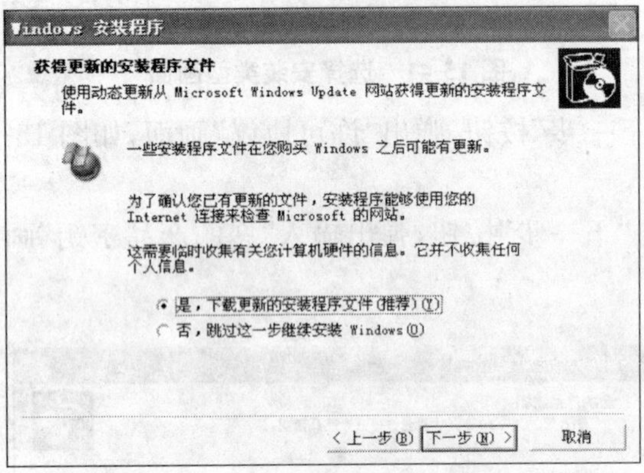

图 15-46 “获得更新的安装程序文件”的画面

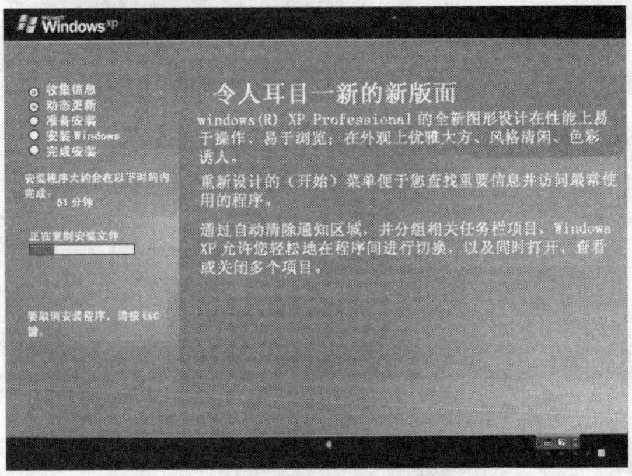

图 15-47 “复制安装文件”的画面

步骤 9. 下面经过输入“计算机名和系统管理员密码”等几个步骤后，即可完成安装的全过程。Windows XP 操作系统安装完成后，其操作界面如图 15-48 所示。

图 15-48 Windows XP 操作系统操作界面

15.3 安装显卡驱动程序

安装好 Windows 操作系统后，必须为显卡安装驱动程序，才能使其工作在最佳状态。为显卡安装驱动程序的步骤如下。

步骤 1. 在屏幕上右击，显示快捷菜单，如图 15-49 所示。

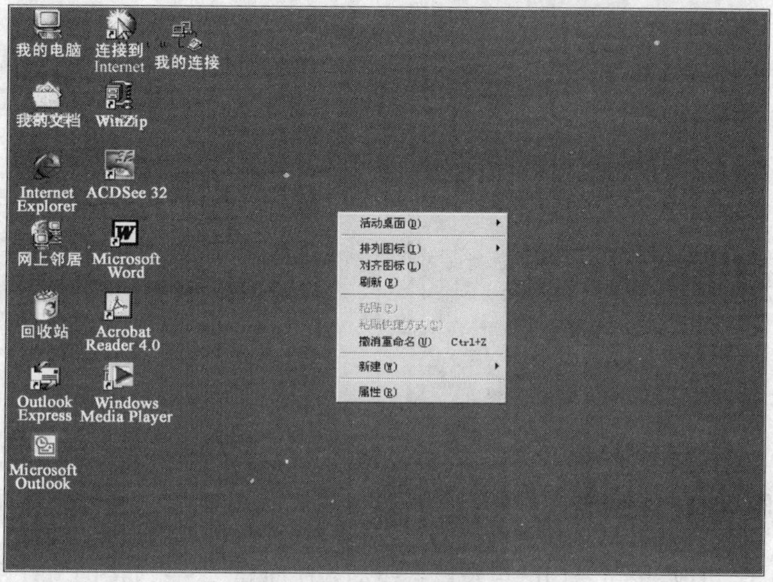

图 15-49 屏幕快捷菜单

步骤 2. 单击“属性”菜单项，打开“显示 属性”对话框，如图 15-50 所示。

步骤 3. 打开“设置”选项卡，如图 15-51 所示。

在该选项卡中，颜色只能显示 16 色，分辨率只能设置为 640×480，因此必须升级驱动程序。

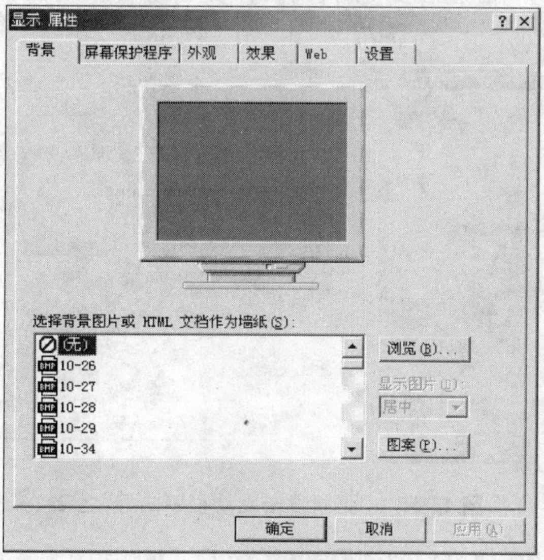

图 15-50 “显示 属性”对话框

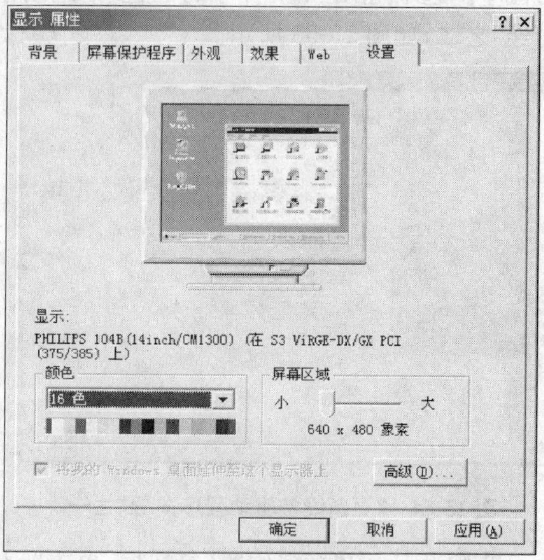

图 15-51 “设置”选项卡

步骤 4. 单击“高级”按钮，打开显卡属性对话框，如图 15-52 所示。

步骤 5. 在其中共有 5 个选项卡，分别用于设置显卡和显示器等相关属性。打开“适配器”选项卡，显示当前电脑安装的适配器的类型及其基本信息，如图 15-53 所示。

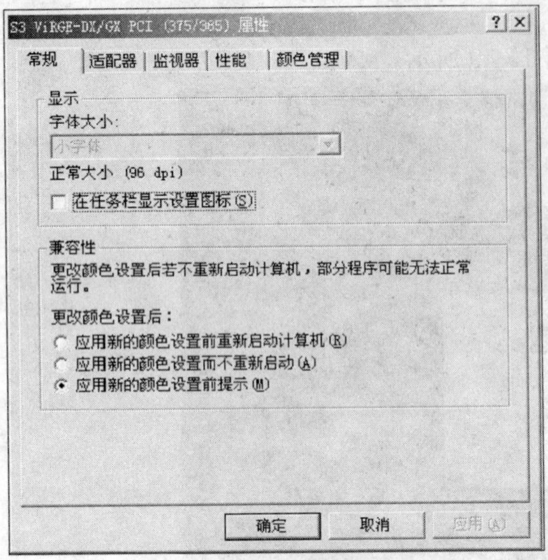

图 15-52 显卡属性

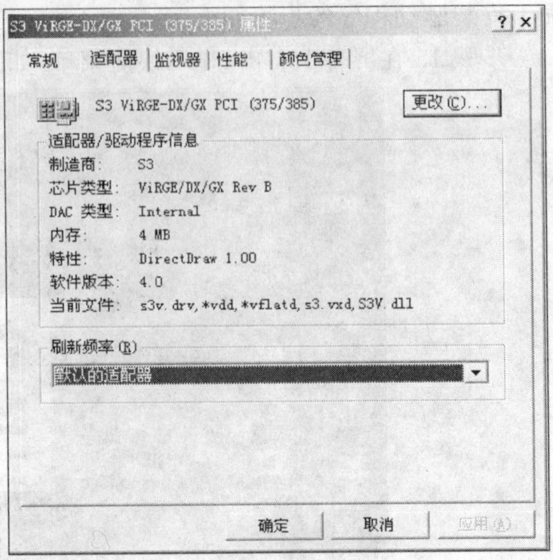

图 15-53 “适配器”选项卡

步骤 6. 单击“更改”按钮，打开“更新设备驱动程序向导”之一，如图 15-54 所示。

步骤 7. 如果选中“自动搜索更好的驱动程序”单选按钮，系统会在自身的驱动程序库中查找合适的驱动程序。随着 Windows 系统版本的提高，所支持的驱动程序也越来越多，所以有些标准的显卡就可以不用单独手工安装驱动程序，但大多数显卡还是需要用户手工安装驱动程序。选中“指定驱动程序的位置”单选按钮，单击“下一步”按钮，打开“更新设备驱动程序向导”之二，如图 15-55 所示。

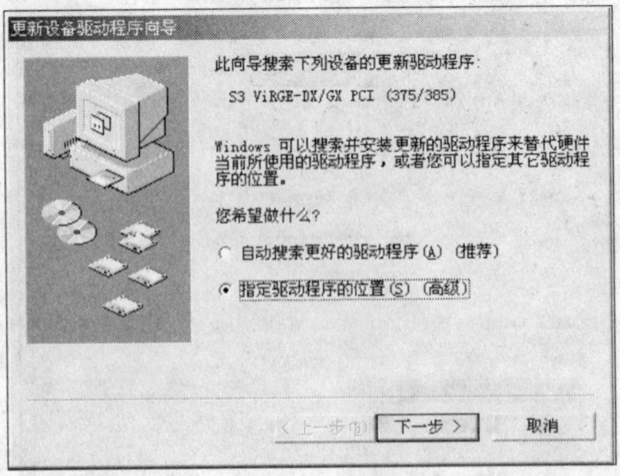

图 15-54 “更新设备驱动程序向导”之一

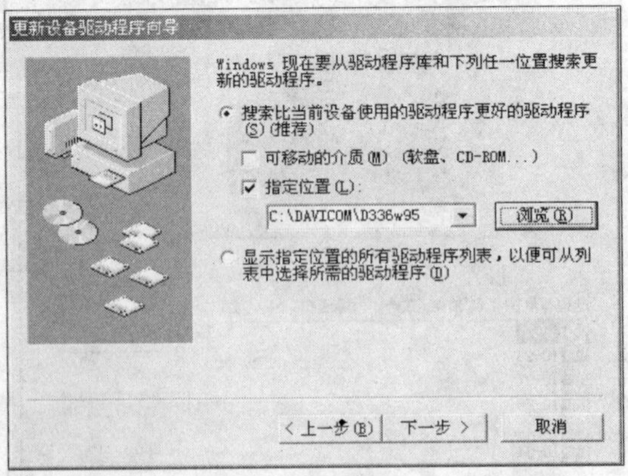

图 15-55 “更新设备驱动程序向导”之二

步骤 8. 选中“指定位置”复选框，单击“浏览”按钮，打开“浏览文件夹”对话框，如图 15-56 所示。

步骤 9. 在其中选择显卡驱动程序所在的正确路径，然后单击“确定”按钮，系统开始安装该显卡的驱动程序。安装过程如图 15-57 所示。

步骤 10. 复制文件后，显示安装“完成”画面，如图 15-58 所示。

步骤 11. 再次打开“显示 属性”对话框中的“设置” 选项卡，如图 15-59 所示。

该显卡的颜色可选择为增强色(16 位)或者真彩色(24 位)等多种方式，显示分辨率可设置为 800×600DPI 等几种格式。

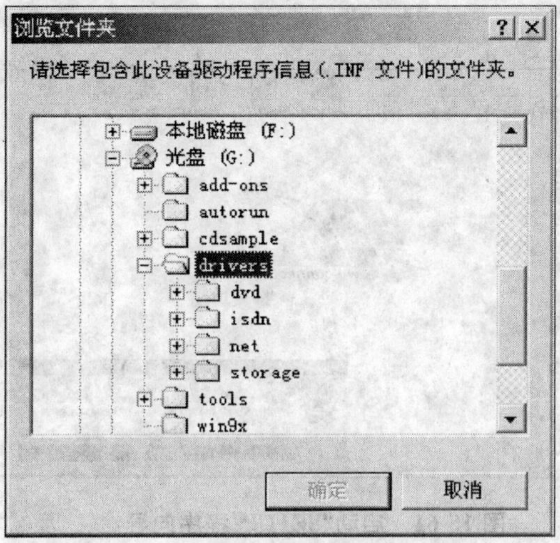

图 15-56 “浏览文件夹”对话框

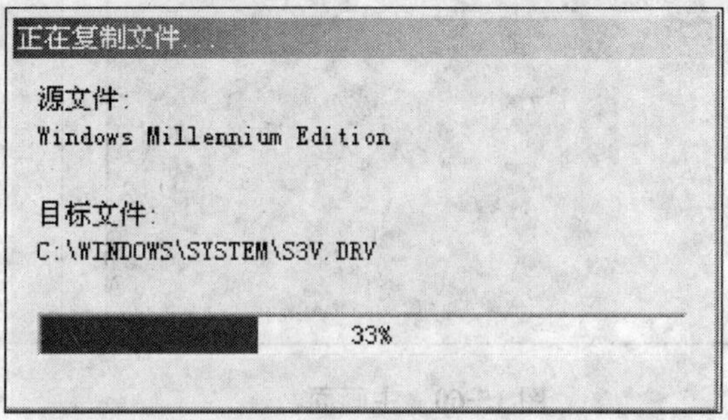

图 15-57 安装过程

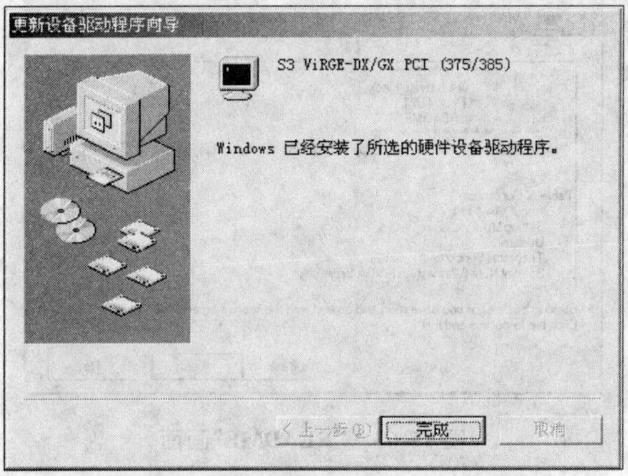

图 15-58 安装“完成”画面

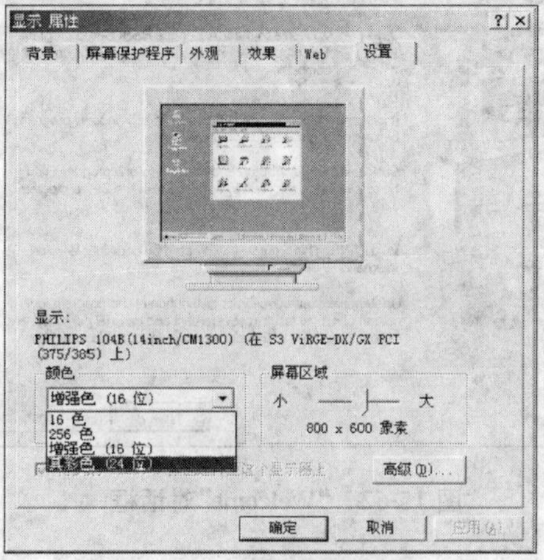

图 15-59 “设置”选项卡

15.4 安装主板驱动程序

一般情况下，如果主板不安装驱动程序也能工作，但其不能工作在最佳状态。为主板安装驱动程序主要是驱动主板的南桥和北桥芯片。各主板的驱动程序的功能和安装方法有些小的区别，但基本功能相同，下面以技嘉 GA-6VX7-4X 主板为例，介绍安装主板驱动程序的方法步骤。

步骤 1. 该驱动光盘是自动启动光盘，将驱动光盘放入光盘驱动器后，自动弹出如图 15-60所示的主画面。

步骤 2. 选择其中的“VIA 4in1 Service Pack Driver”(VIA 4 合 1 组合芯片驱动程序)选项，启动“SETUP”程序向导，如图 15-61 所示。

步骤 3. 其后打开“Welcome”(欢迎安装)对话框，如图 15-62 所示。

步骤 4. 单击“Next”按钮，打开“README”画面。在其中，介绍本驱动程序的功能，如图 15-63所示。

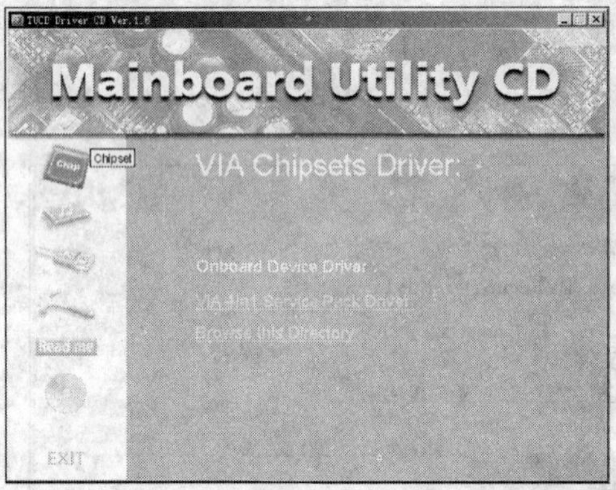

图 15-60　主画面

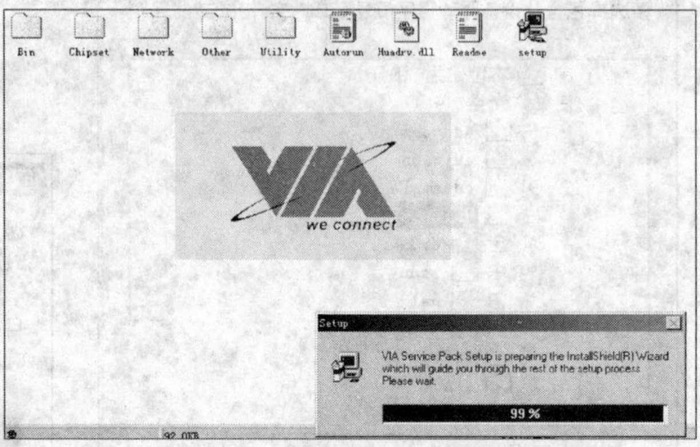

图 15-61　启动“SETUP”程序向导

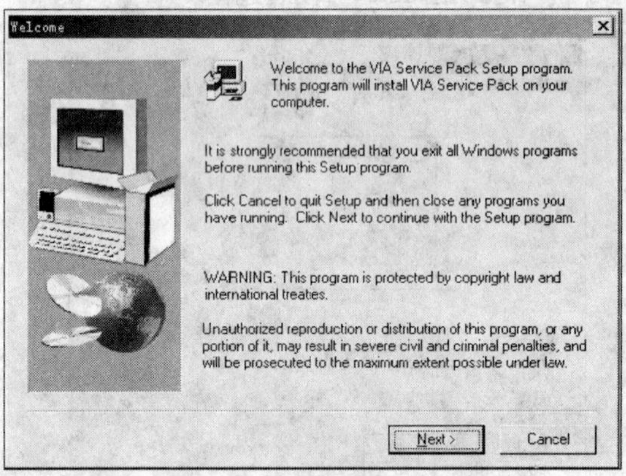

图 15-62　“Welcome”对话框

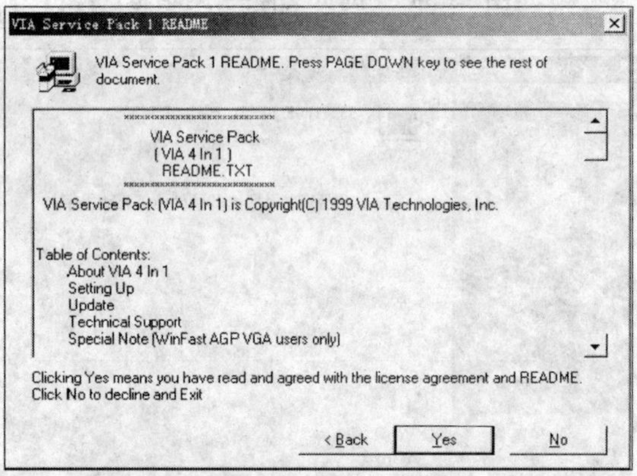

图 15-63　“README”画面

步骤 5. 仔细阅读，全部理解其含义后，单击“Yes”按钮，系统打开设置选项的画面，如图 15-64 所示。

步骤 6. 采用系统默认选项，单击“Next”按钮，显示“Install/uninstall ATAPI Vendor Support Driver”对话框，如图 15-65 所示。

步骤 7. 选中“Install/uninstall ATAPI Vendor Support Driver”单选按钮后，单击“Next”按钮，系统显示“Default IDE DMA Mode Control”(IDE DMA 方式控制)对话框，如图 15-66 所示。

步骤 8. 选中“Click to enable DMA Mode”复选框，单击“Next”按钮，打开选择安装 AGP 驱动程序支持方式的画面，如图 15-67 所示。

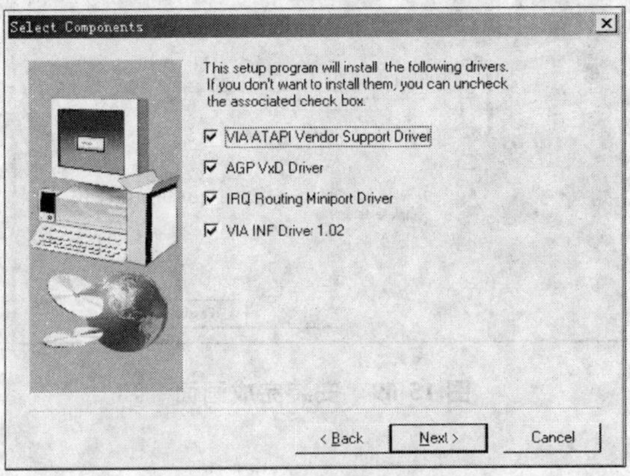

图 15-64 设置选项的画面

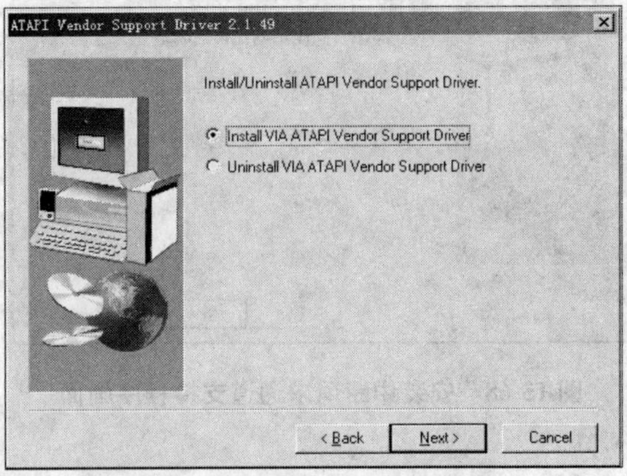

图 15-65 “Install/Uninstall ATAPI Vendor Support Driver”对话框

图 15-66 “Default IDE DMA Mode Control”对话框

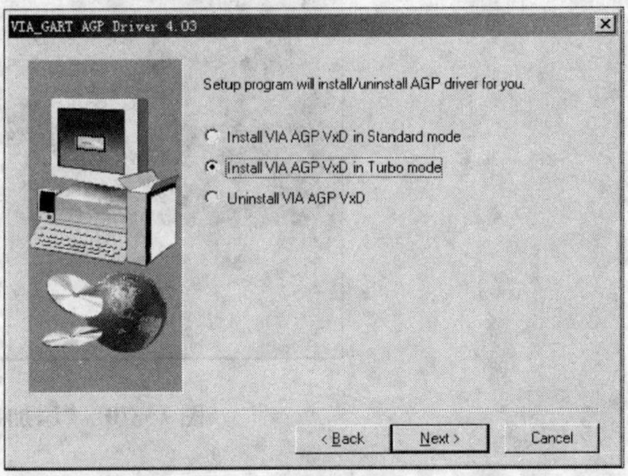

图 15-67 安装 AGP 驱动程序支持方式的画面

步骤 9. 选中“Install VIA AGP VxD in Standard mode”单选按钮，即以标准方式安装，这也是系统默认值。单击“Next”按钮，打开“Install VIA IRQ Routing Miniport Driver”(安装中断请求通道支持程序)画面，如图 15-68 所示。

步骤 10. 选中“Install VIA IRQ Routing Miniport Driver”单选按钮，单击“Next”按钮，系统显示安装完成画面，如图 15-69 所示。

步骤 11. 选中“Yes，I want to restart my computer now”单选按钮，单击“Finish”按钮，系统将重新启动。在启动过程中，显示多个“添加新硬件向导”对话框，如图 15-70 所示。

步骤 12. 单击“下一步”按钮，使上面的设置选项产生作用。

至此，主板芯片组驱动程序安装完毕。

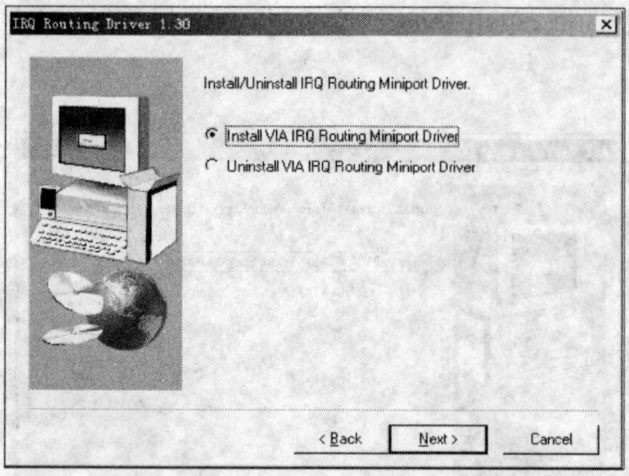

图 15-68　安装中断请求通道支持程序画面

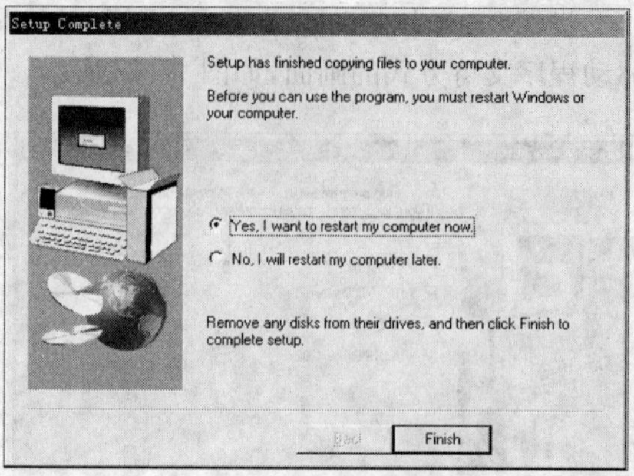

图 15-69　安装完成画面

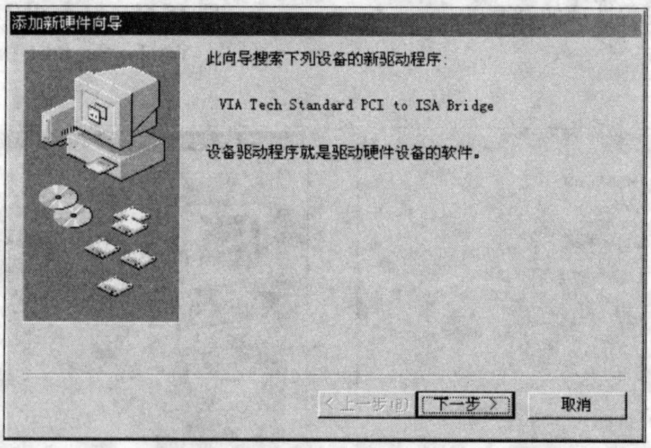

图 15-70　“添加新硬件向导”对话框

15.5　安装声卡驱动程序

由于技嘉 GA-6VX7-4X 主板上集成了创通 CT5880 声卡，所以下面以该声卡为例，介绍安装声卡驱动程序的方法步骤。

步骤 1. 将驱动程序光盘放入光盘驱动器，光盘自动启动。显示安装程序的主窗口，选择“Audio”选项，启动安装程序，如图 15-71 所示。显示“Creative Sound Driver”（创通声卡驱动程序）对话框，如图 15-72 所示。

步骤 2. 单击“Creative CT5880 Sound Driver”超链接，显示指定安装声霸软件对话框，如图 15-73所示。

步骤 3. 单击“OK”按钮，显示“Setup Options”对话框，如图 15-74 所示。

步骤 4. 单击“Full Installation”按钮，选择全部安装。然后单击“Next”按钮，显示安装进度，如图 15-75 所示。

步骤 5. 系统安装完毕，显示提示用户重新启动系统的画面，如图 15-76 所示。

图 15-71　选择“Audio”图标

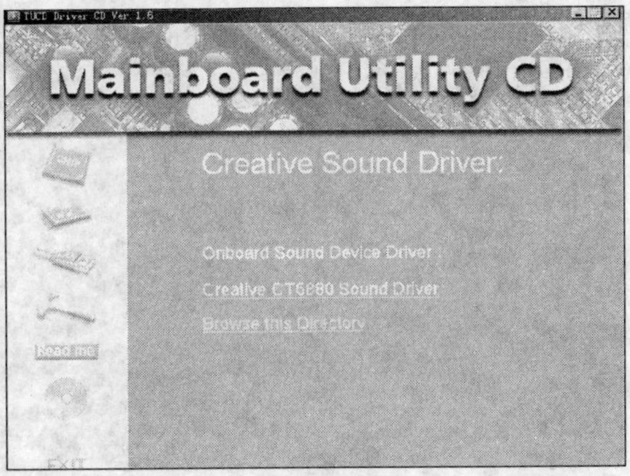

图 15-72　“Creative Sound Driver”对话框

图 15-73　指定安装软件对话框

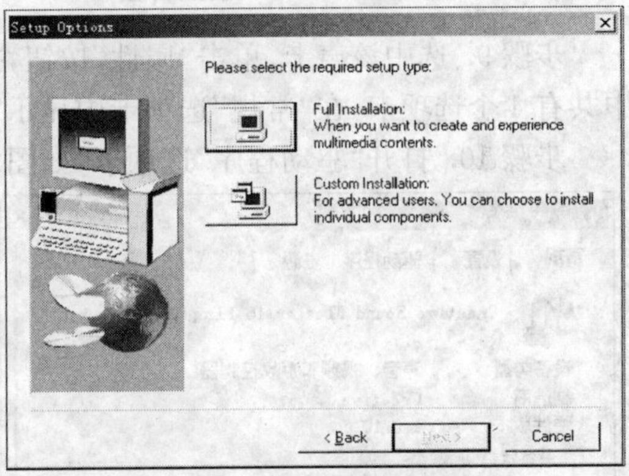

图 15-74　选择安装方式

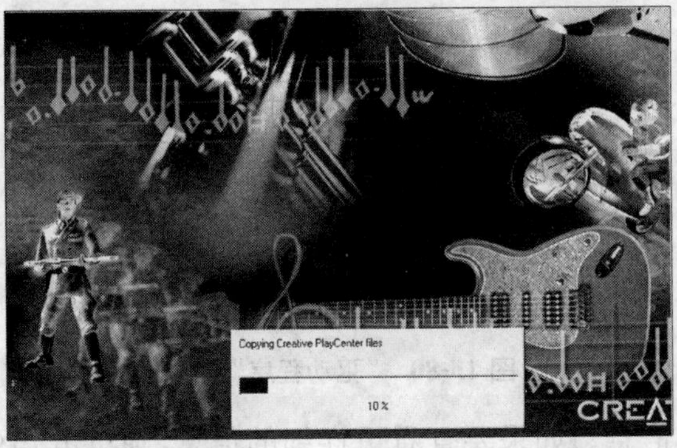

图 15-75　安装进度画面

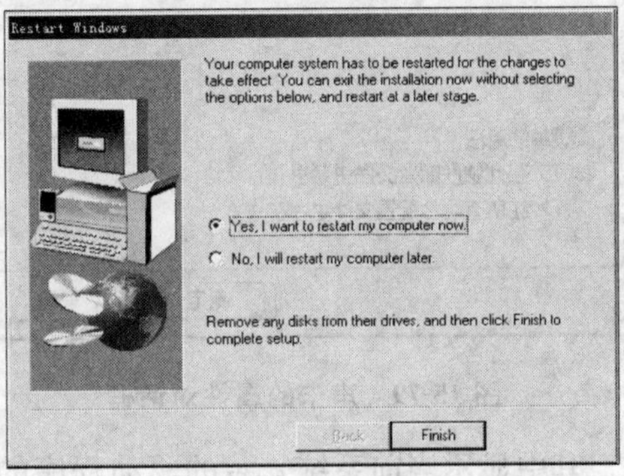

图 15-76　系统安装完毕

步骤 6. 选择第 1 项，单击“Finish”按钮，声卡安装完毕。

步骤 7. 重新启动系统后，在屏幕的右下角看到一个小喇叭图标，说明声卡已经安装成功。单击该图标，可以设置音量或屏蔽声音，如图 15-77 所示。

步骤 8. 打开控制面板，双击“系统”图标，打开“设备管理器”选项卡，单击“声音、视频和游戏控制器”前面的“＋”号，显示系统安装的声卡，如图 15-78 所示。

图 15-77 设置音量

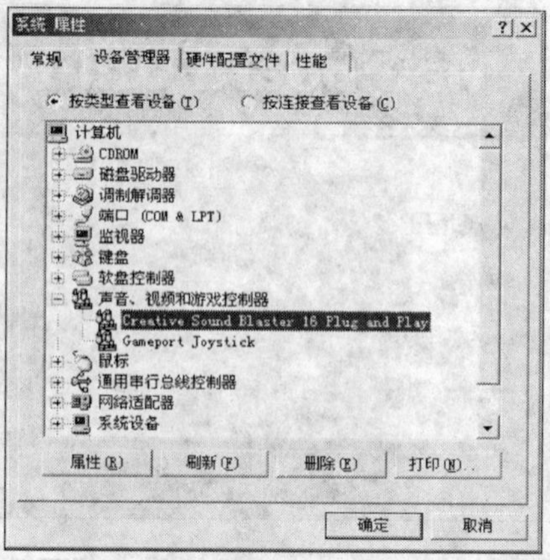

图 15-78 声卡

步骤 9. 选中该声卡,单击“属性”按钮,打开该声卡的属性对话框,如图 15-79 所示。在其中共有 4 个选项卡,在“常规”选项卡中显示“此设备当前工作正常”。

步骤 10. 打开“驱动程序”选项卡,如图 15-80 所示。

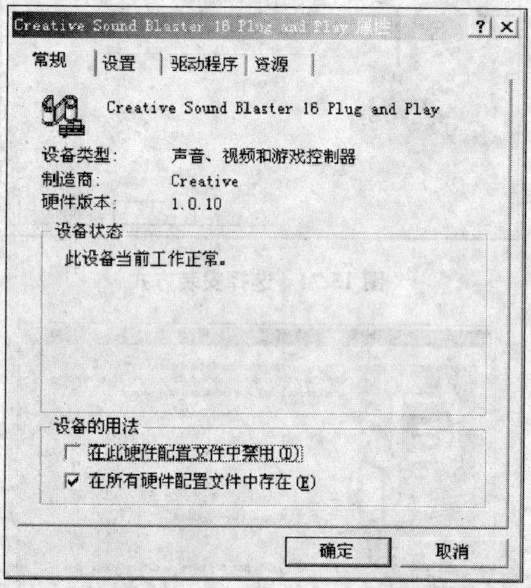

图 15-79 声卡的属性对话框

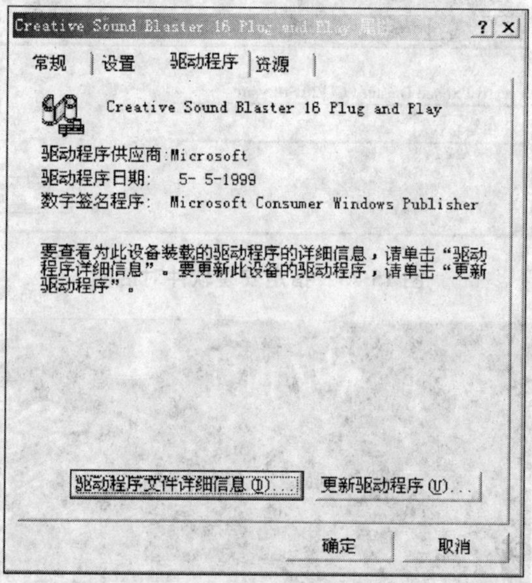

图 15-80 “驱动程序”选项卡

其中显示当前系统安装的驱动程序的基本信息。如果要查看更详细的信息,则单击“驱动程序文件详细信息”按钮;如果要升级更新的驱动程序,则单击“更新驱动程序”按钮。

第 16 章　安装常用外部设备

安装了操作系统后，还要安装打印机、扫描仪以及调制解调器等常用的外部设备。安装这些外部设备，包括硬件连接和安装驱动程序两部分。

外部设备的接口主要分为 USB 接口、并行口和串行口。接口不同，安装的方法也有所区别。

16.1　安装 USB 接口设备

当前，USB 接口设备非常多，包括数码相机、打印机、扫描仪、调制解调器等，几乎所有的外部设备都可以配备 USB 接口。

下面以安装无线网卡为例，说明操作步骤。

步骤 1. 插上 USB 接口设备后，系统检测到该设备，需要安装驱动程序，将显示“欢迎使用找到新硬件向导”对话框，如图 16-1 所示。

步骤 2. 选中“从列表或指定位置安装”单选钮，单击“下一步”按钮，将显示“请选择您的搜索和安装选项”对话框，一般选择“在这些位置上搜索最佳驱动程序”中的“在搜索中包括这个位置”选项，如图 16-2 所示。

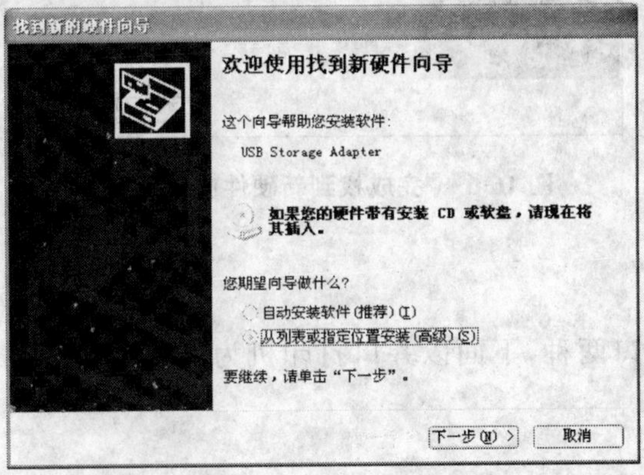

图 16-1　“欢迎使用找到新硬件向导”对话框

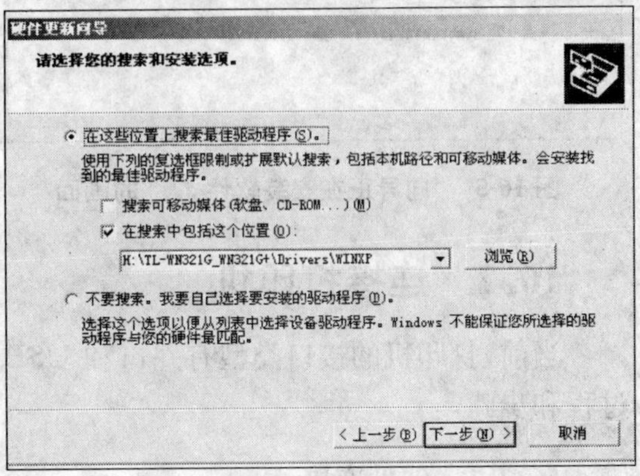

图 16-2　“请选择您的搜索和安装选项”对话框

步骤 3. 比如，将驱动程序光盘放入 H 驱动器，单击“浏览”按钮，系统打开“浏览文件夹”窗口，如图 16-3 所示。

步骤 4. 选择 WINXP 操作系统，单击“确定”按钮，打开“从下列表中选择与您的硬件的最佳匹配”对话框，并选中无线网卡“TL-WN321G/WN321G+...”，如图 16-4 所示。

步骤 5. 单击“下一步”按钮，将显示“向导正在安装软件...”的画面，如图 16-5 所示。

步骤 6. 驱动程序安装完毕，将显示“完成找到新硬件向导”对话框，如图 16-6 所示。

步骤 7. 单击“完成”按钮，USB 接口的无线网卡即安装成功。

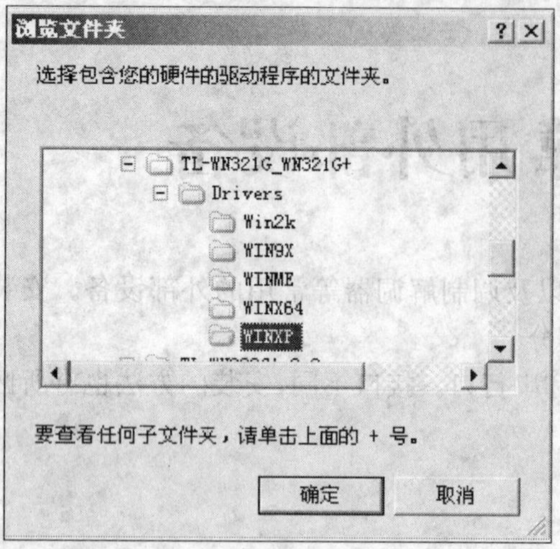

图 16-3 “浏览文件夹”窗口

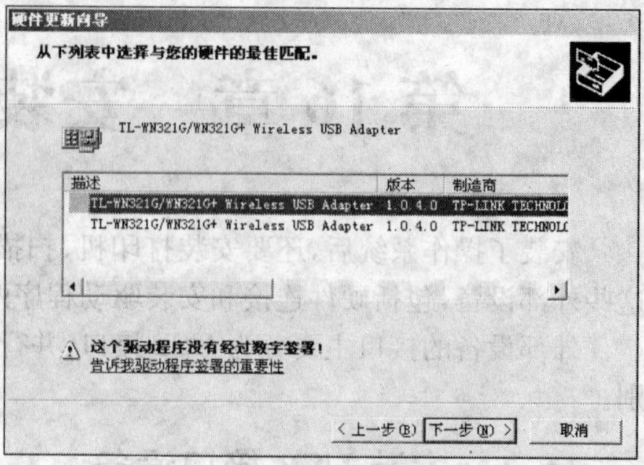

图 16-4 选中无线网卡“TL-WN321G/WN321G+...”

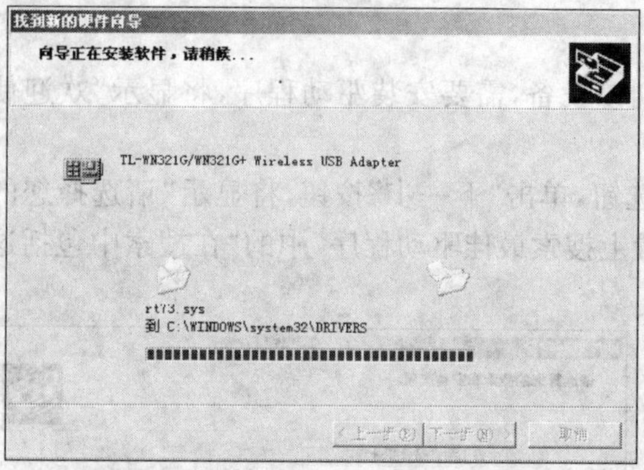

图 16-5 “向导正在安装软件...”的画面

图 16-6 “完成找到新硬件向导”对话框

16.2 连接打印机

当前，打印机的接口类型有并口和 USB 接口两种，下面以并口打印机为例，说明连接的过程和步骤。

16.2.1 硬件连接

硬件连接包括连接打印机信号电缆和电源电缆。

打印机信号电缆的一端是 36 芯插头，用于连接打印机。另一端是 25 针插头，用于连接电脑，如图 16-7所示。

图 16-7 打印机信号电缆

连接打印机信号电缆和电源线的步骤如下。

步骤 1. 将打印机信号电缆的 36 芯 D 型插头，插到打印机的 36 芯插座上，36 芯插头与插座如图 16-8

所示。

步骤 2. 用 36 芯插座两端的钢丝卡子将插头固定住。

步骤 3. 将打印机信号电缆的另一端 25 针插头插在电脑后面板的并行端口 LPT1 上，LPT1 是 25 孔的插座。25 针插头与 25 孔插座如图 16-9 所示。

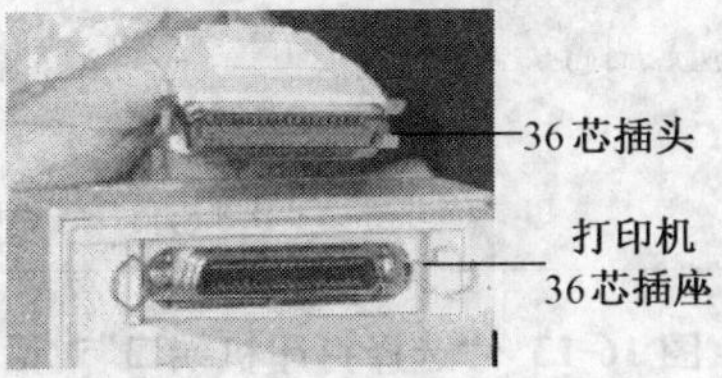

图 16-8　36 芯插头与插座

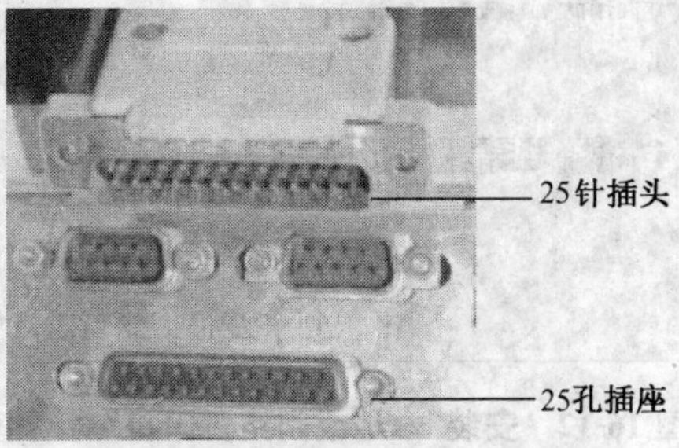

图 16-9　25 针插头与 25 孔插座

步骤 4. 拧紧 25 孔插座的固定螺钉。

步骤 5. 连接打印机电源线。

至此，打印机与电脑的连接完成。

16.2.2　安装驱动程序

安装驱动程序的操作步骤如下。

步骤 1. 单击“开始”菜单，选择“设置”|“打印机和传真”命令，显示“打印机和传真”窗口，如图 16-10 所示。

步骤 2. 单击“添加打印机”图标，显示“添加打印机向导”，如图 16-11 所示。

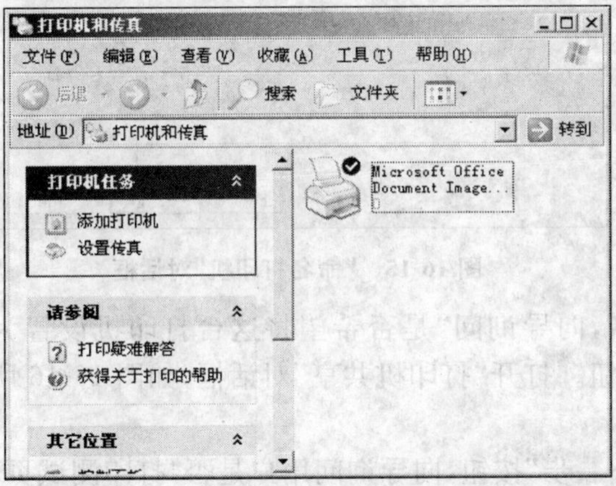

图 16-10　“打印机和传真”窗口

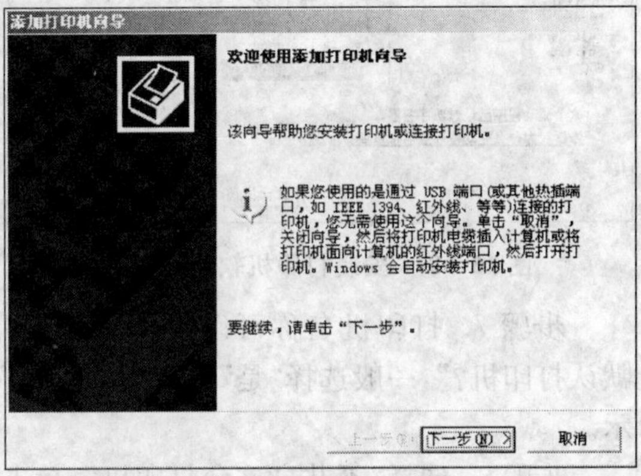

图 16-11　“添加打印机向导”

步骤 3. 单击“下一步”按钮，显示安装“本地或网络打印机”对话框，如图 16-12 所示。

只有在网络中使用的打印机，才有可能将其连接为“网络打印机”，为其他网络用户所共享。一般新组装的电脑的打印机都应当选择“连接到此计算机的本地打印机”。

步骤 4. 单击“下一步”按钮，打开“选择打印机端口”对话框，如图 16-13 所示。

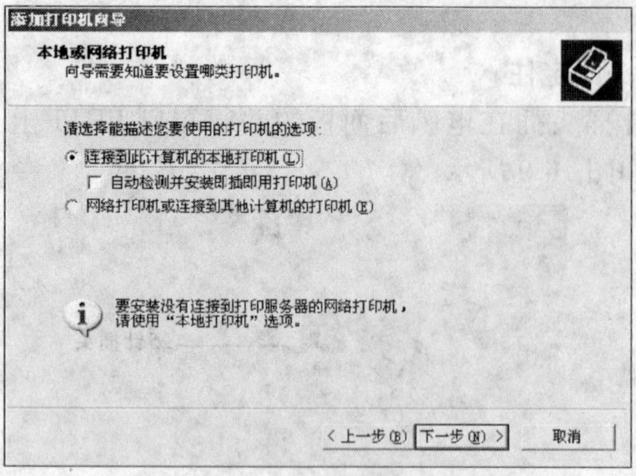

图 16-12 安装“本地或网络打印机”对话框

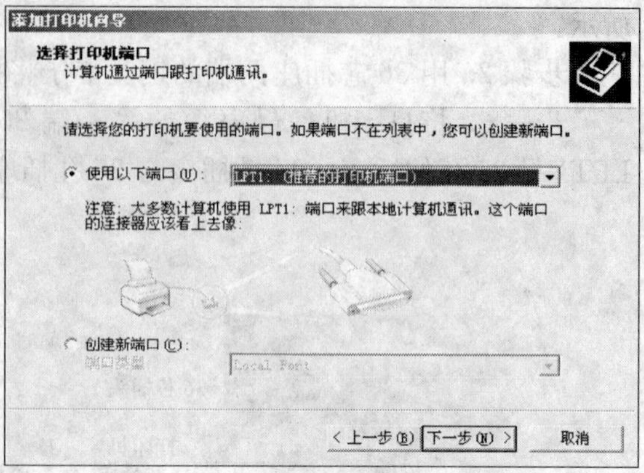

图 16-13 “选择打印机端口”对话框

步骤 5. 选中“使用以下端口”单选按钮，并在右边的下拉列表框中选择“LPT1”，即第一个并口，单击“下一步”按钮，显示安装打印机软件对话框，如图 16-14 所示。

步骤 6. 选择打印机“厂商”与“打印机”，本例选择安装“Epson LQ-1600KIII”打印机。单击“下一步”按钮，打开“命名打印机”对话框，如图 16-15 所示。

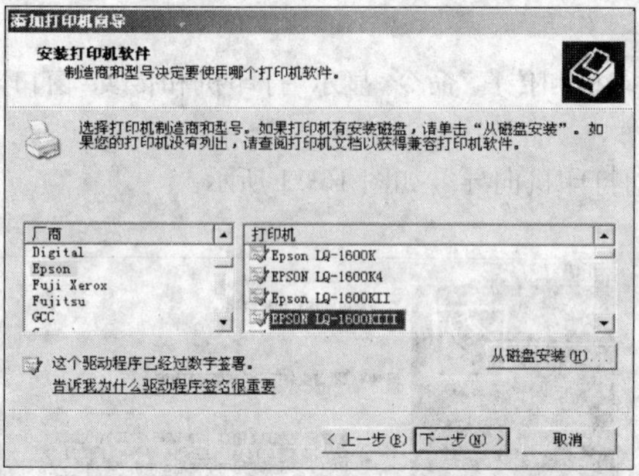

图 16-14 “安装打印机软件”对话框

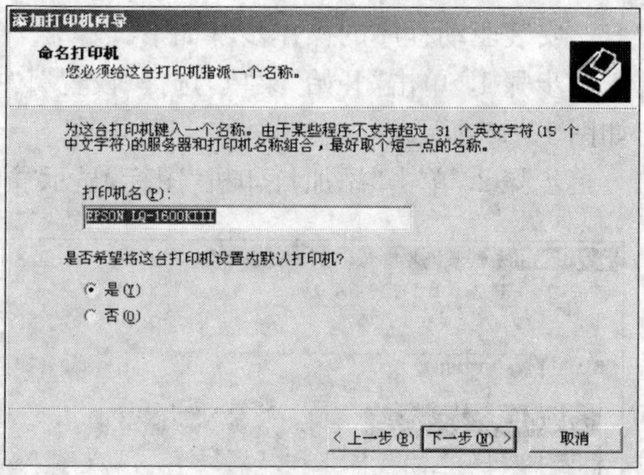

图 16-15 “命名打印机”对话框

步骤 7. 打印机名称可以由用户任意命名，向导询问“是否希望将这台打印机设置为默认打印机?”，一般选择“是”，单击“下一步”按钮。打开“打印机共享”对话框，如图 16-16 所示。

步骤 8. 选择“不共享这台打印机”，单击“下一步”按钮，向导询问用户是否“打印测试页”对话框，如图 16-17 所示。

步骤 9. 安装打印机时，一般应打印一张测试页检验安装效果。选中“是”单选按钮，单击“下一步”按钮，显示“正在完成添加打印机向导”对话框，如图 16-18 所示。

步骤 10. 单击“完成”按钮，系统开始安装打印机的驱动程序，此后，便打印测试页。

打印测试页后，结束安装打印机的操作。系统将安装的打印机作为系统默认打印机。如图 16-19 所示。

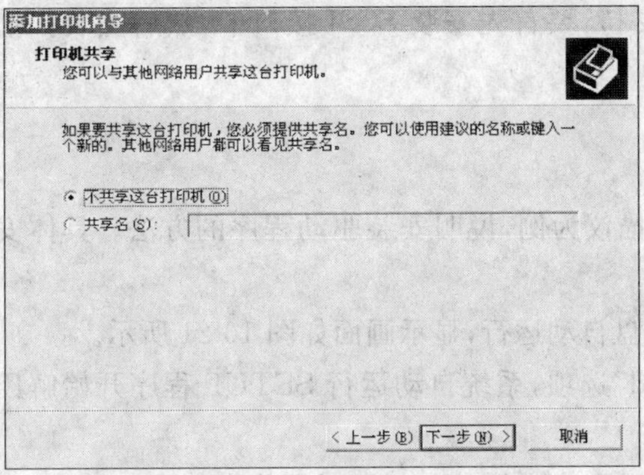

图 16-16　“打印机共享”对话框

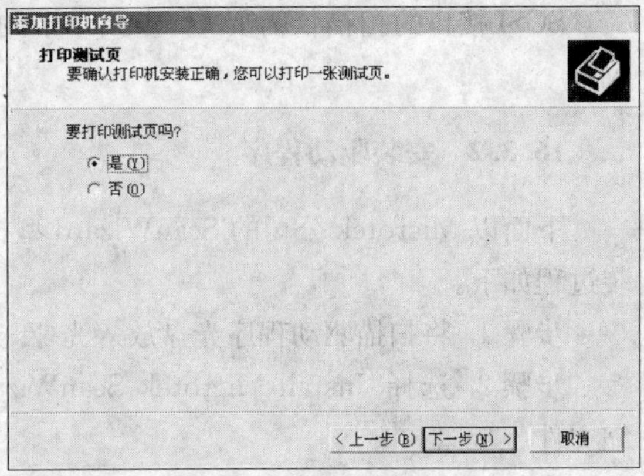

图 16-17　“打印测试页”对话框

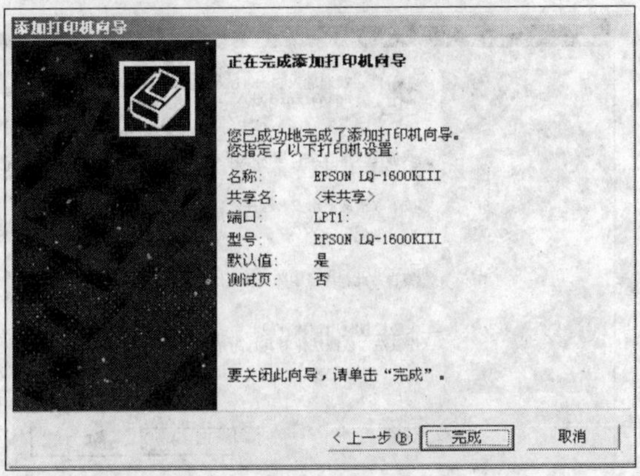

图 16-18　“正在完成添加打印机向导”对话框

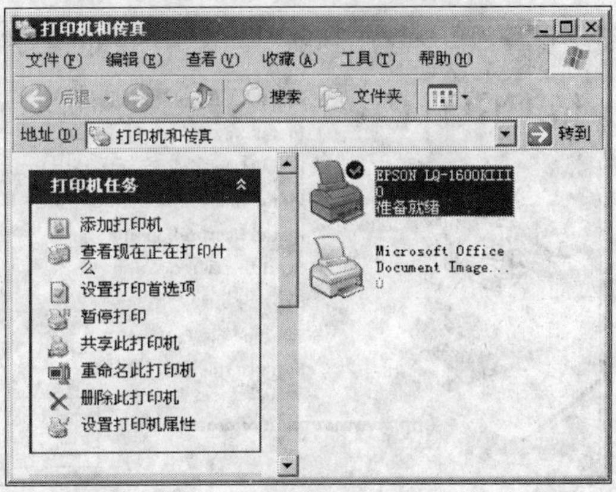

图 16-19　将安装的打印机作为系统默认打印机

16.3　安装扫描仪

扫描仪的功能是将图片、照片，以及文本文件等通过扫描输入到电脑中，以便进行加工、处理和保存。如果是文本文件，经过扫描后，先得到图像，再经过文字识别软件，将图像转换成文本文件存储。

本节主要介绍安装扫描仪及其驱动程序，以及文字识别软件的安装及使用方法。

16.3.1　连接信号电缆和电源线

安装扫描仪前必须连接信号电缆和电源线，连接方法与打印机相同。

扫描仪的接口有 EPP 接口、USB 接口和 SCSI 接口等三种类型。在 PC 电脑的背后，都设有 EPP 接口和 USB 接口，通过相应的信号电缆线连接即可。EPP 接口和 USB 接口如图 16-20 所示。

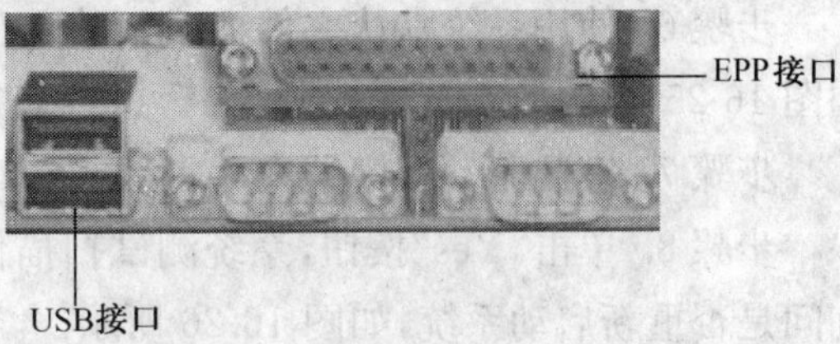

图 16-20　EPP 接口和 USB 接口

SCSI 接口的扫描仪需要 SCSI 接口卡的支持，要首先安装 SCSI 接口卡，然后安装扫描仪。

16.3.2 安装驱动程序

下面以 Microtek 公司的 ScanWizard 型扫描仪为例，说明安装驱动程序的方法。具体安装过程如下。

步骤 1. 将扫描驱动程序光盘放入光驱，光盘自动运行，显示画面如图 16-21 所示。

步骤 2. 选择“Install Microtek ScanWizard”选项，系统自动运行 SETUP 程序开始解压缩文件。

步骤 3. 解压缩文件后，显示“欢迎”进入安装程序向导的对话框，如图 16-22 所示。

图 16-21 启动画面

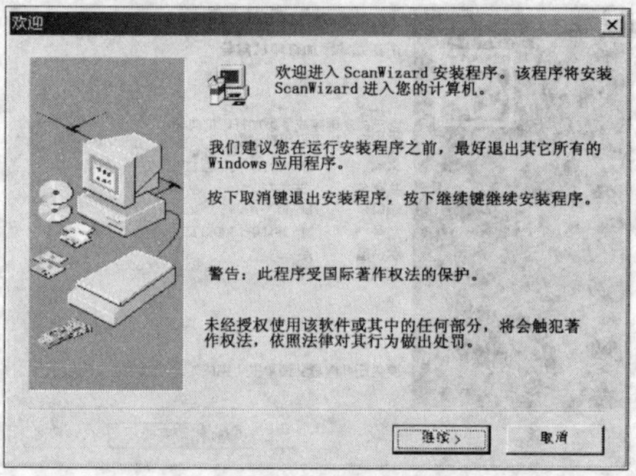

图 16-22 “欢迎”进入安装程序向导

步骤 4. 单击“继续”按钮，显示“选择接口卡类型”对话框，如图 16-23 所示。

接口卡类型如下所示：

① Adaptec SCSI Interface Card：标准 SCSI 接口卡。

② Parallel Printer Port Interface：并行打印机接口。

③ Third party ASPI-compliant SCSI Interface Card：第三方厂商提供的 SCSI 卡。

根据需要选择正确的扫描仪接口，选择第 2 项。

步骤 5. 单击“下一步”按钮，显示要求用户“选择安装文件夹”对话框，如图 16-24 所示。

步骤 6. 使用系统默认文件夹或新建文件夹后，单击“下一步”按钮，开始安装驱动程序，如图 16-25 所示。

步骤 7. 安装驱动程序结束后，显示“Scan for Device”对话框。询问是否要测试该设备。

步骤 8. 单击“Yes”按钮，系统测试扫描仪。测试无误后，显示“Setup Complete”对话框，询问是否重新启动系统，如图 16-26 所示。

步骤 9. 单击“完成”按钮，重新启动电脑完成扫描仪的安装。

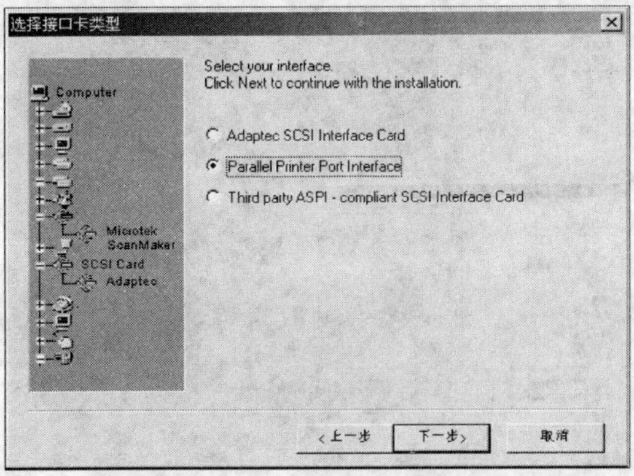

图 16-23　选择"选择接口卡类型"

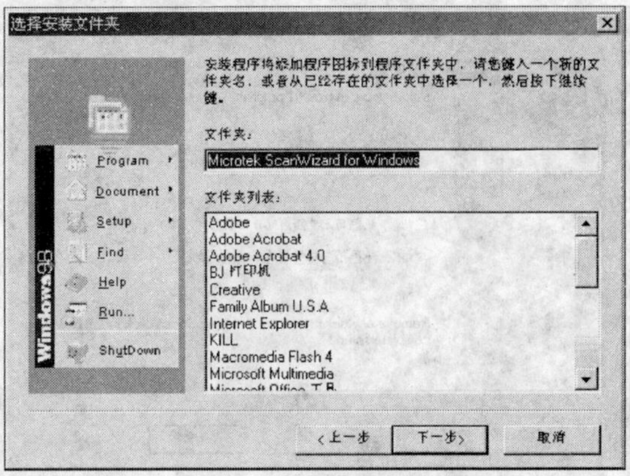

图 16-24　"选择安装文件夹"对话框

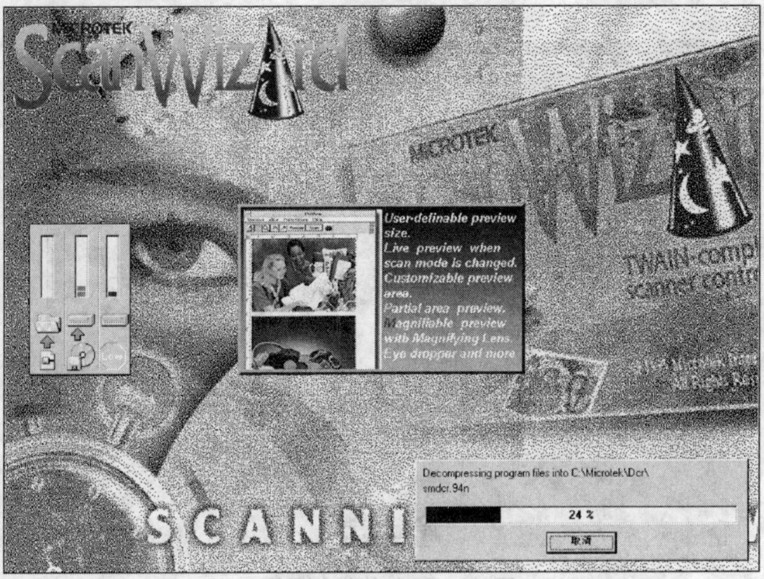

图 16-25　正在安装驱动程序

16.3.3　扫描图像

扫描图像包括扫描照片、印刷品，以及一些实物。扫描图像需要使用 Photoshop 和 Windows 系统自带的映像等图像编辑软件。下面以使用 Photoshop 图像编辑软件为例，简要说明对扫描仪的使用方法。操作步骤如下。

步骤 1. 安装好扫描仪后，打开 Photoshop 图像编辑软件，打开"文件"菜单，如图 16-27 所示。

步骤 2. 选择"输入"菜单中的"TVAIN_32"，即可打开扫描操作的画面，如图 16-28 所示。

该画面有两个窗口，在左边的窗口中，可以对扫描类型、分辨率和输出图片尺寸等内容进行设置。扫描图像文件时，扫描类型应当选择为"百万种色彩"，分辨率设置为"100dpi"，其他选项采用系统默认值即可。在右边的窗口中，执行扫描操作，扫描时，先单击"预览"按钮，进行预览。然后在预览画面上划定扫描范围。再进行扫描。

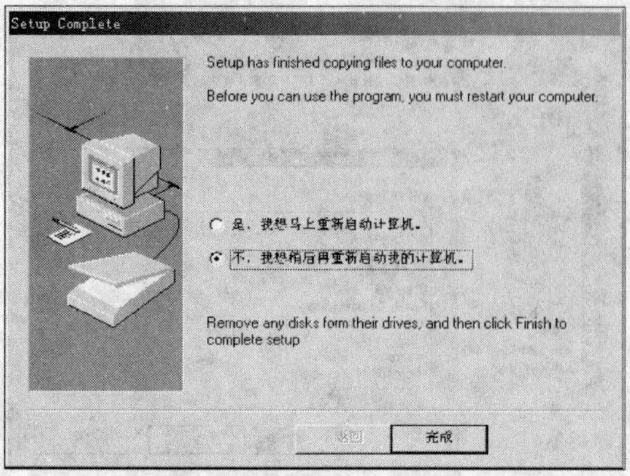

图 16-26　“Setup Complete”对话框

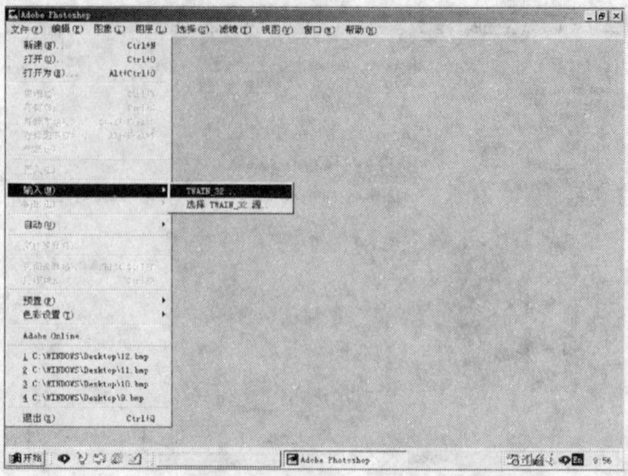

图 16-27　打开“文件”菜单

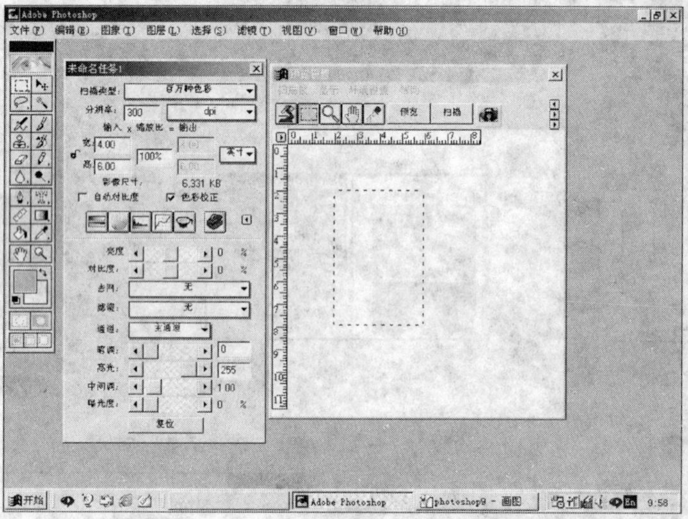

图 16-28　扫描操作画面

16.3.4　安装文字识别软件

扫描仪的用途主要有两项，一是扫描图像资料，二是扫描文本资料。扫描文本资料时，按图像扫描，然后再用文字识别软件进行识别，以后进行编辑和存储等操作。

当前使用最普遍的文字识别软件是《尚书五号 OCR 软件》，该软件具有容易安装使用，识别率高等特点。

下面以该软件为例，说明其安装的方法。具体操作步骤如下。

步骤 1. 将《尚书五号 OCR 软件》光盘放入光盘驱动器，打开“SH5.2”文件夹，如图 16-29 所示。

步骤 2. 单击“SETUP”应用程序图标，打开安装程序向导窗口，如图 16-30 所示。

步骤 3. 此后，系统显示欢迎进入设置程序画面，如图 16-31 所示。

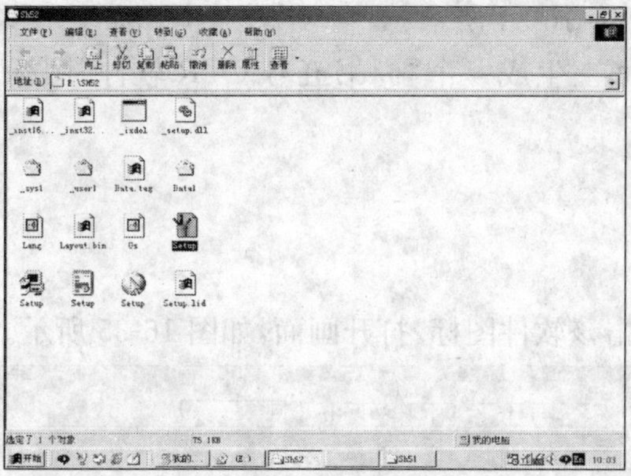

图 16-29　“SH5.2”文件夹

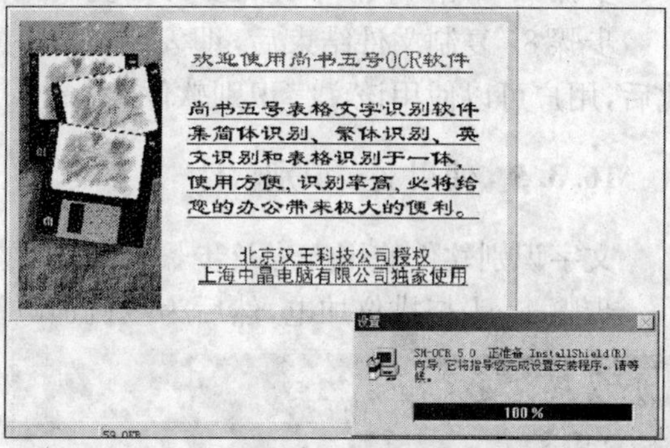

图 16-30　安装程序向导

步骤 4. 单击“下一个”按钮，屏幕显示“用户信息”对话框。

步骤 5. 采用系统默认值，单击“下一个”按钮，显示“选择目标位置”对话框。设置程序将把扫描仪的系统文件添加到该文件夹中，如图 16-32 所示。

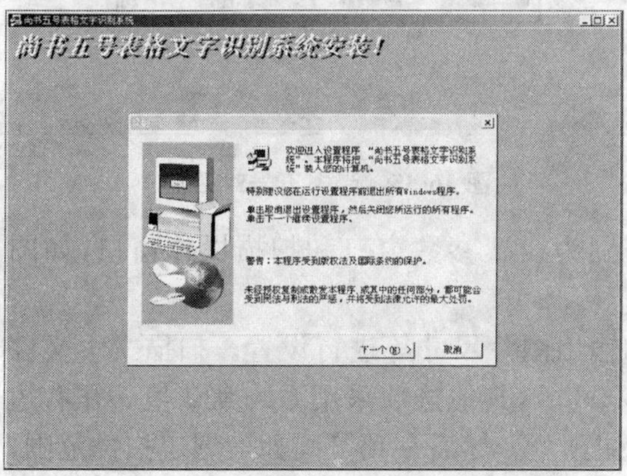

图 16-31　欢迎进入设置程序画面

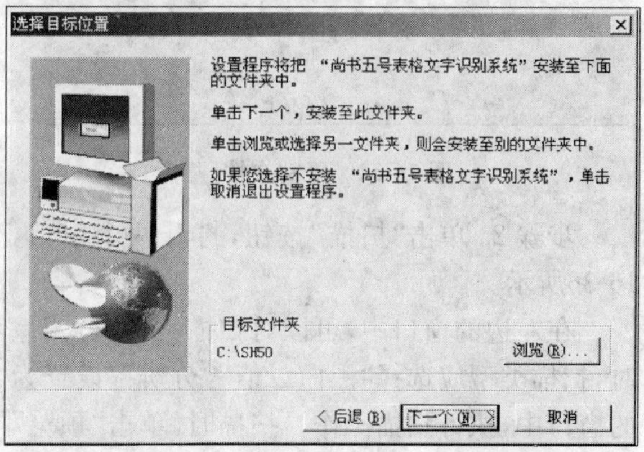

图 16-32　“选择目标位置”对话框

步骤 6. 采用系统默认的文件夹或重新创建一个文件夹后，单击“下一个”按钮，显示“选择程序文件夹”对话框。设置程序将把程序图标添加到所选的文件夹中，如图 16-33 所示。

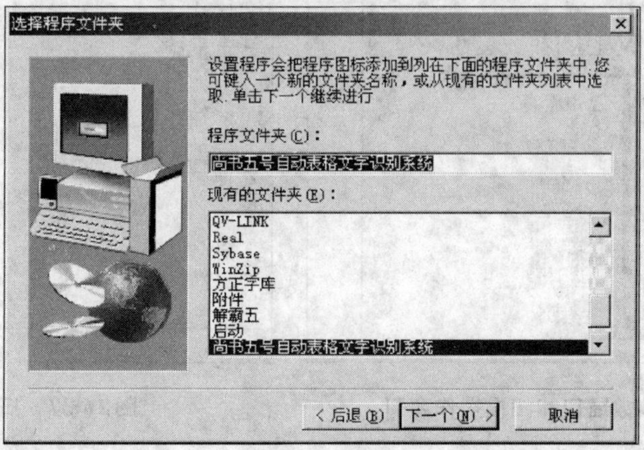

图 16-33　“选择程序文件夹”对话框

步骤 7. 单击“下一个”按钮，开始复制文件，如图 16-34 所示。

步骤 8. 复制文件结束后，即安装成功，在桌面上生成一个“尚书五号 OCR 软件”图标。此后，用户可以使用该文字识别软件。

16.3.5 使用文字识别软件

文字识别软件使用方法及步骤如下。

步骤 1. 为扫描仪加电，然后为主机加电。单击该软件图标，打开画面，如图 16-35 所示。

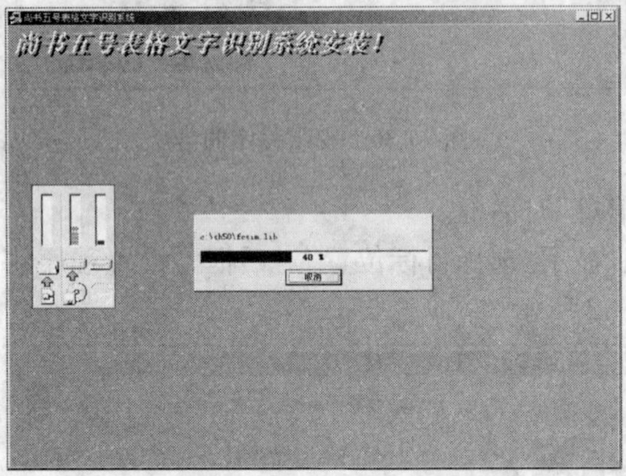

图 16-34 复制文件

图 16-35 尚书五号对话框

步骤 2. 单击“扫描”按钮，打开两个窗口，分别为设置参数窗口和扫描操作窗口，如图 16-36所示。

在左边的窗口中，可以对扫描类型、分辨率和输出图片尺寸等进行设置。扫描文本文件时，扫描类型应选择“黑白二值”，分辨率设置为“300dpi”，其他选项采用系统默认值。在右边的窗口中，执行扫描操作。扫描时，单击“预览”按钮预览。然后在预览画面上划定扫描范围，再进行扫描。

扫描后的画面如图 16-37 所示。

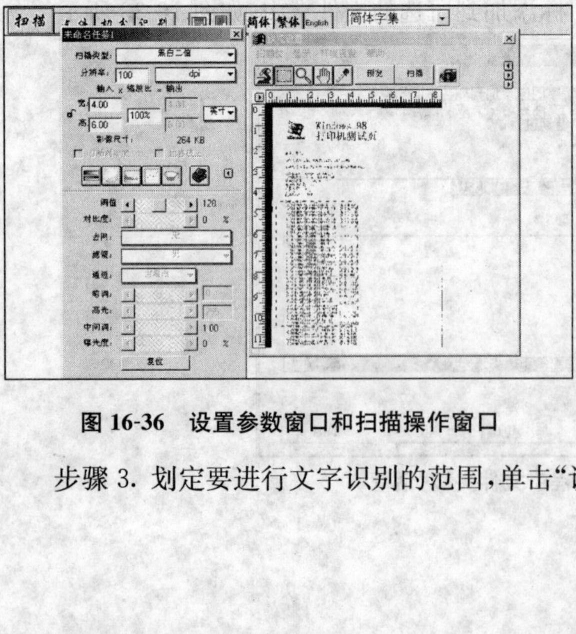

图 16-36 设置参数窗口和扫描操作窗口

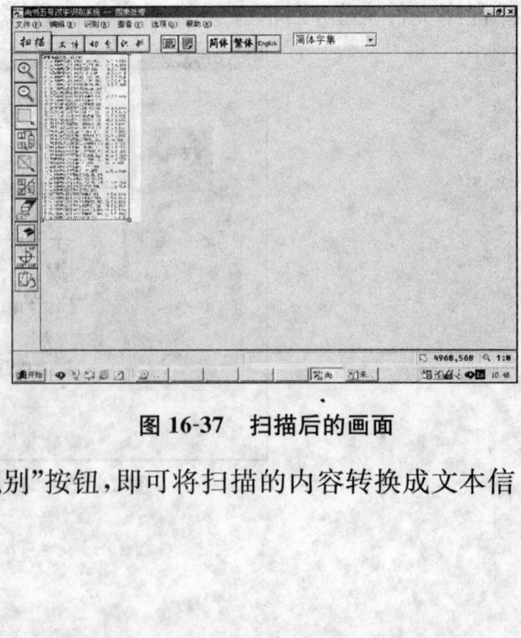

图 16-37 扫描后的画面

步骤 3. 划定要进行文字识别的范围，单击“识别”按钮，即可将扫描的内容转换成文本信息，如图 16-38 所示。

步骤 4. 打开“文件”菜单，选择“另存为”选项，即可将经过识别的文字存储在指定路径的文件夹中，如图 16-39 所示。

至此，扫描仪的安装与文字识别的应用介绍完毕。

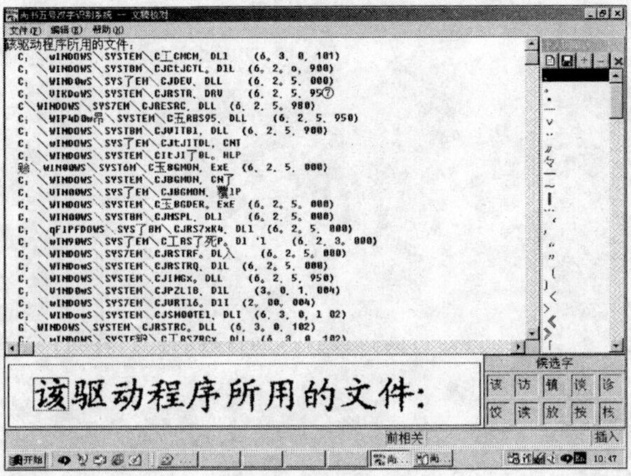

图 16-38　文字识别

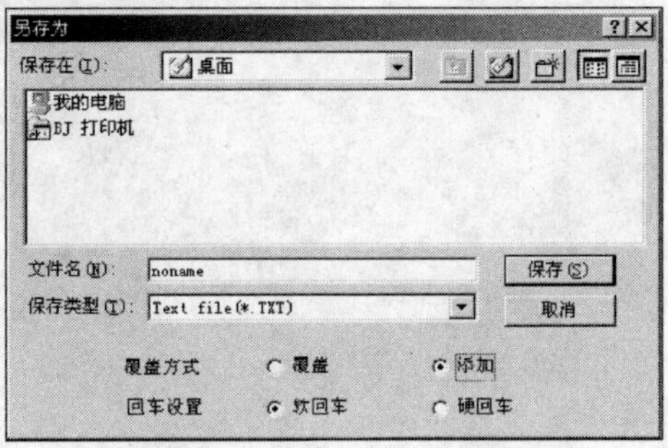

图 16-39　存储文件

应　用　篇

第 17 章　连接 Internet

随着网络的普及，网络极大地丰富了人们的生活，越来越多的人在网上进行学习、娱乐和日常工作等。本章将介绍几种连接 Internet 的方式。

17.1　通过 ADSL 连接 Internet

ADSL 是宽带接入中传输速率较高的一种方式，使用相当普遍，适合家庭用户、学校以及小企业。

ADSL 上网用户端设备安装简单，在已有电话线路的情况下，首先将电话线连上分离器，分离器与 ADSL Modem 之间用一条两芯电话线连接起来，ADSL Modem 与计算机的网卡之间用一条网线连接起来即可完成硬件安装。ADSL 连接如图 17-1 所示。

使用 ADSL Modem 和电话线连接 Internet 网络，经过设置后，便可以通过 IE 浏览器在互联网上畅游。下面以 Windows XP 系统为例，说明建立新连接的具体操作步骤。

步骤 1. 在 Windows XP 系统桌面上，右击“网上邻居”图标，选择“属性”打开“网络连接”窗口，如图 17-2 所示。

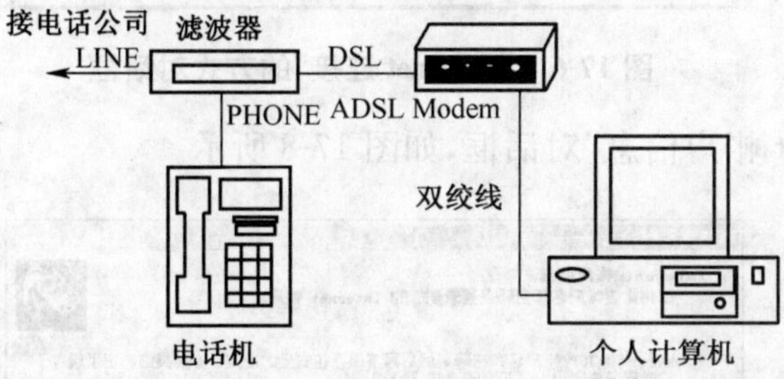

图 17-1　ADSL Modem 连接示意图

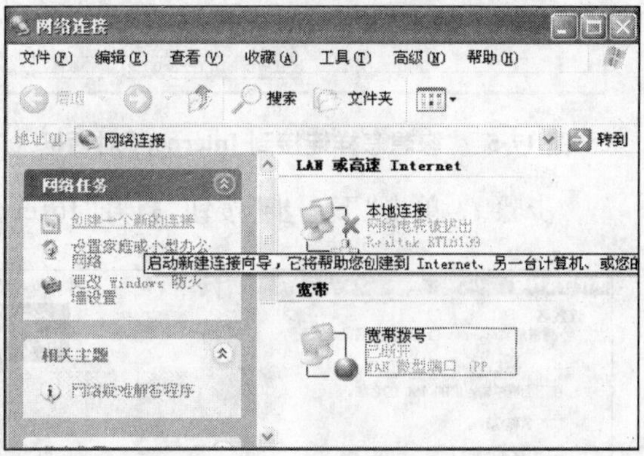

图 17-2　打开“网络连接”窗口

步骤 2. 选择“创建一个新的连接”选项，打开“新建连接向导”对话框，如图 17-3 所示。

步骤 3. 单击“下一步”按钮，打开选择“网络连接类型”对话框，选中“连接到 Internet”选项，如图 17-4 所示。

步骤 4. 单击“下一步”按钮，显示“您想怎样连接到 Internet ”对话框，如图 17-5 所示。

步骤 5. 选择“手动设置我的连接”，并单击“下一步”按钮，显示选择“Internet 连接”的方式对话框，如图 17-6 所示。

步骤 6. 使用 ADSL 宽带上网，应选择第二项，并单击“下一步”按钮，打开输入“连接名”对话框，输入“ADSL 宽带连接”，如图 17-7 所示。

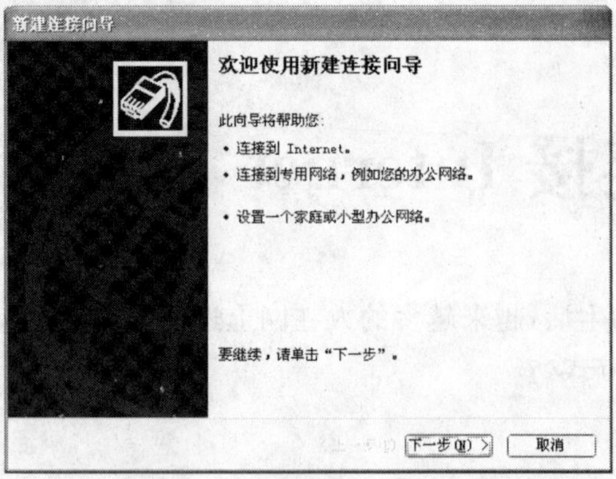

图 17-3 "新建连接向导"对话框

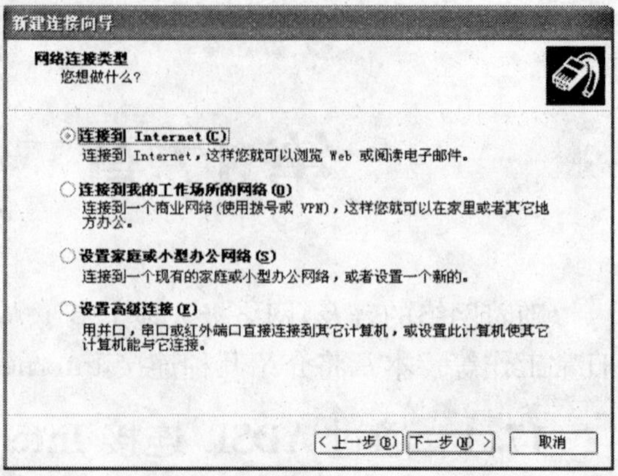

图 17-4 "网络连接类型"对话框

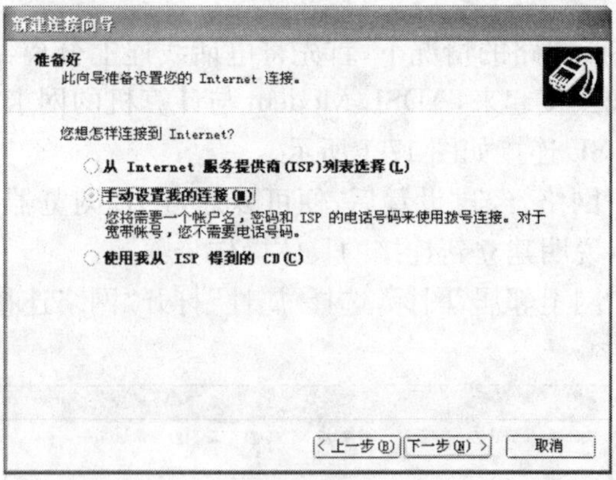

图 17-5 "您想怎样连接到 Internet "对话框

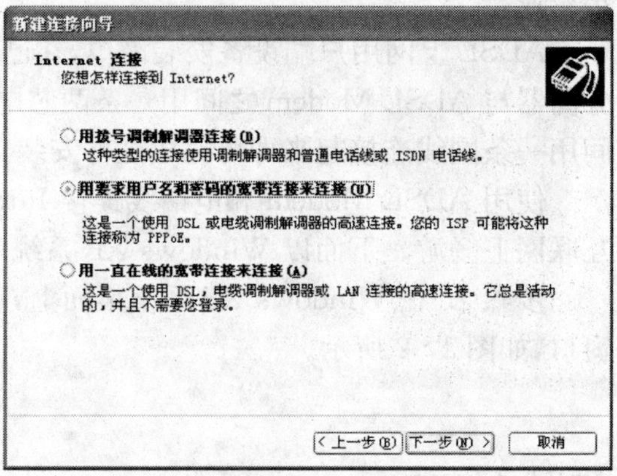

图 17-6 "Internet 连接"的方式对话框

步骤 7. 单击"下一步"按钮，打开"Internet 帐户信息"对话框，如图 17-8 所示。

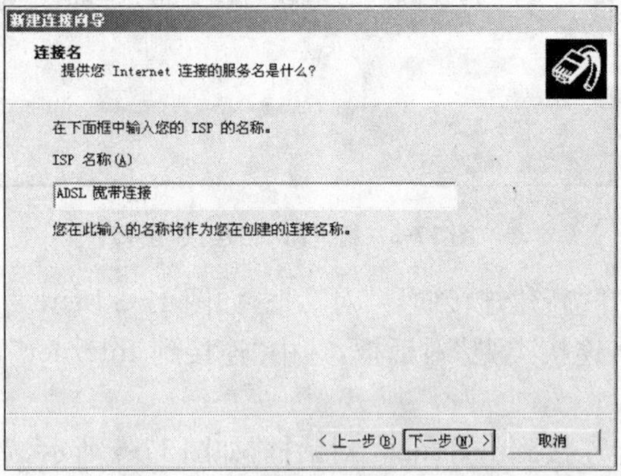

图 17-7 输入"连接名"对话框

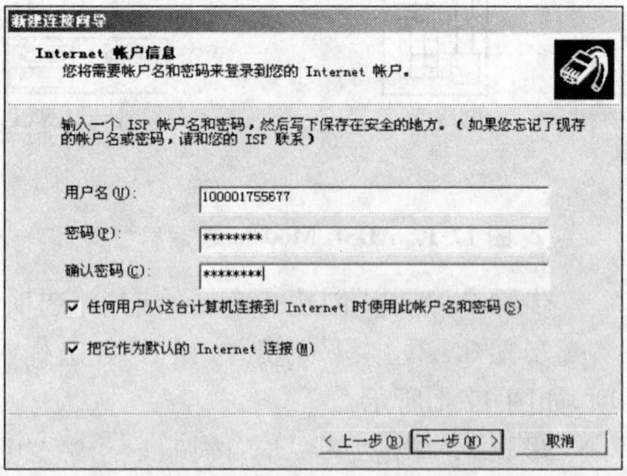

图 17-8 "Internet 帐户信息"对话框

步骤 8. 输入营业厅分配的账号(用户名)和密码后，单击"下一步"按钮，将打开"正在完成新建连接向导"对话框，如图 17-9 所示。

步骤 9. 单击“完成”按钮，即可完成新建连接 Internet 的过程，并在桌面上建立一个连接的快捷方式图标，如图 17-10 所示。

步骤 10. 双击“ADSL 宽带连接”图标，打开“连接 ADSL 宽带连接”对话框，如图 17-11 所示。

步骤 11. 单击“连接”按钮，系统开始建立连接，显示“正在连接 宽带拨号 ...”对话框，如图 17-12 所示。

连接成功后，在系统任务栏中显示“连接”小图标及连接状态信息。

系统任务栏“连接”小图标指示连接状态，在与 ISP 通信时，小图标闪烁。双击小图标从中可进一步了解连接状态。

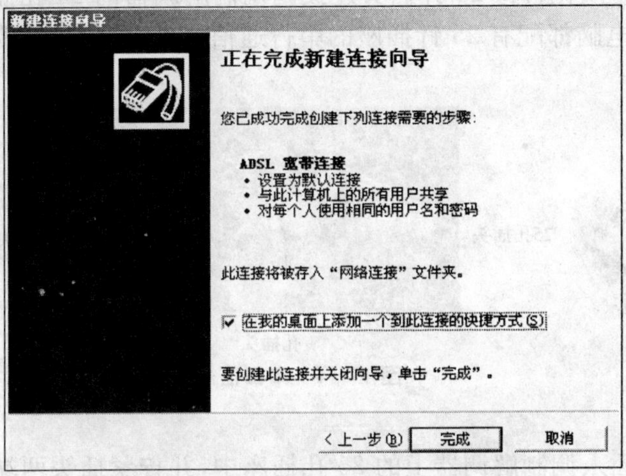

图 17-9　“正在完成新建连接向导”对话框

图 17-10　快捷方式图标

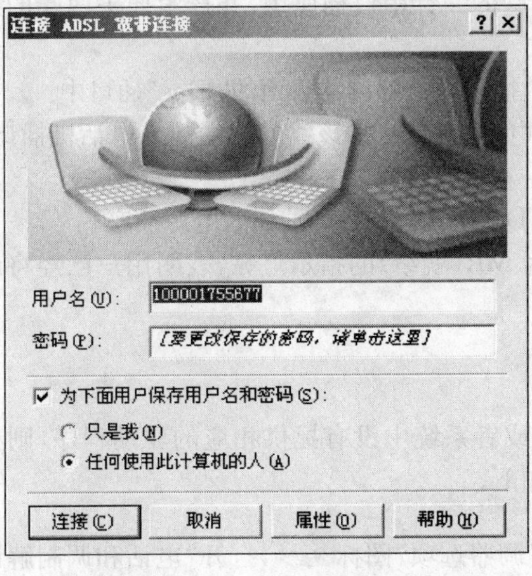

图 17-11　“连接 ADSL 宽带连接”对话框

图 17-12　“正在连接宽带拨号 ...”对话框

17.2 通过调制解调器连接互联网

调制解调器即 Modem，被广大用户昵称为“猫”，主要分为内置调制解调器和外置调制解调器。前者主要使用 PCI 接口，后者则使用串行通信口和 USB 接口，如图 17-13 所示。

17.2.1 安装调制解调器

安装内置调制解调器是将其插在一个空闲的 PCI 插槽上，然后添加驱动程序。

安装外置调制解调器需要连接电脑串口信号电缆、输入电话线（Line）、输出电话线（Phone）和电源适配器等设备。购买调制解调器时会带有串口信号电缆，如图 17-14 所示。

串口信号电缆用于连接调制解调器与电脑，将 25 针插头连接到调制解调器的 25 孔插座，9 孔插头连接到主机串行口。以前的电脑都配有 25 针插座的串行通信口，所以信号电缆中还配备一个 25 孔插头。

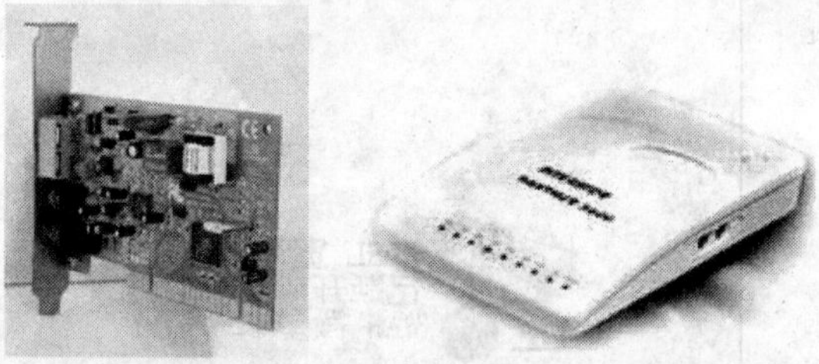

图 17-13 内置和外置调制解调器

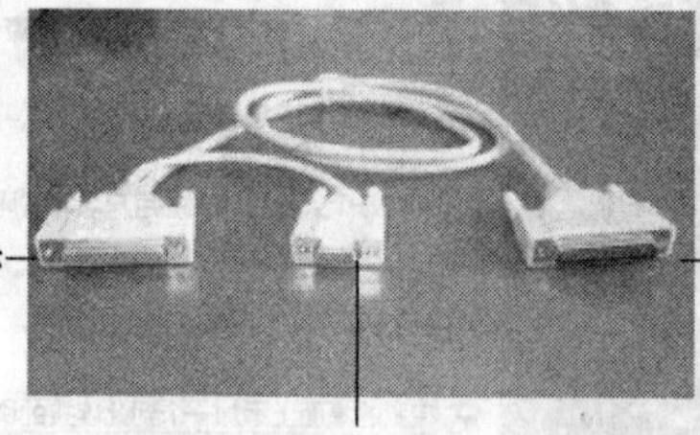

图 17-14 串口信号电缆

连接的具体操作步骤如下。

步骤 1. 串口信号电缆的 25 针插头插入调制解调器上的 25 孔插座中，并拧紧插头两端的螺丝，将插头固定紧。

步骤 2. 将串口信号电缆的 9 孔插头插入电脑的 9 针串口插座中，并拧紧插头两端的螺丝，将插头固定紧。

步骤 3. 将电话输入线插头从电话机上拔出，插入调制解调器后面的“Line”插口中。

步骤 4. 购买调制解调器时还有一条配套的电话连接线，将该线的一端插入电话机插口，另一端插入调制解调器的“Phone”插口。

步骤 5. 将电源适配器的直流输出插头插入 DC IN 插座，另一端插入电源插座。

步骤 6. 打开调制解调器的电源开关，标记为 MR（就绪）的指示灯亮，表明用户已经将调制解调器安装成功。

17.2.2 安装驱动程序

如果 Windows 系统没有检测到调制解调器或者系统中没有提供相应的驱动程序，则必须手工安装。手工安装调制解调器的操作步骤如下。

步骤 1. 进入控制面板，双击“电话和调制解调器选项”图标，打开“电话和调制解调器选项”对话框，如图 17-15 所示。

步骤 2. 单击“添加”按钮，显示“添加硬件向导”对话框，如图 17-16 所示。

步骤 3. 选中"不要检测我的调制解调器，我将从列表中选择"复选框，单击"下一步"按钮，显示"安装新调制解调器"对话框，如图 17-17 所示。

步骤 4. 选择"标准 56 000 bps 调制解调器"后，单击"下一步"按钮。

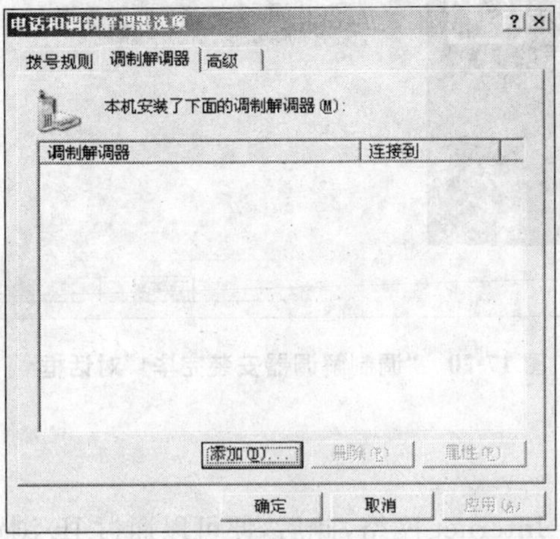

图 17-15　"电话和调制解调器选项"对话框

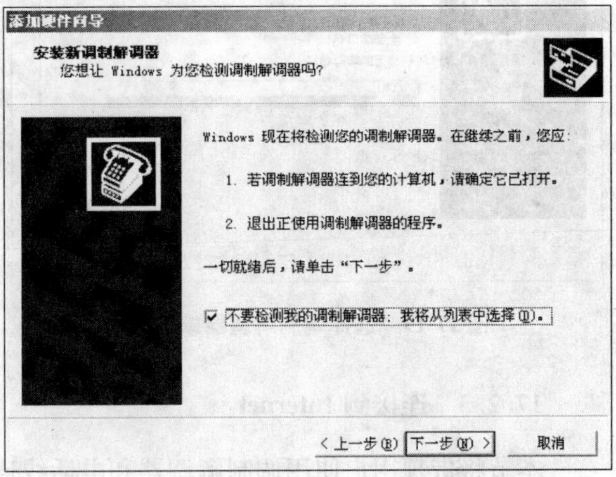

图 17-16　"添加硬件向导"对话框

注意: 如果在此步骤中没有发现所使用的调制解调器型号，则将调制解调器驱动盘插入光驱，然后单击"从磁盘安装"按钮，打开"从磁盘安装"对话框，如图 17-18 所示。

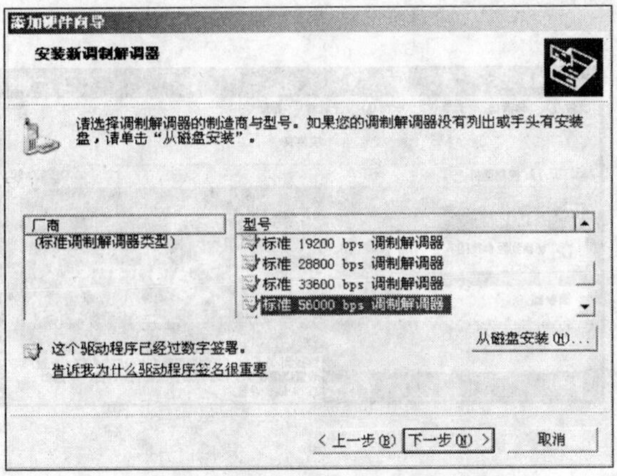

图 17-17　"安装新调制解调器"对话框

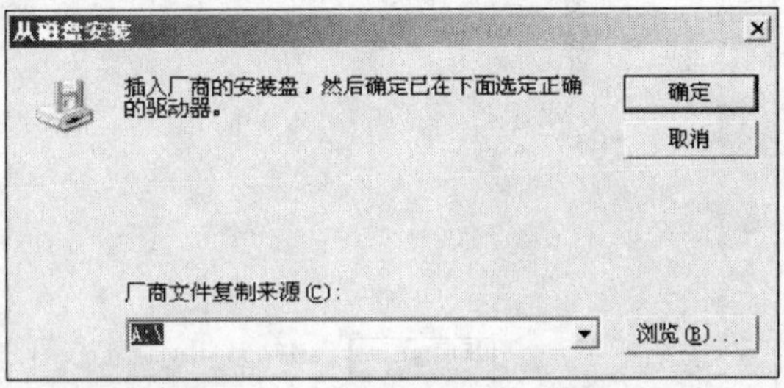

图 17-18　"从磁盘安装"对话框

选择驱动程序所在的正确路径后，再按照如下步骤安装。

步骤 5. 选择好调制解调器的型号后(本例选择：标准 56 000 bps 调制解调器)，单击"下一步"按钮，显示选择调制解调器所使用的端口对话框，如图 17-19 所示。

步骤 6. 选择调制解调器所安装的端口后，单击"下一步"按钮，系统开始安装调制解调器的驱动程序。安装后，显示如图 17-20 所示的"调制解调器安装完毕!"对话框。

步骤 7. 单击"完成"按钮，完成调制解调器的安装，系统显示"电话和调制解调器选项"对话框，如图 17-21 所示。

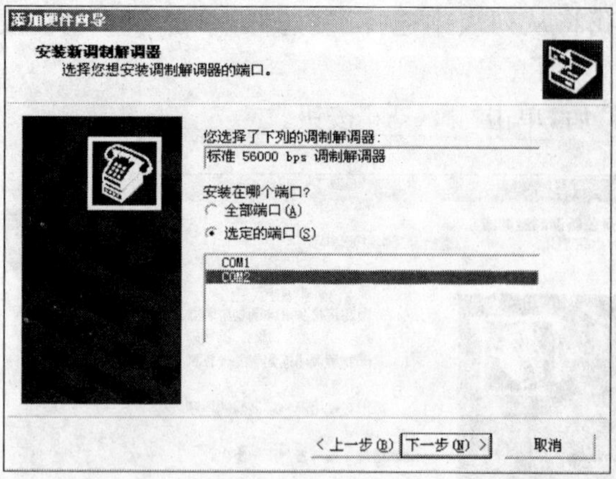

图 17-19 选择调制解调器端口

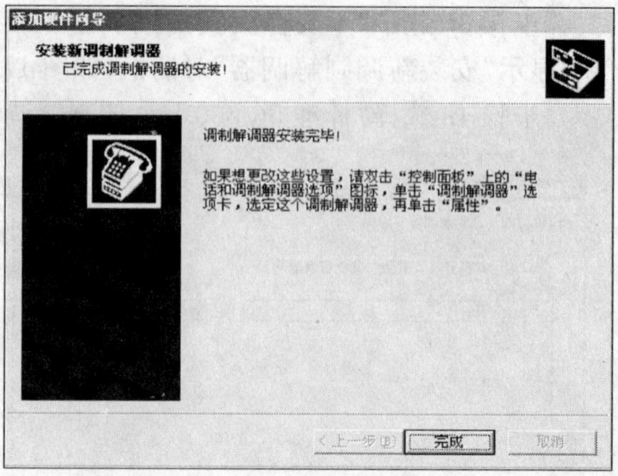

图 17-20 "调制解调器安装完毕!"对话框

17.2.3 连接到 Internet

本节将带领用户使用调制解调器和电话线连接 Internet 网络,此后,便可以通过 IE 浏览器在互联网上畅游。下面以 Windows XP 系统为例,建立新连接的具体步骤如下。

步骤 1. 在 Windows XP 系统桌面上,打开"控制面板",如图 17-22 所示。

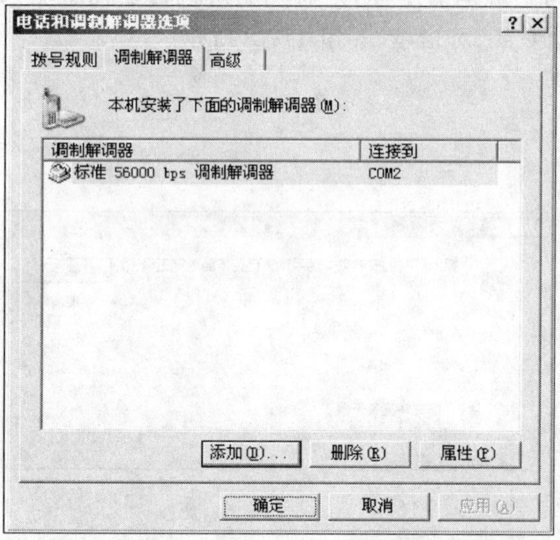

图 17-21 "电话和调制解调器选项"对话框

图 17-22 打开"控制面板"

步骤 2. 单击"网络和 Internet 连接"图标,打开如图 17-23 所示的"网络和 Internet 连接"对话框。

步骤 3. 单击"设置或更改您的 Internet 连接"选项,打开"Internet 属性"对话框,切换到"连接"选项卡,如图 17-24 所示。

步骤 4. 单击"建立连接"按钮,打开"新建连接向导"对话框,如图 17-25 所示。

步骤 5. 单击"下一步"按钮,打开选择"网络连接类型"对话框,选中"连接到 Internet"选项，如图 17-26 所示。

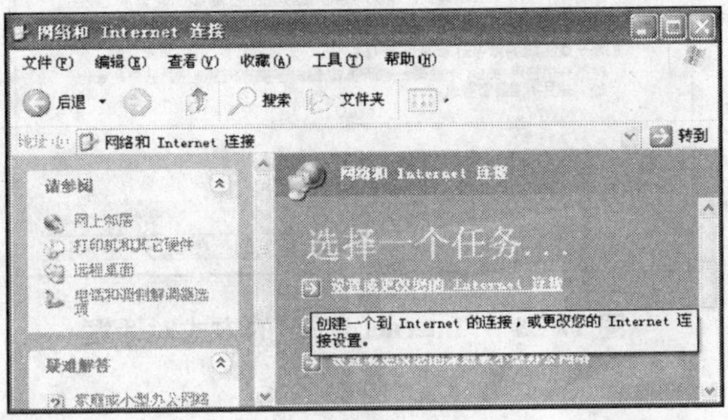

图 17-23　“网络和 Internet 连接”对话框

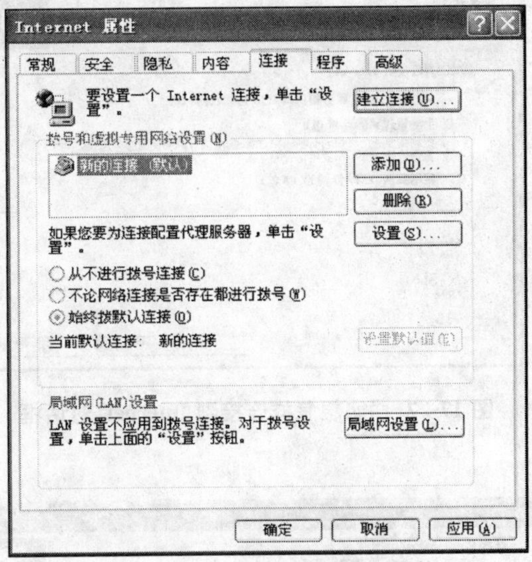

图 17-24　“连接”选项卡

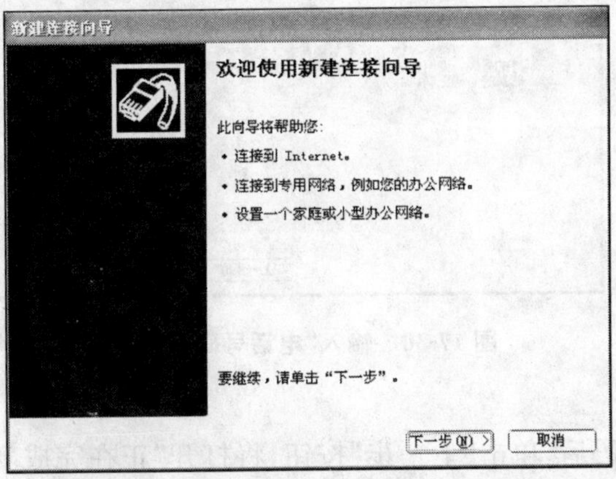

图 17-25　“新建连接向导”对话框

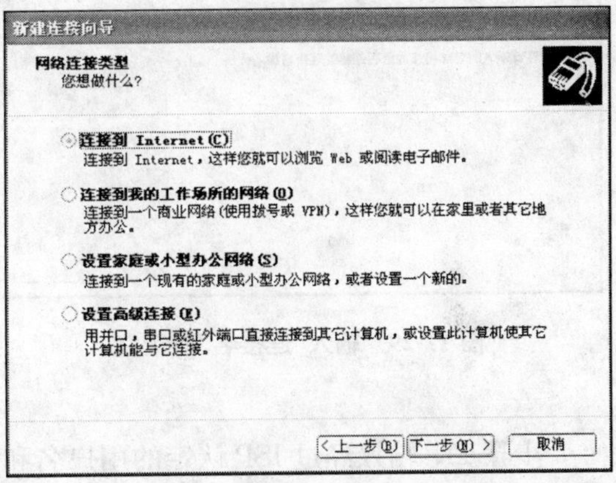

图 17-26　“网络连接类型”对话框

步骤 6. 单击“下一步”按钮，显示“您想怎样连接到 Internet ”对话框，如图 17-27 所示。

步骤 7. 选择“手动设置我的连接”，并单击“下一步”按钮，显示选择“Internet 连接”的方式对话框，如图 17-28 所示。

步骤 8. 如果选择第一项，则使用拨号调制解调器连接，选择第一项，并单击“下一步”按钮，打开输入“连接名”对话框，输入“快速连接”，如图 17-29 所示。

步骤 9. 输入“快速连接”，并单击“下一步”按钮，打开输入“电话号码”对话框，如图 17-30 所示。

步骤 10. 输入 ISP 的电话号码后，单击“下一步”按钮，将打开“Internet 帐户信息”对话框，如图 17-31 所示。

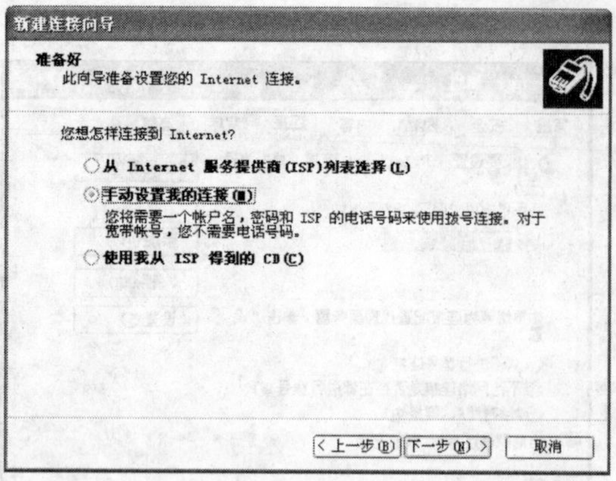

图 17-27　“您想怎样连接到 Internet”对话框

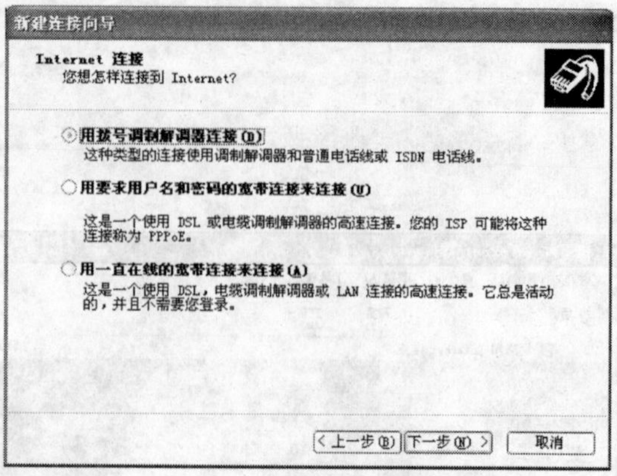

图 17-28　“Internet 连接”的方式对话框

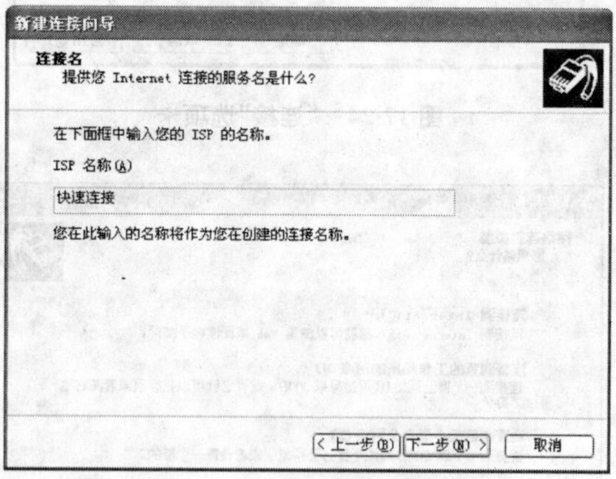

图 17-29　输入“连接名”对话框

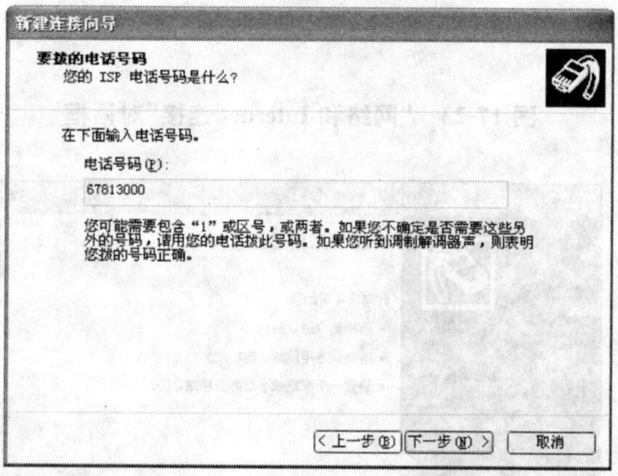

图 17-30　输入“电话号码”对话框

步骤 11. 输入经过 ISP 认定的用户名和密码后，单击“下一步”按钮，将打开“正在完成新建连接向导”对话框，如图 17-32 所示。

步骤 12. 单击“完成”按钮，即可完成新建连接 Internet 的过程，并在桌面上建立一个连接的快捷方式图标，如图 17-33 所示。

步骤 13. 双击“快速连接”图标，打开“快速连接”对话框，如图 17-34 所示。

步骤 14. 单击“拨号”按钮，系统开始拨号连接，显示“正在连接 快速连接”对话框，如图 17-35 所示。

步骤 15. 连接成功后，在系统任务栏中显示“连接”小图标及连接状态信息，如图 17-36 所示。

步骤 16. 系统任务栏“连接”小图标指示连接状态，在与 ISP 通信时，连接小图标，小图标闪烁。双击小图标从中可进一步了解连接状态。

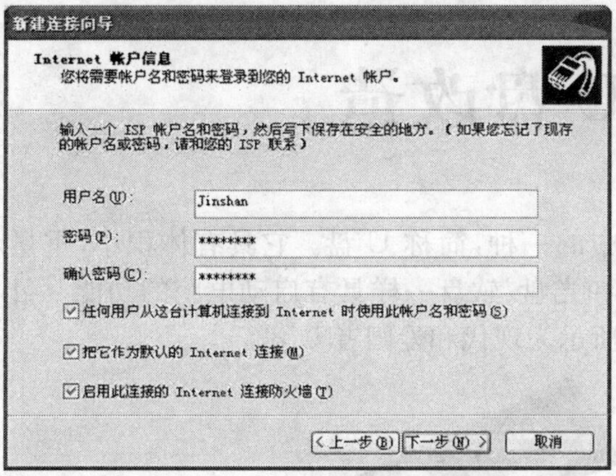

图 17-31　“Internet 帐户信息”对话框

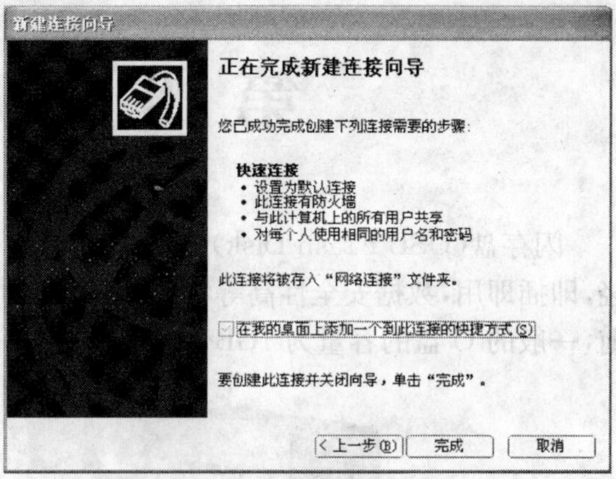

图 17-32　“正在完成新建连接向导”对话框

图 17-33　快捷方式图标

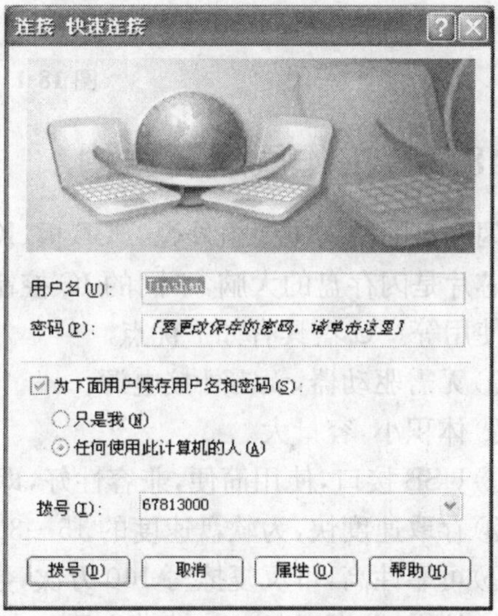

图 17-34　“快速连接”对话框

图 17-35　“正在连接 快速连接”对话框

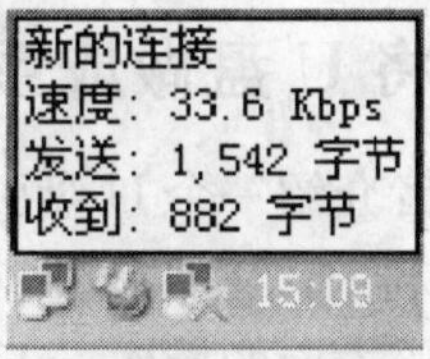

图 17-36　“连接”小图标及连接状态信息

第 18 章　U 盘改造

闪存盘(USB Flash Disk)是移动存储设备中的一种,简称 U 盘。它具有体积小,重量轻,即插即用,数据安全性高等特点,更重要的是和光盘、软盘一样具有启动电脑的功能。目前,一般的 U 盘的容量为 1GB～64GB。图 18-1 所示为现代和爱国者 U 盘。

图 18-1　现代和爱国者 U 盘

18.1　工作原理及结构

闪存盘的结构主要由外壳、PCB 板、IC 控制芯片和 Flash 存储芯片四部分构成。其中 IC 控制芯片是闪存盘的大脑,不同的 IC 控制芯片可实现不同的特殊功能,如加密功能、作为驱动盘使用等。U 盘具有如下优点。

① 无需驱动器,无需外接电源。

② 体积小,容量大。

③ USB 接口,使用简便,兼容性好,即插即用,可带电插拔。

④ 存取速度快,为软盘速度的 15～30 倍。

⑤ 可靠性高,可反复擦写 100 万次,数据至少可保存 10 年。

⑥ 抗震,防潮,耐高温,携带方便。

⑦ 带写保护功能,防止文件被意外抹掉或受病毒感染。

18.2　将 U 盘做成系统维护盘

本章向读者介绍一个 U 盘引导工具“Microsoft Windows pre-installation Environment”,简称 Win PE,利用该工具软件,可将现有的 U 盘改造成系统维护盘,可用于排除电脑故障和恢复操作系统等方面的操作。下面介绍将 U 盘改造成系统维护盘的具体方法。

18.2.1　准备工作

在安装 WinPE 系统前,需要做的准备工作如下。

① 准备好 Windows XP 操作系统的镜像文件 WINXPSP2. GHO,可以从 Windows XP 操作系统的 GHOST 光盘上拷贝或者从网上下载。

② 需要一个 U 盘,将来作为启动盘使用,2GB 的 U 盘比较合适。

③从网上下载一个叫“老毛桃制作的 WinPE（PESETUP）专用安装工具”的软件 

，具体文件名为 PESETUP.EXE。

18.2.2　制作一个能启动电脑的 U 盘

制作一个能启动电脑的带 Win PE 系统的启动 U 盘，具体操作步骤如下。

步骤 1. 运行 PESETUP.EXE 文件，打开“老毛桃制作的 WinPE 专用安装工具”显示画面如图 18-2 所示。

步骤 2. 认真阅读“选择安装方式”后，选第 4 项，然后按回车，工具软件检测到当前可移动磁盘分区为 K，要求选择 U 盘盘符，如图 18-3 所示。

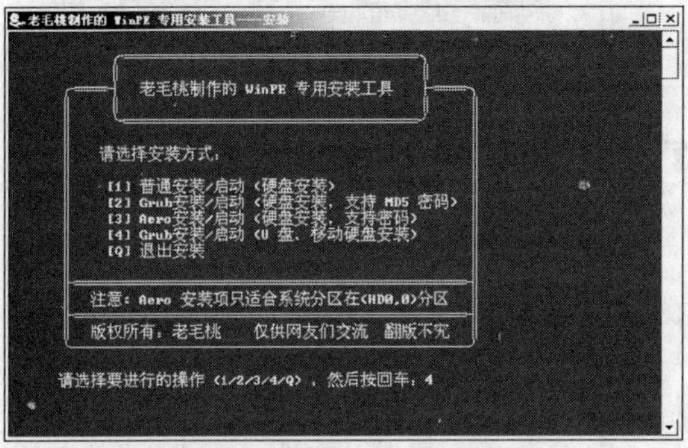

图 18-2　“老毛桃制作的 WinPE 专用安装工具”显示画面

图 18-3　要求选择 U 盘盘符

步骤 3. 输入 U 盘的盘符后（本例为 K），然后按回车。系统再次提示：下面将对该 U 盘进行格式化，按任意键开始 ...，按任意键后，系统打开了“HP U 盘格式化工具 MaotaoWinPE 专用版”，如图 18-4 所示。

步骤 4. 在“文件系统”列表框中选择“FAT32”文件格式，然后单击“开始”按钮，系统将进行格式化操作，如图 18-5 所示。

步骤 5. 格式化顺利完成后，将显示“格式化报告”对话框，如图 18-6 所示。

步骤 6. 单击“确定”按钮，在“磁盘”下拉列表中选择需要写入引导系统的设备，如图 18-7 所示。

注意：在“磁盘”设备中有 3 个选项，第 1 个和第 2 个都是电脑的硬盘，第 3 个(hd2)是要制作的 U 盘。这里一定要选择 U 盘，从容量的大小能分辨出来哪个是 U 盘。笔者的 U 盘是 2G 的，所以应该选择(hd2)[1 898M]。下面的“选项”部分可以不用管，默认不勾选任何参数即可。

步骤 7. 确认好以上步骤后，单击“安装”按钮，按照提示信息继续操作。

系统提示：“您的 U 盘已经成功格式化并写入了 Grub 引导，按任意键继续”，如图 18-8 所示。

步骤 8. 按任意键后，系统要求给启动 U 盘设密码，如图 18-9 所示。

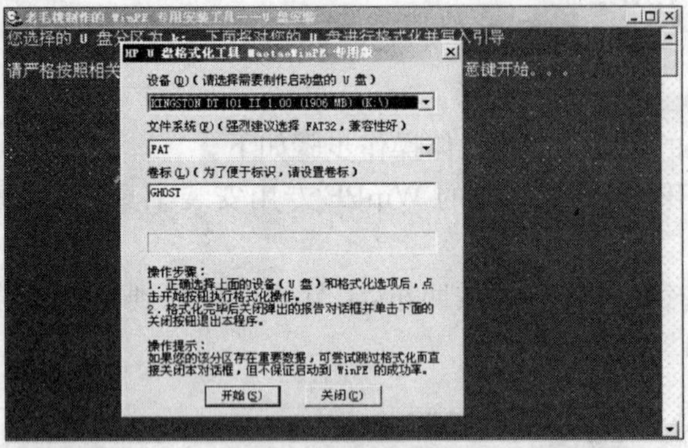

图 18-4　打开“HP U 盘格式化工具 MaotaoWinPE 专用版”

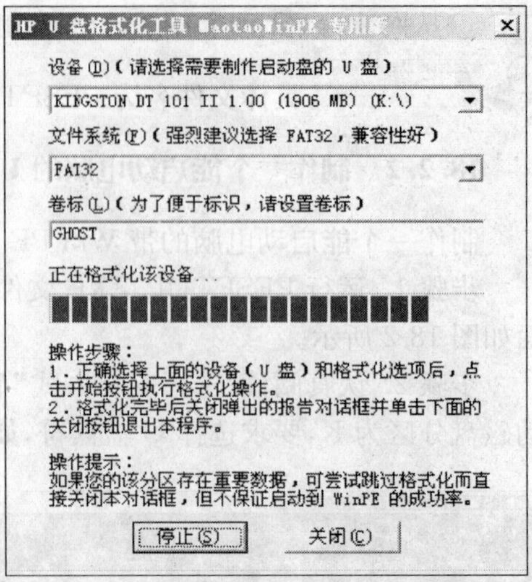

图 18-5　系统将进行格式化操作

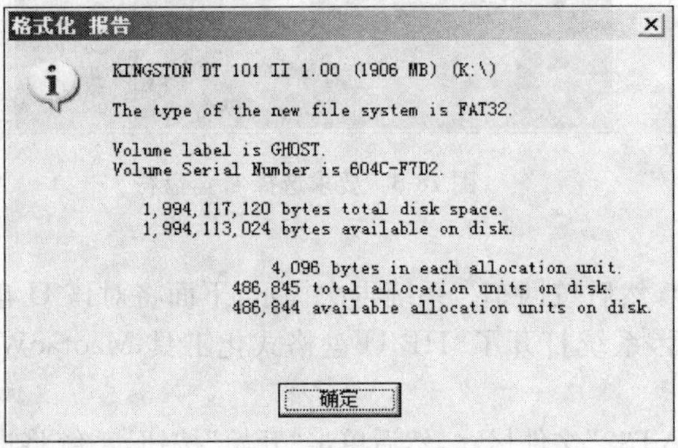

图 18-6　“格式化报告”对话框

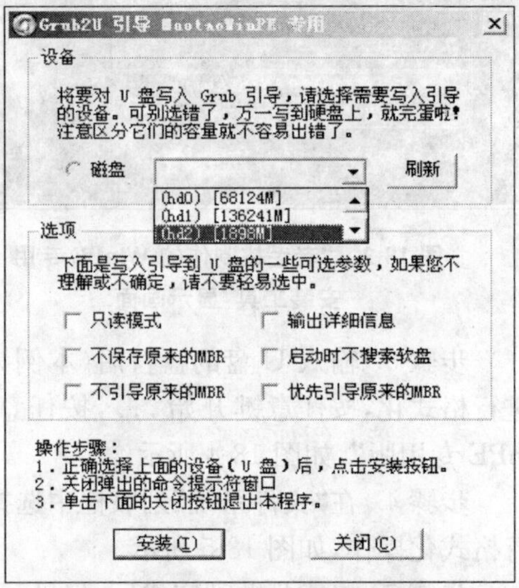

图 18-7　选择需要写入引导系统的设备

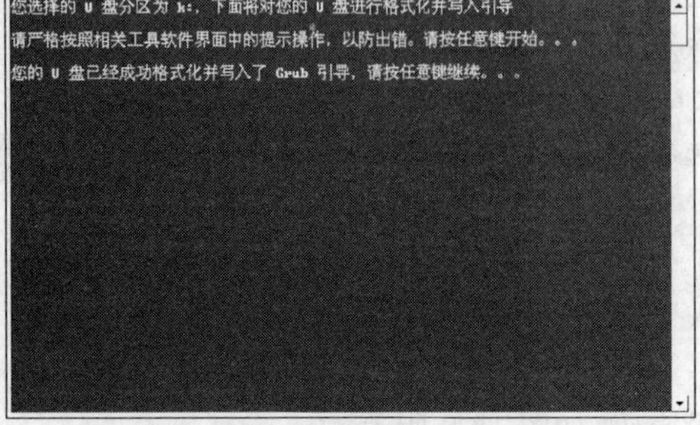

图 18-8　已经成功地写入了引导信息

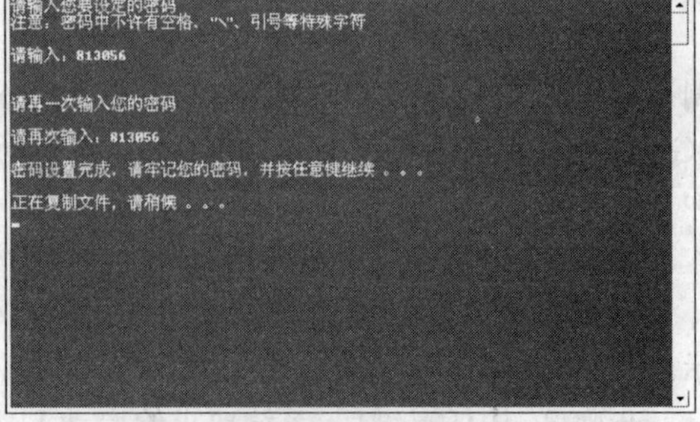

图 18-9　系统要求输入密码

这个步骤是不能省略的，必须要设置一个密码。设置完后，一定要牢记该密码（最好记在本子上），若忘记了密码，启动 U 盘会无法使用。

步骤 9. 按任意键后，系统开始复制文件，复制成功后，显示“已经成功将镜像... 安装到 K:盘”的窗口，如图 18-10 所示。

步骤 10. 完成以上步骤后，打开 U 盘，拷入 WINXPSP2. GHO 文件后，U 盘的内容如图 18-11 所示。

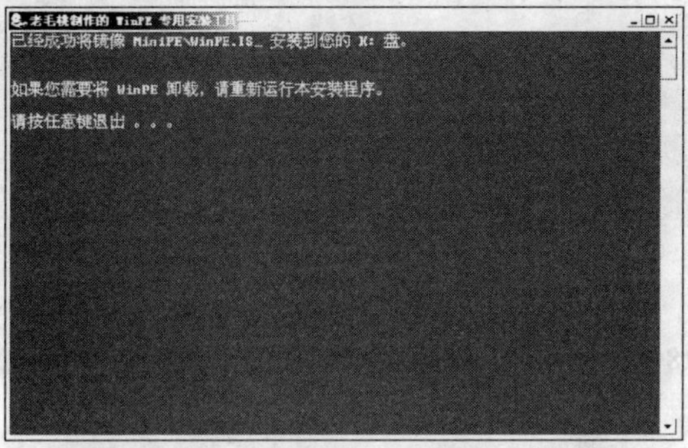

图 18-10 显示“已经成功将镜像... 安装到 K:盘”的窗口

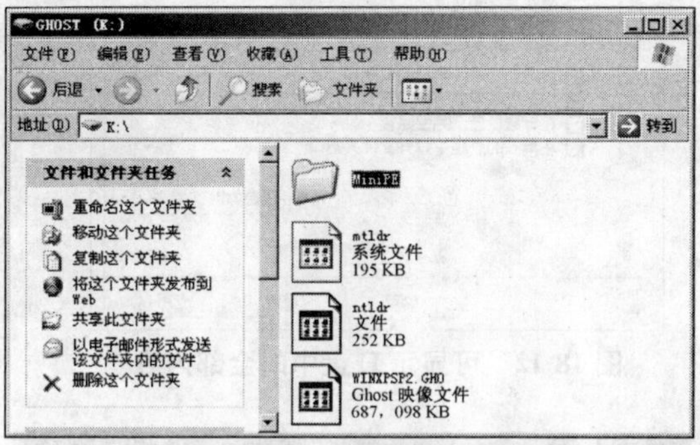

图 18-11 U 盘的内容

若看不到 U 盘的内容，在上图中，选择“工具”|“文件夹选项”|“查看”去掉“隐藏受保护的操作系统文件”前面的勾即可显示 U 盘中的全部内容，如图 18-12 所示。

通过以上几个步骤，就成功地制作了一个具有启动功能的 U 盘。若不能从光驱启动系统，则可以从 U 盘启动再安装操作系统。

下面将介绍如何使用这个带有 Win PE 系统的 U 盘。

18.2.3 把电脑的第一启动项设为 USB 设备启动

使用光盘安装操作系统时，必须进入 BIOS 设置第一个启动项为光驱启动，若要用 U 盘安装系统，则要设置第一个启动项为 U 盘启动。

下面举例说明几个不同的 BIOS 的设置方法。

① Phoenix-Award 的 BIOS 选项，选择 USB-HDD 即可，如图 18-13 所示。

② 戴尔品牌机的 BIOS 设置，选择“USB Device”项，如图 18-14 所示。

③ ThinkPad 系列笔记本的 BIOS 设置，选择第 6 项，即“-USB HDD”项，如图 18-15 所示。

④ 惠普系列笔记本的 BIOS 设置，选择“USB Hard Disk”选项，如图 18-16 所示。

从以上几种典型的 BIOS 设置可以看出，虽然 BIOS 的选项各不相同，但是设置选项的目的只有一个，就是把电脑的第一个启动项设为从 USB 设备启动，这样才能达到从 U 盘启动电脑的目的。

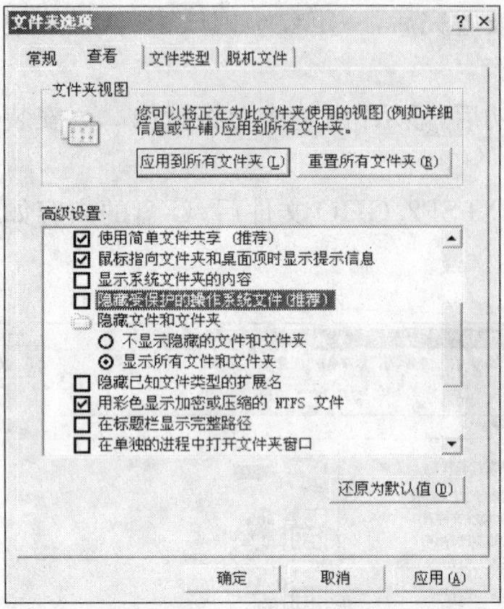

图 18-12 可显示 U 盘中的全部内容

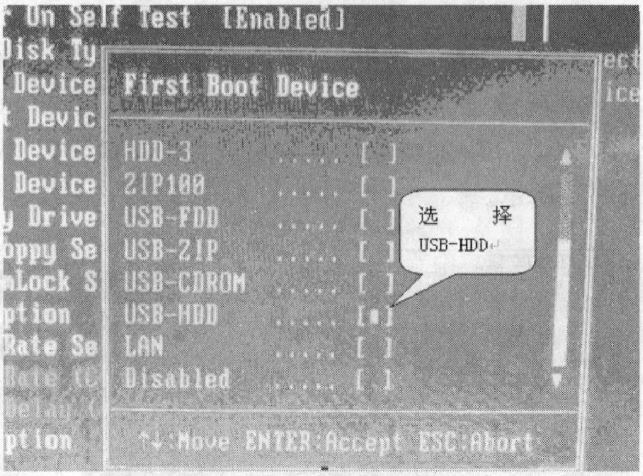

图 18-13 Phoenix-Award 的 BIOS 选项,选择 USB-HDD

图 18-14 Dell 系列机的 BIOS,选择“USB Device”项

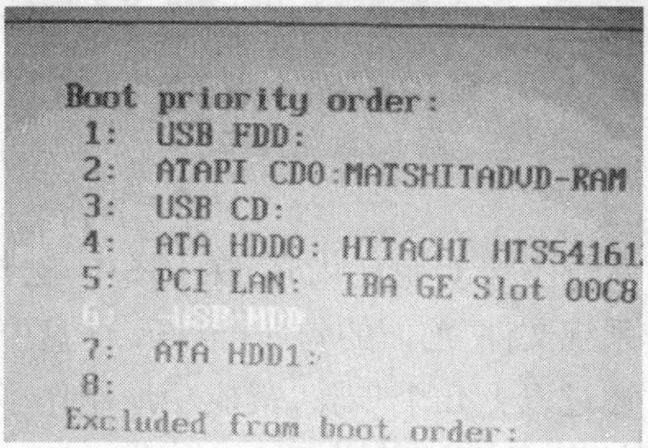

图 18-15 ThinkPad 系列笔记本的 BIOS,选择“-USB HDD”项

18.2.4 用 U 盘安装 Windows XP 操作系统

1. 启动 WinPE 操作系统

启动 WinPE 操作系统的操作步骤如下。

步骤 1. 先把前面制作好的具备启动功能的 U 盘插在电脑的 USB 口,注意,有些电脑前面的 USB 口供电不足,需要插在机箱后面的 USB 口上,如图 18-17 所示。

步骤 2. 启动电脑后,会要求输入启动 U 盘的“Password:(密码)”,也就是前文在制作这个启动 U 盘时设置的密码,如图 18-18 所示。

输入正确的密码后,即可看到一个选择菜单,选择“WinPE By:MAOTAO”,如图 18-19 所示。

步骤 3. 此后,就会进入一个运行在 U 盘上(不是运行在电脑的硬盘上)的迷你操作系统 WinPE,如图 18-20 所示。

该 U 盘上的 WinPE 操作系统,具备很多类似 Windows XP 的功能,现在,就可以对电脑做很多事情了。

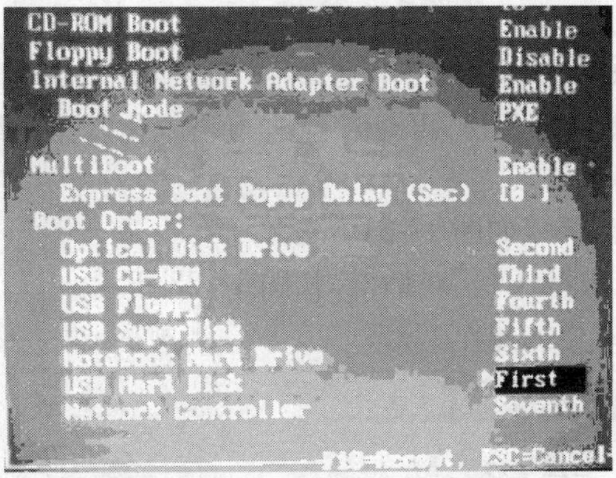

图 18-16　惠普商用系列笔记本，选择“USB Hard Disk”项

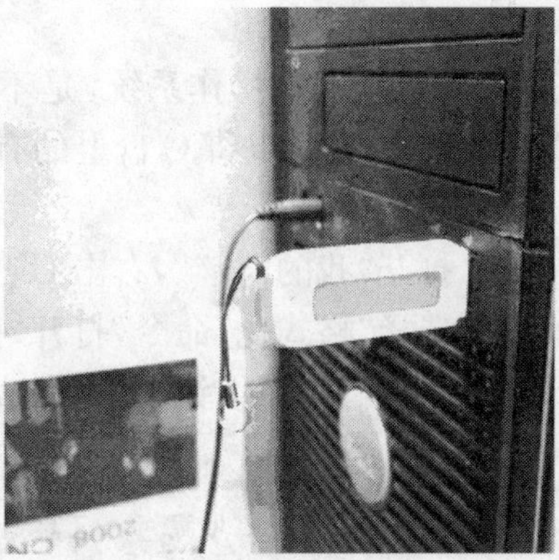

图 18-17　把 U 盘插在电脑的 USB 口上

图 18-18　要求输入启动 U 盘的密码

图 18-19　选择“WinPE By:MAOTAO”

图 18-20　运行在 U 盘上的迷你操作系统 WinPE

2. 对 C 盘进行格式化

如果从 C 盘上启动操作系统，是不能直接对 C 盘进行格式化操作的，而从 U 盘启动了 WinPE 操作系统，就可以将 C 盘上的有用的文件先进行备份，再对 C 盘进行格式化操作。具体操作步骤如下。

步骤 1. 打开“我的电脑”，右击 C 盘，弹出快捷菜单，如图 18-21 所示。

步骤 2. 选择“格式化”命令，打开“格式化本地磁盘(C:)”对话框，如图 18-22 所示。

步骤 3. 单击“开始”按钮，即可完成对 C 盘格式化的操作。

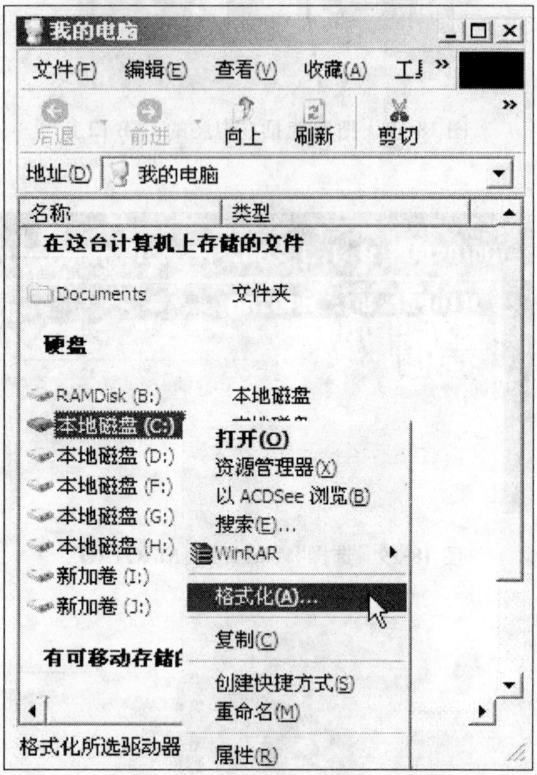

图 18-21 右击 C 盘，弹出快捷菜单

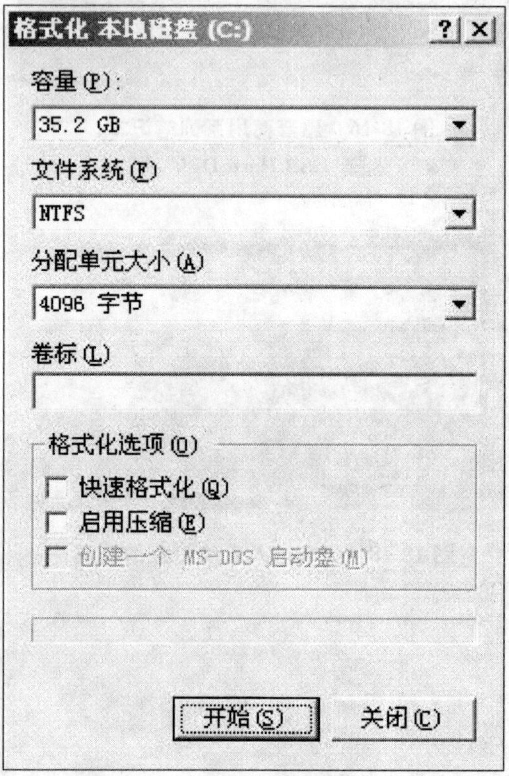

图 18-22 打开“格式化本地磁盘(C:)”对话框

3. 用虚拟光驱安装系统

格式化 C 盘后，可以用 WinPE 系统中的虚拟光驱安装 Windows XP 系统。

运行“开始”|“磁盘光盘工具”|“光盘映像工具 UltraISO”文件，即可加载虚拟光驱，如图 18-23 所示。通过该虚拟光驱，可以加载 Windows XP 光盘的镜像文件 WINXPSP2. ISO，如图 18-24 所示。

我们选择的是一个 WINXPSP2. ISO 光盘镜像。如果有光驱，光盘放到光驱里直接安装操作就可以。但如果电脑没有光驱或者光驱读不出信息，就可以采用这种方式安装系统。

4. 用诺顿 Ghost 安装系统

本节再介绍另外一个 WinPE 自带的软件诺顿 Ghost 工具软件，用该工具把 Windows XP 系统的 Ghost 镜像文件恢复到前面格式化的电脑的 C 盘中。操作步骤如下。

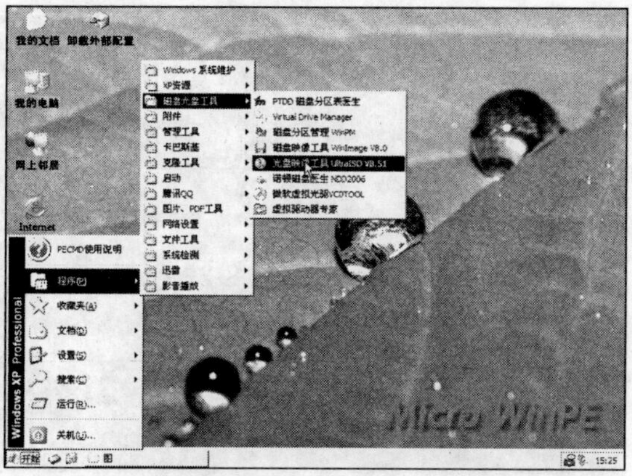

图 18-23　“光盘映像工具 UltraISO”文件

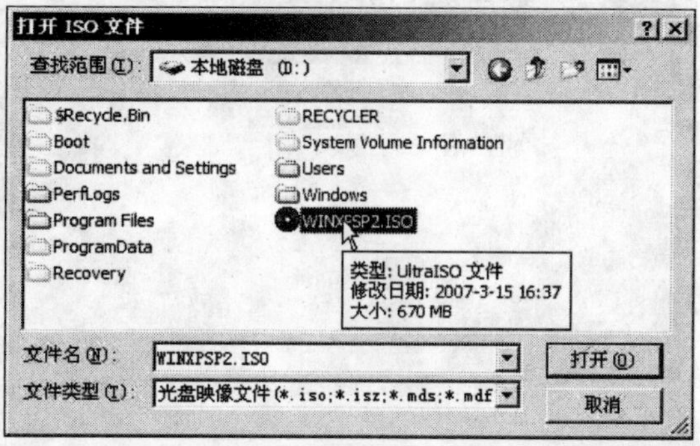

图 18-24　加载镜像文件 WINXPSP2. ISO

步骤 1. 单击“开始”|“程序”|“克隆工具”|“诺顿 Ghost32”，启动诺顿 Ghost 工具软件，如图 18-25 所示。

步骤 2. 启动诺顿 Ghost 后，选择“Local”|“Disk”|“Partition”|“From Image”命令，如图 18-26 所示。

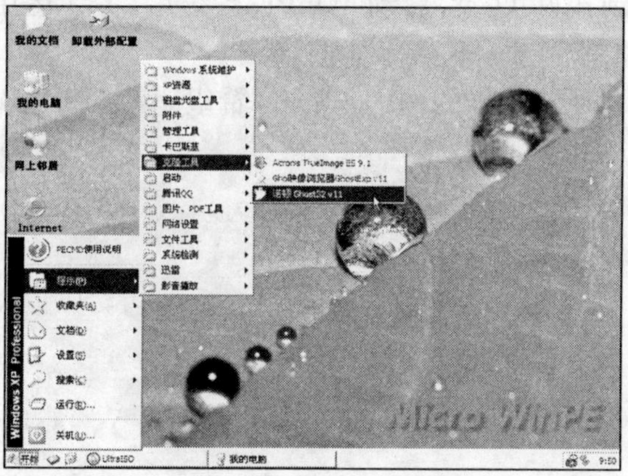

图 18-25　启动诺顿 Ghost 工具软件

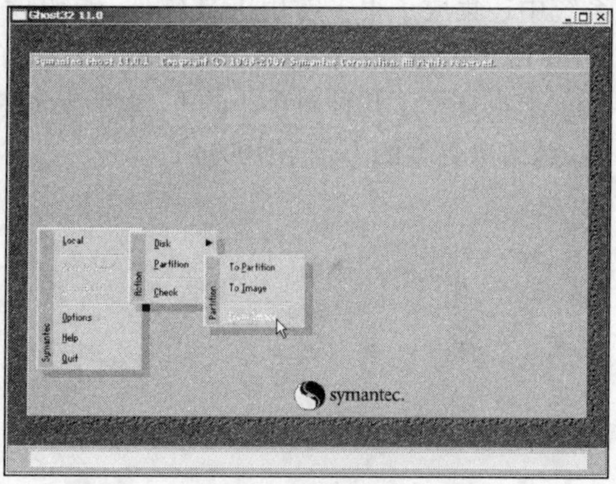

图 18-26　选择“Local”|“Disk”|“Partition”|“From Image”命令

步骤 3. 查找前面拷贝到 U 盘上的 WINXPSP2. GHO 文件，如图 18-27 所示。

步骤 4. 将 WINXPSP2. GHO 文件双击打开后，显示选择要恢复系统的磁盘，在本例共有 3 个磁盘，千万别选错了。选择第一块硬盘，如图 18-28 所示。

步骤 5. 单击“OK”按钮，再选择第一个分区，安装提示继续操作即可将 Windows XP 系统的 Ghost 镜像文件恢复到电脑的 C 盘中。

当 Ghost 镜像恢复完毕后，即可重启进入 Windows XP 系统。至此，用 U 盘安装操作系统完毕！此后，完全可以解决没有光驱无法安装操作系统的问题了。

值得一提的是，由于整个安装系统的过程都是从 U 盘里读取数据，所以在安装速度上比用光盘安装快很多。

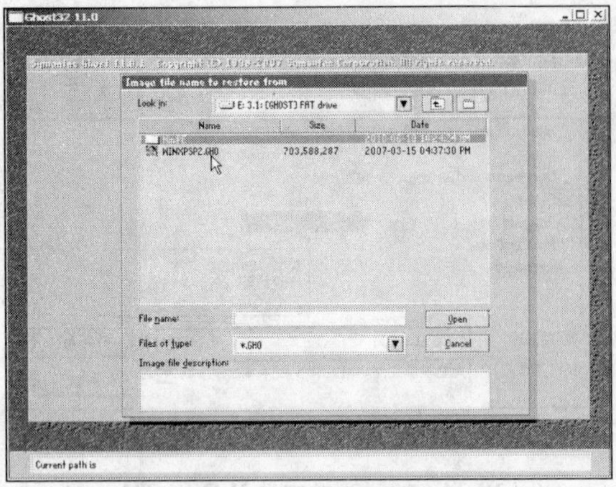

图 18-27 查找 WINXPSP2. GHO 文件

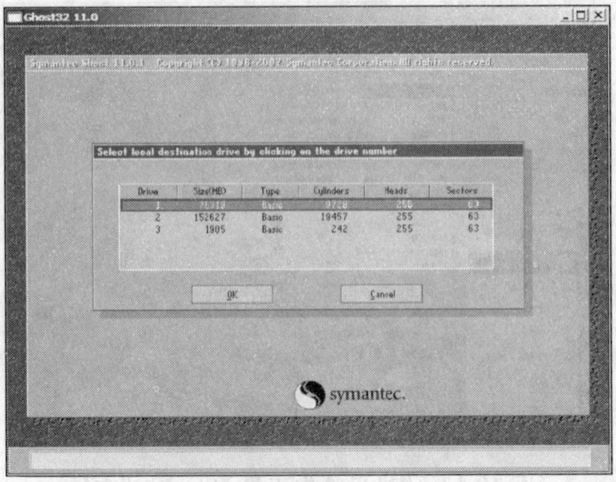

图 18-28 选择第一块硬盘

5. 其他功能

有了这个启动 U 盘，就不用再担心系统崩溃后，重要的资料保存在 C 盘里而无法抢救了，因为只要用 U 盘启动 WinPE，就可以进去将重要资料备份到其他分区里。此外，WinPE 系统中还集成了很多常用工具软件，希望读者制作好 U 盘，启动 WinPE 系统后，灵活运用 WinPE 上面安装的非常实用的工具，做更多的事情，在此，不一一列举。

本章介绍了几种对小小的 U 盘进行改造的例子。这样的例子非常多，希望读者不断地探索，总结出更多的 U 盘使用方法。

第 19 章　电脑升级

电脑升级是多年来的热点话题，如今大家的装机理念已经发生变化。随着电脑硬件配件的价格不断下降，现在就算重新购买一台新的电脑也不过 3 000 元，因此大家对升级这个概念变得有些淡薄。其实利用最少的投入获得自己满意的性能才是 DIY 的目标。那么如何才能为自己的升级达到满意的效果呢？本章将向读者详细介绍电脑升级方面的相关知识及技巧。

19.1　升级的原则

19.1.1　电脑升级的概念

“电脑升级”可以分为电脑硬件升级和软件升级。电脑硬件升级的目的是通过扩充电脑部件或更换电脑部件以提高电脑的性能。电脑软件升级一般是指升级操作系统或应用软件，提高电脑系统处理信息的能力。

本章所述的电脑升级是指电脑硬件升级。

19.1.2　电脑升级的基本原则

无论是品牌机还是组装机，升级并不是一件容易的事。既有性能提升问题，也有资金投入问题；既有保修问题，也有兼容问题。所以一定要确保能提高性能才动手。如何把握好升级尺度，发挥电脑的最大效益，应当遵守电脑升级的几项基本原则。

1. 投入控制在 1 000 元以内

在确定对电脑升级之前，首先确定该电脑是否有升级的价值。电脑现在的性能若不能满足使用者的基本需求了，才考虑升级。另外还应该考虑，升级后电脑的性能能否充分地发挥出来。

在预算方面，一定要控制在 1 000 元以内，投入过多就失去了升级的意义。如果升级预算超过 1 000 元，那么最好的方案是再增加 1 000 多元的投入，购买一台新电脑，这样不但可以获得一台性能不错的新电脑，还可以将旧电脑利用起来。

另外需要考虑的问题是，由于操作系统 Vista 和 Windows 7 的逐步普及，促使很多新买的电脑也匆忙加入了升级的行列，电脑的保修问题特别值得注意。品牌机保修的一个先决条件是用户不能自行开启机箱增加或者更改硬件。如果用户擅自打开机箱，可能会导致保修条款的失效或者厂商原先提供的无偿保修服务变成有偿服务。所以品牌机用户在决定升级之前，如果发现自己的电脑还在保修期内，就要在提高性能和保留服务之间做出选择。如果一定要升级，最好能取得商家的认可或到商家指定的地点升级。

2. 找出瓶颈换配件

确定升级以后，具体实施中应本着突破系统瓶颈，先简后难的原则来确定具体升级方案。

对于多数旧的电脑，通常是CPU的速度比较快，但是配套部件跟CPU的速度不匹配。因此要重点考虑配套部件。例如内存的容量和速度的大小；显卡的接口类型、处理能力；硬盘的容量、接口类型、转速等，这些都可能成为电脑性能的瓶颈。

如果主板能支持更高档次的CPU，那么升级会省些钱。一般来说，若更换主板，那么这台电脑里基本上能用的东西也就不多了。

3. 查清原有配件的型号及参数

确定出具体要更换的配件以后，接下来要做的一件看似简单但又较为复杂的事情，就是确定元件型号，了解相关产品的行情。购买的原则是尽量选择大品牌，避免使用杂牌产品，把好质量关。

要了解旧电脑各项配件的具体型号可就有一定难度了，一般来说核定配置有如下两种方法。

方法一：通过系统中的"设备管理器"和"显示属性"来核实。优点是操作简便，缺点是信息不详细，如图19-1所示。

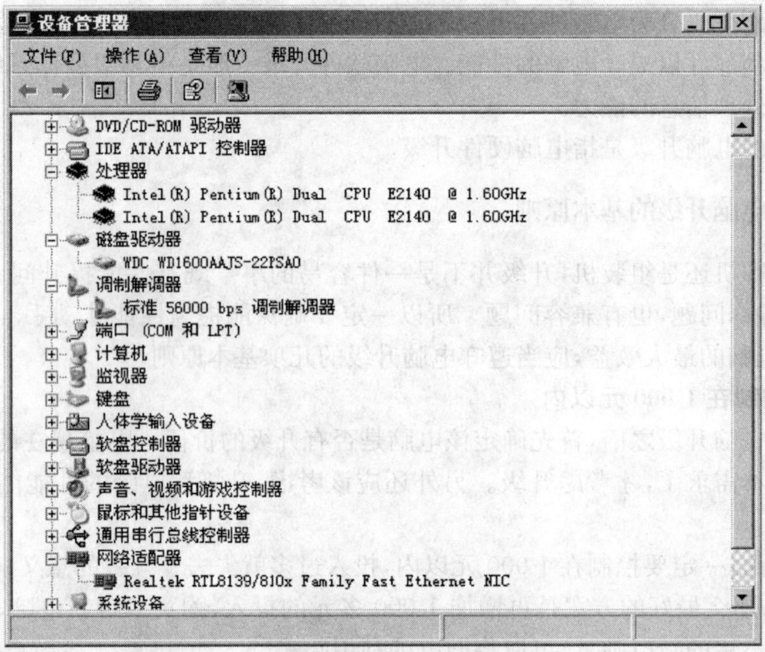

图19-1 "设备管理器"中显示配件的信息

方法二：借助第三方软件。第三方软件非常多，笔者推荐使用"鲁大师"，可以获得的信息非常详细，尤其是主板的潜力也可一并获得。

在本章第3节，将详细介绍"鲁大师"的操作方法。

19.2 电脑配件分析

从目前电脑应用来看，升级CPU、内存、显卡和硬盘等配件对系统性能的提升最为明显。而显示器、鼠标、键盘、电源、机箱、光驱及音箱等配件都属于更新换代产品，直接更换新的就可以。

19.2.1 CPU 升级

当前市场上 CPU 主流产品主要是 Intel 公司和 AMD 公司，其产品如图 19-2 所示。

图 19-2　Intel 公司和 AMD 公司的 CPU

在进行 CPU 升级时，首先必须是同一品牌的产品才能升级，即不能将原来 AMD 的 CPU 换成 Intel 公司的 CPU，因为主板不支持。

CPU 升级具有两种概念，一种是同档次不同频率的升级，另一种是档次的升级。

1. 同档次不同频率的升级

这种升级是将同档次的频率高的 CPU 替代频率低的 CPU。例如，以前的奔腾Ⅲ 500 升级到奔腾Ⅲ 800，赛扬 2.0G 升级到赛扬 2.4G 等，这样可以提高系统的运行速度。

2. CPU 档次的升级

这种升级是将 CPU 提高一个档次。例如，将奔腾 3 CPU 升级到奔腾 4 CPU 或将奔腾 4 CPU 升级到双核 CPU。档次升级的先决条件是主板必须支持，否则不能升级。

19.2.2 内存升级

综合分析，内存是电脑升级中首要考虑的配件，因为升级内存给系统带来的性能提高是非常明显的，而且具有投资少、操作方便的特点。

1. 注意事项

在购买内存时，首先要考虑兼容性的问题，不管是台式机还是笔记本，最好使用同一品牌、同一规格的内存。因为一些品牌机对内存比较挑剔，使用其他品牌的产品很有可能出现无法开机或经常死机的故障。

2. 内存容量

针对日常应用，建议 Windows XP 系统的电脑将内存升级到 512MB 或 1GB，Vista 和 Windows 系统的电脑将内存升级到 2GB。内存的容量只要够用就行，目前的新电脑内存一般为 2～4GB。

3. 内存升级的方法

内存升级基本就是增加内存的容量或者更换内存。比如说主板上有 2 个内存插槽，插了 1 条 256MB 的内存，可以再增加一个 256MB 的内存，那么就达到了 512MB 的容量。如果 2 个插槽已经插了 2 条 256MB 的内存条，那么取下其中的一条，换上一条 1GB 的内存条，就达到了 256MB+1GB(1 024MB)=1 280MB。这种内存升级比较简单。

因为内存与 CPU 是配套使用的，如果旧电脑是按照档次升级了 CPU，就必须要更换符合 CPU 和主板要求的新内存，原来的内存条就不能用了。

4. 内存与 CPU 的关系

为了方便初学者，下面分析一下内存和 CPU 的搭配关系。

(1)SDRAM 内存

奔腾 3 系列(赛扬)CPU 使用的内存条是 SDRAM 内存。SDRAM 为 168 线，数据总线宽度为 64 位，采用 3.3V 电压，故常称其为 168 线内存条。SDRAM 产品分为 PC100、PC133、PC150、PC166 和 PC200。168 线内存条如图 19-3 所示。

图 19-3　168 线内存条

168 线内存条的金手指上有 2 个缺口与主板上的内存插槽相对应。

(2)DDR 内存

奔腾 4(赛扬)等低端 CPU 系列使用 DDR 内存。DDR 内存也是第一代 DDR 内存，因此也称为 DDR1 内存，为 184 线，故称其为 184 线内存条。主频有 233 MHz、333 MHz 和 400 MHz 等几种速度规格。184 线 DDR 内存条如图 19-4 所示。

图 19-4　184 线 DDR 内存条

(3)DDR 2 内存

奔腾 4 和更高系列的 CPU 和双核 CPU 使用 DDR 2 内存。

DDR 2 内存与 DDR 内存相比，速度有大幅度的提升。目前，DDR 2 内存有 400MHz、533MHz、667MHz、800MHz 以及 1 600MHz 等多种速度规格。

DDR 2 内存条的针脚数有 200、220 和 240 等三种。主频为 800MHz，采用 FBGA 封装形式，有 240 个针脚，内存电压为 1.8V 的 DDR 2 内存如图 19-5 所示。

图 19-5　DDR 2 内存条

(4)DDR3 内存

双核、三核以及四核以上系列 CPU 使用 DDR 3 内存。DDR 3 内存要求的工作电压更低,是性能更好更省电的产品。DDR3 内存的频率为 1 066MHz、1 333MHz、1 600MHz 以及 1 800MHz。

胜创(Kingmax) DDR3 1333 内存条如图 19-6 所示。

图 19-6　胜创 DDR3 1333 内存条

19. 2. 3　显卡升级

显卡方面,集成显卡对于一般的用户都是够用的。如果需要做专业绘图或者玩大型游戏,这就需要购买显卡或者将原来的显卡进行升级。

显卡升级首先要符合主板的总线接口,也就是显卡插槽,当前流行的显卡有 AGP 接口和 PCI-E 接口。

(1)AGP 接口

AGP 接口是专用的显示接口,具有独占总线的特点,只有图像数据才能通过 AGP 接口。AGP 接口分为 AGP 8X、AGP 4X 和 AGP 2X 等不同的标准。一般情况下,奔腾 3 档次的电脑使用 AGP 4X 和 AGP 2X 接口的显卡,而奔腾 4 档次的电脑使用 AGP 8X 的显卡。AGP 8X 接口显卡如图 19-7 所示。

(2)PCI-E 接口

PCI-E 接口是一种更新的显卡接口标准,自发布以来,PCI-E 接口标准得到了大多数厂商的支持。当前 PCI-E 接口标准已经取代了 AGP 接口标准,一般双核 CPU 以上档次的电脑都使用 PCI-E 接口的显卡。PCI-E 接口的显卡如图 19-8 所示。

图 19-7　AGP 8X 接口显卡

图 19-8　PCI-E 接口的显卡

在进行显卡升级时,首先要明确自己旧电脑的主板支持 AGP 8X 还是 PCI-E 显卡接口,二者互不兼容。根据旧电脑的主板上显卡的接口类型,直接到市面购买一块 AGP 8X 接口或者 PCI-E 接口的显卡升级即可。

19.2.4 硬盘升级

硬盘升级要选择的主要参数是硬盘的接口、容量和转速。

1. 硬盘的接口

硬盘有两种接口，即 PATA 接口和 SATA 接口。如果主板具备 SATA 接口（奔腾 4 档次以上的电脑都具备），可以考虑将 PATA 硬盘更换成 SATA 硬盘。两者价格相差不大，但 SATA的传输速度比 PATA 要快了近 30 倍，对系统读取速度的提升是非常有效果的。

2. 硬盘的容量与转速

要为电脑的硬盘升级，首先要购买一块容量合适的硬盘。目前，市场上主流硬盘分别为 120GB、160GB、320GB、500GB 以及 1 000GB 等。

奔腾 3 档次电脑的硬盘一般只有 40GB，奔腾 4 档次电脑的硬盘一般为 40GB 或者 80GB。但必须指出，电脑的档次不同，支持的硬盘容量是不同的，奔腾 3 档次的电脑所支持的硬盘容量最大为 40GB，奔腾 4 档次的电脑最大支持 80GB。如果考虑将奔腾 4 电脑的硬盘升级，只能将原来 40GB 的硬盘更换成 80GB 的硬盘，要想更换 160GB 以上的硬盘，则主板不支持。

当前主流电脑的硬盘都是 160GB 到 500GB，如果没有特殊要求，160GB 的硬盘容量是足够用了，没有必要换更大的硬盘。

硬盘的转速一般应该选择 7200 转。

3. 升级前的准备工作

在对电脑升级前，首先要对电脑桌面、收藏夹以及我的文档中的文件进行备份，否则，当换上新的硬盘后，需要重新安装操作系统，这些内容就丢失了，很不容易恢复。其次，最好买一个移动硬盘盒，将拆下的旧硬盘装到硬盘盒中，组装成一个移动硬盘，十分好用。

4. 更换硬盘的步骤

(1)拆卸旧硬盘

首先要拔下主机的电源线，防止操作时误加电。然后拔掉硬盘的电源线和信号线。再用改锥拆下硬盘的固定螺丝，轻轻取出硬盘。

(2)安装新硬盘

先将新硬盘放置到位，用改锥固定好螺丝。然后插上硬盘的信号线和电源线。再插上主机的电源线。

最重要的一点是新硬盘是空的，需要进行分区、格式化以及安装操作系统等，这些操作可参考前面介绍的装机过程。

19.2.5 主板升级

一般情况下，笔者不建议将主板进行升级，因为主板升级后，新的主板不支持原来的 CPU 和内存，CPU 和内存就都需要更新换代，这样升级还不如重新组装一台电脑。

19.2.6 电源

电源问题也不能忽视，由于升级后性能增强，功耗无疑也将跟着增加，需要考虑一下老电源的功率问题。如果只是增加内存、更换一块硬盘，电源还是可以承受的；如果更换配件较多，需要测算一下电脑整机所消耗的功率，必要时，应当考虑更换电源。

更换电源时，请注意下面两点：

第一，注意质量。电源一定要选择质量优良的产品。一般情况下，电源的变化也不大，只是从奔腾 3 电源转换为奔腾 4 电源时有些变化，现在市场上销售的奔腾 4 电源都增加了供串口设备（如串口硬盘和光驱）的电源接口。一定要购买当前最新版本的电源。

第二，电源功率。新一代 ATX 12V 2.3 标准中定义了 180W、220W、270W 三个较低功率输出的具体输出指标。如今很多用户在购买电源时都将注意力集中到了 300W 及以上产品，但事实上对于大多数用户而言，一款实际输出功率可以达到 250W 的产品就完全可以满足需要。

如果电脑消耗的功率为 260～290W，应当选择功率为 300W 的电源；如果是奔腾 4 档次的旧电脑，且是集成显卡，不消耗太多的电能，只要选择 270W 的电源就可以了。

但如果要升级的电脑是近两年的产品，是双核处理器，将来还可能再升级，就应当选择功率大一些的电源。因为按照现在的发展趋势，将来的 CPU 和显卡所消耗的功率会越来越大，所以个人建议，如果将来想升级，电源的功率要选 350W 比较合适。

19.3 电脑机型分析

所谓电脑机型分析是分析有哪些机型的电脑适合升级，有哪些机型不适合升级。所谓不适合升级，主要是指升级的花费太高。

下面按电脑出产的年代分析，因为不同年代生产的机型代表电脑的基本配置及基本性能。

19.3.1 1998～2001 年产品

1998～2001 年的电脑已经很老了，CPU 一般是第一代的奔腾或赛扬。

如果 CPU 的主频是 500～700MHz，内存 128MB 以下的电脑，就没有升级的价值，只适合打打字、上上网以及玩一些简单的游戏。

如果 CPU 的主频在 800MHz 以上，内存为 128MB 或 256MB 的电脑，平时只是玩一些简单的游戏或打字写文章以及做表格等，若还想提高一点电脑的性能，可以采用下面两种升级方案。

方案 1：使电脑的内存最好达到 512MB。然后对操作系统进行简单的系统优化。此后，就会发现电脑上网或玩游戏的速度快多了，并不比奔腾 4 差。花费大约 100 元。

方案 2：把原先的主板、CPU 和内存都淘汰掉。然后购买几件二手配件：一个奔腾 4 系列低端的 CPU，比如赛扬 1.7G，AMD1600＋等，一块支持这种 CPU 的主板和 512MB 的内存，其他设备如电源、机箱、硬盘以及光驱等可不更换，等于组装了一台低端的奔腾 4 档次的电脑，花费大约 400 元，这样的配置要比方案 1 的配置高，电脑的性能也好些。

19.3.2 2003～2006 年产品

这个年代的电脑的 CPU 一般是奔腾 4 或赛扬系列，主频为 2.0～2.4，内存一般为 256MB 或 512MB，硬盘为 40GB，带有 VCD 光驱，15 英寸或 17 英寸的 CRT 显示器。这样的电脑的速度已经比较快了，做一般的办公室用机或家庭使用都能胜任。

可以升级的部件如下。

① 可以扩充内存，增加到 1GB，其速度会大大提高。

② 可以更换光驱，将 VCD 光驱更换为 DVD 光驱或者直接换成 DVD 刻录机，这样可以读 DVD 光盘，还可以刻录资料。

③ 可以更换显示器，直接购买 19 英寸的液晶显示器，即使以后再更换主机，显示器也可以继续使用。

除显示器以外的配件大约花费 400 元。

19.3.3 2006～2008 年以后产品

2006 年以后的电脑，整体上 CPU 的性能已经非常不错了。如果感觉速度有些慢，可以扩大内存，其他方面就没必要升级了。扩大内存后，如果电脑的速度还是感觉慢，可能是电脑的操作系统有问题，可以将操作系统重新装一次，将驱动程序安装好就可以了。除了换内存，如果显卡是集成显卡，可以加一块显卡，如果已经是独立显卡，就没有更换的必要了。

19.4 电脑升级、装机的重要工具——鲁大师

鲁大师是一款免费软件，是用户装机、电脑升级、购买新电脑进行测试的重要工具，不带任何广告及插件。

该工具软件适合于各种品牌台式机、笔记本电脑、DIY 兼容机，还适用于 Windows 2000、Windows XP、Windows 2003、Windows Vista、Windows 2008 和 Windows 7 等操作系统。

19.4.1 功能简介

鲁大师是新一代的系统工具。它能轻松辨别电脑硬件真伪，保护电脑稳定运行，优化清理系统，提升电脑的运行速度。运行鲁大师，其首页如图 19-9 所示。

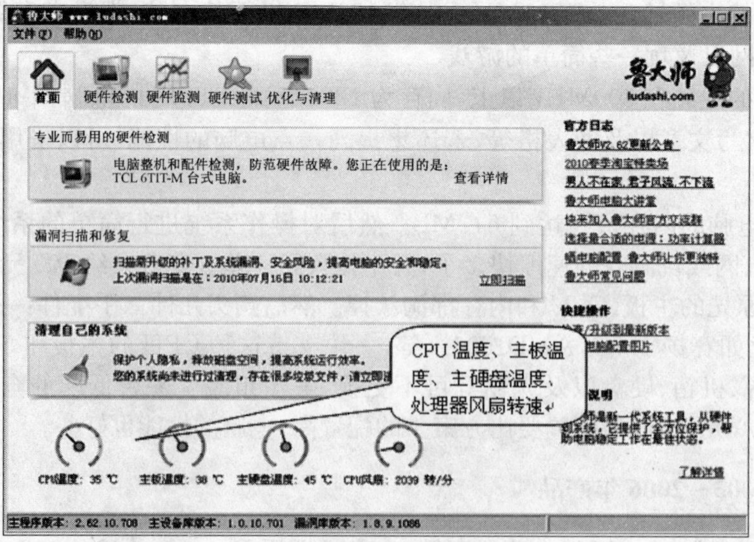

图 19-9 鲁大师首页

鲁大师的主要功能分为四部分：硬件检测、漏洞修复、温度监测和电脑评估。

该工具软件每次启动都会对电脑进行扫描，如果发现有漏洞需要修复，则会在首页提示用户。

不仅如此，鲁大师的首页还简明直观地提供了电脑的实时传感器信息，例如 CPU 温度、主板温度、主硬盘温度以及处理器风扇转速等实时信息。

19.4.2　硬件概览

鲁大师对电脑进行测试后，在硬件概览中，会显示电脑的硬件配置的简洁报告，如计算机生产厂商（品牌机）、操作系统、处理器型号、主板型号、芯片组、内存品牌及容量、主硬盘品牌及型号、显卡品牌及显存容量、显示器品牌及尺寸、声卡型号以及网卡型号等，如图 19-10 所示。

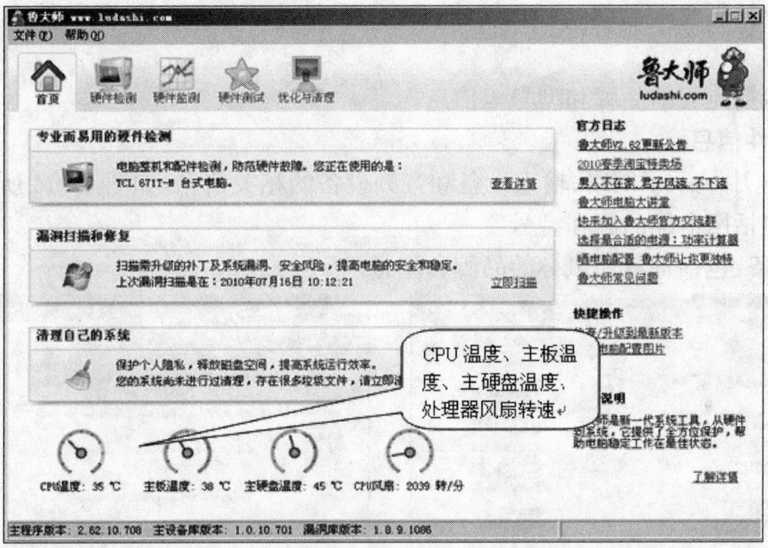

图 19-10　硬件概览选项卡

1. 处理器及主板信息

在“主板”选项卡中显示了该电脑的处理器和主板的信息，如图 19-11 所示。

① 处理器：包括处理器的型号、核心参数、插槽类型、主频及前端总线频率、一级数据缓存类型和容量、一级代码缓存类型和容量、二级缓存类型和容量及支持特性。

② 主板：包括主板的型号、芯片组型号和 BIOS 版本信息。

2. 显示设备信息

“视频”选项卡中显示了显卡和显示器的相关信息，如图 19-12 所示。

① 显卡：包括显卡的品牌、显存容量、制造商、BIOS 版本及驱动信息。

② 显示器：包括产品名称、品牌、制造日期、尺寸、图像比例及当前分辨率。

3. 存储设备信息

“存储”设备信息选项卡中显示了内存、硬盘和光驱的信息，如图 19-13 所示。

① 内存：包括内存的插槽、容量、品牌、速度和出厂日期。

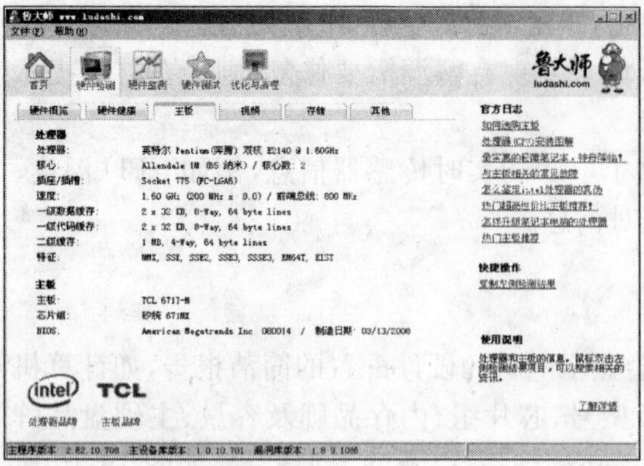

图 19-11　处理器及主板信息

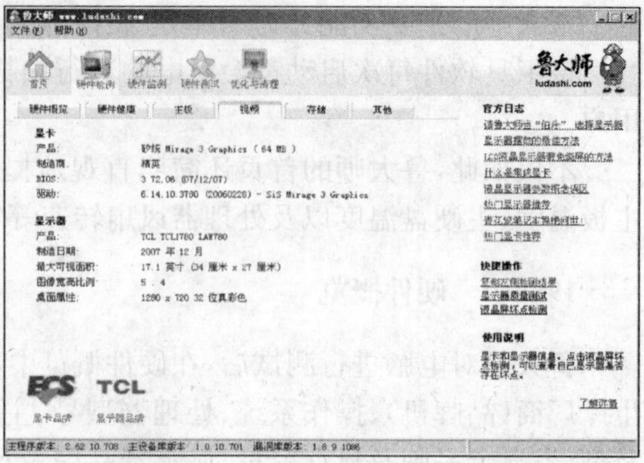

图 19-12　显卡和显示器的相关信息

②硬盘：包括硬盘的品牌、容量、转速、型号、缓存、使用时间、接口、传输率及支持技术特性。

③光驱：包括光驱的品牌和型号等信息。

4. 其他硬件信息

其他选项卡中显示了网络、输入设备和音频设备的相关信息，如图 19-14 所示。

①网络：包括网卡的品牌和型号。

②输入设备：包括键盘和鼠标的品牌和型号。

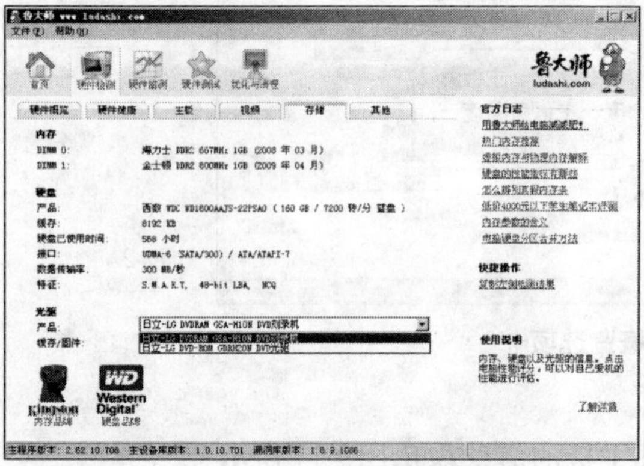

图 19-13　内存、硬盘和光驱的信息

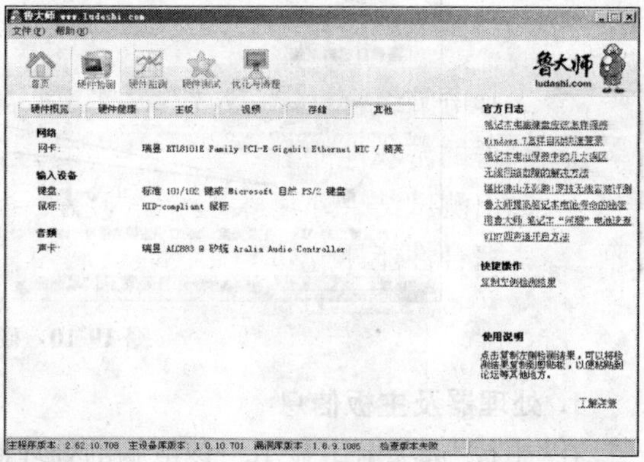

图 19-14　网络、输入设备和音频设备的相关信息

③音频：包括声卡品牌型号。

如果是笔记本电脑，鲁大师会显示出笔记本电脑电池损耗的情况。

19.4.3　温度监测

打开“温度监测”窗口，鲁大师对电脑的相关设备进行温度检测，并给出主要配件的即时温度变化曲线。在电脑升级时，如果更换了 CPU、内存、硬盘以及主板等配件，在更换前后都需要进行温度监测。

“温度监测”窗口如图 19-15 所示。

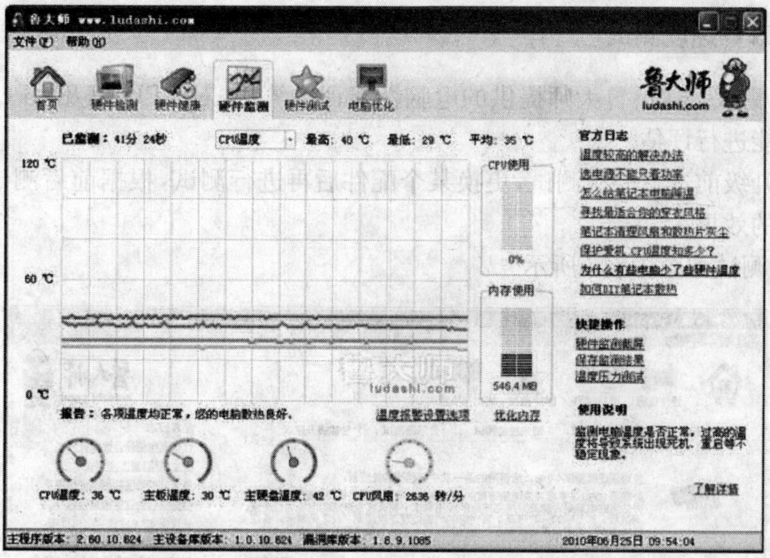

图 19-15　“温度监测”窗口

温度监测包含 CPU 温度、显卡温度（GPU 温度）、主硬盘温度以及主板温度等内容。

提示：可以在运行温度监测时，最小化鲁大师，然后运行 3D 游戏，待游戏结束后，观察硬件温度的变化。

19.4.4　电脑综合性能评分

鲁大师电脑综合性能评分是通过模拟电脑计算获得的 CPU 速度测评分数和模拟 3D 游戏场景获得的游戏性能测评分数综合计算所得。该分数能表示该电脑的综合性能。测试完毕后会输出测试结果和建议。

电脑综合性能评分如图 19-16 所示。

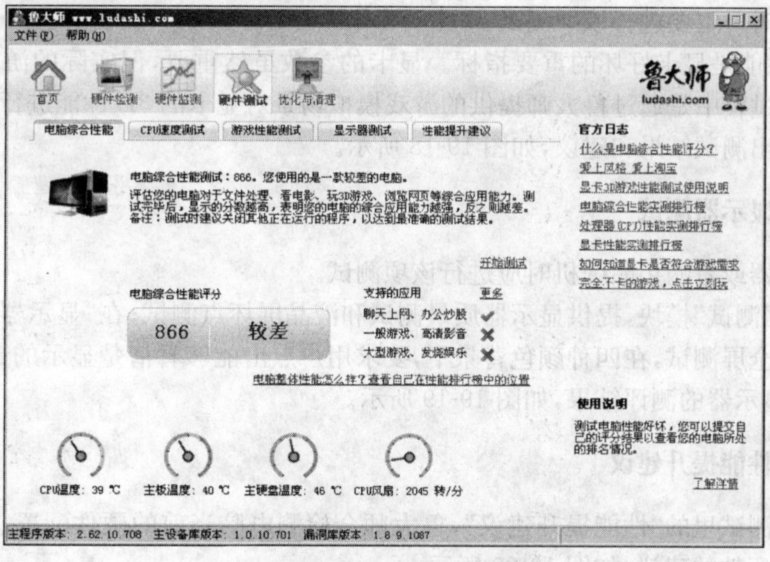

图 19-16　电脑综合性能评分

19.4.5 CPU 速度测试

CPU 速度测试是通过鲁大师提供的电脑性能评估算法，对 CPU 以及 CPU 同内存、主板之间的配合性能进行评估。

进行电脑升级前进行一次测试，更换某个配件后再进行测试，根据前后测试的结果对比，就可看出升级的效果。

CPU 速度测试如图 19-17 所示。

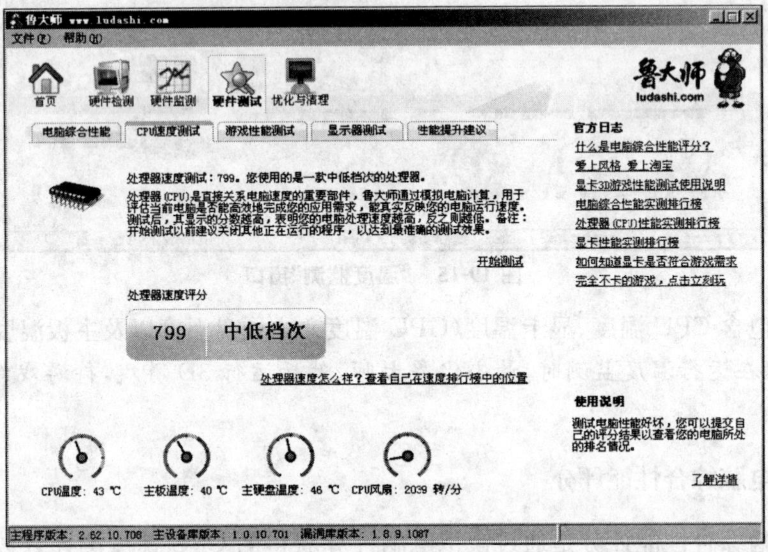

图 19-17 CPU 速度测试

19.4.6 显卡 3D 游戏性能测试

升级显卡时一定要进行该项测试。

3D 游戏性能是显卡好坏的重要指标。显卡的参数虽然重要，但实际的游戏性能更能说明问题。测试过程中是通过鲁大师提供的游戏模拟场景对显卡的 3D 性能进行性能评估。测试完毕后会输出测试结果和建议，如图 19-18 所示。

19.4.7 显示器测试

购买显示器或者购买品牌机时应进行该项测试。

在“显示器测试”模块，提供显示器质量测试和液晶屏坏点测试；在“显示器质量测试”中，对显示器进行全屏测试，在四种颜色背景下，要求用户点击能够看清楚显示的最后一行字，完成后，将得到显示器的测评结果，如图 19-19 所示。

19.4.8 性能提升建议

进入性能测试里的“性能提升建议”，鲁大师会检测电脑当前的硬件配置，然后给出该电脑可以升级的配件的建议，如图 19-20 所示。

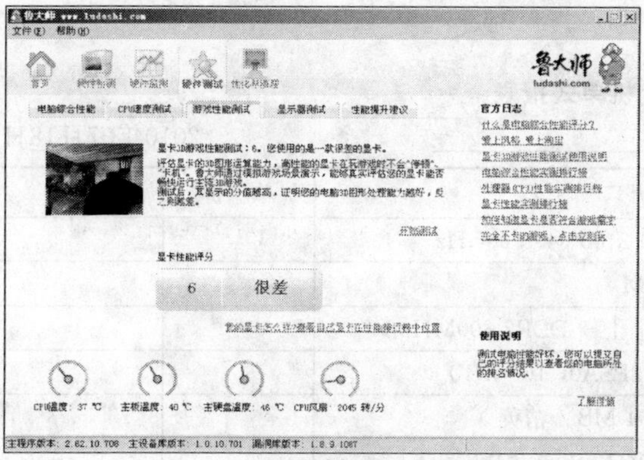

图 19-18 3D 游戏性能测试

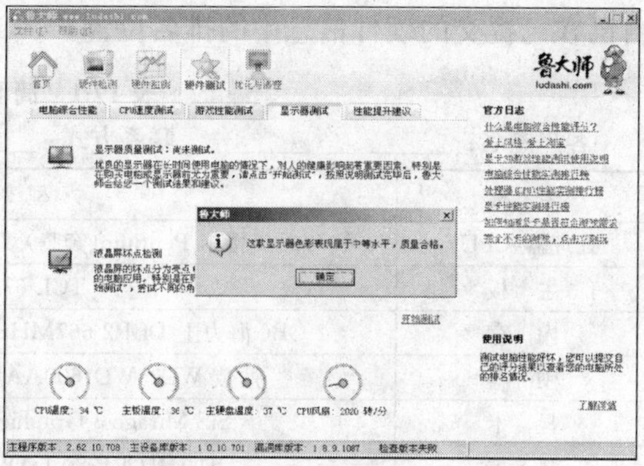

图 19-19 显示器的测评结果

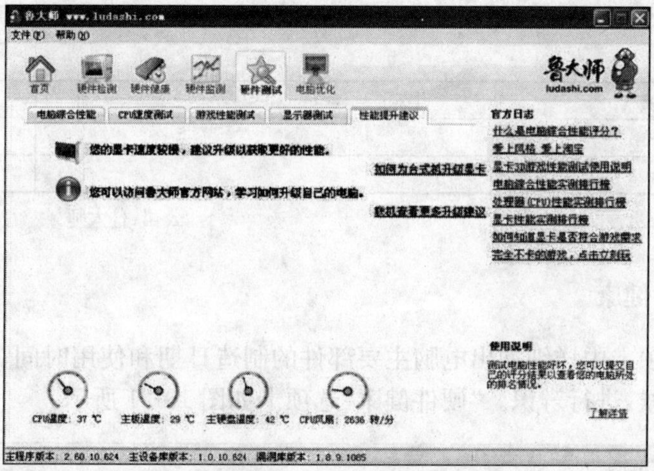

图 19-20 “性能提升建议”

点击对应升级建议可以查看升级建议详情。也可以点击“联机查看更多升级建议”进入鲁大师官方网站的“电脑讲堂”栏目。该栏目收录了电脑升级建议、电脑百科、综合性能排行榜、处理器(CPU)排行榜和显卡性能排行榜。

用户可以根据这些栏目中介绍的相关知识，制订自己的电脑升级计划。

19.4.9 报表

鲁大师的报表功能包含简明装机单式报表和详细专家报表。

选择主菜单“文件”|“报表”来生成两种报表文件。鲁大师的一个特色功能就是能为用户生成简明装机单，使用户在组装电脑时可以跟商家的装机单做比较，以确保所有配件的品牌和型号等参数是用户所要求的，有了装机单就能真正做到心中无忧。简明装机单式报表如表 19-1 所示。

除了为用户服务的简明装机报表外，通过选择“详细报表”鲁大师还提供专业报表保存功能。专业报表提供更多更详细的硬件信息。

通过选择“提交报表”，用户也可以将自己的硬件数据提交到鲁大师官方网站，同时查看自己在已提交的硬件信息中的排名位置。

表 19-1 简明装机单式报表

客户签名：________ 联系方式：________ 2010年07月18日

名 称	型 号	单 价	质 保
处理器(CPU)	英特尔 Pentium(奔腾)双核 E2140 @ 1.60GHz		
主 板	TCL 671T-M		
内 存	2 GB(海力士 DDR2 667MHz / 金士顿 DDR2 800MHz)		
硬 盘	西数 WDC WD1600AAJS-22PSA0(160 GB)		
显 卡	SiS Mirage 3 Graphics(64 MB / 精英)		
显示器	TCL TCL1780 LAW780(17.1 英寸)		
光 驱	日立-LG DVDRAM GSA-H10N DVD 刻录机		
机 箱			
电 源			
键盘/鼠标			
音 箱			
其 他			
总 计			

公司：鲁大师 电话：×××-×××

19.4.10 硬件健康

"硬件健康"选项卡中详细列出电脑主要部件的制造日期和使用时间，便于大家在购买新机或者二手机的时候，进行辨识。"硬件健康"选项卡如图 19-21 所示。

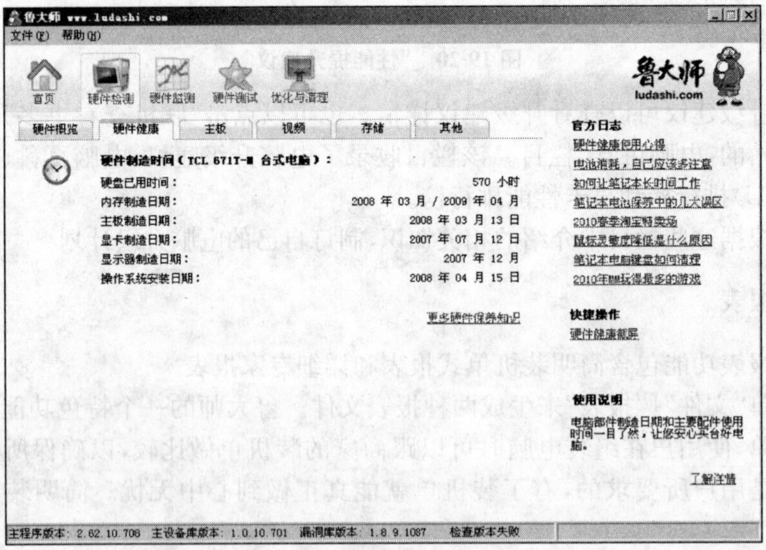

图 19-21 "硬件健康"选项卡

硬件健康模块分成了两部分，第一部分是"电脑寿命测试"，其中包含了电脑主要部件的制造日期和使用时间。

① 硬盘已使用时间，新机此处的使用时间一般都应该在 10 小时以内。

② 主板制造时间，新机此处的使用时间一般应该在半年以内。

③ 显卡制造日期，新机此处的使用时间一般应该在半年以内。

④ 光驱制造日期，新机此处的使用时间一般应该在半年以内。

⑤ 操作系统安装日期，如果是预装的操作系统，一般安装时间应该在 3 个月以内。

⑥ 内存制造日期，新机此处的使用时间一般应该在半年以内。

⑦ 显示器制造日期，新机此处的使用时间一般应该在一年以内。

⑧ 如果是对笔记本电脑进行测试，有第二部分。

第二部分是“笔记本电池测试”，包含了笔记本电池的主要信息。

① 电池损耗，新机此处电池损耗一般都是 0。

② 设计容量，购买新笔记本时，请核对该容量是否与技术指标列出的设计容量一致。

鲁大师的功能十分强大，本节只是介绍了其中的一部分，电脑爱好者在装机或购买电脑时要仔细学习该工具的功能，一定会有所帮助。

19.5　升级实例

从目前电脑应用来看，升级 CPU、内存和显卡这三种配件对系统性能的提升最为明显。

本节重点讨论的问题是如果计划只花费 200～400 元，在 CPU、内存和显卡这三种配件中，升级哪种配件收益最大，通过下面的分析即可得出结论。

19.5.1　实例概况

下面以目前市场上比较流行的一款低端入门级的电脑配置为例。分析一下如何升级才能满足用户的需求。

这款低端入门级电脑的配置如表 19-2 所示。

表 19-2　低端入门级电脑配置表

AMD 平台家用电脑配置		
配件名称	型号	价格(元)
 主板	C68S	390
 CPU	AMD Athlon64 3000＋	300
 内存	DDRII 667 512M×2	310
 硬盘	希捷 ST33206620AS	400
 显卡	主板集成	0

上述配置是目前 AMD 平台低端入门级电脑的典型配置，基本上能够满足低端用户的基

本需求,但是随着用户需求的增加,这样的配置略显不足。如果资金预算只打算花费 400 元以内,该如何升级才能使电脑的性能得到最大的提升,通过下面详细地分析对比,即可得到明确的结论,供用户在考虑自己的电脑升级时作参考。

19.5.2 方案分析

下面笔者按照 200～400 元预算的情况下,对这款比较普及的电脑升级,有下面三种方案。

方案一:升级 CPU,将 AMD Athlon64 3000＋ 升级到 Athlon 64 ×2 4000＋ ,升级花费为 230 元。

方案二:升级内存,将 DDRII 667 512M×2 升级到 DDRII 667 1GB×2,升级花费为 240 元。

方案三:升级显卡,将集成显卡升级到 7300GT 独立显卡,升级花费为 400 元。

上述三种升级方案的花费都控制在 400 元以内,性能能够提升多少,通过升级前后的性能对比可以得出结论。

对于电脑的性能对比,需要通过第 4 节介绍的"鲁大师"专门工具软件进行测试,下面说明其测试结果。

1. 分析方案一

测试结果显示:

CPU 升级之后,对于玩 3D 游戏毫无帮助。但是在运算能力和多媒体方面都有大幅度的提升。因此,升级 CPU 对于电脑的整体性能得到提高,尤其在多任务操作和处理中能够得到非常明显的性能提升。如果用户需要对电脑系统的整体性能和多任务处理方面的要求较高,就应当考虑升级 CPU,以提升电脑的整体性能。

2. 分析方案二

扩充内存一直都存在一个误区,有人认为容量越大性能提升越高,其实不然。在目前 Vista 和 Windows 7 操作系统还未普及的情况下,对于一般用户来讲,海量内存容量还为时尚早。况且 Windows XP 系统并不支持 4GB 以上的内存,因此,大于 4GB 的内存并不能起到太大作用。目前情况下,1GB 或者 2GB 的内存容量还是电脑的主流配置,能够满足目前大多数用户的需要。

测试结果显示:512M×2 双通道内存和 1GB×2 双通道内存实际性能差距不大。但是,2GB 内存在多窗口和处理大文件的时候的作用是比较明显的。因此,如果用户有处理大文件和多窗口任务的要求,应当考虑升级内存的方案。

3. 分析方案三

测试结果显示:升级显卡是三种升级方案中花销最多也是收效最明显的方案。升级显卡只对游戏性能有明显提升,对于其他方面性能作用不大。因此,对于游戏玩家来说,想要得到更高的游戏性能,升级显卡才是最佳方案。

最终结论:根据不同的需求采用不同的升级方案。

维　护　篇

第 20 章　电脑的使用与维护

电脑是一种容易发生故障的设备，但如果用户使用方法得当，注意日常维护，就会减少故障的发生，延长电脑的使用寿命。因此，正确地使用电脑的方法和日常维护是十分重要的。

20.1　电脑对环境的要求

一般的办公环境和家庭都能满足电脑对使用环境的要求，下面介绍的环境条件只是最基本的条件。

1. 清　洁

电脑应放置在室内清洁的环境，因灰尘会污染电脑键盘、磁盘、显示器和主机电路板等重要部件，以致造成重大故障，所以电脑的使用环境必须保持清洁。

2. 通　风

电脑在工作时，电源、CPU、显卡等部件会散发大量的热量。若散热不好，室内温度过高，长期使用会使电脑寿命降低，所以应注意室内的通风。

3. 温度和相对湿度

在炎热夏季，电脑室内应配空调设备，温度应保持在 10℃～35℃，相对湿度在 30％～80％。若家庭不具备空调设备，应该尽量少开机。

4. 对交流电系统的要求

电脑对电源的要求是交流 220V±10％，频率为 50Hz±5％。若电源波动范围超出上述限制，会影响电脑的正常工作。

若还有其他用电设备，如复印机、电冰箱和空调机等，电脑不能与这些设备共用一个电源插座，应当使用独立电源插座。

有条件的家庭或办公室，应加 UPS。UPS 可以在市电突然断电时，保护电脑信息不丢失，而且一般 UPS 都具有稳压功能。

5. 供电系统对接地的要求

原则上讲，电脑的电源必须要有良好的接地系统作为安全保证，三相电源插座左边为“零”线，右边为“火”线，上边为“地”线。此处的地线是电源安全地线，不可与电脑的逻辑地线相接。

20.2　正确使用电脑

20.2.1　正确使用电脑

电脑是高科技产品，尤其是多媒体电脑，技术含量高，价格贵，使用者必须严格遵守科学的方法。

① 任何情况下，都不允许带电插拔电缆或打开机箱乱动机内部件。

②注意开关机顺序。开机时,先开外设,再开主机;关机时顺序相反,先关主机电源,再关外设电源。

③使用键盘应轻击按键,不可用力过猛。

④严防电脑病毒,不使用不明真相的磁盘。

⑤应将BIOS设置为从C盘启动系统。

⑥重要文件都应作备份。

⑦定期用杀病毒软件扫描电脑。

⑧保持室内清洁,不在电脑旁吸烟、喝水、吃东西。

20.2.2 保护光盘

如果光驱不能读盘,一般情况下是光盘本身的原因,为了延长光盘的使用寿命,应注意以下几点。

①光盘不能够弯折,还要避免用尖硬的东西划伤磁盘,防止破坏盘上的介质。

②不要将任何污物溅到磁盘上。

③应将磁盘保存在磁盘盒内,并放置在一个清洁的环境中。

④光盘驱动器是依靠激光头的反射读取数据的,如果光盘本身受到灰尘或油污的污染,光驱就不能从光盘感应到足够的反射光,常常会出现读不出信息的现象,所以必须保持光盘的清洁。当用手拿光盘时,一定要注意,手指不要接触光盘的信息面。

20.2.3 防止静电

静电是电脑使用的大敌,有时电脑的部件莫名其妙地损坏,大多数情况都是静电造成的。当人们感觉到有静电存在时,这时的静电就会达到几万伏,足以损坏电脑上的CMOS电路芯片。防止电脑受静电损坏的措施如下。

①室内不铺化纤地毯,应铺防静电地毯。

②保持室内一定的湿度,太干燥时,应注意加湿。

③从室外进入室内时,不要立即上机操作,应双手摸一下室内金属物,如暖气管和铁皮柜等,放掉身上静电,再操作电脑。

④不做维护或修理电脑时,不要随便用手摸电脑内部的元器件,因为CMOS电路防静电能力很差。

20.3 维护电脑

在使用电脑的过程中,由于主机各部件长时间地处于工作状态或受周围环境的影响,主机内部CPU、内存条、硬盘和主板等部件上积满灰尘。一般情况下,会影响电脑的运行效率,情况严重时,会使电脑根本无法工作,甚至会烧毁CPU等重要部件,所以电脑的日常维护是很重要的。

20.3.1 维护的必要性

电脑在使用一段时间后,经常会发生死机、驱动器不读盘及鼠标、键盘不能正常工作等现象，这主要是由以下原因造成的。

① 由于 CPU 等部件散热量很大，堆积灰尘后就不利于散热，会使这些部件的温度急剧升高，以致使这些部件不能正常工作，经常发生死机等现象。

② 主机机箱背面的并行口、串行口和声卡各插口等外接头处堆积大量的灰尘，致使电脑与所连接的外设接触不良或不导通。

③ CPU 与电源的散热风扇上的灰尘过多，使散热效果大大降低。由于大量的热量不能及时排出，也会引起死机现象，严重时会烧坏主板和 CPU。

④ 鼠标和键盘由于长时间暴露在空气中，在键盘按键的触点上及鼠标底部堆积了灰尘，使鼠标不能正常移动，键盘的灵敏度下降。

⑤ 由于显示器是在一般的办公室或家庭环境中使用，长期暴露在空气中，表面也会堆积灰尘，使显示器的亮度降低，显示的内容模糊不清，会对人的视力健康造成伤害。

⑥ 磁盘驱动器的磁头和光驱的激光头，如果堆积灰尘，将影响正常的读写操作。

⑦ 打印机由于长期工作会发生磨损，在打印头的滑杆上如果不及时上润滑油，会影响打印效果。

当电脑经常发生死机现象时，排除病毒及硬件冲突方面的问题后，证明需要清洁电脑。电脑的清洁范围主要包括主机内部、电脑的外表、驱动器、输入输出设备等。

20.3.2 一般维护操作

下面将介绍电脑的主要可维护部分的清洁方法。

1. 清洁主机

电脑的主机部分尽管有机箱的保护，但由于在一般的办公室条件下长期运行，仍然会堆积许多灰尘。如果不及时进行清洁，会影响芯片的散热，引起接插件部分接触不良，还会严重影响电脑的工作速度。

清洁时，用毛刷对各板卡表面上的灰尘轻轻地用刷子先刷一下，然后再用吸尘器吸一遍，将灰尘吸干净。

2. 清洁散热风扇

在清洁 CPU 散热风扇时，一般是将它拆下来进行的。有的 CPU 的散热风扇，拆卸时，需要连同 CPU 一起拆下。

(1)清除灰尘

用刷子顺着风扇马达轴心边转边刷，同时对散热片也要一起刷，这样才能达到清洁效果。

(2)加　油

由于风扇经过长期运转，在转轴处积了不少灰尘。揭开风扇后面的不干胶，就是写着厂商的那张标签，小心不要撕破，还要再贴回去。然后蘸一点缝纫机油，因为缝纫机油纯度较高，润滑效果会好一点。如果没有，也可以用其他润滑油代替。在转轴上滴几滴即可，然后再将厂商标签粘贴好。

(3)清除油垢

如果加油后，风扇转动时还有响声，就应当拆下风扇，清理转子和电刷。拿出尖嘴钳，先把风扇转子上的锁片拆下来，就是中间有一个小缺口的圆环。将锁片拆下来后，可以把风扇的转子拆下来，转子上的接触环和电刷上面积了一层黑黑的油垢，拿出一瓶无水酒精，或者磁头清洁剂。用镊子缠一团脱脂棉，蘸一点无水酒精，先把那些油垢小心地擦去，注意不要把电刷弄斜、弄歪、弄断，清理干净后再安装好。

3. 清洁光驱

清洁光驱使用清洁光盘，清洁光盘也是一张特殊的盘片，另外还配备一些清洁剂。清洁光驱是在播放光盘的过程中进行的，其方法如下：

将清洁光盘放入光驱后，在 Windows 系统下，选择“开始”|“程序”|“附件”|“娱乐”|“CD 播放器”命令，打开“CD 播放器”窗口，如图 20-1 所示。

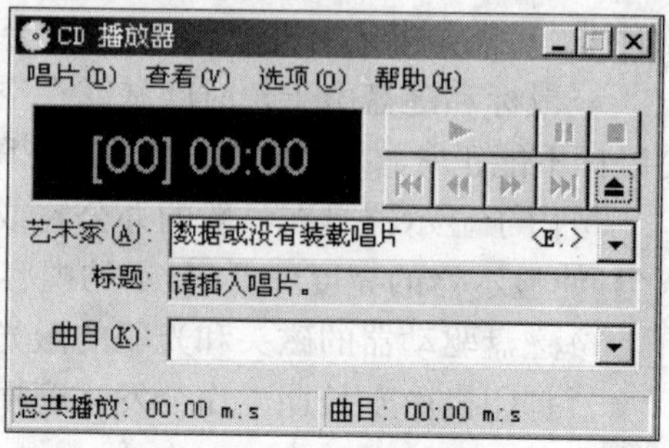

图 20-1　“CD 播放器”窗口

然后进行不同声道的切换操作，可以进一步进行光驱的清洁。

4. 清洁鼠标

由于鼠标经常在桌面上移动，鼠标里面的下面就会积累很多污垢，造成其灵敏度下降，使用起来很不灵活。此外，由于鼠标要握在手中，手心的汗液与灰尘混合形成污垢也会污染鼠标的外壳，所以应当经常对其进行清洁。

清洁外壳时，用软纱布蘸少许的清洁液或无水酒精，擦拭其外壳。

5. 清洁键盘

由于键盘是暴露在空气中的外部输入设备，在长期使用中，按键之间的空隙会落下一些灰尘，有可能导致键盘不能正常工作。

清洁键盘时，首先将键盘倒过来，使有键的面向下，轻轻地敲打键盘背面，有些碎屑可以落下来，但不可用力过猛。

然后，再将键盘翻过来，用吸尘器进行清除。

必要时，也可以拆下键盘四周的固定螺钉，打开键盘，用软纱布蘸无水酒精或清洁剂，对内部进行清洗，晾干以后，再安装好即可。

6. 清洁显示器

显示器的屏幕及外壳是需要经常维护的地方。清洁显示器屏幕和外壳时，用软纱布蘸一点专用的清洁剂，轻轻擦拭即可。

此外，对于其他的外设，如打印机和扫描仪等清洁方法也相同，需要经常进行维护。

20.3.3　光驱的日常维护

光驱是非常娇贵的部件，再加上使用频率高，故其寿命很有限。因此，很多商家对光驱部件的保修时间要远短于其他部件。延长光驱的使用寿命要注意以下几点。

1. 保持光驱、光盘清洁

光驱采用了非常精密的光学部件，而光学部件最怕灰尘和油污的污染。污染来自于光盘的装入和退出过程，光盘是否清洁对光驱的寿命有直接影响。所以，光盘在装入光驱前应作必要的清洁，对不使用的光盘要妥善保管，以防灰尘污染。

2. 定期清洁保养激光头

光驱使用一段时间之后，激光头必然会沾上灰尘，从而使光驱的读盘能力下降。具体表现为读盘速度减慢，显示屏画面出现马赛克或声音出现停顿，严重时可听到光驱频繁读取光盘的声音。这些现象对激光头和驱动电机及其他部件都有损害。所以，使用者要定期对光驱进行清洁保养或请专业人员维护。

3. 保持光驱水平放置

在电脑使用过程中，光驱要保持水平放置。其原因是光盘在旋转时重心因不平衡而发生变化，轻微时可使读盘能力下降，严重时可能损坏激光头。

4. 养成关机前及时取盘的习惯

光驱内一旦有光盘，不仅电脑启动时要有很长的读盘时间，而且光盘也将一直处于高速旋转状态。这样既增加了激光头的工作时间，也使光驱内的电机及传动部件处于磨损状态，无形中缩短了光驱的寿命。建议使用者要养成关机前及时从光驱中取出光盘的习惯。

5. 减少光驱的工作时间

为了减少光驱的使用时间，以延长其寿命，使用电脑的用户在硬盘空间允许的情况下，可以把经常使用的光盘做成虚拟光盘存放在硬盘上。如教学软件、游戏软件等存放在硬盘中，这样以后可直接在硬盘上运行，并且具有速度快的特点。

6. 少用盗版光盘

不少用户因盗版光盘便宜而购买使用，但因其盘片质量差，激光头需要多次重复读取数据。这样电机与激光头增加了工作时间，从而大大缩短了光驱的使用寿命。目前正版软件的价格已经大大下跌，有些只比盗版软件略贵，且光驱读盘有了保障。所以建议大家尽量少用盗版光盘。

7. 正确开、关托盘

光驱前面板上有“进/出仓”按键，利用此按键是常规的正确进仓/出仓光驱托盘的方法。按键时手指不能用力过猛，以防按键失控。有些用户习惯用手直接推回托盘，这对光驱的传动齿轮是一种损害，建议用户克服这一不良习惯。

8. 利用软件开、关托盘

很多刻录软件、多媒体播放工具都提供开、关托盘的功能。如在 Windows 中用鼠标右键单击光盘盘符，弹出的菜单中也有一项“弹出”命令，可以弹出托盘。建议电脑用户尽量使用软件控制开、关托盘，这样可减少光驱“进/出仓”按键发生故障。

20.3.4　刻录机使用常识

1. 刻录机工作原理

刻录机刻录数据原理是：刻录数据时，刻录机首先是将数据读入自带的缓存中，然后再从缓存中把数据写入刻录盘片，这里所指的数据可以是任何能被电脑处理的数据文件。需要注意的是刻录机读入数据、写入刻录盘这一过程是一个连续的工作过程，正是由于这是一个连续的过程，也就决定了刻录机在刻录过程中容易出现问题，如果刻录机缓存数据被用完，被迫中断当前刻录操作，在传统刻录方式下，中断后不能继续进行刻录，就会导致盘片报废，这就是后面要讲到的“Buffer Under Run”(缓冲区数据不足)的问题。

2. 安全快捷刻录的方法

刻录光盘时,如果使用不当会经常发生“烧盘”现象,要提高刻录的成功率避免“烧盘”,应注意如下几个要点。

① 硬件设备要尽量好。电脑的档次要高一点,速度要较快,性能稳定,在购买刻录机时,应选择有最新技术,缓存尽可能大些的产品,如 SONY、宏盛、Acer 等品牌的刻录机。

② 关闭无关的硬件设备,如连接局域网进行访问的网卡,以防在光盘刻录过程中无关软件访问主机,而导致光盘刻录中断。如果是联网的电脑最好临时拔掉网线。

③ 关闭电脑的省电模式,由于在刻录过程中鼠标和键盘均没有输入信息,电脑会误认为系统处于闲置状态而导致突然供电停止,这对正在进行的光盘刻录工作是致命的打击,所以很有必要在 BIOS 和 Windows 系统中设置禁用电源管理功能,保持系统处于正常状态。

④ 在刻录过程中,尽量不要执行其他的应用程序,特别是一些后台工作的防毒软件,同时确保已关闭 Windows 系统的计划任务和屏幕保护程序,使它们不会在刻录时突然运行。应该在光盘刻录之前做好查毒工作。在光盘刻录时最好不启动应用程序,虽然某些产品在广告中声称可以同时使用其他程序,但是用户还是小心为妙。

⑤ 选择合适的刻录软件,一般最好使用刻录机附带的刻录软件。这样可以减少兼容上的问题,另外,还要注意选用较新版本的软件,因为新版本漏洞较少,并能对硬件更好的支持。

⑥ 要注意刻录机的散热问题,散热良好与否会对刻录机的稳定工作有极大的影响。不要长时间连续刻录光碟,否则很可能导致机件过热而使刻录失败。

⑦ 选择合适的刻录盘。“金碟”、“绿碟”和“蓝碟”虽然无本质的区别,但不同的刻录机对不同的碟片兼容性可能不同。所以在采购时,应尽量选用名牌产品。

⑧ 大多数情况下应选择最稳定的刻录方法,就是将要刻录的资料在硬盘上做成一个 ISO 影像文件,然后再刻入光碟中。

20.4 系统维护工具

电脑在使用过程中,除了要进行硬件方面的维护外,还需要进行软件方面的维护,这是电脑高效运行的基础。进行软件维护的必要性基于下面几个因素。

① 由于电脑在运行过程中,频繁地从硬盘存取文件和删除文件,将产生一些无用的文件及硬盘碎片。

② 由于人为地误操作或电脑病毒的破坏,会使一些文件产生错误。

所以必须每隔一定的时间对硬盘进行清理。在 Windows 系统中,有三个用于日常维护的应用程序,分别为磁盘清理程序、磁盘扫描程序和磁盘碎片整理程序,如图 20-2 所示。

20.4.1 清理磁盘

电脑在运行过程中,需要不断地向硬盘写入、删除文件,这样,将产生许多无用的文件,占据磁盘上宝贵的空间,必须将这些无用的文件清除,才能释放磁盘空间。清理硬盘包括定期删除那些没用的旧文件,清空回收站,释放硬盘空间。清理硬盘使用“磁盘清理程序”或者是在“资源管理器”或“我的电脑”窗口中进行。清理磁盘的操作步骤如下。

步骤 1. 选择“开始”|“程序”|“附件”|“系统工具”|“磁盘清理程序”命令，显示“选择驱动器”对话框，如图 20-3 所示。

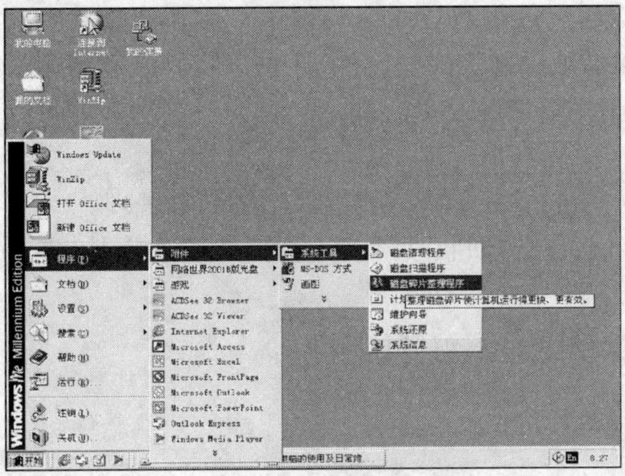

图 20-2 维护应用程序

图 20-3 “选择驱动器”对话框

步骤 2. 选择驱动器号，例如 C 盘。

步骤 3. 选择 C 盘后，单击“确定”按钮，弹出“C:的磁盘清理”对话框，如图 20-4 所示。

该选项卡中有如下选项：“Internet 临时文件”、“已下载的程序文件”、“回收站”和“临时文件”等。

步骤 4. 选中要清理的选项，单击“确定”按钮，系统开始查找相应的文件，并将其删除。

步骤 5.“磁盘清理程序”对话框中还有“其他选项”选项卡，打开该选项卡，如图 20-5 所示。

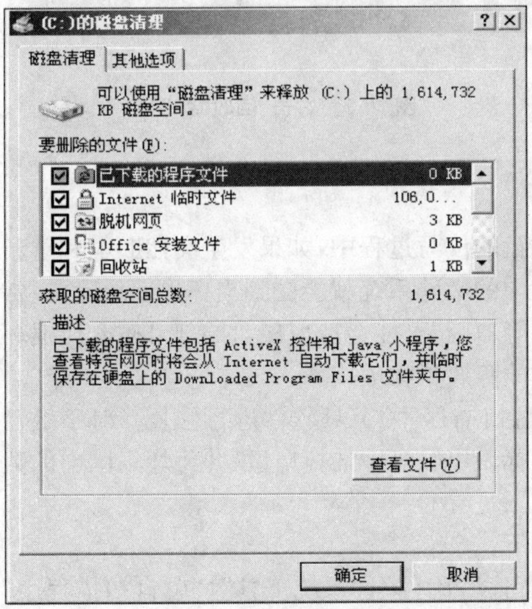

图 20-4 “磁盘清理”对话框

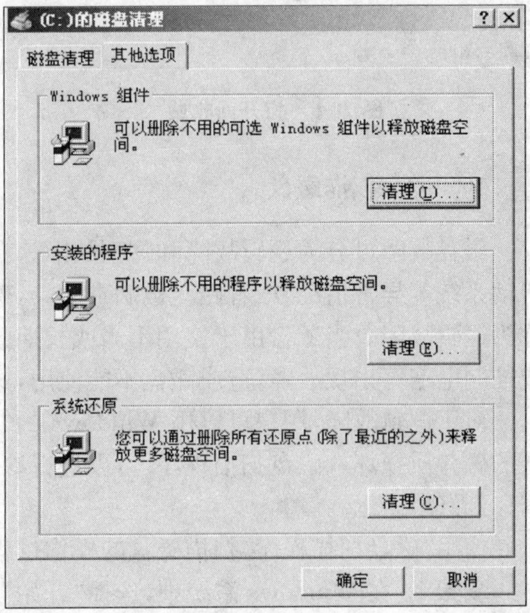

图 20-5 “其他选项”卡

在其中可以选择清理“Windows组件”、“安装的程序”和“系统还原”等三个选项，达到释放更多的磁盘空间的目的。

步骤6. 平时进行文件删除操作时，是在“资源管理器”或“我的电脑”窗口中进行的。选择驱动器，删除其中一些无用的文件，被删除的文件将被放入回收站中。放在回收站中的文件内容，如果用户不删除，它将一直保存。如果是误删除某些文件，还可以将其恢复到原来的文件所在的位置。放在回收站中的文件，要占用一定的硬盘空间，只有清空回收站，才可以释放磁盘空间。打开回收站，如图20-6所示。

在回收站中，选择被删除的文件，可以对其进行“还原”、“剪切”及“删除”等处理。

步骤7. 如果不打开回收站，可以在桌面上右击“回收站”图标，弹出快捷菜单，如图20-7所示。

选择其中的“清空回收站”命令，即可清空回收站，释放硬盘空间。

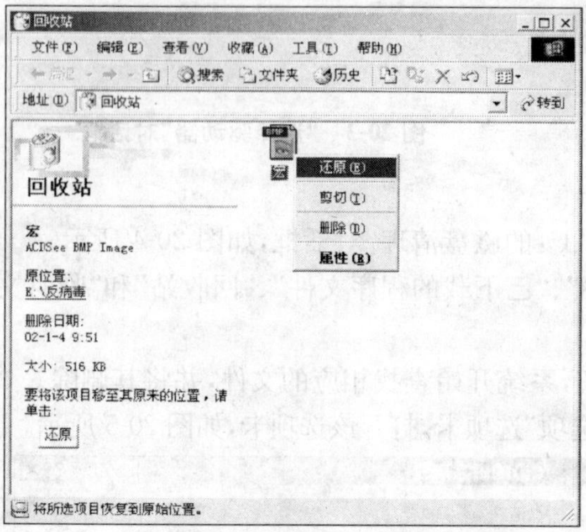

图20-6　打开回收站

图20-7　右击“回收站”图标

20.4.2　扫描磁盘

磁盘故障可分为逻辑故障和物理故障。在磁盘的读写过程中，如果发生突然断电和重新启动系统等异常情况，或者磁盘被病毒感染，磁盘中的文件系统就会受到损坏出现故障，通常称为逻辑故障。当磁盘由于使用不当或长期磨损等原因，可能会造成磁盘的部分磁介质损坏或控制电路等出现故障，造成磁盘不能使用，这类故障属于物理故障。

对于逻辑故障，用户可以用Windows的“磁盘扫描程序”工具软件进行修复。对于磁盘上的磁介质损坏，“磁盘扫描程序”可以进行诊断，标识出磁盘中的坏扇区，并将坏扇区中的数据移到好扇区上。

使用“磁盘扫描程序”扫描磁盘的操作过程如下。

步骤1. 在Windows系统中，选择“开始”|“程序”“附件”|“系统工具”|“磁盘扫描程序”命令，显示“磁盘扫描程序”窗口，如图20-8所示。

步骤2. 在“测试类型”选项组中，如果选中“完全”单选按钮，可执行“标准”测试及扫描磁盘表面，检测磁盘的错误。

步骤 3. 选中“自动修复错误”复选框，当电脑检测到逻辑错误时，系统能够自动进行修复。

步骤 4. 单击“高级”按钮，显示“磁盘扫描高级选项”对话框，用户可以对磁盘上的文件进行相关的设置。

步骤 5. 单击“选项”按钮，显示“表面扫描选项”对话框，在其中可以设置要检测的磁盘区域，如图 20-9 所示。

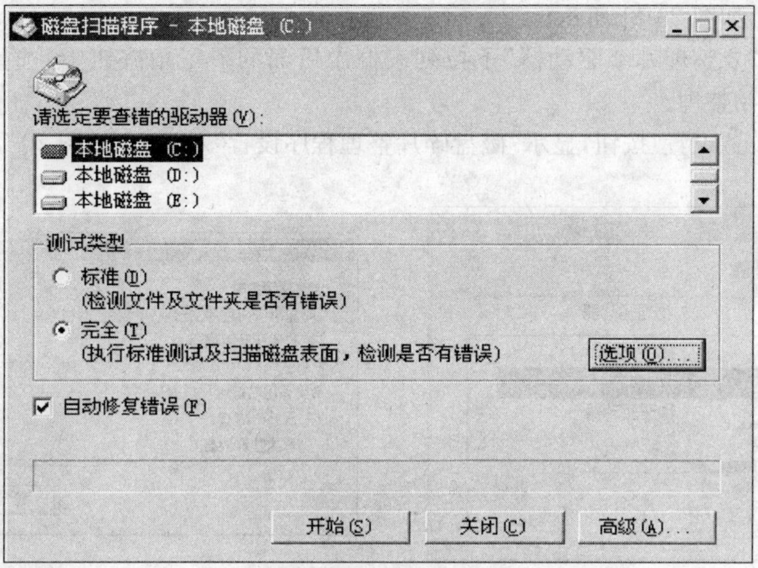

图 20-8 “磁盘扫描程序”窗口

步骤 6. 单击“开始”按钮，即可检测磁盘错误，扫描过程如图 20-10 所示。

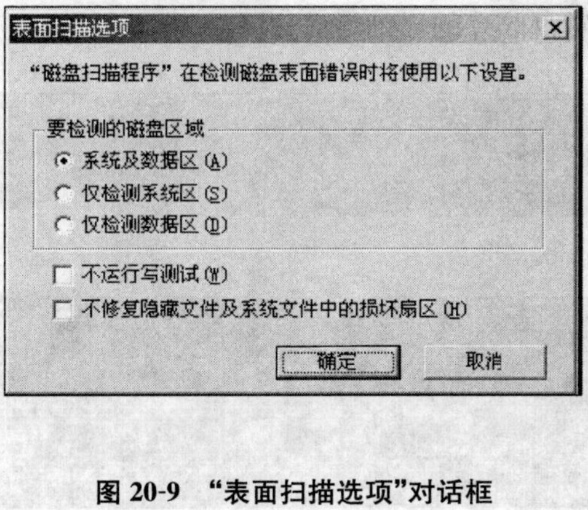

图 20-9 “表面扫描选项”对话框

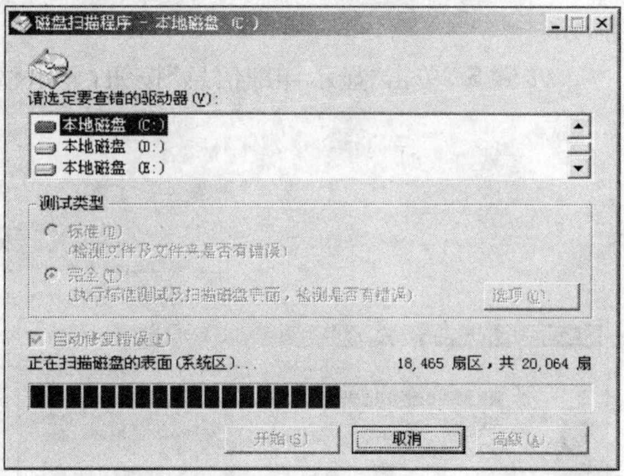

图 20-10 扫描过程

20.4.3 整理碎片

磁盘文件是按照磁盘的扇区一块一块地存放的。电脑系统在运行过程中，经常不断地往硬盘写入和删除文件,这样会造成硬盘空间产生许多"碎片",其结果是既造成硬盘空间的浪费,同时也会降低访问硬盘的速度。

用"磁盘扫描程序"检查硬盘并修复错误后,再用"磁盘碎片整理程序"整理硬盘,可以使硬盘上的"碎片"减少到最低限度。

使用"磁盘碎片整理程序"整理磁盘的操作步骤如下。

步骤 1. 选择"开始"|"程序"|"附件"|"系统工具"|"磁盘碎片整理程序"命令,显示"选择驱动器"对话框,如图 20-11 所示。

步骤 2. 在"要整理哪个驱动器"下拉列表框中后面的下三角按钮中,选择驱动器,单击"确定"按钮,开始整理。

步骤 3. 单击"设置"按钮,显示"磁盘碎片整理程序设置"对话框,如图 20-12 所示。

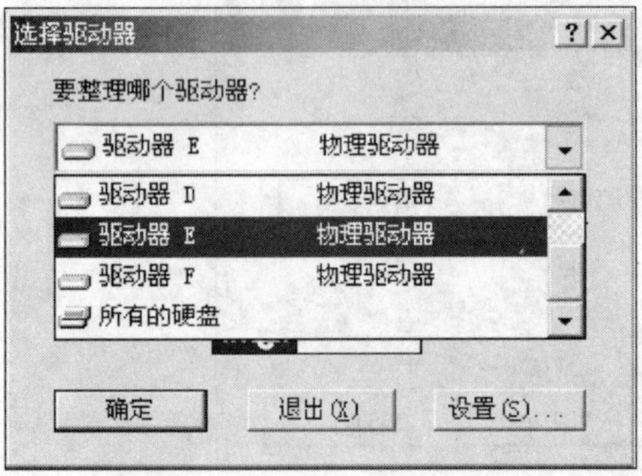

图 20-11 "选择驱动器"对话框

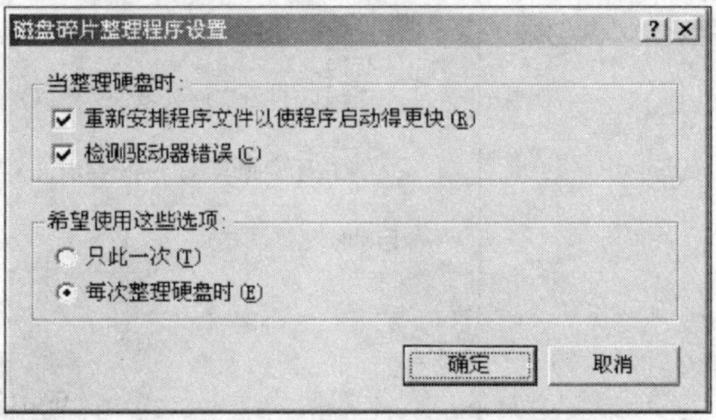

图 20-12 "磁盘碎片整理程序设置"对话框

步骤 4. 在其中用户可以进行相关的设置,如检查驱动器错误等,整理过程如图 20-13 所示。

步骤 5. 单击"显示详细信息"按钮,显示整理磁盘碎片的详细信息,如图 20-14 所示。

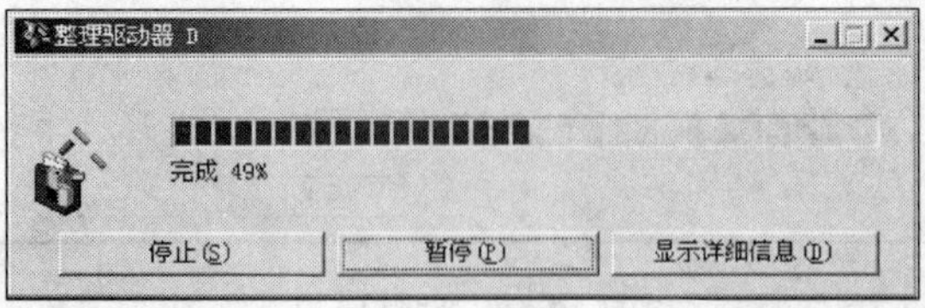

图 20-13 整理过程

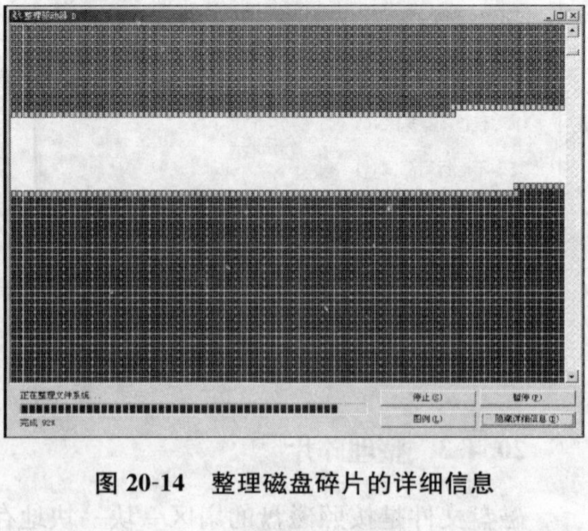

图 20-14 整理磁盘碎片的详细信息

经过上述几个系统应用程序的运行，即可达到整理磁盘、清除不必要的文件、压缩磁盘“碎片”、释放磁盘空间和修复磁盘的逻辑错误等目的。

20.5　常用维护工具软件

随着电脑操作系统的不断升级，维护工具软件也在不断地更新换代，这类工具软件非常多，在本节将介绍“超级兔子 2010”工具软件。

“超级兔子”功能非常全面，是一位硬件方面的专家，在系统清理、维护和设置以及网络方面也表现非凡。它还可以清理电脑中的大多数文件、注册表中的垃圾，同时还有强力的软件卸载功能，卸载时可以清理一个软件在电脑内的所有记录。

20.5.1　“兔子工具”箱

超级兔子 2010 具有一个强大的“兔子工具”箱，包括 9 大常用必备工具。

① 魔法设置：打造属于用户自己的系统。提供最多的系统隐藏参数，调整 Windows 系统参数，使其更适合自己使用。

② 硬件天使：检测系统，查看硬件，测试电脑速度。

③ 驱动天使：支持 Windows XP/7/Vista/2003/2008 以上操作系统，提供更快的检测速度和下载速度，保证系统处于安全状态。

④ 桌面秀：使用该工具软件，用户可以在桌面上进行百度的搜索操作。

⑤ 清理天使：优化系统，清除硬盘与注册表的垃圾，卸载各种顽固软件和 IE 插件，其中“专业卸载”功能可以完美卸载常见的广告软件和其他软件。

⑥ 文件安全助手：电脑安全助手，可以对磁盘、文件和文件夹加密。保护系统、硬盘、文件夹及文件，不被他人使用。

⑦ 内存虚拟：可以创建或修改虚拟磁盘，通过虚拟磁盘，可以将 IE 缓存、临时目录或程序读写数据等放入其中，以加快系统的运行速度。

⑧ 内存整理：可以通过“快速整理”或“深度整理”，对内存进行不同程度的整理。

⑨ 守护天使：其功能是保护用户上网安全，阻止 IE 广告弹出，同时还可以进行“网页安全设置”，有效抵御木马程序。

除了上述 9 大常用必备工具外，还有 6 个系统增强工具，分别是：进程管理器、反弹天使、快速关机工具、密保天使、系统备份和虚拟桌面。

“兔子工具”窗口如图 20-15 所示。

由于篇幅所限，本节只能介绍几个具有代表性的功能，其他功能读者可以自己摸索，操作都比较简单。

20.5.2　硬件专家

(1)硬件天使

在“兔子工具”窗口单击“硬件天使”按钮，启动“硬件天使”程序，开始测试本机的硬件信息，测试后，显示“硬件概览”选项卡，如图 20-16 所示。

图 20-15 “兔子工具”窗口

超级兔子系统检测可以显示处理器信息、主板信息、内存信息、显卡信息以及硬盘信息等电脑的硬件信息。选择“硬件测评”选项卡，可以选择对 CPU 和内存进行评测，如图 20-17 所示。

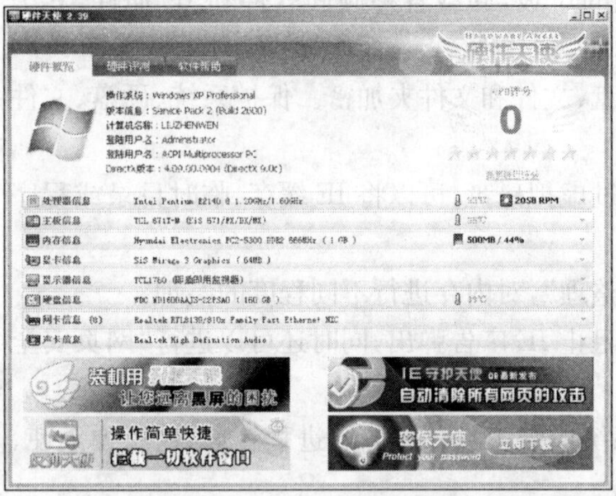

图 20-16 “硬件概览”选项卡

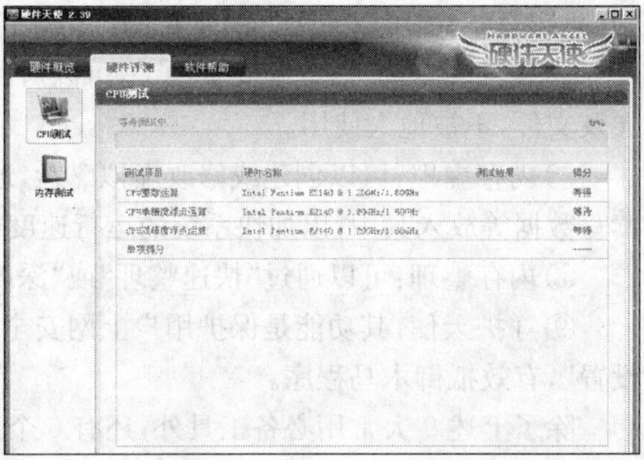

图 20-17 对 CPU 和内存进行评测

(2)驱动天使

在电脑联网的情况下，驱动天使能快速定位本机的系统硬件，并在网上查找相应的驱动程序自动安装。

单击“驱动天使”|“快速检测”按钮，即可查找本机中硬件的驱动情况，如果存在可更新的驱动，将会显示“有更新”，单击“安装驱动”，即从网上下载最新的驱动程序进行更新，“驱动天使”窗口如图 20-18 所示。

20.5.3　系统清理

(1)清理天使

选择“清理天使”,打开“超级兔子清理天使”窗口,如图 20-19 所示。

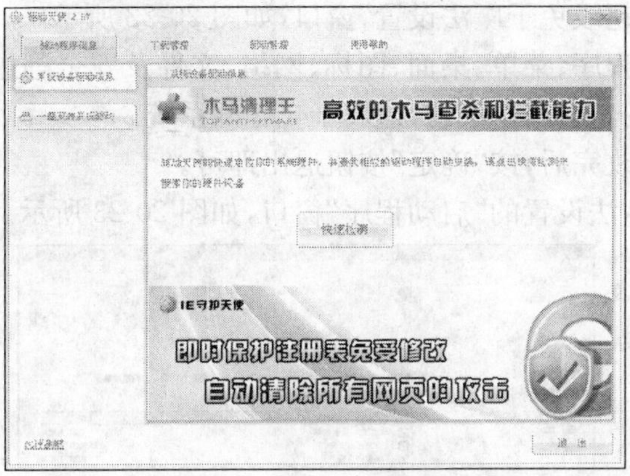

图 20-18　“驱动天使”窗口

图 20-19　“超级兔子清理天使”窗口

在“超级兔子清理天使”窗口,有“清理使用痕迹”、“清理系统垃圾”、“清理注册表”和“清理插件”等选项。

默认选择为“清理使用痕迹”,可以进一步选择清理“IE 使用痕迹”、“系统使用痕迹”以及“软件使用痕迹”。

如果选择“清理系统垃圾”,系统经过扫描后,会显示本机的待清理文件,如图 20-20 所示。

(2)内存整理

在“兔子工具栏”中,选择“内存整理”,打开“超级兔子内存整理”窗口,如图 20-21 所示。

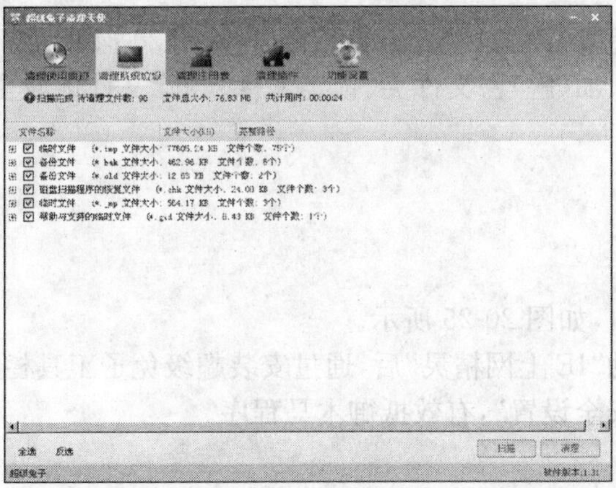

图 20-20　显示本机的待清理文件

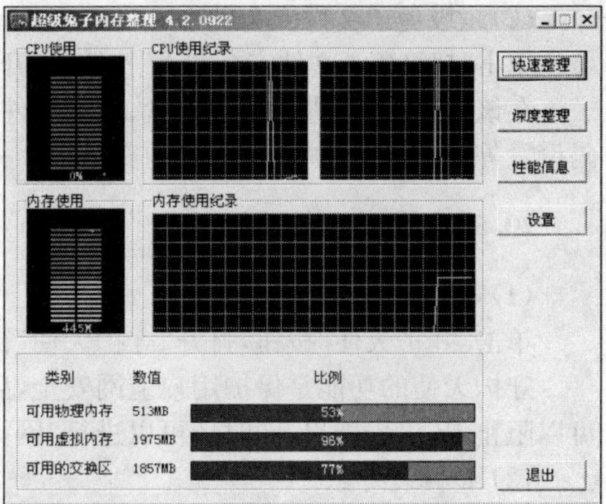

图 20-21　“超级兔子内存整理”窗口

可以通过“快速整理”或“深度整理”，对内存进行不同程度的整理。

20.5.4 系统设置和维护

(1)超级兔子魔法设置

在“兔子工具”窗口选择“魔法设置”，打开“超级兔子魔法设置”窗口，如图 20-22 所示。

在该窗口，可以进行优化系统，或者对启动程序、菜单、桌面、图标、网络、文件及安全等进行个性化的设置，多项系统未公开的参数可供用户自己修改，打造属于自己的系统。

在窗口左边，选择要修改的内容，等全部修改完后，按“确定”按钮退出即可。

如果选择“启动程序”选项，打开超级兔子魔法设置的“启动程序”窗口，如图 20-23 所示。

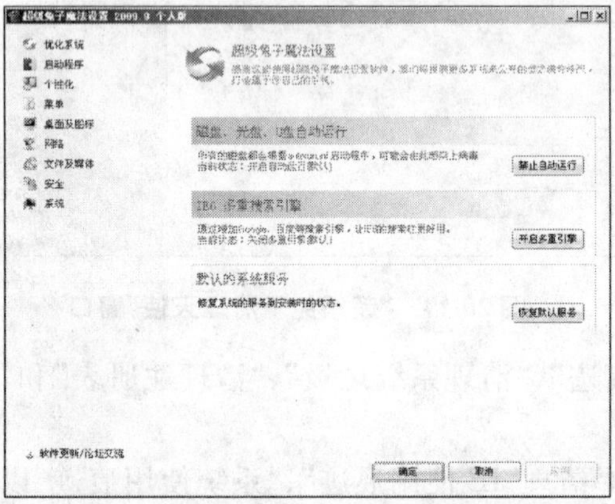

图 20-22 “超级兔子魔法设置”窗口

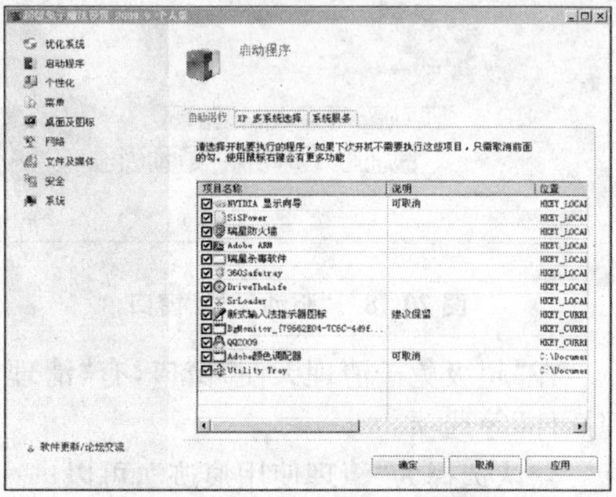

图 20-23 “启动程序”窗口

在列表中可以看到所有开机时运行的程序，选中某个程序后便会显示其所在目录和启动参数，可以将一些不必要的启动程序前面的钩去掉，就可以禁止其开机时自动运行了。

另外，在魔法设置中还有许多和系统相关的选项，如隐藏收藏夹、打造个性化右键菜单、修改输入法顺序，通过实践，用户可以自己熟悉这些功能。

(2)超级兔子文件安全助手

单击“超级兔子文件安全助手”按钮，打开“超级兔子文件安全助手”窗口，如图 20-24 所示。

在该窗口，可以进行隐藏磁盘、伪装文件夹、加(解)密文件夹、锁定文件、删除文件以及密码设置等操作，以保护文件信息的安全。

20.5.5 网路相关功能

(1)守护天使

单击“守护天使”按钮，打开“守护天使”窗口，如图 20-25 所示。

守护天使的功能是保护用户上网安全，启动“IE 上网精灵”后，通过安装超级兔子工具栏，可以阻止 IE 广告弹出，同时还可以进行“网页安全设置”，有效抵御木马程序。

(2)IE 修复专家

单击“IE 修复”按钮，可以打开 IE 修复专家，检测电脑中 IE 以及与网络相关软件的情况，如图 20-26 所示。

选择修复项目后，即可对所选项目存在的漏洞或损坏的部分进行及时的修复。

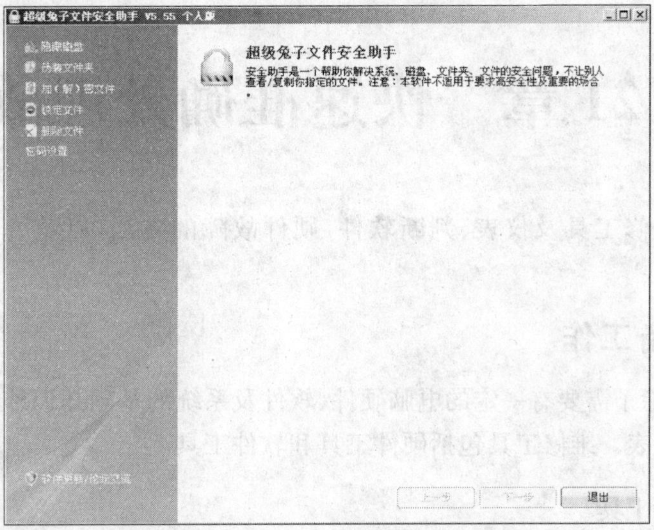

图 20-24 “超级兔子文件安全助手”窗口

图 20-25 “守护天使”窗口

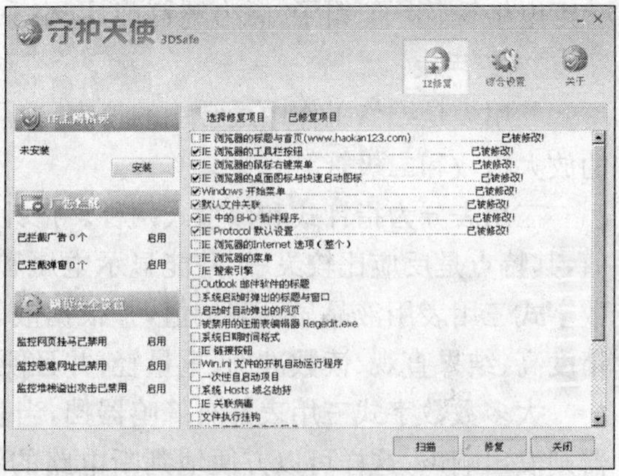

图 20-26 检测电脑中 IE 以及与网络相关软件的情况

20.5.6 其他功能

喜欢 DIY 的朋友要注意，想测试超频后的系统稳定性，就得使用超级兔子系统检测中的 CPU 速度测试。如果系统不稳定，在测试过程中，超级兔子工具软件就会报错，非常有效。此外，还可以对系统进行综合的性能评分。当然，在买电脑时使用超级兔子也可以测试显卡和显示器的显示质量。

“超级兔子”的功能非常强大，上面介绍的仅是一小部分，其操作非常简单，读者可以多多实践，掌握后会受益匪浅。

第 21 章　快速准确处理故障

本章将介绍维修工具及仪表、判断软件、硬件故障的方法，以及各种常见故障的处理方法。

21.1　准备工作

维修电脑时，除了需要有一定的电脑硬件、软件及系统的基础知识外，还必须准备足够的维修工具及常用仪表。维修工具包括硬件工具和软件工具。

21.1.1　硬件工具

1. 一般工具

电烙铁、镊子、钳子、磁力螺钉旋具、小手电筒、活动硬盘或者 U 盘等。

2. 三用表

三用表是维修工作中最常用的仪表，可用于测量交、直流电压和电流、电阻、电容、三极管的放大倍数和二极管等。

三用表分为指针式和数字式两种。指针式三用表通过指针指示测量的电阻、电压或电流值，其特点是反应比较灵敏，并能显示电压和电流等参数的变化过程，可用于测量模拟器件；数字式三用表用液晶显示测量值，并根据液晶显示的数据位数表示测量误差，其特点是测量精度高、结果直观、读数准确、重量轻，并且便于携带和使用。

大多数数字式三用表都有蜂鸣器挡，当表置于蜂鸣器挡时，如果电路处于短路状态，蜂鸣器则发出响声，这样可以方便地判断电路的状态是短路或断路。此外，由于大多数数字式三用表都有内部保护电路，当使用不慎错用挡位时，可以防止烧坏表内元器件。使用三用表之前，一定要选择好适当的量程，先估计一下测量的范围，否则会打坏表或烧坏内部电路。另外在使用三用表前须先校零，以求测量值的准确性。

21.1.2　软件工具

维修电脑还要准备充足的软件工具，尤其是对于一些从事电脑维修的专业人员，更应该具有针对性地按需配备。一般情况下，必须具备各类 Windows 系统安装盘及杀毒软件、数据恢复软件及其他装机常用工具软件等。

21.2　常见故障的分类

常见故障一般分为硬件故障和软件故障。此外，还有一类故障被称为假故障。假故障并不是电脑的硬件或软件真正出现了问题，而是指在电脑使用过程中，由环境、清洁、设置等因素引起的不正常现象。

21. 2. 1　硬件故障

1. 硬件故障类型

常见硬件故障可分为以下四种类型。

① 机械故障：如打印机的打印头部分、光盘驱动器和硬盘驱动器的机械部分等。

② 电路故障：如主板、软驱和硬驱等电路芯片损坏，驱动能力下降、电阻开路和电容断路等。

③ 接触不良：主要是扩展槽与接口卡的接触部分，信号电缆插头与插座的接触部分。

④ 介质故障：主要是硬盘的磁道有划痕，光盘上有油污等。应当使用系统维护工具软件对硬盘经常进行维护。对光盘应当进行适时地清洁。

2. 故障原因

硬件故障产生的原因主要来自 CPU、存储器和输入/输出系统，以及外部设备等硬件设备接触不良，静电损坏、操作不当和机械部分磨损等。其具体原因很复杂，归纳起来大致有以下几点。

(1)灰尘太多

电脑由于长期使用，在电路板上、光驱内、CPU 及电源的风扇内等处会积满灰尘，阻止元器件散热，使局部温度太高，烧坏元器件。

(2)温度过高

在炎热夏季，电脑长期开机使用，如果环境温度超过 30℃，那么机内的温度会达到 50℃以上，这样的高温很容易损坏机器。

(3)静电

现在的电脑大部分芯片都使用 CMOS 电路，由于环境静电太高，很容易损坏机器内部芯片。

(4)操作不当

当机器一时出现不正常现象时，使用者带电乱动机器内部的连接电缆或带电插拔机内插件板，很容易烧坏相关的部件。

3. 检查硬件故障的流程

图 21-1 所示的流程图为排除硬件故障的基本思路。用户在排除故障时，可将这一基本流程作为参考，由于电脑故障本身是千变万化的，因此不能照搬该流程图的思路。

21. 2. 2　软件故障

软件故障指软件安装不当、电脑病毒破坏、操作系统的版本不对和应用软件执行不正确等。

1. 软件故障的现象

常见软故障的现象如下。

① 死机：在系统的启动过程中或应用软件的执行过程中，软件停在某一处不动，既不接收键盘输入，也不返回操作系统，只有按电脑的 Reset 按钮或三键复位才能重新启动机器。

② 软件运行过程中，出现莫明其妙的结果，如屏幕显示出乱码等。

③ 软件根本不能执行，提示如内存不够等现象。

④ 机器运行速度减慢。

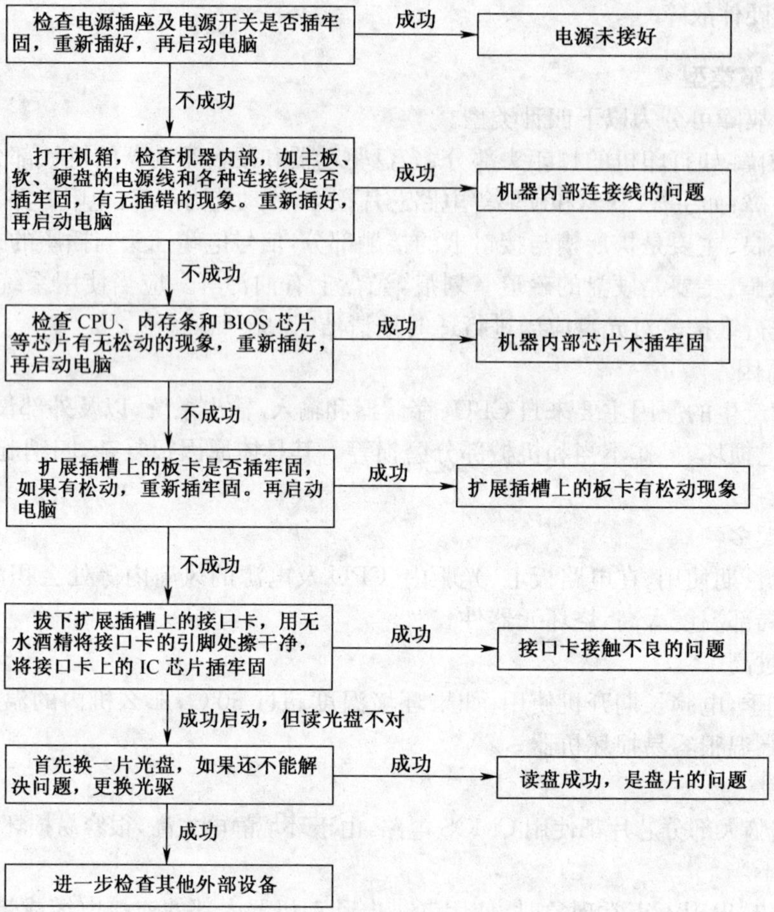

图 21-1 检查硬件故障流程图

2. 产生原因

软件故障产生的原因可归结为以下几种。

(1)软件的版本与系统的要求不符

比如在 Windows 2000 系统下，安装一个在 Windows XP 下运行的显卡驱动程序，安装的过程就会出现死机现象，这就是由于驱动程序的版本不对所造成的。

(2)受病毒感染

电脑系统受病毒感染后，会出现许多莫名其妙的现象，如速度变慢，提示内存不够；更换光盘后，双击光盘符打开，列出的文件名还是上一张光盘的内容；经常出现死机等。

(3)系统文件丢失

安装某个程序时，由于操作上的失误，覆盖了操作系统中的某个文件。启动电脑时，系统运行到该处，会提示缺少某个文件，造成系统停机，要求用户处理。

(4)注册表损坏

在 Windows 系统中，通过注册表管理系统的软、硬件和系统资源。而注册表本身的安全保护措施又比较差，有时由于电脑病毒、黑客的攻击和用户操作不当等原因，都会造成注册表的改变,使系统运行失常。

21.2.3 “假故障”

假故障的特点是具有突然性、隐蔽性和不稳定性。因此,排除时,不能按照常规的排除电脑故障方法解决问题,因为有的故障甚至根本与电脑本身无关。

21.3 维修电脑的常用方法及思路

电脑故障是由电脑系统、软硬件某部分不能正常工作而引起的。快速准确地判断故障部位,找到故障原因是维修工作的关键一步。所以要想准确地找出电脑故障的原因,则必须先理清维修电脑的方法和思路。

21.3.1 排除故障的方法

在排除电脑故障的过程中,根据故障现象准确地确定故障的位置是非常重要的。有时故障的原因不同,但故障现象相同,这就需要维修人员既要有一定的理论基础,又要有丰富的实践经验及排除故障的方法。

排除故障的方法主要有:上电自检诊断法、软件诊断法、硬件拔插法、硬件替换法和测量法等。

需要说明的是,在排除故障的过程中,这几种方法的使用顺序不分先后,要根据故障现象确定使用排除故障的方法。

1. 上电自检诊断法

上电自检诊断法就是使用诊断程序对电脑的有问题的部件进行诊断,根据诊断结果,维修人员进行分析和判断故障原因。使用程序诊断法的先决条件是电脑必须能够启动,运行操作系统和诊断程序。

例如,针对电脑不能启动或黑屏故障,用电脑BIOS的上电自检程序,初步诊断电脑的故障。若电脑的某一部件发生故障,则在运行BIOS的上电自检程序之后,电脑将在显示器上显示错误信息或在PC喇叭上发出报警声。

2. 软件诊断法

针对电脑系统运行不稳定等故障,用专用的软件来对电脑的软硬件进行测试,如PCTOOLS等。经过这些软件的反复测试而生成的报告文件,就可以比较轻松地找到一些由于运行不稳定引起的一些电脑故障。另外,通过检查操作系统的一些重要信息,也可以排除一部分故障。

3. 硬件拔插法

硬件拔插法主要适用于一些接触不良故障的排除,通过将主板上的CPU、内存条、显卡和声卡等可拔插的部件或芯片拔出后,观察部件之间互相接触的插头、插座或插针等处是否有氧化和变形等原因,经纠正后,在插入的过程查找故障原因,这是一种非常有效的方法。如果电脑出现不明原因的“死机”现象时,使用拔插法能很迅速地定位故障的位置。

具体过程是:将主机内被怀疑有问题的部件拔出,最好用无水酒精擦拭相互接触部位,再插回去。然后接通电源,检查机器状态。如果经过上述处理后故障消失,则可以认为故障存在于这一块板卡上;否则可根据故障现象及排除故障的流程,再继续插拔其他的部件。拔插法适合于电脑屏幕没有任何显示信息的故障。

4. 硬件替换法

硬件替换法是用相同功能的板卡或芯片替换被怀疑的部件的方法。经过替换，可以迅速地排除故障，这是维修中最常用的一种方法。

硬件替换法尤其适用于两台型号相同的电脑，若其中一台出了故障，这时可以将两台功能相同的板卡相互交换；若故障转移到没有问题的电脑上，说明就是刚才交换的板卡的故障；如果问题依然存在，应当将交替换的板卡各自复原，再根据思路往下继续用替换法查找故障。

这种方法非常简单实用，尤其适合没有任何技术资料的情况。对初学电脑维修的用户，可以方便、快速和准确地找到故障位置。

替换法既适合于部件级之间的交换，如硬盘、光驱、显示器及打印机等，也适用于板卡级，如声卡、MODEM卡，以及网卡等，还适用于芯片级，如内存条、CPU，以及BIOS芯片等。任何两个可拔插的相同型号的部件都可以交换。

运用替换法排除故障时，应注意以下几个问题。

① 用替换法排除故障时，一定要头脑清醒，条理清楚，万万不可带电操作，确认操作无误时方可再次加电，否则会造成人为故障。

② 要防止静电造成故障。

③ 替换时，尽量要用同一种型号的部件对换，总之不能影响硬件环境，否则现象不一样，不能说明问题。

5. 测 量 法

测量法是用三用表测量电路中关键观察点的电压。应用测量法的首要条件是熟悉电路或主要芯片的引脚(观察点)，比如CPU的某一引脚应当是主振荡频率的脉冲，某一引脚的电压应当是+5V等，只有心中有数，才能去测量；否则，即使测量到某点的电压，也不知道对不对，就失去了测量的意义。进行测量时，最好手中有逻辑图；否则，很难实施测量。测量法是专业维修人员分析与判断故障的主要方法之一，不适合普通的电脑用户。

21.3.2 听声音识别故障

1. 告警声音

硬件出现故障会有一些提示，或者在屏幕上显示故障的提示信息，或者出现各种各样的报警声音。所以，电脑爱好者不仅要学会识别BIOS的报警声，还应该不断总结经验，学会识别电脑中异常的声音，从而准确排除故障，解决问题。

启动电脑后，其正常启动状态是：首先是电源接通加电，系统在BIOS的控制下进行自捡和初始化。若此时电源工作正常，机箱上的电源指示灯长亮；可以听到电源风扇转动的声音；听到显示器发出轻微的“唰”声(特指CRT显示器，这是显示卡信号送给显示器的声音)；硬盘的指示灯开始闪烁，表示正在读写数据；键盘上的“Num Lock”、“Caps Lock”和“Scroll Lock”三个指示灯先亮一下然后再熄灭。

当电脑出现毛病不能启动时，机器的加电自检程序POST会从PC喇叭发出报警的“嘟”声，可以根据发出报警声的长短和次数不同来确定发生故障的部件。

目前主要的 BIOS 有：Award BIOS（新版本已改称为“Phoenix-Award BIOS”）和 AMI BIOS，其响铃报警声代表的含义见表 21-1 和表 21-2 所示。

表 21-1　Award BIO 响铃报警声的含义

声　音	故 障 部 位
1 声短	系统正常启动
2 声短	常规错误，进入 CMOS Setup 程序重新设置不正确的选项
1 声长 1 声短	内存或主板出错，建议更换内存，或重新插内存条
1 声长 2 声短	显示错误，应检查显卡与显示器的连接是否接触不良
1 声长 3 声短	键盘控制器错误
1 声长 9 声短	主板 Flash RAM 或 EPROM 错误（BIOS 损坏）
不断长响	内存安装不正确或内存损坏
不停一直响	显示器和显卡未连接好
重复短响	电源有问题
高频率长响	CPU 过热报警

表 21-2　AMI BIOS 响铃报警声的含义

声　音	故 障 部 位
1 声短	内存刷新失败
2 声短	内存 ECC 校验错
3 声短	系统基本内存（第 1 个 64K）检查失败
4 声短	校验时钟出错
5 声短	CPU 出错
6 声短	键盘控制器错
7 声短	处理器意外中断错误
8 声短	显示缓存读/写失败
9 声短	ROM BIOS 检验错误
10 声短	CMOS 读/写出错
11 声短	Cache 存储错误
1 声长 3 声短	内存检测出错
1 声长 8 声短	显示测试错误（显示器或显示卡）
高频率长响	CPU 过热报警（大部分新型主板均支持）

说明：新版本 AMI BIOS 的 CMOS Setup 程序界面和响铃报警基本与 Award BIOS 统一。所以针对新型主板如果是采用 AMI BIOS，其响铃代表的含义也要参照 Award BIOS 响铃。

2. 没有报警声的分析

如果电脑不能启动（屏幕无反应），且主板没有报警声，这时应分两种情况判断：

第一种情况：电源指示灯不亮，风扇不转动。

可以肯定是电脑未加电，应该检查机箱后面的电源插头、插座是否插紧。

第二种情况：电源指示灯亮，风扇转动。

应该检查主板和CPU，因为此时系统是由主板BIOS控制的，在基本部件自检结束前，主板不会发出报警声响，屏幕也不会显示任何错误提示。此时要从以下几个方面检查：

检查主板上的Flash ROM芯片，在关闭电源后重新将其插好，使其接触良好；检查主板BIOS芯片，有可能受病毒攻击或BIOS升级不成功；检查CPU可用替换法确定；检查内存条，在关闭电源后，重新插紧使其接触良好或用替换法进一步证实其好坏；检查是否使用了非标准外频，如果使用75MHz、83MHz、124MHz等非标准外频，质量较差的显示卡或内存就可能通不过，应使用66MHz、100MHz、133MHz等标准外频；检查主板电源是否正常供电；检查硬盘信号电缆线。

提 示：

PC喇叭没有发出报警声应检查连线是否正确。

最好先查看一下主机面板的PC喇叭线是否已正确连接到主板上，因为PC喇叭是提供一些开机自检错误信号的响铃功能。连接PC喇叭连线时，先从机箱内部找到标有“Speaker”的4针插头，中间两根线空缺。两端分别是红黑两种颜色。然后插在主板上标示有“Speaker”或“Speak”或“SPK”字样的插针上。PC喇叭从理论上是区分正负极的，红色插正极、黑色插负极，但实际上接反也可以发声。如果已正确连接PC喇叭连接线。但PC喇叭还是没有任何声音。就可能是CPU或主板出现故障，用替换法检查故障部位。

21.3.3 排除故障思路

排除故障的整体思路是“四先四后”的基本原则，即先易后难、先假后真、先软后硬以及先外后内。

1. 先易后难

在遇到电脑故障的时候，许多读者都会把问题考虑得过于复杂，其实这是完全没有必要的，因为这样往往会使在排除故障的时候走许多弯路。

其实，许多电脑故障都是看起来复杂，但问题的原因却非常简单，就是因为有些板卡的接口处沾有灰尘或者简单的设置上的问题引起的。所以，在思考电脑故障的时候，遵循“先易后难”的思路是非常必要的。

2. 先假后真

所谓的“假”，当然就是指的电脑“假故障”。所谓的“假故障”就是指在电脑使用过程中，由于电脑使用的环境、不清洁、简单的设置等问题所引起的电脑故障。这些“假故障”，有时故障现象不稳定，非常难于判断，比如，电脑有时正常启动，有时又不能启动，这就非常难于判断。

举一个例子，一台纯平显示器的左下角显示的色彩不对，有时发红或变色，时重时轻。笔者经过仔细观察，发现电脑的主人使用磁化杯（前几年有人经常用）喝茶，将磁化杯移走，故障消失了。其原因是磁化杯将显示器磁化了，这就是典型的“假故障”，是由环境引起的，不是电脑本身的问题。

所以，在遇到电脑故障的时候，首先要考虑是否是“假故障”。只有这样才能使排除故障过程达到事半功倍的效果。关于“假故障”的分析判断在下面还要专门介绍。

3. 先软后硬

在电脑发生故障的时候，首先要从软件方面着手，比如操作系统的一些设置、感染了病毒、系统损坏等问题。只有从软件方面不能解决问题时，再从硬件方面考虑。

4. 先外后内

在考虑了上面几点后，遵循“先外后内”的排除故障思路是非常必要的。在电脑出现无故重启等一些奇怪问题的时候，首先应该排除外设方面的故障，因为往往是这些看起来无关紧要的设备引起的，不能解决问题时，再从电脑主机内部考虑。

21.4　电脑假故障与接触不良故障

21.4.1　排除电脑假故障

下面通过两个实例，具体介绍排除电脑假故障的方法步骤。

1. 由于电压不稳，引起电脑重启的故障

如果由于市电电压不稳，引起电脑重启的故障一般很难判断。这时，采用常规的分析方法都不能解决问题时，就需要冷静思考，仔细观察，并对一些电脑发生故障的周边环境，以及一些电脑设置方面的问题进行思考，从而找出故障原因所在，排除电脑“假故障”。

(1)故障现象

一台电脑，白天工作正常，可到了夜晚，电脑的鼠标只能上下移动，不能左右移动，其他方面一切正常。

(2)故障分析

第一步，按照“先易后难”和“先软后硬”的原则，首先怀疑是电脑病毒的原因，启动电脑，利用键盘启动杀毒软件，对该台电脑进行杀毒，并没有发现任何病毒。

第二步，通过“我的电脑”|“控制面板”|“鼠标”，检查鼠标设置，没有发现任何问题。

第三步，重新安装操作系统，也没有解决问题，至此可以完全排除软件问题。

第四步，分别对鼠标和主板接口进行检查，没有发现任何问题。按照“先外后内”的原则，怀疑鼠标光电系统损坏或鼠标连线损坏，更换鼠标也没有解决问题。

第五步，按照“先假后真”的原则，又仔细考虑故障现象，该故障只有在夜间出现，所以初步判断，该故障属于“假故障”中的环境引起的故障。仔细观察电脑周围环境，发现在电脑旁有一盏 60W 的台灯，关闭台灯故障消失。鼠标采用光电技术，而由于该台电脑使用的是劣质兼容鼠标，鼠标按键缝隙较大，光线易射入其内部，因而导致鼠标失灵。白天光线离电脑较远，所以能正常工作。但是夜晚 60W 的台灯离电脑很近，光源又很集中，于是干扰了鼠标的正常工作。

(3)排除方法

用一张黑色的纸，剪成和鼠标上壳大小，贴在鼠标里面或更换一只质量好的名牌鼠标。

(4)总结

这是一个经典的“假故障”，它应该属于环境类“假故障”。如果按照常规的分析方法，就很难解决问题，所以遇到“假故障”的时候，认真考虑故障现象，仔细观察周边环境是非常有必要的。

2. 设置不当引起的假故障

(1)故障现象

一台电脑一直运行稳定，后来由于经常玩游戏，所以，对其进行了一系列的优化，包括对CPU进行了超频等。并且，为了提高 Windows XP 的启动速度，在“我的电脑”|“设备管理器”|“IDE ATA/ATAPI 控制器”|“主要 IDE 通道”，选择“高级设置”|“设备类型”中将不存在的 IDE 设备，由“自动检测”改为“无”。该电脑经过上述一系列优化后，启动速度明显提高，并且非常稳定。

后来由于安装了宽带，经常下载电影，对硬盘空间的需求增加，所以，购买了一块希捷 160 GB 硬盘，并在商家处将新硬盘分区格式化。

首先将新硬盘的跳线设为从，并接好数据线和电源线(由于原来的 Windows XP 操作系统中安装一款非常重要的软件，所以不能重新安装操作系统，新硬盘也就只能设为从盘)。

启动电脑，进入 Windows XP 操作系统，打开“我的电脑”，但此时只有三个硬盘的盘符，是原来硬盘的三个分区，Windows XP 操作系统根本不能识别新硬盘。

(2)故障分析

第一步，按照“先软后硬”的原则，首先用最新版本杀毒软件，对该台电脑进行杀毒，没有发现任何病毒。

第二步，右键单击“我的电脑”|“属性”|“硬件”|“设备管理器”|“磁盘驱动器”，发现只有“ST 340016A”，这是原来的硬盘，而没有新的硬盘。展开“IDE ATA/ATAPI 控制器”，“主要 IDE 通道”和“次要 IDE 通道”均提示设备，运转正常。重新启动电脑，按【Del】键进入主板 BIOS设置程序，两块硬盘均识别正确。打开电脑主机箱，发现两个硬盘的连接以及跳线设置均正常；其他设备也连接完好。检查硬盘数据线，也没有发现任何问题，可以判断，硬盘本身没有问题。

第三步，通过在主板 BIOS 中可以检测到硬盘，而进入 Windows XP 操作系统后却无法识别的现象，这里可以初步判断该问题应该与操作系统的某些设置有关。

结合前面“故障现象”中曾经提到，为了提高 Windows XP 的启动速度，将不存在的 IDE 设备，由“自动检测”改为“无”。

而在添加了新硬盘后，却没有将此项打开，所以造成了进入操作系统后无法识别新硬盘问题。

(3)故障排除

进入 Windows XP 操作系统，在“主要 IDE 通道”|“设备类型”中将“无”，改为“自动检测”，重新启动电脑，问题解决。

(4)总结

这是一个典型由系统设置引起的“假故障”。分析起来虽然非常复杂，不过只要通过认真的思考，再结合故障现象以及以前对电脑的操作，问题还是很容易被解决的。

21.4.2　接触不良故障

对于电脑初学者来说，最难解决的故障就是通过重装系统也无法解决或电脑根本就无法启动的故障，其实，这类故障大多是由接触不良引起的，硬件并没有损坏。

导致接触不良的故障原因很多，比如，插接口不规范或变形，插件的针脚变形或金手指氧化，机箱结构不合理，弹簧片变形，插接处松动或电脑内灰尘过多等。故障表现为系统无法正常启动，或莫名其妙地死机、重启、蓝屏等。

故障现象及处理方法一般有以下几种：

① 没有任何提示的无法启动。解决方法是：保证电源正常的情况下，拔掉不必要的硬件，仅留内存、显卡、CPU。连接好电源和显示器，进行最小化启动。如果能启动，则每次增加一个硬件部件再启动，来确定故障部件。

② 有声音提示的无法启动，根据声音提示检查相应部件的接口和金手指。

③ 根据显示信息的提示内容检查相应的部件。

CMOS checksum error：检查 CMOS 电池弹簧片；

Keyboard error...：检查键盘接口；

Floppy disk driver fail...：检查软驱数据线；

XXX hard disk fail...：检查硬盘数据线；

Error：Unable to Control A20 Line：检查内存插口和内存的金手指。

④ 电脑经常出现死机、重启、蓝屏等现象。在已经确认不是软件问题和硬件冲突的情况下，要进行全面的检查，看看各接口是否插到位，接口处是否松动，重点是电源、内存、CPU、主板芯片、主板与机箱的连线以及机箱按钮。

遇到接触不良的故障，首先就要清理灰尘，接下来就是对具体部位进行清理和维修，比如用橡皮擦金手指，用软毛刷清理针脚，用镊子将错位的针脚复位，用钳子将变形的金属片复原等。

21.5　CPU 故障及解决方法

常见的 CPU 故障大致有以下几种：散热故障、重启故障、黑屏故障及超频故障。由于 CPU 本身出现故障的概率非常小，所以大部分故障都是因为用户操作不当造成的。

21.5.1　常见故障现象及解决方法

1. 故障现象

① 机器加电后只有电源灯亮，无其他任何反映。

② 系统可以启动，屏幕有显示，但是却不能调入操作系统。

③ 在操作过程中，系统运行不稳定或经常出现死机的现象。

2. 处理方法

当遇到以上现象时，应首先考虑是 CPU 的问题，处理方法和操作步骤如下。

① 关闭电脑电源，检查 CPU。

② CPU 冷却后，检查 CPU 的散热片和风扇。查看 CPU 风扇的电源线是否连接好，用手拨动风扇，看旋转是否灵活。

③ 加电启动系统，查看 CPU 风扇运转是否正常。如果风扇不转或转动不灵活，因 CPU 过热而使系统出现不正常现象。

④关闭电源，用手轻轻地压CPU芯片的四周，这样，可以排除CPU引脚没有安插好，即接触不良的故障。

⑤卸下CPU芯片，观察引脚插针是否有弯曲。如果有弯曲，要用镊子轻轻地夹直弯曲的插针。

⑥观察引脚插针是否有锈蚀的现象。这种情况多发生在南方夏季潮湿多雨季节。可用酒精棉球擦干净插针，吹干后再插入CPU插座。

以上几种故障是CPU在运行过程中的常见故障，主要是使用不当和日常维护不够所引起的，只要加强日常维护，这些故障可以避免。

21.5.2 因设置错误或设备之间不匹配产生的故障

CPU设置不当或设备之间不匹配产生的错误主要是指以下几种情况。

1. CPU的电压设置不对

如果CPU的工作电压过高、会使CPU工作时过度发热而死机；如果工作电压太低也不能正常工作。

2. CPU的频率设置不对

CPU的内外频率设置不对时，如果频率过高会出现死机的现象；如果设置的频率过低，会使系统的运行速度太慢。这时，应当按照说明书仔细检查，将CPU的电压、外频和内频调整为正确的设置状态。

3. 与其他设备不匹配

这种情况是指CPU与主板芯片组不匹配，与内存条的速度不匹配，与外部设备接口的速度不匹配等。

CPU、内存和主板是电脑操作系统稳定运行的基础，这三者中的任何一个性能不稳定或三者之间不匹配都会对电脑的正常运行造成不良影响，尤其是主板上的芯片组的性能影响较大。改进的方法是对照CPU和主板的说明书，严格按照其要求配置其他设备。

另外，主板上的扩展卡的速度还要与CPU的速度相协调；否则，也会发生死机现象，排除故障的方法是使扩展卡的速度适应CPU的速度，即更换速度较快的扩展卡。

21.5.3 CPU发热造成的故障及解决方法

当前，CPU的工作频率越来越高，在运行过程中产生大量的热量。如果CPU工作时超过了其本身所能承受的温度时，就会引起工作不稳定，时常出现死机的现象，严重时将CPU及其周围的器件烧坏。发热的原因有以下三点。

1. 超频

很多电脑爱好者都喜欢玩“超频”，就是通过设置比CPU的正常工作频率高的频率来提高CPU的运行速度。如果散热不好，“超频”会造成损坏CPU的严重后果，这也是当前CPU的主要故障之一。

2. 散热装置不良

CPU的工作电压越高和运行速率越高，所产生的热量也越大，因此必须使用品质良好的散热装置来降低CPU芯片的表面温度，只有这样，才能保持电脑的正常运行。在选择CPU

芯片时，最好选择盒装的 CPU，因为盒装的 CPU 一般都会有配套使用的散热片及风扇，如果购买散装的 CPU，一定要选购合适的散热装置。由于当前 CPU 的价格不是很高，所以建议读者最好不要“超频”使用 CPU。

3. 合适的主机内部空间

一般情况下，散热片和散热风扇的体积越大散热效果越好，但选择时还应当注意主机内的空间和位置，加装散热装置后，还应留有充分的散热空间及排热风道。

21.5.4　排除故障实例

例 1：CPU 针脚接触不良，导改机器无法启动

故障现象：一台电脑，突然无法开机，屏幕无显示信号输出，开始认定显卡故障。用替换法检查后，发现显卡与显示器无问题。进一步怀疑 CPU，拔下插在主板上的 CPU，仔细观察并无烧毁痕迹，但发现 CPU 的针脚均发黑、发绿，有氧化的痕迹和锈迹(CPU 的针脚为铜材料制造，外层镀金)，便用牙刷对 CPU 针脚做了清洁工作，电脑又可以加电工作了。

故障分析：由于 CPU 长期工作在潮湿环境中，而裸露的针脚与空气中的氧气发生反应生成了铜锈。日积月累锈斑太多造成接触不良，从而引发这次故障。此外，还有一些劣质主板，由于 CPU 插槽质量不好，也会造成接触不良。

例 2：“超频”后造成电脑不能启动。

故障现象：用户电脑的 CPU 频率为 P4 4.36，经过“超频”操作后，开机屏幕全黑，不能启动系统，无任何反映。

故障分析：前面讲过，电脑频率的计算公式为：

CPU 的内频(实际运行频率)＝外频(总线频率)×倍频系数

原来设置为 BusClock(总线频率)：66MHz

Multiplier(倍频系数)3.5

CPU 的内频＝66MHz×3.5＝231MHz

用户进行“超频”设置时，将倍频系数改为 5，造成 CPU 的内频太高，超过了 CPU 所能支持的工作频率范围，因此系统不能启动。

解决方法：释放掉 CMOS 上的电，清除 CMOS 芯片设置的内容，操作步骤如下。

①将电脑关机，拔掉 220V 交流电源线。

②打开机箱，在主板上 BIOS 芯片旁边找到 3 针的清除 CMOS 设置开关，用短路开关将其 2、3 脚短路，见表 21-3。

表 21-3　清除 CMOS 开关设置

引　脚	定　义
1—2 短路	正常工作(默认值)
2—3 短路	清除 CMOS

③经过 10 秒钟后，插上电源线，再开机，即清除了原来 CMOS 设置的内容。

④恢复将短路开关恢复成 1、2 脚短路(正常工作(默认值))。

⑤重新设置各项参数。

结论：在此例中，由于用户设置的“超频”参数超过了 CPU 所能承受的范围，故出现不能启动系统的现象，所以进行“超频”操作一定要慎重。

21.6 主板常见故障及解决方法

电脑通过主板将各个部件联系成一个有机的整体，因此，主板是电脑稳定可靠运行的平台。如果主板出现严重故障，电脑将根本无法启动。即使主板出现一般故障，也会严重影响系统的正常运行。比如，电脑的鼠标接口坏了，虽然电脑还能工作，但因为机器没有鼠标，操作起来也会十分困难。

21.6.1 故障产生的原因

主板故障产生的原因大致分为以下几种。

1. 电脑运行环境差

电脑运行的环境太差，是主板出现故障的主要原因之一。如温度太高、不通风、灰尘太多，以及室内空气太干燥，引起静电太高等原因。长期在这样的环境下使用机器，电脑内部元件性能会下降，容易老化，也容易造成接触不良等故障。

2. 电源系统故障

如果市电不稳定，超过了电脑电源系统所允许的范围，或者电脑的开关电源质量太差，如+5V、+12V 电压太高，长期使用，也会使电路中芯片损坏。

3. 人为故障

使用者在机器运行过程中，有时碰掉了显示器或打印机等设备的信号线或电源线，也会造成主板上相应的接口部件烧坏，有时会烧坏双方的接口部件。

也有的使用者在未关电源的情况下打开机箱，按动板卡上的芯片或接插件，造成主板的相关部件烧坏。

21.6.2 排除常见故障的流程

主板主要由芯片组、ROM BIOS、晶体振荡器、芯片静态存储器、鼠标与键盘接口、硬盘接口、内存条插座、各种设置开关、各种总线插槽，以及 CMOS 芯片及其电池等部件所组成。因此，主板的故障也出现在这些部件上。

由于主板上安装了 CPU、内存条、各种板卡，以及多种外部设备，所以出现故障后，会给人以无从下手的感觉。

出现故障后，排除的流程如下。

步骤 1. 清除电脑病毒。因为电脑感染了病毒后，会表现出许多异常现象，只有保证系统没有受病毒感染的情况下，才能更准确地排除故障。

步骤 2. 检查系统的 CMOS 设置。如果 CMOS 设置有问题，会导致许多故障出现，例如，如果硬盘参数丢失或不正确，系统就无法启动。

步骤 3. 拔掉所有的 I/O 接口卡，根据声响判断是否正常，逐一插上接口卡，仔细观察现象，替换可疑部件。

在系统总线插槽上有各种接口卡，它们是并行工作的，即许多信号是共用的，如果一块接口卡的某个信号出现问题，也会影响其他的接口卡。所以要将这些接口卡全拔掉，再一个个地往上插，使用排除法排除故障。

21.6.3　主板常见故障

1. 排除 CMOS 设置故障

CMOS 设置给用户带来了极大的方便，但由于任何人都可以很容易地打开设置程序，所以也经常发生一些人为设置错误的故障。

(1)正确设置参数

当机器发生异常时，应首先考虑 CMOS 设置是否有误。如若把硬盘参数设置错，就会出现读盘错或不能启动系统的故障。

在有些 BIOS 设置程序中，CPU 的参数中有一项"Through Write"(过写)和"BackWrite"(回写)选项，若设置成回写，有些软件也会出错。

现在，CMOS 设置程序的选项非常多，应该仔细对照说明书，弄清每项的确切含义，一般不可乱改。若无特殊要求时，最好使用系统的默认值。

(2)更换 CMOS 电池

常见的 CMOS 供电电池有三种：纽扣电池、焊接电池和芯片电池。更换 CMOS 电池时，最好选用与旧电池相同型号的电池。尤其是芯片电池，因为不同型号的芯片电池的引脚和参数有不同的定义。

如果更换新电池后，电脑又出现原来的故障，这时应当考虑主板上的相关电路有漏电，还应当注意主板上"清除 CMOS 电池"开关的位置，万万不可设置在"清除"的位置。

2. 接触不良故障

(1)主板接触不良的原因

① CPU、内存条与主板插座处的接触不良。

② I/O 接口卡与总线扩展槽处接触不良。

③ 鼠标和键盘插座处接触不良。

(2)排除方法

① 吸除主机内各处的灰尘。然后用无水酒精擦干净，晾干或用风扇吹干。

② 对于 I/O 接口卡的镀金脚，也要用酒精擦一遍。然后再小心插上，上好螺钉。

③ 对于 CPU 和内存条与主板插座处的接触不良现象，应仔细观察，是否有的插针弯曲。若插针弯曲，先弄直，还要观察该插孔是否有异物，设法排除。

④ 若是新机器，由于生产的 I/O 接口卡工艺不精，有时镀金脚与 I/O 槽的相应簧片对不准，要设法对准，才能排除故障。

⑤ 由于接口卡经常插拔会发生部分簧片疲劳现象，可以将接口卡互换插槽排除故障。

21.6.4　实例分析

1. 键盘接口故障

(1)现象

电脑启动后，有时可以正常工作，有时自检显示提示信息："Keyboard Interface Error"后死机。关机,重插键盘后,有时又可以正常工作,但使用一段时间后,或偶尔碰一下键盘后,输入字符无反应。

(2)分析与排除

首先利用替换法,换了一个键盘,故障现象未排除。仔细观察,发现主板上键盘接口处的焊盘松动,这种现象属于键盘接口脱焊。主要原因是由于拔插键盘用力过猛,或主板上的焊盘不牢固等原因而引起的。

处理方法是拆下主板,用电烙铁重新焊好松动的焊盘。

2. 硬盘控制器故障

主板的硬盘控制器用于驱动 EIDE(扩展的 IDE)接口(EIDE 接口与 IDE 接口兼容),一个控制器连接两个 IDE 接口,每个接口可连接两个 IDE 设备。

(1)现象

系统开机加电自检,出现硬盘接口出错的提示信息。

(2)分析

出现这种现象有下面几种可能:

- BIOS 设置的硬盘参数不对。
- 硬盘本身的 IDE 接口损坏。
- 硬盘后面的主、从开关设置有问题。
- 硬盘的信号电缆损坏。
- 主板上的 IDE 接口损坏。

(3)排除

排除故障的过程如下:

步骤 1. 进入 BIOS 设置程序,选择自动检测硬盘选项,但程序检测不到硬盘。

步骤 2. 将硬盘连接到其他的电脑上,证明没有任何问题,排除了硬盘问题。

步骤 3. 将光盘等 IDE 设备拆下来,IDE 接口上只连接一个硬盘,问题还是没有解决,排除了硬盘后面的主、从开关设置的问题。

步骤 4. 换一条 IDE 信号电缆,故障依旧,排除了信号电缆的问题。

步骤 5. 将信号电缆连同硬盘连接到另一个 IDE 接口上,问题也没有解决,说明是两个 IDE 接口都坏了。进一步推断是硬盘控制器坏,因为一个硬盘控制器驱动两个 IDE 接口,两个接口都坏了,只能是控制器出了问题。

该问题的解决方法是直接更换主板即可。

3. 打印机并行口损坏

ATX 主板上还集成了打印机并行口,在使用过程中由于带电拔插打印机信号电缆线等原因,很容易引起主板上的并行口损坏。

(1)现象

打印机不能连机打印,选择“开始”|“设置”|“打印机”选项,打开“打印机”窗口,看不出问题。

(2)分析与排除

步骤 1. 用替换法,将打印机和信号电缆线交换到其他的电脑上,证明没有问题。

步骤 2. 将打印机窗口中已经安装的打印机删除掉,关闭电脑。

步骤 3. 连接好打印机，并打开打印机的电源开关，重新开机，让 Windows XP 系统自己查找新硬件，结果系统毫无反映。可以断定是打印机的接口出了问题。

该问题的解决方法是直接更换主板。

21.7　内存故障及解决方法

内存是电脑中最重要的部件之一，其作用是临时存储系统运行过程中的程序和数据。

21.7.1　常见故障现象

当内存条发生较严重的故障时，电脑会无法启动，并发出叫声。如果不是严重故障，系统可以启动，但在运行过程中，时常会出现死机或显示器蓝屏的现象。

当内存发生故障时，主要有以下现象。

① 电脑无法启动，机器加电后，只有电源灯亮，无其他任何反应。

② 电脑可以启动，有时在启动过程中死机，有时又可以通过，现象不固定。

③ 在电脑启动过程中，系统检测到内存时，屏幕提示系统内存奇偶校验错后死机。

④ 系统启动后，有时屏幕花屏或显示乱码。

⑤ 在运行一些大的图形软件时，会提示内存不足的信息，而后死机。

21.7.2　故障产生的原因

故障主要是由以下几个方面的原因引起的。

① 由于电脑的使用环境过于潮湿，而引起内存条的金手指锈蚀。

② 由于长期使用，内存条上的元器件自然损坏。

③ 安装时，内存条与主板上的内存条插座未对准，致使插座接触不良。

④ 扩充内存条时，新加的内存条与原内存条型号及参数不一致，造成相互电气性能不匹配。

⑤ 内存条的速度与主板的速度不匹配。

⑥ 内存的电气性能不好，不符合主板的要求，尤其是一些品牌机，对内存条的要求十分严格，必须使用其原装产品。

⑦ 内存条上的个别芯片性能不稳定，尤其是热稳定性差，在炎热的夏季会引起内存出错，造成系统死机。

⑧ 系统中内存容量不足，容易引起系统运行速度太慢，有些大的程序不能运行。

⑨ 电脑病毒的影响。大多数电脑病毒都是驻留系统内存，即在操作系统调入内存之前，先占用内存，这样就消耗了系统内存资源，使系统运行的速度变慢，当其他用户程序运行时，提示系统内存不够。

21.7.3　排除故障流程

电脑加电后，系统无任何反应，只有电源灯亮，或在启动系统的过程中发现有死机的异常现象时，均可怀疑是内存故障。

当怀疑电脑的内存出现故障时，排除内存故障的操作流程如图 21-2 所示：

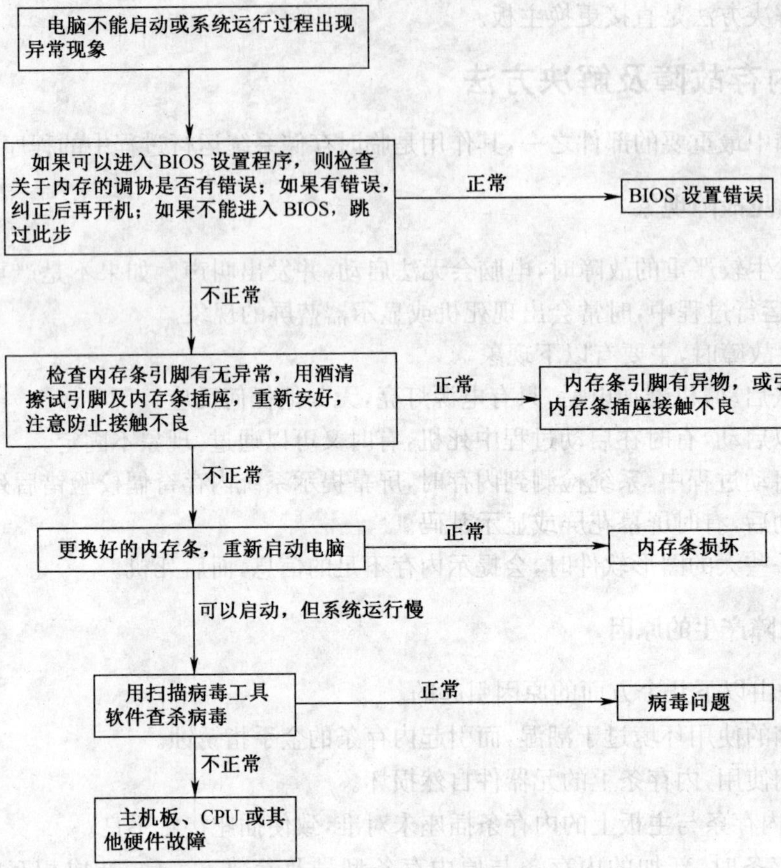

图 21-2 排除内存故障流程图

21.7.4 排除故障的方法及步骤

排除常见内存的故障方法及步骤如下。

1. 检查 BIOS 中的内存参数设置

BIOS 中的内存参数设置对系统的正常运行有很大的影响。一般情况下，由于内存的设置比较复杂，其含义也比较难理解，所以都采用系统的默认值。但有时会出现人为地设置错误的情况，所以应当加以纠正；否则，电脑不能正常运行。

2. 排除接触不良

当电脑出现不能正常运行、屏幕无显示、扬声器报警或死机等现象时，可能是内存条与主板中内存插槽接触不良。

排除此类故障的步骤如下。

① 打开机箱，检查内存条是否与插槽接触良好。检查内存条引脚，是否有锈蚀等异常现象。

②用无水酒精擦拭引脚及内存条插座，重新安装好内存条后，再启动电脑，一般均可解决问题。

3. 排除内存条损坏

如果经过上述处理，仍然不能解决问题，应立即关机，换一个好的内存条，安好后再开机，注意防止接触不良。

4. 电脑病毒

如果系统运行的速度明显减慢，应怀疑是电脑病毒在作怪。因为病毒程序需要驻留内存，也会引起电脑发生死机等现象。

病毒程序运行后，会修改CMOS参数中的内存值，使得系统所显示的内存值与内存条实际值不符，或出现内存不够等工作异常的提示信息。

当发生这类故障现象时，可用360和瑞星等杀毒工具软件清除病毒。

5. 恢复CMOS中的参数

如果CMOS中的参数被修改了，在清除电脑病毒后，退出系统，再启动电脑，进入CMOS设置，将有关内存的设置参数改为默认值。

6. 内存条不兼容

对于一些名牌电脑，在更换内存或扩充内存时，如果内存条与主板不兼容，或新的内存条与原内存条在存取速度、工作方式和奇偶检验方式等方面不一致，都会导致内存出错的现象发生。所以在更换内存或扩充内存时，应当选取与原来的内存条型号、生产厂家及各项指标参数一致的产品。

7. 系统软故障

在Windows系统中，如果出现打开的窗口太多、应用程序相关配置文件不合理和内存中驻留其他程序等原因，也会导致系统显示内存出错的提示信息，这是属于系统的软故障。解决的方法是，尽量减少打开的窗口数目，调整配置文件，清除驻留内存的其他程序，或重新安装应用程序，通过以上方法，故障均可排除。

8. 内存不足

运行Windows应用程序时，屏幕显示出内存超出(Out of Memory)或内存不足的提示信息，这是一种常见的故障。

当屏幕显示出内存不足的提示信息时，可以通过如下方法检测并处理。

①检查系统资源，如果系统资源占用太多，将引起内存不足的现象发生，这时应当关闭一些不用的应用程序，释放一部分系统资源。

②检查Windows系统的剪贴板，清除或保存剪贴板上的内容，同时将桌面墙纸设为默认值，这样也可以释放一部分系统资源。

③进入Windows系统的“Start Menu”(任务栏和开始菜单)窗口，如图21-3所示。在“Start Menu”窗口中，删除一些不必要的文件。

④打开系统的Win.ini文件，如图21-4所示。

在该文件中，为了节省系统内存资源，应当删除由Run和Load命令加载的无关的应用程序。

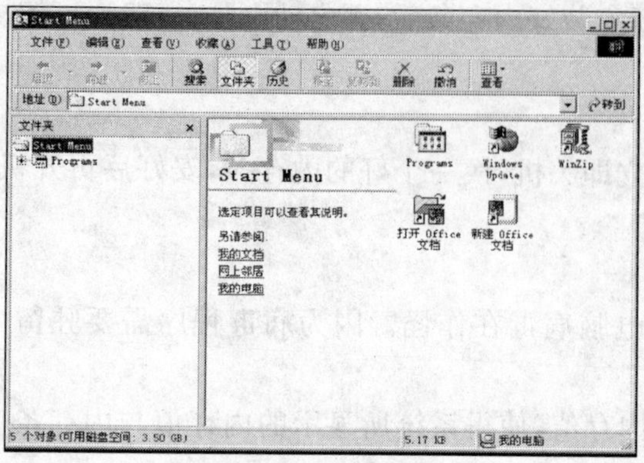

图 21-3 “Start Menu”窗口

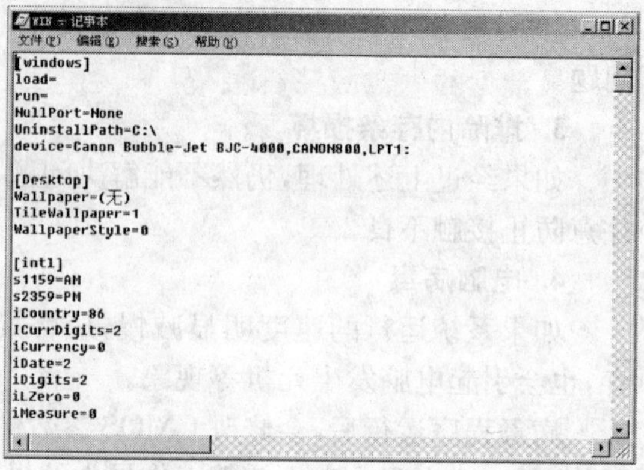

图 21-4 Win. ini 文件

21.8 硬盘常见故障及解决方法

硬盘用于存储电脑的永久性数据，如 Windows 操作系统、数据库软件和用户编辑的文档等重要应用程序及数据，硬盘出现故障，容易造成重要数据丢失。

本节将介绍硬盘的常见故障及解决的方法。

21.8.1 常见故障

硬盘的常见故障有以下几种。

① 电脑加电后找不到 C 盘(或 D 盘)。

② C 盘不能引导操作系统。

③ 文件或数据丢失。

④ 工作不稳定。

21.8.2 常见故障产生的原因

硬盘常见故障的主要原因有以下几种。

① 硬盘后面的主从开关设置错误。

② 信号电缆线与插座等处接触不良。

③ CMOS 参数设置有误。

④ 由于病毒入侵，使得硬盘的主引导程序及分区信息表被破坏。

⑤ 硬盘的磁介质损坏，尤其是 0 道受损坏。

⑥ 主板上的硬盘控制器损坏。

21.8.3 排除常见故障的流程

在排除硬盘故障时，需要冷静地进行分析，然后按照下面的工作流程图逐步确定故障产生的原因及故障发生的部位。不到万不得已的情况下，绝对不能轻易地将硬盘进行格式化处理。如果轻易地进行格式化处理，会造成硬盘上的数据丢失，给用户造成不必要的损失。

1. 流程

最常见的硬盘故障现象是机器加电后，系统找不到硬盘，经过几步处理后，可以找到硬盘，但不能启动系统。按照上面的故障现象设计了排除故障的工作流程，如图 21-5 所示。

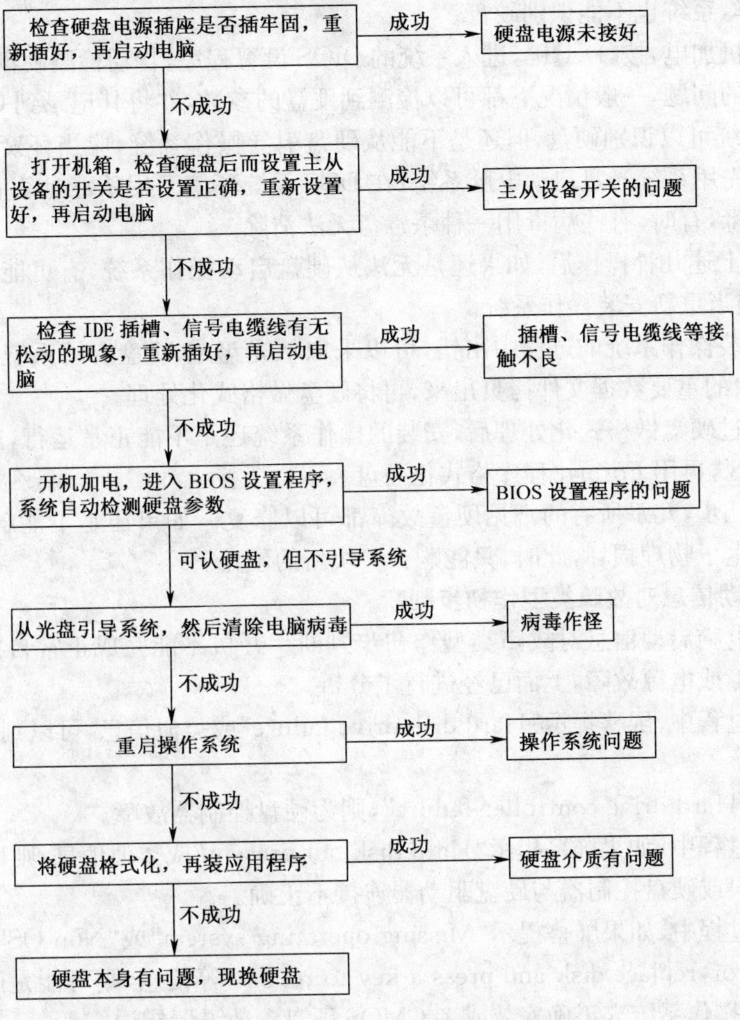

图 21-5　排除硬盘故障流程图

2. 过程分析

排除硬盘故障时，经过详细的分析，然后按照上面介绍的工作流程图逐步确定故障产生的部位。

下面详细介绍排除常见故障的分析方法。

① 当电脑加电后，如果找不到硬盘，首先应考虑硬盘是否加电。如果硬盘根本就没有加电，当然系统找不到硬盘，这时，应当检查硬盘电源插头是否插牢固，重新插好，再启动电脑。

② 在每个 IDE 接口上可以连接两个 IDE 设备(硬盘或光驱)，两个 IDE 设备是通过后面的主从开关区分的。如果开关设置有问题，就会产生设备冲突，在这种情况下，系统也找不到硬盘。

③ 如果主从开关设置正确，应当考虑是否有接触不良的地方，详细检查主板上的 IDE 插槽和信号电缆线等处有无松动的现象，重新插好，再启动电脑。

④ 排除上述几个方面问题后，应当考虑 BIOS 中设置的硬盘参数是否正确。如果设置参数有问题，同样，系统也不能识别硬盘。

将电脑开机加电，按【Del】键，进入系统的 BIOS 设置程序，自动检测硬盘参数。如果硬盘不是电路方面的问题，一般情况下都可以检测到硬盘的参数，并将其记录到 CMOS 芯片中。

⑤ 如果系统可以识别硬盘，但还是不能从硬盘引导操作系统，应当怀疑硬盘是否感染了电脑病毒。首先用系统光盘启动电脑系统，在 DOS 系统环境下用杀毒盘杀病毒，最好用几种杀毒盘扫描病毒，有时，有些病毒用一种杀毒盘无法清除。

⑥ 进行了上述几种操作后，如果还是无法从硬盘启动操作系统，有可能是操作系统的文件已经损坏，应当重新安装操作系统。

⑦ 如果安装操作系统的过程中出错，可以采取从光盘或 U 盘启动系统的办法。然后进入 C 盘，将用户的重要数据文件拷贝出来，再将硬盘做格式化处理。

⑧ 如果经过硬盘做格式化处理后，安装的操作系统还是不能正常运行，就需要用 FDISK 程序为硬盘分区，再用 Format 程序格式化硬盘。

通过以上几步，几乎所有的常见硬盘故障都可以修复。如果还是不能解决问题，就应当考虑是硬盘发生了物理损坏，此时，只能购买一块新的硬盘。

3. 根据启动信息对故障类型作初步判断

可以根据电脑启动信息对故障类型作初步判断。开机不能完成正常自检（POST），可以判断为主板故障或电源故障，上面已经进行了分析。

开机自检过程中，屏幕提示“Hard disk drive failure”或类似信息，可以判断为硬盘驱动器故障。

如果提示“Hard drive controller failure”，则为硬盘控制器故障。

开机自检过程中，如果屏幕提示“Hard disk not present”或类似信息，则可能是 CMOS 硬盘参数设置错误或硬盘控制器与硬盘驱动器连接不正确。

开机自检过程中，如果屏幕提示“Missing operating system”或“Non OS”或“Non system disk or disk error，replace disk and press a key to reboot”等信息，则可能是硬盘主引导扇区分区表被破坏，操作系统未正确安装或者 CMOS 硬盘参数设置错误。

检测硬盘参数，也可参考同种机型的设置。

4. 使用工具软件修复硬盘

对于其他硬盘故障的处理，如文件系统的损坏、文件丢失等，对一般用户来说，最好使用工具软件进行处置，以避免手工误操作的发生。笔者认为，Norton Utilities for Windows 是一个优秀的磁盘工具软件。其主要构件 Disk Doctor（磁盘医生）对磁盘错误的诊断及修复能力在同类产品中是最好的。

21.8.4 使用中注意事项

由于硬盘上保存的是重要的数据，而硬盘本身又比较“娇气”，如果用户使用不当就容易使硬盘损坏，所以，在使用中，应注意的事项如下。

① 硬盘的工作灯亮时，不可关闭电源，因为硬盘读写时，磁头与盘面是接触的，突然停电会划破磁头与盘面。

② 不可刚关机又立即开机，在开、关机操作之间要相隔 10 秒钟以上，防止磁头划伤硬盘盘面。

③ 最好将硬盘水平放置；否则，读写盘时容易出错。

④ 硬盘要防止震动；否则，容易损坏盘体。

⑤ 硬盘要远离强磁场，如磁化杯和磁铁等；否则，容易造成硬盘上的数据丢失。

⑥ 经常要用杀毒软件扫描硬盘，防止病毒感染。

⑦ 重要文件应随时备份，最好是双备份。

21.9　显示系统常见故障及解决方法

显示系统包括显示器和显卡及其驱动程序。

显示器是电脑的重要输出设备，用户从键盘输入的内容，应用程序执行的结果，都直接反应在显示器上。如果显示器的分辨率和色彩位数等技术指标太低，将严重影响输出的效果。

显示器的分辨率和色彩位数与显卡有直接关系，如果显卡的相应技术指标达不到要求，将直接影响显示器的显示效果。

显卡只有在相应的驱动程序的支持下，才能更好地发挥出其最佳性能。

21.9.1　显示器的常见故障及解决方法

显示器的常见故障及解决方法如下。

1. 显示器的亮度、对比度、水平位置、颜色，以及图形显示不正常

如果是显示器出现上述问题，可通过调整相应的旋钮或菜单方法解决。

新式显示器的亮度、对比度、水平位置、垂直位置、屏幕的大小尺寸、梯形失真、枕形失真及颜色等调整都是使用屏幕显示的菜单进行调整，只要认真阅读显示器的使用说明书，用户可以自己调整。

如果是老式的显示器，上述性能的调整是通过显示屏幕下面的调节旋钮进行的，也很容易操作。

2. 屏幕画面显示扭曲、不稳定，图形和颜色杂乱无章

CRT 显示器受到电磁影响后，会使屏幕显示的画面不正常，出现某一边的画面扭曲变形或是变色。

解决方法是，先按照上面介绍的方法调整显示器本身的水平位置、垂直位置、图形失真及颜色菜单或旋钮，如果这样还不能解决问题，就移动一下显示器的位置，找一个不容易受到周围电磁设备影响的位置摆放，再做细致的屏幕调整。然后查找显示器的周围是否有强磁设备，如磁化杯和喇叭等，移去这些设备即可解决问题。

3. 屏幕显示的画面不稳定，或缺少某种颜色

这种故障的原因是因为显示器与显卡之间的信号线插头、插座接触不良。

显示器信号线插头是一个 15 针 D 型插头，连接在显卡的 15 孔 D 型插座上，如图 21-6 所示。

由于用户在使用电脑的过程中，有时会插拔显示器信号线插头。如果插入插头时稍有不慎，会使插针弯曲；如果该插针上的信号是行、场同步信号，将引起屏幕显示不稳；如果该插针上的信号是红、绿、蓝颜色信号，将引起屏幕显示的画面缺少相应的颜色。

处理的方法是用镊子或尖嘴钳轻轻地将弯曲的插针弄直。

图 21-6 D 型插头和插座

21.9.2 显卡的常见故障及解决方法

显示器显示图形的效果与显卡及其驱动程序有密切的关系。如果要使显示器的性能达到最佳状态，必须安装与显卡配套的驱动程序；否则，不能充分发挥出显示器的性能，使图形显示效果大大降低。

显卡的常见故障有如下几种：

1. 屏幕抖动

在 Windows 操作系统下，显示器(指 CRT 显示器)显示的画面经常出现抖动现象，其原因主要是因为刷新频率太低所致。处理方法如下：

在桌面上右击，在弹出的快捷菜单中选择"属性"命令。在"显示 属性"对话框中，选择"设置"选项卡，单击"高级"按钮，在显卡的"属性"窗口中，选择"适配器"选项卡，将刷新频率调至"优化"，如图 21-7 所示。

经过这样处理，将消除屏幕抖动的现象。

2. 显示分辨率只有 16 色

这种故障是由于显卡设置错误引起的。当屏幕显示的画面不正常时，应当首先检查显卡的设置是否正确。

设置显卡的操作步骤如下。

步骤 1. 在桌面上，右击"我的电脑"图标，屏幕上弹出快捷菜单，选择其中的"属性"命令。

步骤 2. 打开"系统 属性"对话框，选择"设备管理器"选项卡，系统默认为"按类型查看设备"，如图 21-8 所示。

步骤 3. 查看该选项卡中的"显示适配器"(显卡也称显示适配器)。如果适配器图标上没有黄色的"!"，说明该显卡工作正常。

步骤 4. 如果适配器图标上有一个黄色的"!"，说明显卡的设置有问题。单击"显示适配器"前面的"+"号，选择显卡的名称，打开其"属性"对话框，选择"资源"选项卡，如图 21-9 所示。

在其中，可以查看显卡的"中断请求"和"输入/输出范围"等项设置与其他设备是否有冲突，如果有冲突，可以重新进行设置。

3. 显示颜色及分辨率不对

如果排除了上述设置错误的故障后仍然不能解决问题，一般情况下属于驱动程序不配套。

在安装显卡时，最好使用与显卡配套的驱动程序。在 Windows 系统中，为常用的板卡和

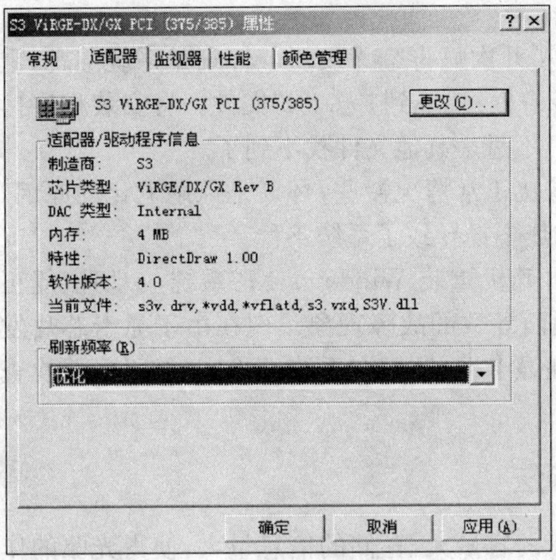

图 21-7　调整刷新频率

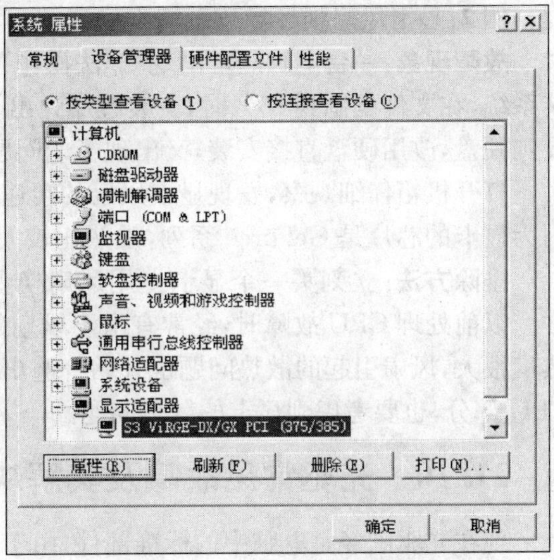

图 21-8　"设备管理器"选项卡

外部设备准备了许多驱动程序，但其版本一般都比较旧。如果用户购买的是较新型的显卡，使用系统的驱动程序就不能充分发挥其性能。当用户发现屏幕显示的画面不正常时，应当检查显卡的驱动程序是否正确。如果显卡的驱动程序有问题，应当更改，重新安装与显卡配套的驱动程序。

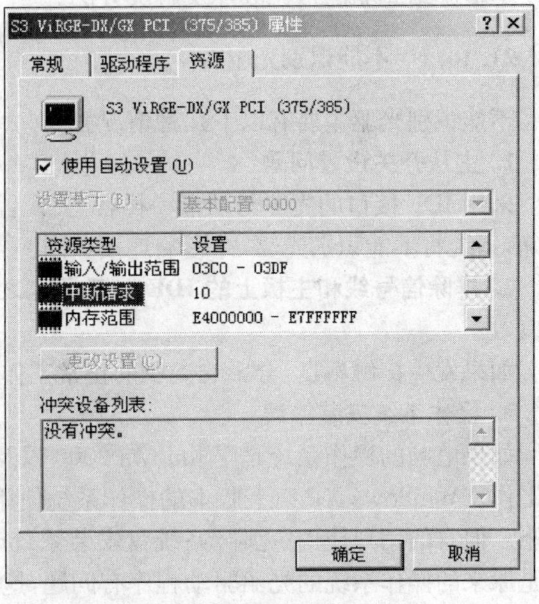

图 21-9　"资源"选项卡

21.9.3　故障实例

下面分析两个较为常见的显卡故障实例。

例 1：显卡氧化引发的故障

故障现象：一台三星显示器，接通电源开机，显示一切正常，过了一会儿屏幕开始抖动，而且比较明显，但不到一分钟就又恢复正常了。估计是屏幕刷新率太低，查看"控制面板"|"显示"|"设置"|"高级选项"|"适配器"，刷新率已经调整到 85Hz 了，所以排除了刷新率太低的问题。在显示器周围也没有电磁干扰。于是把显示器搬到另一台电脑上，运行几个小时的游戏，却一点都没抖动，搬回去后故障依旧。

下一步怀疑显卡有问题，先更新显卡驱动，重启后故障依旧。后来考虑到有可能是显卡与主板接触的问题。

排除方法：拔下显卡，观察到金手指已被氧化。对显卡进行清洁，用橡皮擦拭了金手指，安装好后拧上螺钉，接通电源，开机恢复正常。

例 2:显卡风扇损坏导致系统不稳定

故障现象:一台电脑经常出现“非法操作”,查了几次病毒毫无发现。怀疑是系统问题,重装系统,在文件复制到 80%时,安装程序弹出了警告框:找不到“ *. dll”文件。将安装程序拷贝到硬盘,改用硬盘直接安装,又出现了老问题,只不过是其他文件找不到了。

打开机箱仔细观察,发现显卡风扇的转速好像比正常情况慢些,怀疑是风扇老化的原因。因为显卡的芯片是 GeForce 系列,发热比较大,散热不畅导致了系统不稳。

排除方法:立刻买一个显卡专用风扇换上,再开机重装 Windows XP 系统,一切恢复正常。以前处理 CPU 故障时,经常有由于风扇问题而导致的故障现象。现在由于显卡芯片发热量很大,风扇引起的散热问题也开始普遍出现在显卡上,所以在系统不稳定时,不光要检查 CPU 部分,也要考虑到显卡的散热问题。

21.10 光驱常见故障及其解决方法

现在光驱已经是电脑中的标准部件,由于光盘的容量大,存储的信息量大,使得光驱的作用越来越重要。

本节介绍光驱的常见故障及解决方法。

21.10.1 不能识别光驱

不能识别光驱主要有以下几种情况。

1. 主从开关设置问题

采用 IDE 接口的光驱与硬盘一样,都要设置驱动器后面的主从开关。如果该开关设置不正确,系统将不能识别光驱,并影响连接在同一条信号线上的另一台 IDE 接口设备。

2. 排除信号线和主板上的 IDE 接口插座之间,以及信号线与光驱后面插座之间的接触不良

如果发生接触不良,会影响光驱的正常工作。

3. 操作系统安装错误

如果电脑的操作系统是 Windows 2000 以及以下版本,光盘驱动器需要驱动程序才能正常工作。Windows XP 以上版本的操作系统使用系统本身自带的驱动程序,就可以自动识别光驱。但有的用户使用“克隆”系统盘安装系统时,会出现不能识别光驱的现象,其主要原因还是原来的操作系统的光驱驱动程序有问题,这时只能重新安装系统。

21.10.2 不能读取数据

光驱不能读取光盘中的数据,主要有以下几种情况。

1. 光盘问题

当读盘发生异常现象时,首先要分清是光盘故障,还是光驱的问题。方法是用一张好的盘片再试一下,即可确定。光盘的质量太差,对光驱激光头的损害也大,用户应当尽量使用正版的盘片。

2. 激光头脏

排除上述几种故障后,如果光驱还不能读取光盘文件,应当考虑光驱的激光头问题。如果激光头沾了灰尘，就会阻碍光驱读取数据。

处理方法是打开光驱的机壳，用镜头纸蘸一些无水酒精或清洗剂清洗激光头，一般情况下都可解决问题。

3. 机械或电路损坏

排除以上各种故障发生的可能情况后，光驱仍不能正常工作，应当换一个好的光驱。如果新换的光驱没有问题，说明是原来光驱的机械或电路部件损坏。

21.10.3　清洗光盘的方法

由于制作工艺上的原因，光盘还是比较耐磨损的，但是，它却怕手上的油污，油污会使激光头不能正常读出光盘上的信息，在放 VCD 影碟时，屏幕上会出现许多花点，甚至会死机。若长期使用染油污的光盘，会损坏光盘驱动器。因此，必须使光盘保持清洁，对于不小心弄脏的光盘，要进行清洗。

清洗的方法很简单：用温水加一点清洁济（洗衣粉或肥皂也可以），用手轻轻洗净，再用清水冲干净，晾干或用风扇吹干即可。但绝不可使用酒精或汽油等清洗。

21.11　鼠标和键盘故障解决方法

本节将介绍鼠标和键盘的常见故障及处理方法。

21.11.1　常见鼠标故障及解决方法

1. 鼠标失灵

机械式鼠标在长期使用的过程中，橡胶球和传动轴会沾上灰尘，使传动轴转动困难。这样，光栅盘就不能转动，光栅计数器不进行计数，致使鼠标失灵。

当鼠标失灵时，打开鼠标底盖，取出小球，用酒精棉球清除滚动球和两个传动轴表面的污物，重新装好，即可恢复其功能。

光电式鼠标的发光二极管和光敏三极管如果沾上灰尘，同样会使灵敏度减低。

当鼠标失灵时，用酒精棉球清除发光二极管和光敏三极管上的灰尘，可恢复其正常功能。

2. 系统不认鼠标

系统不认鼠标就是在移动、单击鼠标时屏幕上的指针无反应。其原因一般是鼠标接口的故障或是鼠标本身的问题。处理方法如下：

将鼠标连接到其他电脑，如果操作鼠标也无效，说明是鼠标的控制电路有故障；如果连接到其他电脑上鼠标操作正常，就是电脑的鼠标接口有问题。

21.11.2　常见键盘故障及解决方法

① 系统不认键盘就是当操作键盘时，屏幕上无任何反应。此现象有以下三种原因。

a. 键盘信号插头与主板的键盘插座接触不良。

b. 由于键盘内部电路损坏，使得键盘信号插头没有有效的信号。

c. 主板上的键盘接口电路损坏。

② 当出现系统不认键盘的故障时,应按照以下的方法步骤处理。

a. 关机,拔下键盘,重新插入,再开机,这时可以排除插头与插座接触不良的故障。

b. 若上述方法不能排除,可用替换法,将键盘连接到其他电脑上。如果键盘仍然不能正常工作,说明是键盘的问题;如果键盘可以正常工作,说明是主板上键盘接口的问题。

21.11.3 使用鼠标和键盘的注意事项

鼠标和键盘是用户与电脑对话的媒介,是电脑必不可少的设备。用户必须十分爱护,只有正确使用鼠标和键盘,才能保证其少出故障,正常使用。

① 为了保持键盘的清洁,要经常对键盘除尘。在除尘时,不能用水冲洗,以免使电路短路,损坏元器件。

② 键盘按键有采用电容耦合式的无触点开关,也有采用触点开关,无论哪种按键,都不能用力击打,以免损坏。有些人玩游戏过多,频繁用力敲打几个光标移动键或空格键,极易使这几个键过度疲劳,故建议尽量少玩游戏。

③ 电脑有两个 PS/2 接口,一个用于连接鼠标,一个用于连接键盘。绝对不能插反;否则键盘、鼠标都不能使用。连接时,可以通过接口的颜色识别。

④ 由于鼠标内部结构很精密,但其制作材料又很脆弱,所以使用鼠标时,要尽量避免太大的振动或强拉导线。因为这样极易造成断线或鼠标接口松动,严重时会烧毁接口电路。

⑤ 为鼠标配备一个鼠标垫,这样可以使鼠标保持清洁,防止桌面上的灰尘进入鼠标内部。此外还可以保护鼠标免受大的振动。

21.11.4 检修键盘故障实例

1. 故障现象

启动电脑系统时,屏幕显示出提示信息:“Keyboard Error Press F1 to Resume”提示,但是按 F1 后,却没有任何反应。

2. 分析

屏幕上出现上述提示信息后,首先应当区分是键盘本身的故障,还是键盘接口的故障。换一个可以正常使用的键盘,一切工作正常,说明是键盘本身有故障。

3. 处理

打开键盘的后盖,将键盘连接到电脑的键盘接口上,用三用表检查 4 条信号线的引脚电平,其结果为:VCC 引脚为 +5V 高电平,GND 引脚为低电平,DATA 引脚为高电平,而 KBLCK 引脚为低电平。如果是在正常情况下,KBLCK 引脚应为高电平。

关闭电脑电源,取下键盘,用三用表测量 KBLCK 信号电缆线的两端,发现 KBLCK 信号线内部不通。更换键盘电缆后,一切正常。

21.12 声卡与音箱常见故障的处理

声卡与音箱发生的最常见故障是无声,其原因及处理方法如下。

1. 系统默认的声音输出为"静音"状态

排除时,右击屏幕右下角的小喇叭图标,屏幕弹出快捷菜单,选中"打开音量控制"选项,屏幕将显示"音量控制"设置窗口。如图 21-10 所示。

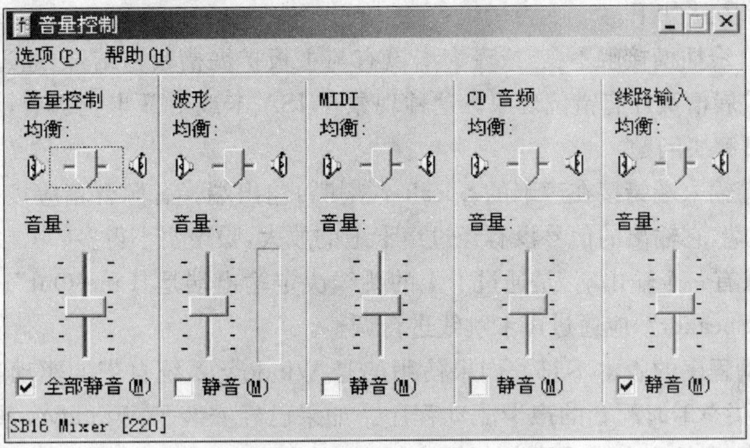

图 21-10　"音量控制"设置窗口

在其中有调节音量的滑块,下方有"全部静音"选项,清除"全部静音"前边框内的"√",即可正常发音。

2. 声卡与其他卡有冲突

解决方法如下:调整 PNP 卡所使用的系统资源,主要是中断号和 DMA 通道号等资源,使插卡之间互不冲突。有时,虽然打开系统的"设备管理器",未显示冲突标志(黄色的"!"),但声卡仍然不发声,其实还是存在冲突,只是系统没有检测出来。

3. 音频线断线

如果是一个声道无声,则应检查声卡到音箱的音频线是否断线。

4. 播放 CD 无声

播放 CD 无声的原因及排除方法如下。

(1)缺少音频线

用 Windows 系统的 CD 播放器放 CD 时,如果无声音,但 CD 播放器工作正常。

一般的原因是由于缺少音频线。使用一条 4 芯音频线连接 CD-ROM 的模拟音频输出插座和声卡上的 CD-In 插座即可,此线是购买 CD-ROM 驱动器的附件。

(2)音频线接错了位置

如果只有一个声道出声,应从下面原理分析:

光驱输出口共有 4 条线,左右两线为信号线(L、R),中间两线为地线(G、G)。由于音频信号线的 4 条线颜色不同,可以从音频线的颜色上检查对应的接口。此时可能是声卡上的接口与音频线接错了位置,调换线的位置即可使其恢复正常。

5. 无法播放 WAV 音乐

原因及排除方法如下。

不能播放WAV音乐是由于“控制面板”|“声音及多媒体 属性”|“设备”下的“音频设备”不止一个,只保留其中一个即可,如图21-11所示。

6. 声卡噪音太大

原因及排除方法如下。

①插卡与总线插槽接触不良,或者声卡没有与主板扩展槽紧密结合,通过目测可见声卡上“金手指”与扩展槽簧片有错位现象。这种现象在ISA卡或PCI卡上都有,属于常见故障,将声卡插正即可解决问题。

②有源音箱输入端错接在声卡的Speaker(喇叭)输出端。有源音箱应接在声卡的Line-Out(线路输出)端,它输出的信号没有经过声卡上的放大,噪声要小得多。

有的声卡只有一个输出端,是通过卡上的跳线决定输出端是“Line-Out”还是“Speaker”,其默认方式是“Speaker”,应通过声卡跳线进行调整。

③声卡驱动程序的版本不符。如果使用的是Window系统自带的驱动程序,应将其更改,最好使用购买声卡时配套的声卡驱动程序。如果已经安装了Windows系统自带的驱动程序,需要改装配套的声卡驱动程序,步骤如下:

- 在“控制面板”窗口中双击“系统”图标,显示“系统 属性”对话框。
- 打开“设备管理器”选项卡,展开“声音、视频和游戏控制器”中的设备。
- 选中一个设备,如“Creative Sound Blaster”选项,如图21-12所示。
- 单击“属性”按钮,打开相应的属性选项卡。

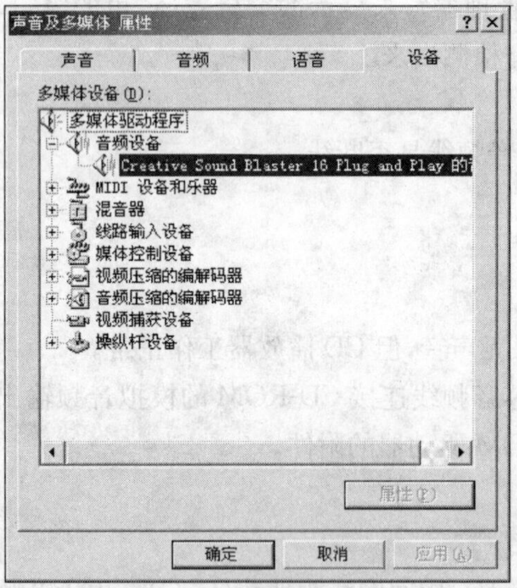

图21-11 音频设备

图21-12 选中“Creative Sound Blaster”选项

- 选择“驱动程序”选项,单击“更改驱动程序”按钮,显示“从磁盘安装”对话框。
- 单击“浏览”按钮,选择声卡附带的光盘中的声卡驱动程序,单击“确定”按钮重新安装。

• 按照同样方法修改其他设备。

7. 无法正常录音

故障现象:一台电脑使用麦克风作为录音设备,但发现无论使用 Windows 自带的录音机,还是其他相关的录音软件,都无法录制 WAV 或其他格式的音频文件。麦克风是正常的,因为已经在别的机器上测试过。后来怀疑声卡出了问题,因为有些设置的选项为“不可用”。排除方法如下。

步骤 1. 在“控制面板”窗口中双击“声音及多媒体”图标,显示“声音及多媒体 属性”对话框。

步骤 2. 打开“设备”选项卡,如图 21-13 所示。

步骤 3. 选择“混音器”中的具体设备,如“Creative Sound Blaster PCI128 的混音器”选项。

步骤 4. 单击“属性”按钮,显示混音器的属性对话框,如图 21-14 所示。

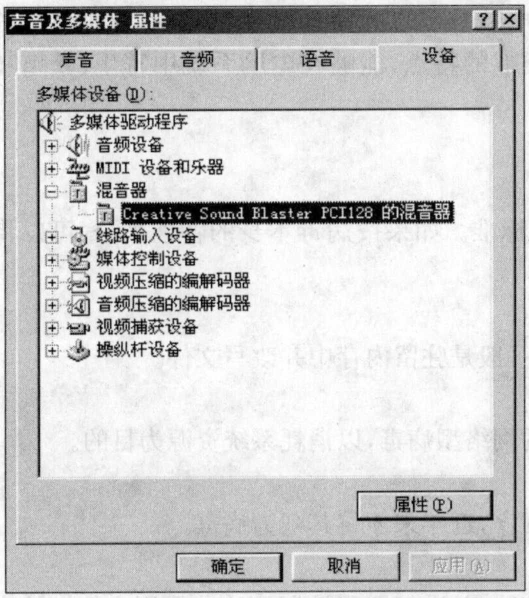

图 21-13 “设备”选项卡

图 21-14 混音器的属性对话框

步骤 5. 选中“使用该设备的混音器功能”单选按钮。

步骤 6. 单击“确定”按钮。

步骤 7. 以同样方法将“线路输入设备”的属性设置为“使用该设备的线路输入功能”。

如果“声音及多媒体 属性”对话框中“音频”选项卡中的“录音”设备选项是灰色,则应下载安装新版本的声卡驱动程序,这样即可解决问题。

第22章 系统安全

随着电脑网络技术的快速发展和普及,越来越多的人使用网络来学习、娱乐和购物等,电脑系统的安全也成为了大家所关注的问题。

22.1 电脑病毒

电脑病毒(Computer Virus)是指那些能够通过修改程序并把自身包括在内去“传染”其他程序的程序。

病毒程序能够破坏电脑的软硬件资源,影响电脑系统的正常工作。之所以称这种特殊的程序为电脑病毒,主要是因为它有与生物病毒类似的特点,能够在电脑系统中寄生、繁殖和发作。

22.1.1 病毒的分类

到目前为止,还没有一个统一的分类病毒的标准。如果按病毒本身的特性来分,可以将病毒划分为如下几种。

1. 系统病毒

系统病毒感染操作系统的可执行文件,它们一般是驻留内存中并改写文件。

2. 蠕虫病毒

蠕虫病毒一般是通过网络大量繁殖或传播的网络型病毒,以消耗系统资源为目的。

3. 黑客病毒

黑客病毒用来攻击网络上其他电脑的工作程序,近年来才将其列为病毒。

4. 木马病毒

通过网络利用系统资源漏洞非法入侵其他电脑,并进行远程控制非法获取用户信息的病毒,这种病毒是采用客户端/服务器程序的方式入侵上网的电脑。

5. 脚本病毒

脚本病毒是利用系统脚本编程语言编写的病毒程序代码,其中包含感染 Office 系列文件的宏病毒及感染网页的网页病毒等。

22.1.2 电脑病毒的运作及特点

1. 病毒的运行

电脑病毒的运行,可分为引导阶段、传染阶段和发作阶段。

(1)引导阶段

在引导阶段,电脑病毒程序被执行并开始活动。电脑病毒必须要附着(寄生)在其他可执行的程序(即宿主程序)上,在宿主程序被执行时附带执行电脑病毒自身的代码。需要驻留内存的病毒在引导时会将病毒主体程序引导到内存的适当位置,并设置必要的参数,然后隐藏起来。

(2)传染阶段

电脑病毒的传染方式基本上可分为两大类，一是立即传染，即病毒在被执行开始，宿主程序执行前立即感染磁盘上的其他文件，然后执行宿主程序；二是驻留内存并伺机传染，内存中的病毒检查当前系统环境，在执行一个程序或进行“DIR”等操作命令时，传染磁盘中的其他文件。驻留在系统内存中的病毒程序在宿主程序运行结束后仍可活动，直至关闭电脑，退出系统。

(3)发作阶段

电脑病毒经过潜伏期后，在触发条件成熟时即可在系统中发作。进而大规模地传染其目标，并表现出各种症状。电脑病毒在发作时会有不同的表现形式，早期的病毒表现形式比较明显。而现代的病毒一般都比较隐蔽，有的没有任何表现形式。

2. 病毒的主要特点

(1)寄生性

电脑病毒是一种人为编写的程序。电脑系统中凡是可以存放电脑程序的地方，都有可能寄生电脑病毒。病毒通常寄生在磁盘启动区、可执行程序，以及 Office 文档中。病毒程序代码只有在内存中执行时才能被激活。

(2)潜伏性

病毒为了达到破坏的目的，通常都具有潜伏期，它可以潜伏在合法文件中达几个月甚至几年不被人们发现，而且还不断地感染电脑系统。潜伏的时间越长，对电脑的破坏性也就越大。

(3)变异性

电脑病毒的变异性主要体现在两个方面，一是有些病毒本身在传染过程中会通过一套变换机制，产生出许多与源代码不同的病毒；二是有些恶作剧者人为地修改病毒程序的源代码。这两种结果是产生出不同于原病毒代码的病毒，即“变种病毒”。

现在，很多新病毒都不再使用汇编语言编写，而是使用高级程序设计语言。例如，“爱虫”是脚本语言病毒，“美丽杀”是宏病毒。它们容易编写，并且很容易被修改生成很多病毒变种。“爱虫”病毒在十几天中，就出现了三十多个变种。“美丽杀”病毒也生成了多个变种，并且此后很多宏病毒都是使用了“美丽杀”的传染机理。这些变种的主要传染和破坏的机理与母本病毒一致，只是某些代码作了修改。

(4)隐蔽性

新一代病毒更加隐蔽，主题会随用户传播而改变，而且许多病毒还会将自己伪装成常用的程序。或者将病毒代码写入文件内部，而文件长度不发生任何改变，使用户不会产生怀疑。例如，猖狂一时的“欢乐 99”病毒本身虽是附件，却呈现为卡通的样子迷惑用户。现在新的病毒可以将自身写入 JPG 等图片中，用户一旦打开图片，它就会运行某些程序将用户的硬盘格式化，并且以后无法恢复。还有像“矩阵(matrix)”等病毒会自动隐藏、变形，甚至阻止受害用户访问反病毒网站，阻止用户下载杀毒软件或发布病毒警告消息。

(5)传播迅速

当前流行的大多数电脑病毒都是通过电子邮件系统和网络进行传播。这些病毒程序代码夹在电子邮件的附件中，当打开邮件的附件时，病毒程序便开始执行并迅速传染。它们还能搜索电脑用户的邮件通信地址，继续通过网络进行传播，所以传播速度极快。由于病毒主要通过网络传播，因此，一种新病毒出现后，可以迅速通过互联网传播到世界各地。

(6)具有病毒、蠕虫和黑客程序的综合功能

随着网络技术的普及和发展，病毒的编写技术也在不断地提高。过去病毒最大的特点是能够复制自身给其他程序。现在则具有了蠕虫的特点，可以利用网络进行传播。有些病毒还具有了黑客程序的功能，一旦侵入电脑系统后病毒控制者可以从中窃取信息，并远程控制这些电脑系统。呈现出电脑病毒功能的多样化，因而更具有危害性。

3. 被病毒感染的电脑的主要症状

被电脑病毒感染的系统因具体病毒程序的实现过程不同而表现出多样性，但从目前所发现的电脑病毒的情况看，主要症状有以下几种。

① 电脑系统运行速度降低。

② 系统可用内存空间减少。运行程序时系统提示内存空间不够。

③ 系统出现无故死机的现象。

④ 系统无故不能识别光盘驱动器。

⑤ 磁盘中多出了用户不能识别的文件。

⑥ 硬盘不能正常引导系统。

⑦ 磁盘中文件的内容被无故修改。

22.2 360 安全卫士

360 安全卫士是一个免费的病毒防护工具，无需激活码，可随时从 360 的网站上下载安装。

360 安全卫士具有全面的防御体系和防护能力，能够及时、准确、快捷地检测系统漏洞并及时下载补丁，修复系统和其他应用软件的漏洞。

360 安全卫士的主动防御技术和 360 杀毒功能能够实时保护电脑免受木马、病毒和流氓软件、恶意软件的入侵和破坏。

下面详细介绍 360 安全卫士和 360 杀毒软件的功能及使用方法。

22.2.1 “常用”选项

双击 360 安全卫士的图标打开其功能界面，默认情况下会显示“常用”选项卡，如图 22-1 所示。

“常用”选项卡包括电脑体检、清理插件、修复漏洞、清理垃圾、清理痕迹、系统修复、流量监控和高级工具等八大功能，下面进行具体介绍。

1. 电脑体检功能

切换到“电脑体检”选项卡，在该选项卡中显示了用户上次体检时间以及上次体检的基本情况，包括得分和未处理的问题等。单击“立即体检”按钮，该软件会对电脑系统进行全面扫描，扫描的结果如图 22-2 所示。

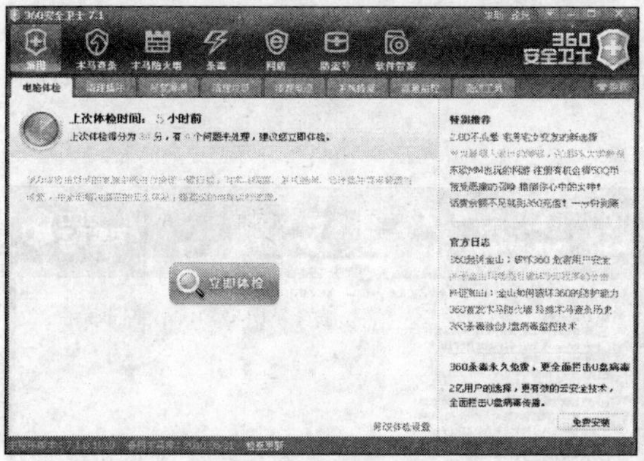

图 22-1　“常用”选项卡

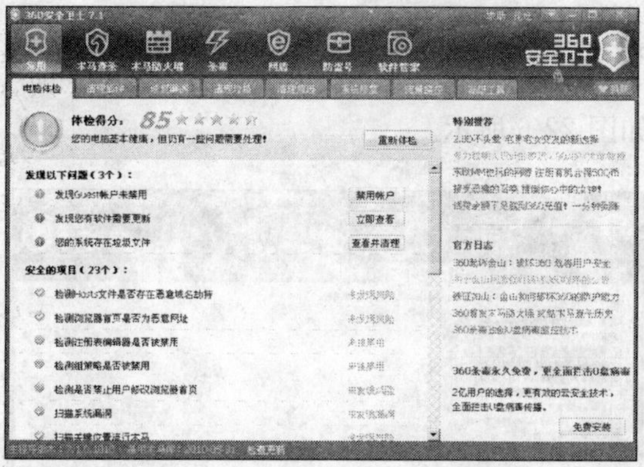

图 22-2　“电脑体检”的扫描的结果

在扫描结果中，显示了发现的问题，用户可以根据情况，单击对应项目的按钮，进行相应的处理。

2. 清理插件功能

切换到“清理插件”选项卡，软件会对系统进行扫描，扫描的结果如图 22-3 所示。

在扫描结果中，系统给出了清理建议，如“可以清理”，用户可以根据自己的具体情况，选择是否清理。

3. 修复漏洞功能

切换到“修复漏洞”选项卡，软件会对系统进行扫描，扫描的结果如图 22-4 所示。

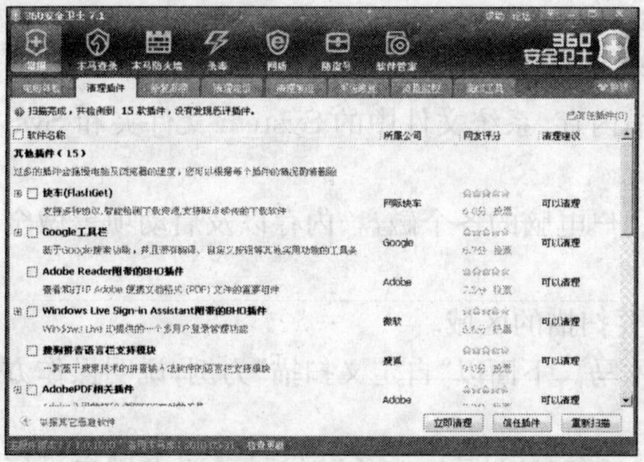

图 22-3　“清理插件”选项卡扫描的结果

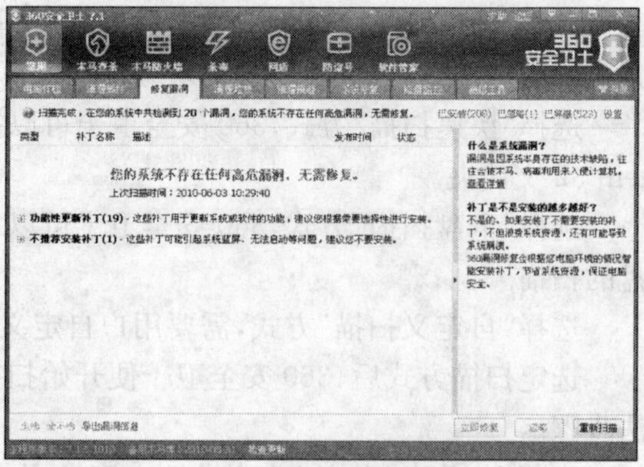

图 22-4　“修复漏洞”选项卡扫描的结果

扫描结果会提示检测到的漏洞，并显示是否存在高危漏洞。如果存在高危漏洞，就需要修补，否则可以不用修复。

4. 清理垃圾功能

垃圾是指系统中存在的无用文件，定期清理垃圾可以释放被占用的磁盘空间，使系统运行更流畅。切换到“清理垃圾”选项卡后，单击“开始扫描”按钮，软件会对系统进行扫描，扫描的结果如图 22-5 所示。

选中需要清理的选项后，单击“立即清理”按钮，即可对垃圾文件进行清理。

5. 清理痕迹功能

切换到“清理痕迹”选项卡后，单击“开始扫描”按钮，软件会对系统进行扫描，扫描的结果如图 22-6 所示。

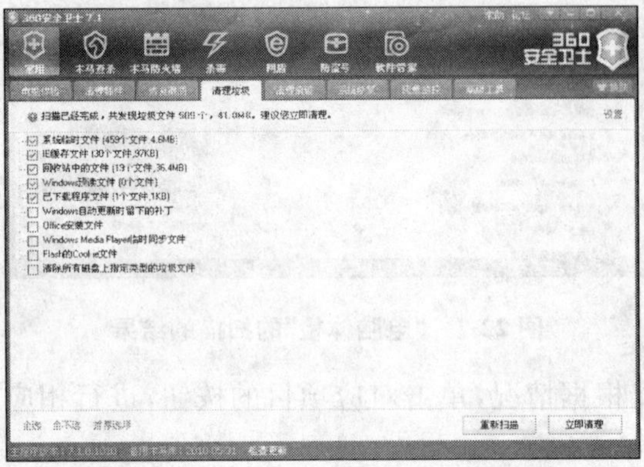

图 22-5 “清理垃圾”选项卡扫描的结果

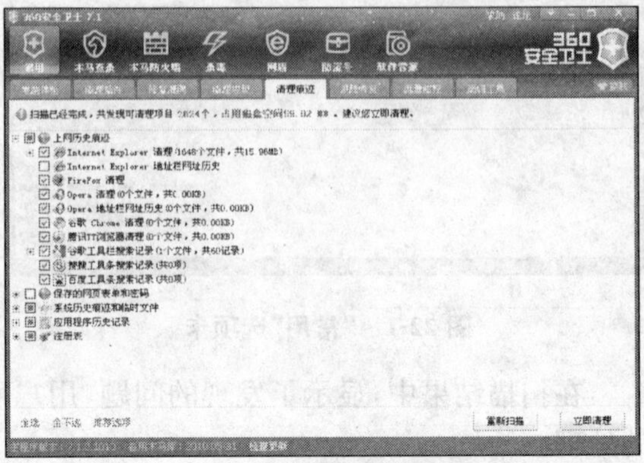

图 22-6 “清理痕迹”选项卡扫描的结果

如果单击“立即清理”按钮，则对上网历史、保存的网页表单、系统历史痕迹和临时文件、应用程序历史记录以及注册表等痕迹进行清理。

其他几个选项操作基本相同，不再赘述。

22.2.2 木马查杀功能

在“木马查杀”选项中，木马扫描方式有“快速扫描”、“全盘扫描”和“自定义扫描”等三种方式供用户选择。选择“木马查杀”选项后，打开“云查杀”选项卡，如图 22-7 所示。

选择“快速扫描”方式，360 安全卫士可以扫描内存、系统文件中的 System 文件夹和 System 32 文件夹。

选择“全盘扫描”方式，360 安全卫士可以对用户电脑的各个磁盘、内存以及启动项等做全盘的扫描。

选择“自定义扫描”方式，需要用户自定义需要扫描的区域。

选定扫描方式后，360 安全卫士便开始扫描木马。下面以“自定义扫描”为例，说明操作方法步骤。

步骤 1. 单击“自定义扫描”，360 安全卫士打开“360 木马云查杀”对话框，要求用户进行扫描区域设置，如图 22-8 所示。

步骤 2. 用户还可以单击“添加”按钮，打开“浏览文件夹对话框”，如图 22-9 所示。

步骤 3. 在该对话框中，选中需要扫描的文件夹或磁盘(如选择 D 盘)，然后单击“确定”按钮，返回“360 木马云查杀”对话框，扫描区域增加了 D 盘，如图 22-10 所示。

步骤 4. 设置完成后，单击“开始扫描”按钮，360 安全卫士就会开始对用户设置的区域进行木马扫描，如图 22-11 所示。

扫描结束后，会显示扫描结果，如果发现木马，会列出木马的名称以及存放路径等信息，如图 22-12 所示。根据扫描结果及 360 安全卫士的提示信息，用户可以做相应的处理。

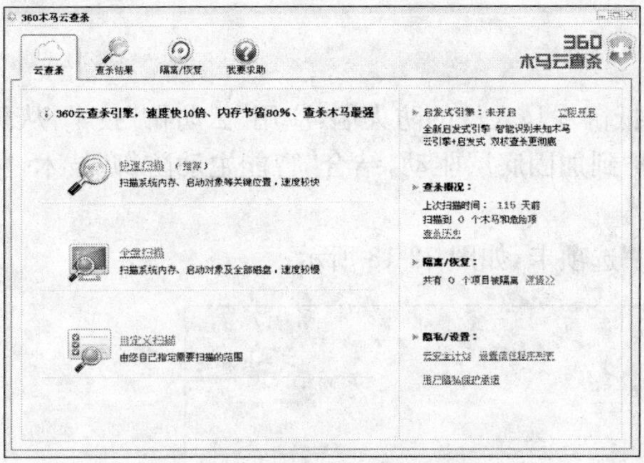

图 22-7 “云查杀”选项卡

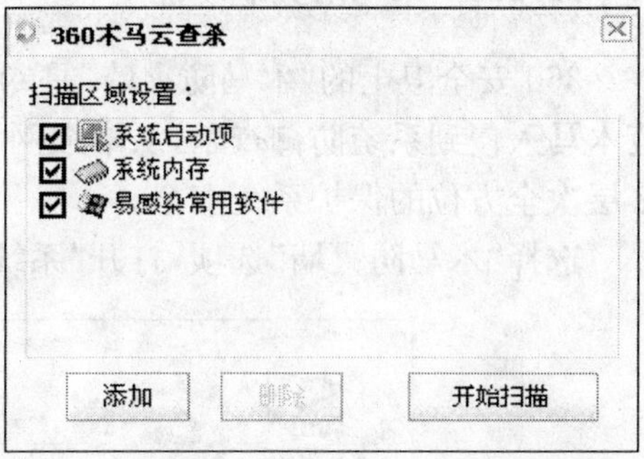

图 22-8 “360 木马云查杀”对话框

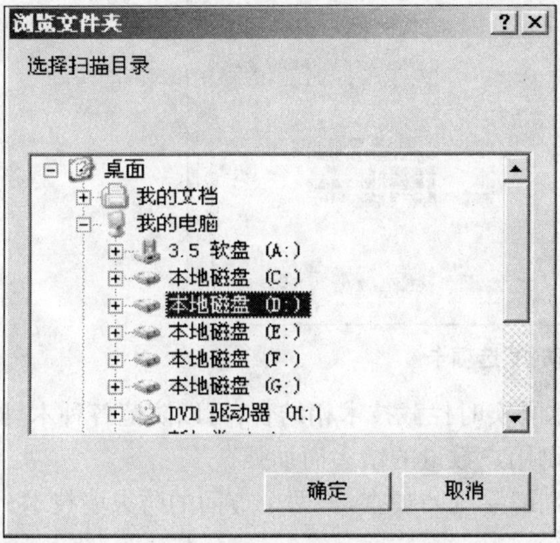

图 22-9 “浏览文件夹对话框”

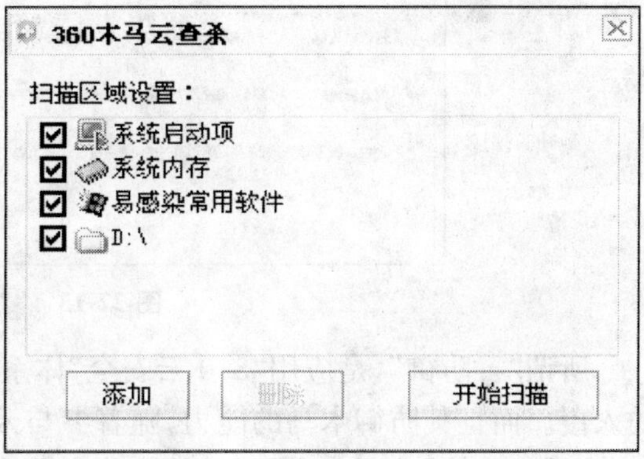

图 22-10 扫描区域增加了 D 盘

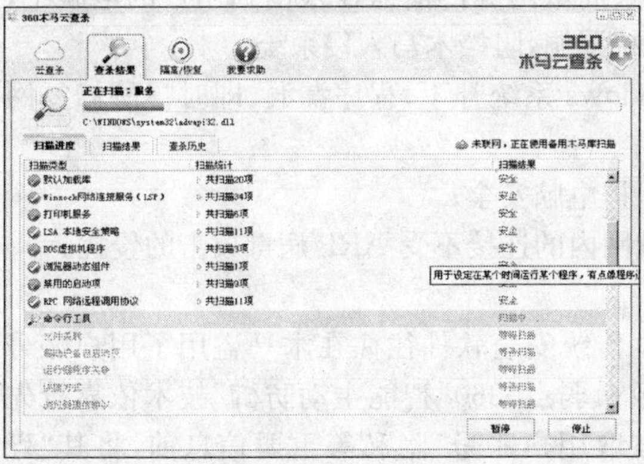

图 22-11 对用户设置的区域进行木马扫描

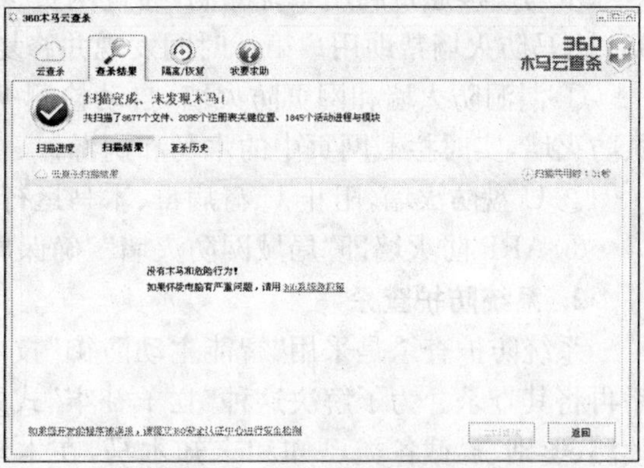

图 22-12 显示扫描结果

22.2.3 木马防火墙功能

360 安全卫士的“木马防火墙”是专用于抵御木马入侵的防火墙，应用“云防御”技术，从防范木马入侵到系统防御查杀，从增强网络防护到加固底层驱动，结合“智能主动防御”技术，可多层次全方位的保护系统安全。

选择“木马防火墙”选项，打开“系统防护”选项卡，如图 22-13 所示。

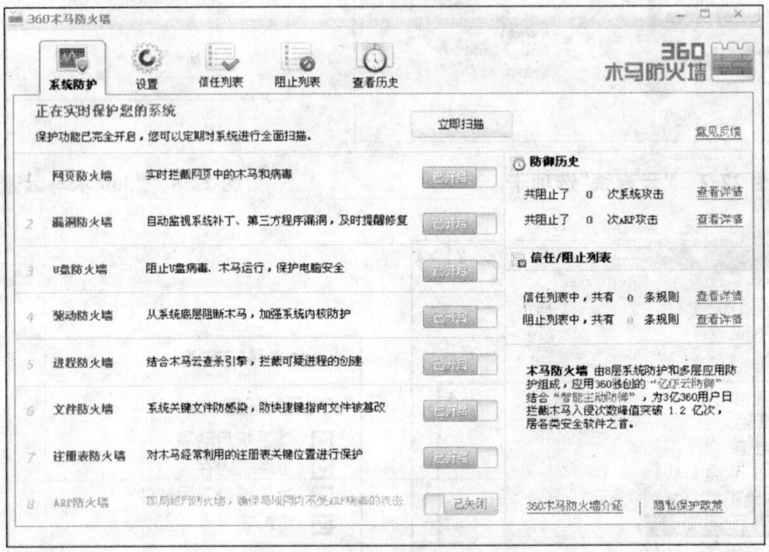

图 22-13 “系统防护”选项卡

所谓“云防御”，是应用“360 云安全”体系与木马实时拦截技术相结合，可以防范各种木马的入侵。而且其防御木马的能力，随着参与云防御用户数量的增多而加强。

“系统防护”选项卡主要包括“防范木马入侵”和“系统防护查杀”两个方面的防火墙技术。

1. 防范木马入侵

防范木马入侵是从系统漏洞开始，要从源头上切断木马入侵途径。

木马病毒通常利用系统漏洞，通过网页、U 盘、局域网等传播途径入侵到用户的电脑中，360 木马防火墙帮助用户第一时间发现并修复系统漏洞，阻挡木马入侵系统。

① 漏洞防火墙和网页防火墙，自动检测 Windows 系统补丁、程序漏洞、即时提醒修复网页防火墙，实时拦截网页中的木马和病毒；

② U 盘防火墙，阻止 U 盘病毒、木马运行，保护电脑安全；

③ ARP 防火墙即“局域网防火墙”，确保局域网内的连接不受 ARP 病毒攻击的侵扰。

2. 系统防护查杀

系统防护查杀是采用“智能主动防御”技术。传统安全软件往往在木马盗用了用户账号后再将其查杀。为了解决这种“亡羊补牢”式的致命弱点，360“智能主动防御”技术依靠抢先侦测、鉴别、拦截各类已知和未知木马，在木马盗取用户账号、隐私等重要信息前，将其“歼灭”，有效地解决了传统安全软件查杀木马的滞后性缺陷。

① 驱动防火墙是从系统底层阻断木马，加强系统内核防护。

②进程防火墙是结合木马云查杀引擎，拦截可疑进程的创建。

③文件防火墙是保护系统关键文件防木马感染。

④注册表防火墙是对木马经常利用的注册表关键位置进行保护。

22.2.4 “查杀”选项

360 杀毒工具无缝整合了国际知名的 BitDefender 病毒查杀引擎及 360 安全中心研发的木马云查杀引擎。双引擎的机制拥有完善的病毒防护体系，不但查杀病毒的能力出色，而且对于新产生病毒木马能够第一时间进行防御。

步骤 1. 初次选择“杀毒”选项，系统会提示“立即下载”，单击进行安装，如图 22-14 所示。

步骤 2. 选择安装目录，如图 22-15 所示。

图 22-14 系统提示“立即下载”

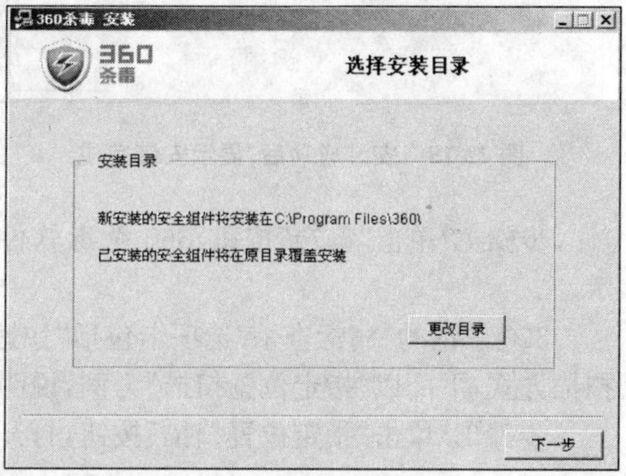

图 22-15 “选择安装目录”

步骤 3. 如果选用默认目录，则单击“下一步”按钮，如果要更改目录，则单击“更改目录”，如图 22-16 所示。

步骤 4. 单击“下一步”按钮，将显示“正在安装”，如图 22-17 所示。

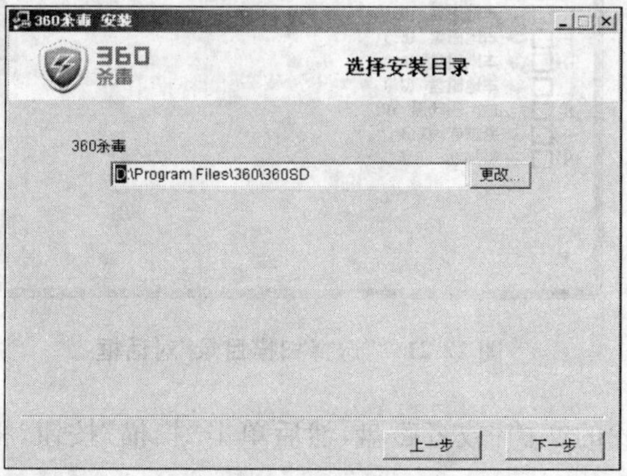

图 22-16 单击“更改目录”

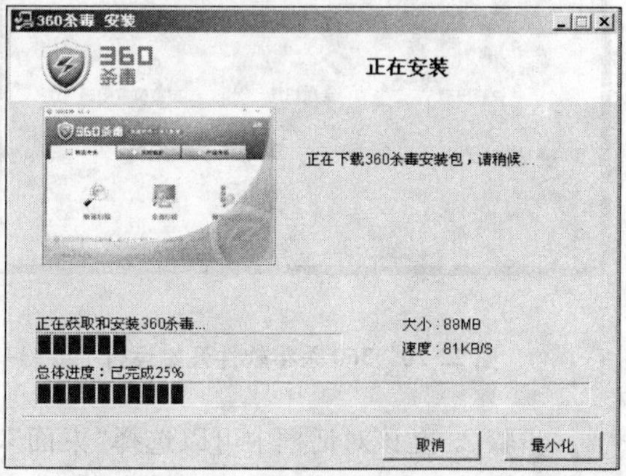

图 22-17 显示“正在安装”

步骤 5. 下载 360 杀毒安全包，并安装成功后，显示安装完成，如图 22-18 所示。

步骤 6. 单击“完成”按钮，系统弹出“360 云查杀计划”对话框，联网查杀病毒时，360 杀毒在查杀过程中会自动将可疑及未知文件上传到 360 安全实验室进行分析，如图 22-19 所示。

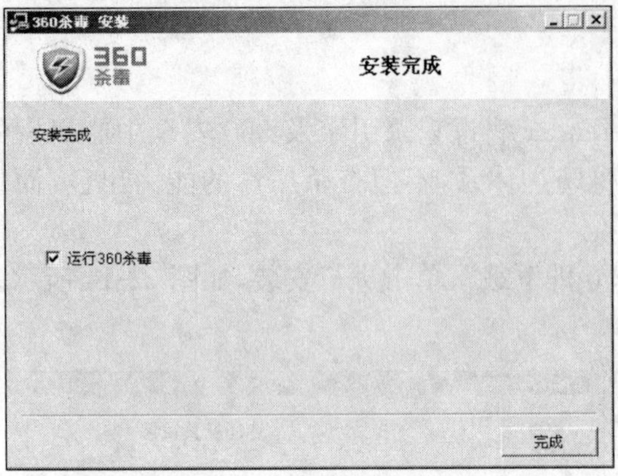

图 22-18 安装成功后，显示安装完成

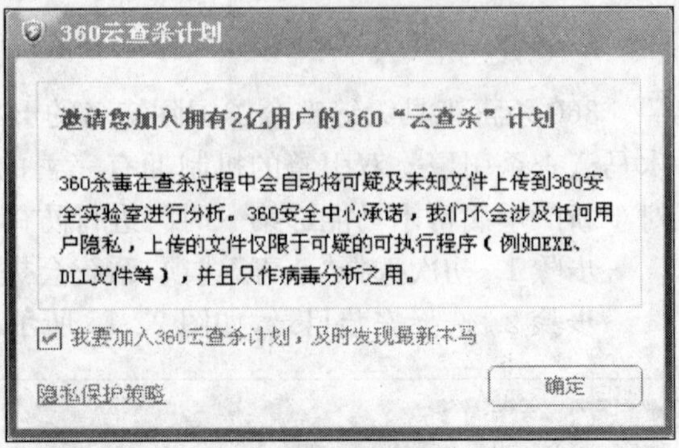

图 22-19 系统弹出“360 云查杀计划”对话框

步骤 7. 单击“确定”按钮，360 杀毒软件开始运行，在状态栏显示其图标，如图 22-20 所示。

360 杀毒的“病毒查杀”选项卡包括“快速扫描”、“全盘扫描”以及“指定位置扫描”等三种扫描方式，下面以“指定位置扫描”为例，说明操作方法。

步骤 1. 单击“指定位置扫描”按钮，打开“选择扫描目录”对话框，如图 22-21 所示。

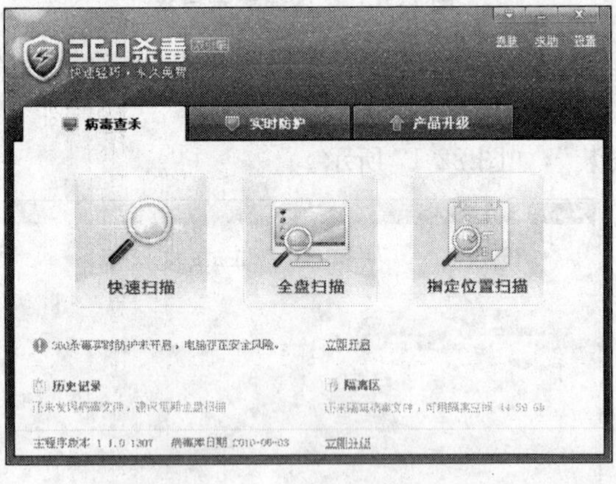

图 22-20 360 杀毒软件开始运行

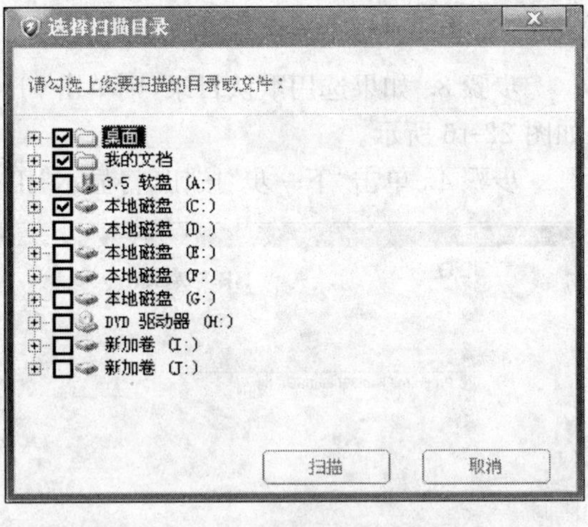

图 22-21 “选择扫描目录”对话框

步骤 2. 在该对话框中可以选择“桌面”、“我的文档”或者磁盘，然后单击“扫描”按钮，将显示扫描进程窗口，如图 22-22 所示。

步骤 3. 对病毒扫描完成后，将显示处理结果窗口，在窗口中会显示“文件名”、“威胁名称”以及“处理状态”，如图 22-23 所示。

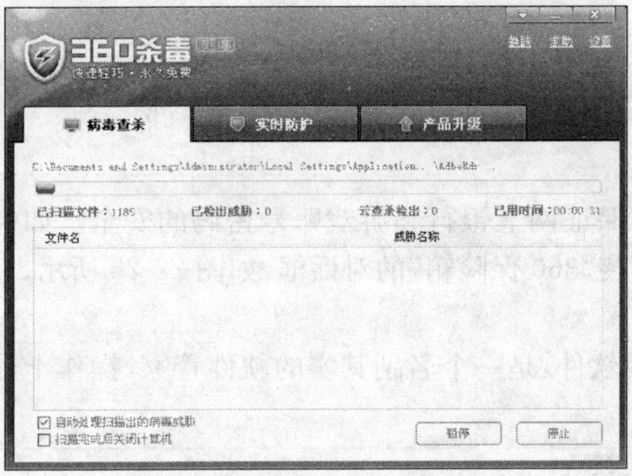

图 22-22　显示扫描进程窗口

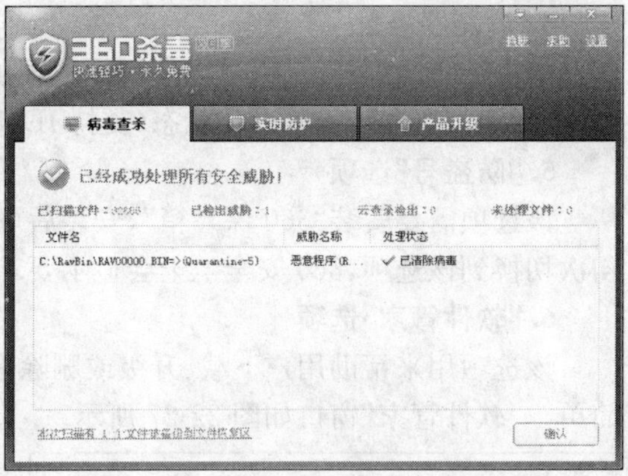

图 22-23　显示处理结果窗口

22.2.5 “网盾”选项

360 网盾是一款用于防挂马、反欺诈的浏览器安全软件。全面支持 IE、傲游、TT、Firefox 等主流浏览器，可有效拦截挂马带毒、钓鱼以及欺诈等网站威胁，做到防患于未然，同时不影响用户正常浏览网页，还可以加快浏览速度。360 网盾“防挂马”功能，应用了六层防护体系。

选择“网盾”选项，则显示“360 网盾”窗口，如图 22-24 所示。

此外，360 网盾还集成了“主页保护”和“浏览器修复”功能，为用户上网冲浪保驾护航。

1. 网页防毒

360 网盾采用最全的恶意网址库和底层行为拦截技术有效阻止挂马、钓鱼、欺诈网站对电脑系统造成的危害。

2. 主页修复

快速修复被篡改的浏览器主页，同时恢复其原貌（支持 IE、世界之窗、傲游、TT 等各种主流浏览器）。切换到“主页修复”选项卡，如图 22-25 所示。

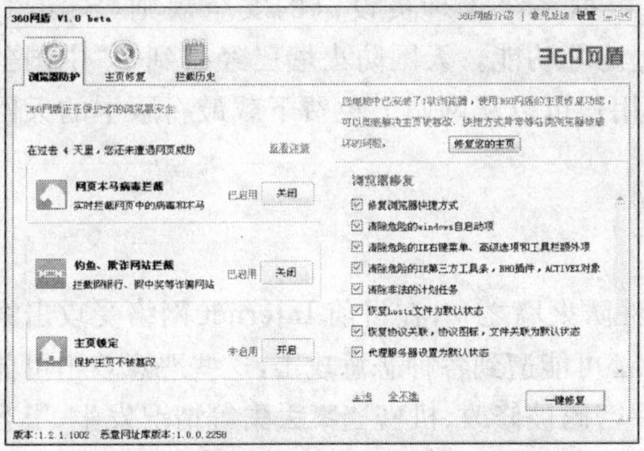

图 22-24　“360 网盾”窗口

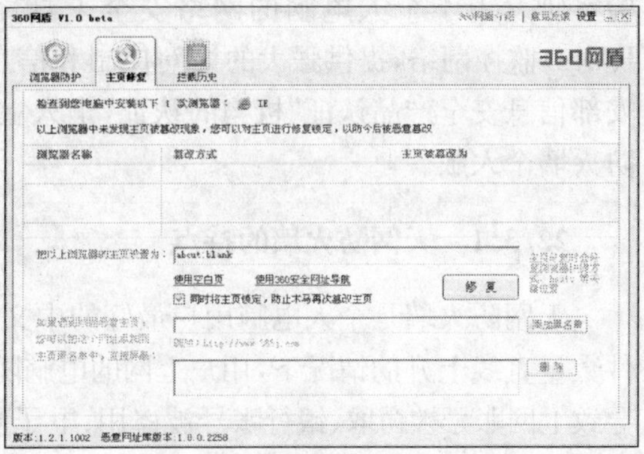

图 22-25　“主页修复”选项卡

如果检测到主页被篡改，可单击“修复”按钮，进行修复。

3. 主页锁定

开启该功能后，保护主页不被篡改（支持 IE、世界之窗、傲游、TT 等各种主流浏览器）。

4. 浏览器修复

单击“一键修复”按钮，可以修复浏览器的各种问题，如网页打不开或网页打开速度变慢等，可以使浏览器恢复到最佳状态(支持 IE、世界之窗、傲游、TT 等各种主流浏览器)。

5. “防盗号”选项

该选项需要安装“360 保险箱”，安装后可以保证网上银行和游戏账号密码的安全。如果初次切换到该选项，360 安全卫士会显示要求安装“360 保险箱”的对话框，如图 22-26 所示。

6. “软件管家”选项

该选项用来帮助用户下载、升级或删除常用软件，是一个名副其实的软件管家，操作十分简单。“软件管家”窗口如图 22-27 所示。

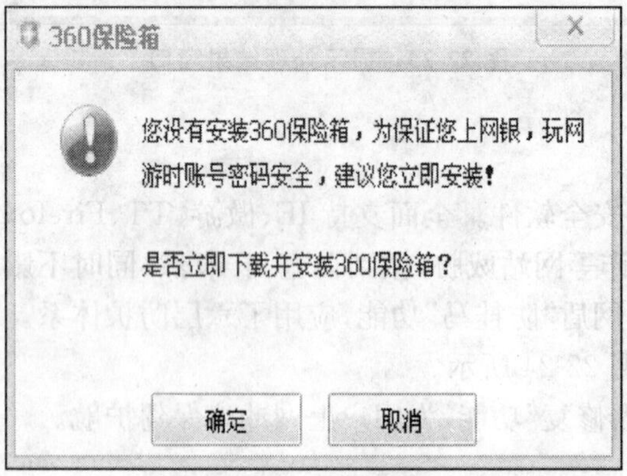

图 22-26　要求安装“360 保险箱”的对话框

图 22-27　“软件管家”窗口

22.3　天网防火墙个人版

天网防火墙个人版 SKYNET Personal Fire Wall(以下简称天网防火墙)是由天网安全实验室研发用于个人电脑的网络安全工具。它根据系统管理员设定的安全规则(Security Rules)监控网络，提供强大的访问控制和信息过滤等功能。天网防火墙已经得到了“中国公安部信息安全产品认证”机构的认证，个人上网用户可以从网站上免费下载最新版本的天网防火墙个人版。

22.3.1　天网防火墙的特点

天网防火墙是个人电脑用户最好的中文软件防火墙之一，在目前 Internet 网络受攻击案件数量直线上升的情况下，用户上网的电脑随时都可能遭到各种恶意攻击，这些恶意攻击可能导致上网账号被窃取、银行账号被盗用、电子邮件密码被修改、机密档案丢失等情况发生，黑客(Hacker)也可以通过远程控制删除电脑硬盘上的数据，使电脑系统全面崩溃。为了抵御黑客的攻击，电脑上安装一套天网防火墙系统后，可以帮助用户抵挡网络入侵和攻击，防止信息泄露。

22.3.2　系统设置

安装好“天网防火墙”后，重新启动电脑，电脑中会增加“天网防火墙”程序组。单击程序组中的“天网防火墙”，即可执行该系统。运行时，该系统在任务栏内会自动缩为一个小图标 。单击该图标，即可打开防火墙的控制面板，如图 22-28 所示。

单击“系统设置”按钮，即可打开防火墙“基本设置”选项卡，如图 22-29 所示。

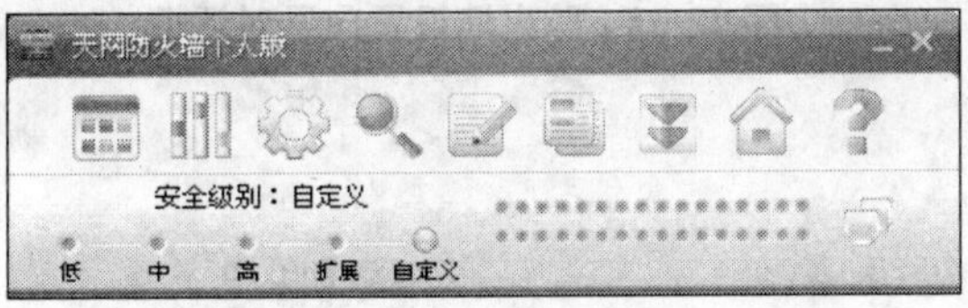

图 22-28 天网防火墙控制面板

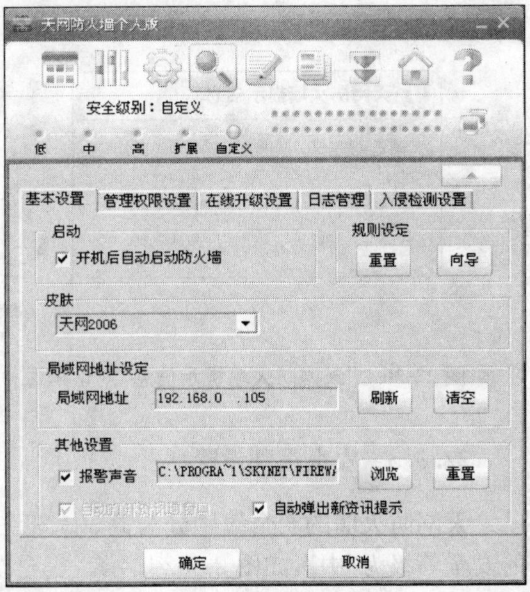

图 22-29 “基本设置”选项卡

设置选项的含义如下。

①启动：选中“开机后自动启动防火墙”，则天网防火墙将在操作系统启动时自动启动，否则需要手工启动。

②规则设定：单击“重置”按钮，防火墙将弹出“天网防火墙提示信息”对话框，如图 22-30 所示。

如果单击“确定”按钮，系统会把防火墙的安全规则全部恢复为初始设置，用户对安全规则的修改和加入的规则将会全部被清除。

③防火墙设置向导：如果单击“向导”按钮，系统会打开防火墙设置向导对话框，如图 22-31所示。按照向导的提示，一步步地完成对天网防火墙的合理设置即可。

④皮肤：该选项只是设置天网防火墙运行时界面的不同颜色。

⑤局域网地址设定：设置本电脑在局域网内的地址。

注 意：

如果电脑是在局域网中使用，一定要设置好局域网地址。因为防火墙将会以这个地址来区分局域网或者是 Internet 的 IP 地址。

⑥报警声音：设置报警声音，单击“浏览”按钮，可以选择一个声音文件作为天网防火墙预警的声音。初始状态没有设置报警声音，单击“重置”按钮，系统将采用天网防火墙默认的报警声音。

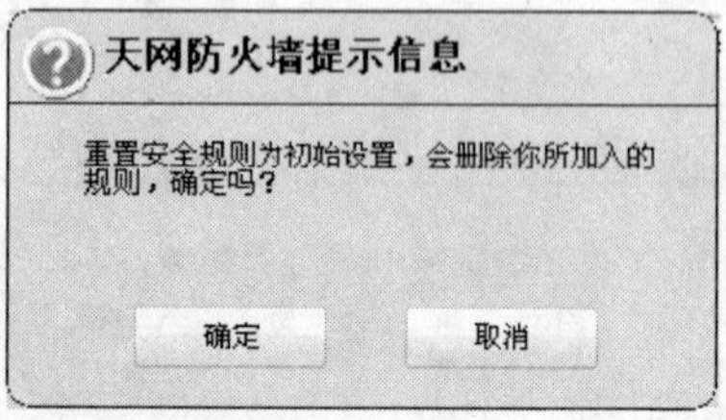

图 22-30 “天网防火墙提示信息”对话框

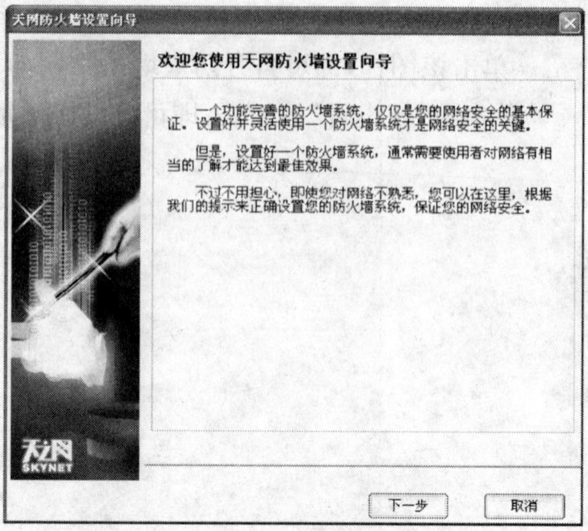

图 22-31 防火墙设置向导对话框

22.3.3 安全级别设置

天网防火墙的安全级别分为高、中、低三个等级，默认的安全等级为“中”，如图 22-32 所示。安全设置说明如下。

图 22-32 安全级别设置

①低：所有应用程序初次访问网络时都将询问，已经被认可的程序则按照设置的相应规则运作。电脑将完全信任局域网，允许局域网内部的电脑访问自己提供的各种服务（文件、打印机共享服务），但禁止互联网上的电脑访问这些服务。

②中：所有应用程序初次访问网络时都将询问，已经被认可的程序则按照设置的相应规则运作。禁止局域网内部和互联网的电脑访问本机提供的网络共享服务（文件、打印机共享服务），局域网和互联网上的电脑将无法看到本机。

③高：所有应用程序初次访问网络时都将询问，已经被认可的程序则按照设置的相应规则运作。禁止局域网内部和互联网的电脑访问自己提供的网络共享服务（文件、打印机共享服务），局域网和互联网上的电脑将无法看到本机。除了是由已经被认可的程序打开的端口，系统会屏蔽掉向外部开放的所有端口。

用户可以根据自己的需要调整自己电脑的安全级别，方便使用。

22.3.4 默认 IP 规则

IP 规则是针对整个系统的网络层数据包监控而设置的。利用自定义 IP 规则，用户可针对个人不同的网络状态，设置自己的 IP 安全规则，使防御手段更周到、更实用。用户可以单击“自定义 IP 规则”按钮，进入 IP 规则设置对话框，如图 22-33 所示。

实际上“天网防火墙”本身已经默认设置了相当好的默认规则，一般用户不需要做任何 IP 规则修改，就可以直接使用。

默认 IP 规则各项的具体意义如下。

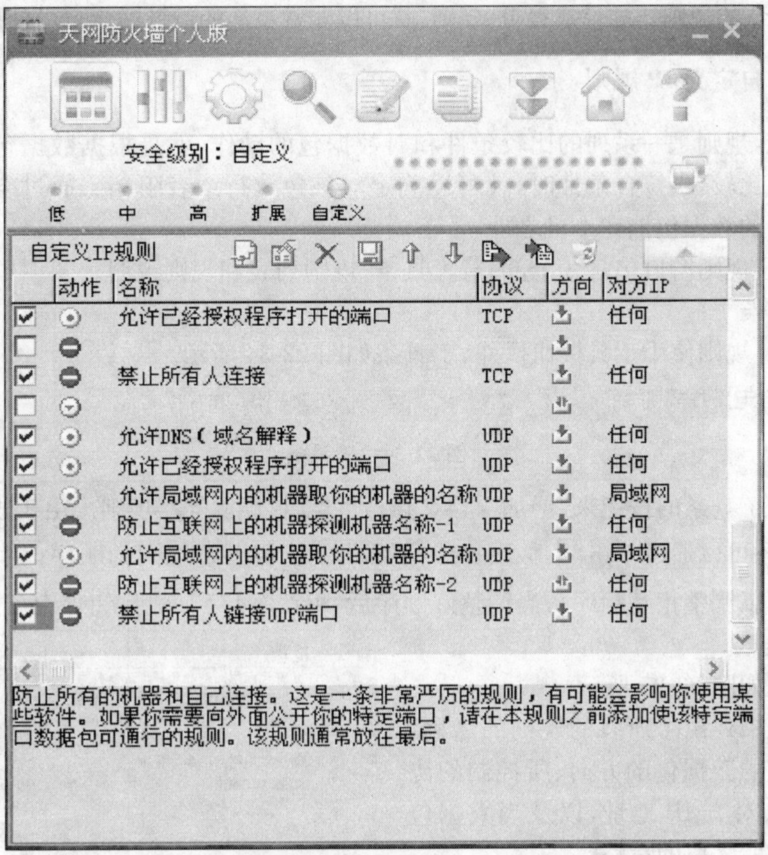

图 22-33　IP 规则设置对话框

下面仅举 4 个选项的例子加以说明，读者如果不了解某项的含义，只需将鼠标选中该选项，在下面会显示该项的详细说明。

① 允许已经授权程序打开的端口：某些程序，如 ICQ、视频电话等软件，都会开放一些端口，这样，你的同伴才可以连接到你的电脑上。本规则可以保证这些软件正常工作。

② 禁止所有人连接低端端口：防止所有的电脑和自己的低端端口连接。由于低端端口是 TCP/IP 协议的各种标准端口，几乎所有的 Internet 服务都是在这些端口上工作的，所以这是一条非常严格的规则，有可能会影响本机使用的某些软件。如果需要向外面公开特定端口，请在本规则之前添加使该特定端口数据包可通行的规则。

③ 禁止所有人连接：防止所有的电脑和自己连接。这是一条非常严厉的规则，有可能会影响使用某些软件。如果需要向外公开特定端口，请在本规则之前添加使该特定端口数据包可通行的规则。该规则通常放在最后。

④ UDP 数据包监视：通过这条规则，可以监视电脑与外部之间的所有 UDP 包的发送和接受过程，注意，这只是一个监视规则，开启后可能会产生大量的日志，平常请不要打开。这条规则是给熟悉 TCP/IP 协议网络的人使用，如果不熟悉网络，请不要开启。这条规则一定要是 UDP 协议规则的第一条。

安全规则的设置是系统最重要，也是最复杂的地方。如果不熟悉 IP 规则，最好不要调整，可以直接使用默认的规则。如果熟悉 IP 规则,就可以非常灵活的设计适合自己使用的规则。

22.3.5 自定义 IP 规则

简单地说,规则是一系列的比较条件和对数据包的动作,就是根据数据包的每一部分来与设置的条件比较,当符合条件时,就可以确定对该包放行或者阻挡。通过合理的设置规则就可以把有害的数据包挡在本机之外。

自定义 IP 规则窗口包含 3 个部分:工具条、规则列表和规则说明。

1. 工 具 条

自定义 IP 规则使用工具按钮操作,工具条如图 22-34 所示。

图 22-34 工具条

可以单击工具条的按钮来“增加”,“修改”,“删除”规则。由于规则判断是由上而下执行的,还可以通过单击“上移”或“下移”按钮调整规则的顺序(注意:只有相同协议的规则才可以调整相互顺序),当调整好顺序后,可按“保存”按钮保存所做的修改。

2. 规则列表

规则列表如图 22-35 所示。

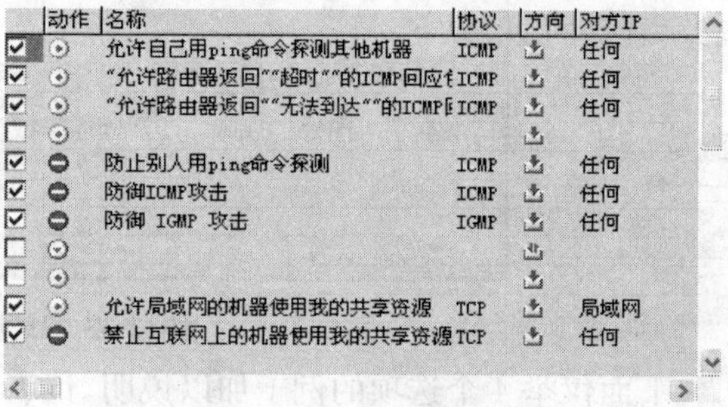

图 22-35 规则列表

规则列表中列出了所有的规则的名称,该规则所对应的数据包的方向、所控制的协议、本机端口、对方 IP 地址,以及当数据包满足本规则时所采取的策略。

在列表的左边为该规则是否有效的标志,勾选表示该规则有效,否则表示无效。当对此有所改变后,请注意按“保存”按钮进行保存。

3. 规则说明

单击“增加”按钮或选择一条规则后按“修改”按钮,就会激活“修改 IP 规则”对话框,如图 22-36 所示。操作步骤如下。

步骤 1. 输入规则的“名称”和“说明”,以便于查找和阅读。

步骤 2. 选择“数据包方向”,指定该规则是对接收的数据包还是发送的数据包有效。

步骤 3.“对方的 IP 地址”,用于确定选择数据包从哪里来或是去哪里,这里有几点说明。

- 任何地址:是指数据包从任何地方来,都适合本规则。
- 局域网网络地址:是指数据包来自和发向局域网。
- 指定地址:可以自己输入一个确定的 IP 地址。
- 指定的网络地址:可以自己输入一个网络和掩码。

步骤 4. 除了录入上面的内容,还要录入“数据包协议类型”,即该规则所对应的协议。

· IP 协议:IP 规则是针对整个系统的网络层数据包监控而设置的。利用 IP 规则,用户可以针对不同的网络状况设置安全规则,不用填写内容。

· TCP 协议：通过 TCP 规则，用户可以监视本机与外部之间的所有的 TCP 连接请求。要填入本机的端口范围和外部的端口范围。如果不想指定任何端口，可在起始端口录入“0”。

· ICMP 协议：用于指定 ICMP 消息是启用或禁用，ICMP 消息用于诊断、报告错误条件，默认条件下，该协议被禁用。

· IGMP 协议：IGMP 是用于组播的一种协议，对于 Windows 用户无用，不用填写内容。

步骤 5. 一个数据包“当满足上面条件时”，就可以对该数据包采取行动，具体内容如下。

· 通行：指让该数据包畅通无阻的进入或发出。

· 拦截：指拦截该数据包，使其无法进入本机。

· 继续下一规则：指不对该数据包作任何处理，由下一条协议规则来决定对该包的处理。

步骤 6. 在执行这些规则的同时，还可以定义是否“记录”这次规则的处理和这次规则处理的数据包的主要内容，并用右下角的“天网防火墙”图标是否闪烁来“警告”或“发声”提示。

22.3.6 普通应用程序规则设置说明

新版本的天网防火墙增加对应用程序数据包进行底层分析拦截功能，它可以控制应用程序发送和接收数据包的类型、通信端口，并且决定“拦截”或“通过”，这是目前其他很多软件防火墙不具备的功能。

在天网防火墙打开时，激活的任何应用程序只要发送或接收数据包，都会被天网防火墙先截获分析，并弹出警告信息对话框，询问是“允许”还是“禁止”，如图 22-37 所示。

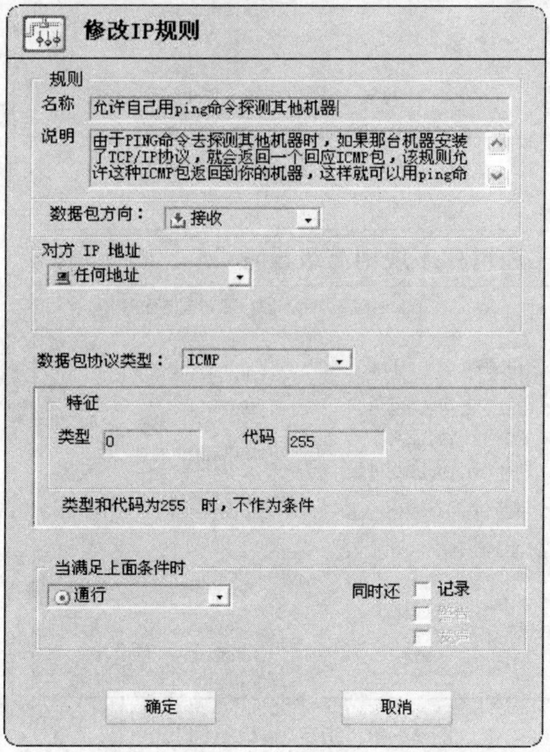

图 22-36 “IP 规则修改”对话框

图 22-37 询问是“允许”还是“禁止”

这时用户可以根据需要来决定是否允许应用程序访问网络。

如果不选中“该程序以后按照这次的操作运行”复选框，天网防火墙在以后会继续截获该应用程序的数据包，并且弹出警告窗口。如果选中该复选框，该应用程序将加入到应用程序列表中，还可以对应用程序设置更为详尽的数据包的过滤方式。

22.3.7　应用程序规则高级设置

应用程序规则高级设置对话框如图 22-38 所示。

(1)“TCP 协议可访问端口”设置

如果将应用程序的“TCP 协议可访问端口”选择为“端口列表”，即可进行编辑，如图 22-39 所示。

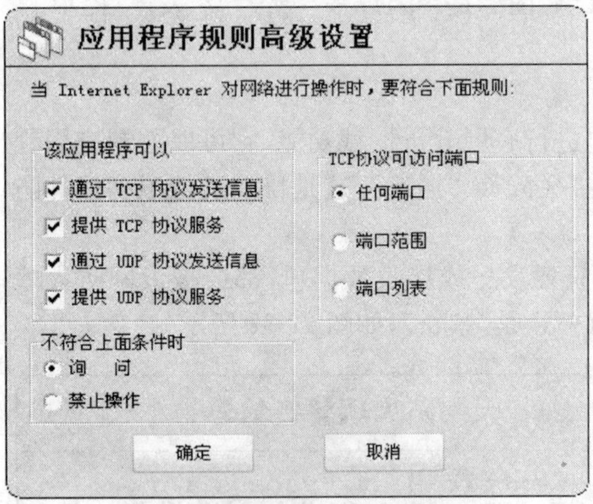

图 22-38　应用程序规则高级设置对话框

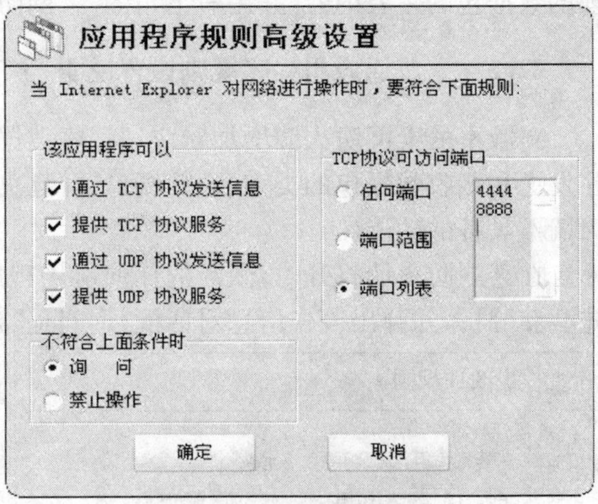

图 22-39　编辑“端口列表”

如果将应用程序的“TCP 协议可访问端口”选择为“端口范围”，填写“从”和“到”端口，如图 22-40 所示。

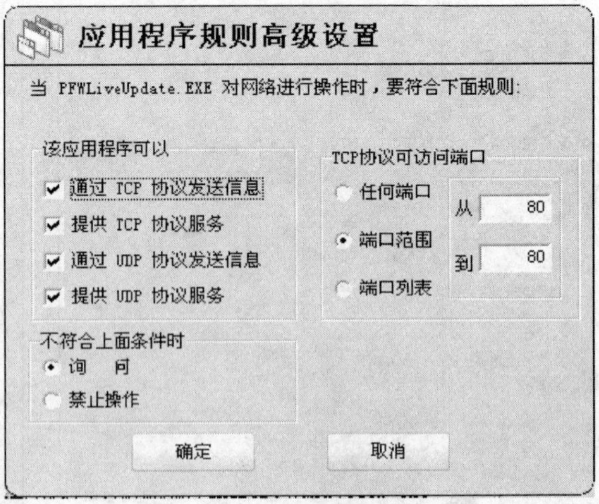

图 22-40　指定“端口范围”

(2)“该应用程序可以”组合框设置

“该应用程序可以”组合框是设定该应用程序可以做的动作。其中：

☑ 通过 TCP 协议发送信息
☑ 通过 UDP 协议发送信息

是指此应用程序进程可以向外发出连接请求，通常是用于各种客户端软件；而

☑ 提供 TCP 协议服务
☑ 提供 UDP 协议服务

则是指此程序可以在本机打开监听的端口来提供网络服务，通常用于各种服务器端程序。

(3)"不符合上面条件时"组合框设置

用户可以设置该应用程序禁止使用 TCP 或者 UDP 协议传输，以及设置端口过滤，让应用程序只能通过固定几个通信端口或者一个通信端口范围接收和传输数据，进行这些设置时，可以在"不符合上面条件时"组合框中选择"询问"或"禁止操作"。

对应用程序发送数据包的监控，可以使用户了解到自己的系统目前有哪些程序正在进行通信，如现在有一些共享或试用软件会在执行的时候从预先设定好的服务器取一些广告，还有一些恶意的程序会把个人隐私信息发送出去，可使用天网防火墙禁止这些没有经用户同意的程序数据通信操作。

特洛伊木马的工作过程也是一样，天网防火墙可以察觉到攻击者对特洛伊木马的控制通信，这也是新版天网防火墙所添加的最强大功能之一。

22.3.8　网络访问监控功能

"应用程序网络状态"功能是天网防火墙独创的功能。

使用天网防火墙，用户不但可以控制应用程序访问权限，还可以监视该应用程序访问网络所使用的数据传输通信协议端口等。通过天网防火墙提供的应用程序网络状态功能，用户能够监视到所有开放端口连结的应用程序及使用的数据传输通信协议，任何不明程序的数据传输通信协议端口，如特洛伊木马等，都可以在应用程序网络状态窗口中一览无遗。用户可以单击"查看"工具按钮查看"应用程序网络状态"对话框，如图 22-41 所示。

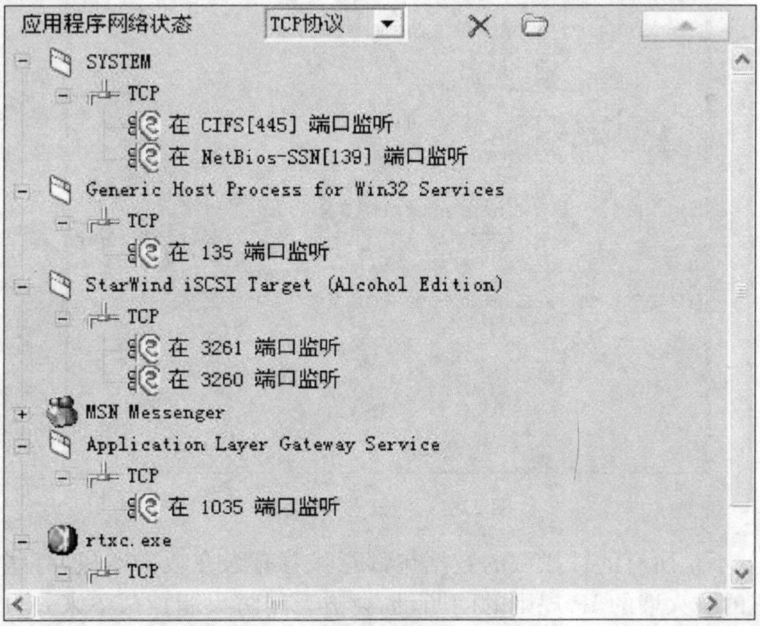

图 22-41　"应用程序网络状态"对话框

在该窗口中，可以清楚地显示"MSN Messenger Service"使用 TCP 协议的详细情况。

天网防火墙对访问网络的应用程序进程监控还实现了协议过滤功能，对于普通用户而言，由于通常的危险进程都是采用 TCP 传输层协议，所以基本上只要对使用 TCP 协议的应用程序进程监控就可以了。一旦发现有不法进程在访问网络，用户可以用“应用程序网络状态”窗口的结束进程按钮将其杀掉。按下后，会显示提示信息框，如图22-42所示。

图 22-42　提示信息框

单击“确定”按钮后，即可结束进程。

22.3.9　日志查看与分析

天网防火墙将会把所有不合规则的数据包拦截并且记录下来，如果选择了监视 TCP 和 UDP 数据包，发送和接受的每个数据包也将被记录下来。每条记录从左到右分别是发送/接收时间、发送 IP 地址、数据包类型、本机通信端口、对方通信端口和标志位。“日志”对话框如图 22-43 所示。

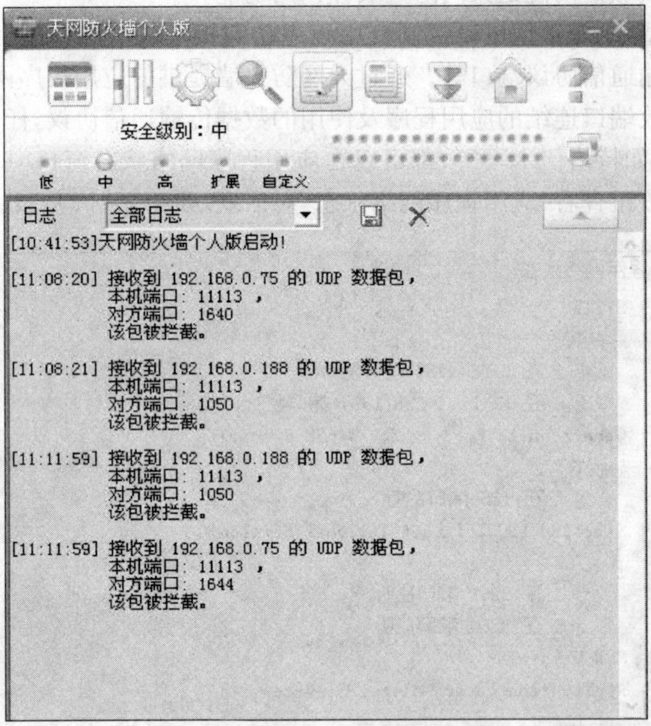

图 22-43　“日志”对话框

应当指出，并不是所有的被拦截的数据包都意味着有人在攻击本机，有些正常的数据包可能由于所设置的防火墙的 IP 规则的问题，也会被天网防火墙拦截下来并且报警。如设置了禁止别人 Ping 本机，如果有人向本机发送 Ping 命令，天网防火墙也会把这些发来的 ICMP 数据拦截下来记录在日志上并且报警。

使用和两个按钮，可以保存为档案和清空日志。

以上只是一部分功能的简要介绍，要真正掌握好天网防火墙的运用，还要反复实践。